高等学校食品营养与健康专业教材
省级一流本科课程配套教材

中国轻工业“十四五”规划教材
陕西省课程思政精品课程配套教材

食品分析与检验

李巨秀　雷红涛　王妍入　主编

中国轻工业出版社

图书在版编目（CIP）数据

食品分析与检验 / 李巨秀，雷红涛，王妍入主编.
北京：中国轻工业出版社，2025. 8. -- ISBN 978-7
-5184-5519-5

Ⅰ. TS207. 3

中国国家版本馆 CIP 数据核字第 2025G9V947 号

责任编辑：贠紫光　　责任终审：白　洁　　设计制作：锋尚设计
策划编辑：钟　雨　　责任校对：吴大朋　　责任监印：张　可

出版发行：中国轻工业出版社（北京鲁谷东街 5 号，邮编：100040）
印　　刷：三河市万龙印装有限公司
经　　销：各地新华书店
版　　次：2025 年 8 月第 1 版第 1 次印刷
开　　本：787×1092　1/16　印张：22.5
字　　数：432 千字
书　　号：ISBN 978-7-5184-5519-5　定价：59. 00 元
邮购电话：010-85119873
发行电话：010-85119832　010-85119912
网　　址：http：//www.chlip.com.cn
Email:　club@ chlip.com.cn

231026J1X101ZBW

高等学校食品营养与健康专业教材编委会

本书编写人员

主　编	李巨秀	西北农林科技大学
	雷红涛	华南农业大学
	王妍入	西北农林科技大学
副 主 编	刘书成	广东海洋大学
	张　敏	西北农林科技大学
	张文涛	西北农林科技大学
	施源德	福建技术师范学院
	王玉堂	西北农林科技大学
参　编	**（按姓氏笔画顺序排列）**	
	王　华	西北农林科技大学
	王田林	河南农业大学
	王琳琳	西南民族大学
	刘　洋	南阳理工学院
	李　亚	梧州学院
	周　元	西北农林科技大学
	姜　莉	西北农林科技大学
	徐小艳	华南农业大学
	袁晓金	甘肃农业大学
	郭　静	西北农林科技大学
	郭　兵	西北农林科技大学
	崔　璐	西北农林科技大学
	雷佳文	中南民族大学

前 言

民以食为天，食以安为先，食品分析技术是食品质量与安全的重要保障。食品分析与检验是食品科学的重要组成部分，运用物理、化学和生物科学原理及现代技术，对食品原料、半成品、成品和包装材料的化学组成及性质进行定性和定量测定，从而获得第一手的科学数据，用于评价食品加工原料、半产品和产品的质量及安全性、营养价值。同时，也为研究食品加工和贮藏及产品运营和消费过程中组成成分的含量、结构、性质和功能变化，探寻食品品质变化的趋势、机制及新产品新资源的开发提供科学依据。

在我国的食品科学与工程类专业的教学设置中，食品分析与检验课程是专业核心课程之一，对培养学生严谨的分析态度、扎实的分析理论知识和熟练的动手操作能力具有重要作用，具有很强的实践性和技术性。本教材根据食品学科发展新特点，强调理论与实践相结合、科学性与应用性相结合、基础理论与前沿科技相结合。

本教材主要特点如下：第一，多媒体技术与纸质教材相融合。通过在教材章节中嵌入二维码，对接相关的电子资源，如实验视频、彩图、教学课件等，呈现具体、生动、形象的内容，对学生动手操作具有直观的指导作用。同时打破了时空限制，更利于学生自主学习和个性化学习，推动教与学模式的变革。第二，基础知识与前沿科技的深度融合。教材紧跟最新食品安全国家标准，结合检测技术前沿科技，使学生在学习基础理论知识的同时，了解相关内容的最新研究成果，把最新科学研究进展“嵌入”教材，培养学生的创新能力和科研思维。

本教材是中国轻工业“十四五”规划教材，也是省级一流本科课程、陕西省课程思政精品课程配套教材。编写成员汇集了10所高等院校长期从事食品分析与检验教学和科研的中青年学术骨干，他们活跃在教学、科研第一线，既有扎实的理论基础，又有丰富的实践经验，为本书增添了许多新鲜内容。本教材由西北农林科技大学李巨秀教授、王妍入副教授和华南农业大学雷红涛教授担任主编。教材编写分工如下：第一章，雷红涛（第一、二节）、王玉堂（第三、四节）；第二章，雷佳文；第三章，刘书成；第四章，郭静；第五章，张文涛；第六章，王琳琳；第七章，李巨秀；第八章，张敏；第九章，王田林；第十章，王妍入、郭兵；第十一章，李亚；第十二章，施源德、王妍入；第十三章，徐小艳；第十四章，袁晓金（第一~五节）、刘洋（第六~十节）。实验视频由李巨秀、王妍入、张敏、崔璐、周元、姜莉、王华共同拍摄制作。本教材编写过程中还参考了国内外众多专家、学者的研究成果，在此一并致谢！

本教材可作为高等学校食品科学与工程类专业及相关专业本科生、研究生教材，也可供相关领域生产、科研单位的分析技术人员参考阅读。

由于编者理论和实践水平有限，本教材难免有不足之处，敬请同行专家和广大读者批评指正，以便在使用中不断完善。

编者

2025 年 2 月

目 录

第一章
绪　论

【学习目标】

1. 了解食品分析的概念和任务，认识食品分析对保障食品安全与国民健康的重要意义。

2. 掌握食品分析的主要内容和常用的分析方法。

3. 掌握国内外食品分析标准的分类。

【学习重点与难点】

1. 重点是食品分析的主要方法。

2. 难点是如何在实际分析工作中选择合适的分析方法。

食品行业是人类生存和发展的基础，也是国民经济的重要组成部分。食品行业涵盖了从农业生产到食品加工、流通、消费的全过程，涉及多个领域和行业，如粮食、肉类、水产、乳制品、饮料、休闲食品等。食品行业的发展水平和质量安全直接关系到人民的健康和幸福，也反映了一个国家的综合实力和竞争力。

我国的食品工业在过去几十年中经历了快速发展，已成为全球重要的食品生产和消费市场。根据中国统计年鉴和相关市场报告，2023 年我国食品工业总产值达到 20.5 万亿元，约占全球市场的 7%。未来几年，预计年均增速将维持在 6%~7%，到 2029 年总产值有望达到 30 万亿元。居民消费能力的提升和消费结构的升级推动了市场需求的多样化和高端化。绿色、有机、健康食品越来越受到青睐，食品的安全和品质也成为消费者关注的焦点。食品分析是食品科学与技术领域的核心环节，对于确保食品的安全性、营养价值、质量一致性以及满足法规要求具有不可替代的重要作用。

第一节 食品分析的概念与作用

食品是指各种供人食用或者饮用的成品和原料以及按照传统既是食品又是药品的物品，但不包括以治疗为目的的物品。这些物质通常由碳水化合物、脂肪、蛋白质和水等构成，目的是为人体提供能量、促进生长发育、维持健康和预防疾病。

一、食品分析的基本概念

食品品质是食品的综合特性，它是指食品在各个方面的优劣程度，是评价食品价值的综合指标，包括感官品质、营养品质、卫生品质、加工品质、储存品质和安全性等方面。高品质的食品不仅能满足消费者的基本需求，还能提供愉悦的感官体验、全面的营养支持和保障消费者的健康与安全。理解食品品质的各个方面，有助于更好地选择和评价食品，提高饮食质量和生活水平。食品分析就是一门专注于研究食品中成分检测方法及相关理论的学科。它结合了物理、化学、生物化学、分子生物学等领域的基本理论和技术，应用各种科学技术手段，对食品的组成成分、感官特性、理化性质和卫生状况进行分析检测，以评估食品的品质和安全性，保障消费者的健康。

二、食品分析的作用

食品分析在食品质量管理和监督过程中起着至关重要的作用，贯穿于产品开发、生产、贮藏、运输和销售的各个环节，其目的是确保食品的安全性、质量和营养价值。通过食品分析可以检测食品中是否存在有害物质，如重金属、农药残留和微生物毒素等，以确保食品的安全性，保护消费者的健康。此外，通过分析食品的色、香、味、形、质地等质量指标，判断食品在生产和加工过程中是否符合相关标准和法规。营养成分分析也是食品分析的重要目的之一，通过确定食品中的蛋白质、脂肪、碳水化合物、维生素和矿物质含量，帮助消费者选择健康的食品，从而促进公众健康。同时，食品分析还能确保食品标签上的信息准确，帮助消费者做出知情的选择，防止误导和欺诈行为。对于食品生产企业来说，食品分析在食品生产过程中具有重要的控制作用。通过对生产过程中各个环节的监测，可以及时发现和纠正生产中的问题，提高生产效率和产品质量。同时，食品分析为食品研发提供了重要的技术支持。通过对市场需求和营养趋势的分析，企业可以研发出符合消费者需求的新产品，提高产品的营养价值和市场竞争力。另外，在遵循国家和国际法规标准情况下，食品分析还能帮助企业避免法律纠纷和市场召回，维护品牌声誉。综上所述，食品分析在保障食品安全、提升食品质量、促进公众健康以及支持食品行业发展方面具有重要意义。

第二节　食品分析的任务与内容

食品分析是一门集化学、生物学、物理学和工程学于一体的综合性学科。其主要任务是对食品进行系统的检测、评估和研究，以确保食品的安全性、质量、营养价值以及真实可靠性。随着全球对食品安全和品质的关注不断增加，食品分析不仅在食品生产和质量控制中发挥着关键作用，也对公共健康、环境保护以及食品创新等领域产生着深远的影响。

一、食品分析的任务

（一）确保食品安全

食品安全是食品分析的核心任务之一。食品中可能存在的有害物质、微生物污染以及物理污染物都会对消费者的健康造成威胁。食品分析通过系统地分析与检测，可以确保食品在生产、加工、储存和消费过程中的安全性，预防食品安全事故，保护消费者的健康。主要包括以下几个方面。

1. 化学危害物检测

食品中可能含有重金属、农药残留、兽药残留等有害物质，这些有害物质在一定浓度下会对人体健康造成严重危害。食品分析通过化学分析技术（如原子吸收光谱、电感耦合等离子体质谱等）检测这些有害物质的含量是否在安全范围内。

2. 微生物检测

食品中的微生物污染是导致食源性疾病的主要原因。食品分析通过微生物学方法检测食品中的可能存在的致病菌（如沙门菌、大肠杆菌、李斯特菌等）和总菌落数，通过这些检测，能够及时发现食品中的微生物污染，防止食品引发食源性疾病。常用的检测方法包括平板计数法、膜过滤法、分子生物学技术（如 PCR）等。

3. 过敏原检测

食品中的过敏原成分可能会使部分消费者引发过敏反应。食品分析通过特定的检测方法来识别和量化过敏原成分，如乳制品、坚果、大豆等，确保食品标签上的过敏原信息准确无误，以保护过敏体质的消费者。

4. 食品生产和质量控制

在食品生产过程中，食品分析用于原料的检验、生产过程的监控以及成品的质量评估。通过对食品的各项指标进行实时监控，生产企业能够及时发现和解决问题，从而确保产品的安全性和质量稳定性。例如，在食品加工过程中，检测原料中的污染物和添加剂含量可以有效防止不合格原料进入生产线，从而减少食品安全风险。

5. 食品符合安全标准

确保产品符合国家和国际食品安全标准，如《食品安全国家标准》（GB 2760—2024）和国际食品法典委员会（Codex Alimentarius）的规定。这不仅保障了产品的安全性，还提升了产品在国际市场的竞争力。

（二）提升食品质量

食品质量的保障涉及多个方面，包括食品的感官质量、物理化学性质及其营养成分。

1. 感官检验

通过专业的感官检验方法，如色泽测定、气味分析、味道评价等，判断食品的感官质量是否符合标准。感官检验不仅可以通过人眼、嗅觉、味觉进行，也可以借助现代化仪器（如色差仪、气相色谱-嗅觉法等）进行更为客观的分析。

2. 营养成分分析

营养成分分析包括对食品中主要营养成分（如蛋白质、脂肪、碳水化合物、维生素、矿物质等）的测定。使用的技术包括凯氏定氮法（测定蛋白质含量）、索氏提取法（测定脂肪含量）、高效液相色谱（high performance liquid chromatography，HPLC）（测定维生素含量）等。这些分析技术能确保食品的营养价值符合标签声明，便于满足消费者的需求。

（三）确认食品的真实性

食品真实性分析主要用于检测食品的来源和成分是否与标签声明一致。

1. 成分鉴别

通过化学分析技术，如气相色谱-质谱联用技术（gas chromatography-mass spectrometry，GC-MS）、液相色谱-质谱联用技术（liquid chromatography-mass spectrometry，LC-MS）等，分析食品中的成分，确认其真实成分，以防止掺假和非法添加其他物质。

2. 溯源分析

利用同位素分析、DNA 条形码技术等手段，追溯食品的生产地和供应链，确保食品的来源和生产过程符合声明，防止非法替换或混合。

（四）促进食品研发和创新

随着科技的进步，食品分析为食品研发和创新提供了坚实的科学依据。

1. 新产品开发

食品分析可以为新产品开发提供科学依据。通过分析新原料的成分和特性，开发出符合市场需求的创新产品。例如，利用高效液相色谱分析新型功能性成分的活性与含量。

2. 生产工艺改进

食品分析在生产工艺改进中起关键作用。通过对不同加工和贮藏条件下的食品进行测试，评估其稳定性和变化情况，以助于优化食品加工工艺和贮藏条件，提高食品质量和安全性。

3. 功能食品创新

挖掘和分析食品中可能具有的活性成分，如抗氧化剂、益生菌等，通过检测这些功能性成分的含量和生物活性，评估食品的健康效益，并推动功能性食品的研发。例如，分析多酚类化合物和膳食纤维的含量，开发抗氧化和促进肠道健康的功能性食品。

（五）指导营养与健康

食品分析通过提供科学的营养数据，指导消费者选择健康的食品，促进合理饮食，提升公众健康水平。

1. 提供科学营养数据

食品分析提供准确的营养成分数据，帮助消费者了解食品的营养价值，指导科学合理的饮食。例如，分析食品中的宏量和微量营养素含量，为消费者提供全面的营养信息。

2. 提供标签数据

基于科学的数据分析，企业可以在产品标签上做出可信的健康声明，帮助消费者选择适合其健康需求的食品。例如，富含膳食纤维的食品可以宣称有助于肠道健康。同时，消费者可通过查看食品标签上的营养成分表，了解食品的营养成分含量，并根据自身的健康需求选择适合的食品。

二、食品分析的内容

食品分析是食品科学与技术中的关键环节，其内容涵盖了对食品的成分、物理特性、化学性质和微生物状况的全面检测和评估。

（一）营养成分分析

营养成分分析主要包括宏量营养素（如蛋白质、脂肪、碳水化合物等）和微量营养素（如维生素、矿物质元素等）的测定。这些营养成分的含量对于评估食品的营养价值、制订合理的膳食计划以及监控食品质量具有重要意义。例如，通过测定牛乳中的蛋白质含量，可以判断其是否符合营养标准；通过测定谷物中的膳食纤维含量，可以评估其对人体健康的益处等。

（二）物理特性分析

物理特性分析包括对食品物理性质（水分含量、酸度、黏度等）的测定，以确保其加工和储存过程的稳定性。如通过烘干法、卡尔费休法（Karl-Fischer）等技术测定食品中的水分含量；使用酸碱滴定法和 pH 计测定食品的酸度和 pH；使用黏度计和流变仪测定食品的黏度和流变特性。

（三）感官检验

感官检验是通过评估食品的外观、香气、味道和质地，全面评估其感官品质和消费者接受度。对于广大的普通消费者，选择食品的首要标准仍然是食品是否美味可口。尽管目前已开发出电子鼻、电子舌等先进仪器，但始终代替不了人的感觉器官，感官检验仍然是最可靠、直接、快速的食品分析技术。食品的感官检验往往是食品检验各项内容的第一项，如果感官检验不合格，即可判定该产品不合格，无需再进行理化检验。

（四）食品添加剂分析

食品添加剂分析也是食品分析的关键环节。食品添加剂的种类和用量直接关系到食品的安全性和口感。因此，对食品添加剂的准确分析至关重要。这包括对防腐剂、增味剂、色素等添加剂的定性和定量分析。例如，通过检测果汁中的防腐剂含量，可以判断其添加量是否超标；通过测定糕点中的甜味剂种类和含量，可以评估其口感和甜度。

（五）有毒、有害物质分析

有毒、有害物质分析是食品分析中不可或缺的一部分。食品在生产、加工和储存过程中可能受到污染，产生有毒、有害物质，如重金属、农药残留、微生物及其代谢物污染、生物毒素、环境污染物、食品加工过程中形成的潜在有毒、有害物质等。这些物质对人体健康构成潜在威胁，因此需要进行严格的分析和监控。例如，通过检测蔬菜中的农药残留量，可以判断其是否可以安全食用；通过测定水产品中的重金属含量，可以评估其对人体健康的风险。

（六）功能性成分分析

随着人们对健康和营养的关注日益增加，功能性食品也越来越受到重视。功能性分析旨在评估和检测食品中具有特定生理功能或健康益处的成分，并推动功能性食品的发展。功能性分析的内容主要包括抗氧化能力测定、抗菌活性分析、益生菌含量分析、膳食纤维含量分析和其他生物活性成分的分析等。

食品分析是一项复杂而重要的工作，其任务不仅涉及食品的安全性和质量保障，还包括对食品真实性的确认和新功能的研究。随着科学技术的不断进步，食品分析的方法和技术也在不断更新和完善。食品分析不仅服务于食品工业，还在公共健康、环境保护以及食品创新等方面发挥着重要作用。未来，食品分析将继续发挥其关键作用，为人们提供更安全、更健康的食品，并推动食品工业的持续发展和创新。

第三节 食品分析方法

食品分析是食品科学技术的重要组成部分，它运用物理、化学和生物科学等原理及现代技术建立可靠的分析方法，对食品原料、半成品、成品和包装材料的化学组成、结构及性质进行定性和定量测定，从而获得科学数据。在对食品进行分析检验时，选择适当的分析方法取决于分析的目的、待测组分及其可能存在的干扰成分的性质，以及它们在食品中的相对含量差异等。食品分析采用的方法主要包括感官检验法、物理检验法、化学分析法、仪器分析法、微生物分析法和酶分析法等。随着科学技术的快速发展和食品行业的不断演进，食品分析方法正朝着快速、高效、高灵敏度、低成本、环保、可持续以及多元化的方向不断发展进步。

一、感官检验法

食品感官检验法是通过人的感觉，主要包括视觉、嗅觉、味觉、听觉、触觉，对食品的品质做出客观的评价，即通过眼观、鼻嗅、口尝、耳听及手触等方式，对食品的色、香、味、形进行综合分析评价，最后以数据、文字或符号的方式作出评判，它综合利用了心理学、生理学、统计学和丰富的实践经验对食品进行综合的全面评价。广泛应用于食品质量检查、原材料选购、工艺条件优化、食品贮藏和保鲜、新产品开发、市场调查等许多方面。

二、物理检验法

物理检验法是食品分析中较为常用的检测方法，主要可以分为两种类型：一种类型是食品的物理常数，与食品的组成及其含量之间存在着一定的对应关系，可通过测定特定的物理常数可间接地反映主要食品成分的含量，如相对密度、折射率、旋光度等；另一种类型是食品某些表观物理量，可直接反映食品质量的优劣，是评判食品质量及感官性状的重要指标，如色度、黏度和质构等物理特性间接评价食品质量与品质。相对密度法、折射法、旋光法和质构法等基于物理特性的分析方法是目前食品分析与检验常用的方法，在制糖、罐头、蜂蜜、果蔬、酿酒、油脂工业和乳制品质量控制等领域应用广泛。

三、化学分析法

化学分析法是以物质的化学反应为基础的分析方法，是分析化学的基础，又称为经典分析法。化学分析法是食品分析中最基本、最重要的分析方法。根据化学反应的类型、操作方法，化学分析法又分为滴定分析法和质量分析法两大类。

1. 滴定分析法

滴定分析法是一种经典的化学分析方法，它是根据滴定所消耗的标准溶液的浓度和体积以及被测物质与标准溶液所进行的化学反应的计量关系，求出被测物质含量的方法。

标准溶液的计量可采用“容量”和“质量”两种方法，滴定分析法也因此分为容量滴定法和质量滴定法。容量滴定法的优点是操作简便、迅速、准确、费用低、适用于常规分析。质量滴定法中天平是必备仪器，熟练的称量技术是操作中的关键，常用的有质量浓度（mol/kg）、滴定度（每克标准溶液相当于被测物质的克数）等。实践表明，质量滴定法简便，测定结果也较为准确可信。根据滴定反应的类型，滴定分析法可分为：①酸碱滴定法，如测定食品的酸度、蛋白质含量等。②氧化还原滴定法，如测定还原糖、维生素 C 的含量等。③沉淀滴定法。

2. 质量分析法

质量分析法会根据物质的化学性质，选择合适的化学反应，将被测组分转化为一种组成固定的沉淀或气体形式，通过纯化、干燥、灼烧或吸收剂的吸收等一系列的处理后，精确称量，求出被测组分的含量。如应用质量分析法测定食品中的水分、灰分、脂肪、果胶、纤维等成分的含量。

质量分析法是使用分析天平称量而获得分析结果，在分析过程中一般不需要与基准物质进行比较，也没有容量器皿引起的误差。因此质量分析法准确度好、精密度高。但是质量分析法需经溶解、沉淀、过滤、洗涤、干燥或灼烧以及称量等步骤，分析操作较烦琐，耗时较长，对低含量组分的测定误差较大。进入 20 世纪下半叶后，由于仪器分析法的发展，质量分析法的使用相对减少。

四、仪器分析法

随着科学技术的进步，食品分析检测方法和实验技术正在迅速发展，仪器分析法是借用精密仪器测量物质的某些理化性质以确定其化学组成、含量及化学结构的一类分析方法，尤其适用于微量或痕量组分的测定。目前，广泛应用的仪器分析法有电化学分析法、光谱分析法、色谱分析法、质谱分析法等不同类型。

1. 电化学分析法

电化学分析法利用物质的电学和电化学性质进行分析。通常，它通过构建试样溶液成为一个化学电池（电解池或原电池），利用电池中某些物理量（如电极间的电动势、电流或电荷量、电解质溶液的电阻等）与其化学量之间的关系来进行测定。电化学分析法在食品分析中具有显著的优点，其操作简便，不需要复杂的前处理步骤，适用于快速分析，尤其适合于食品生产过程中的实时监测和质量控制，其非破坏性特性使得食品样品可以保持完整，目前已应用于食品添加剂、污染物和营养成分等检测中。

2. 光谱分析法

光谱分析法是一种基于物质与电磁辐射相互作用的分析技术，通过测量样品与电磁波

(如可见光、紫外光、红外光等)的相互作用，获取有关样品结构、成分和性质的信息。基于朗伯-比尔定律（Lambert-Beer 定律），通过待测物质浓度与它对光吸收或发射的强弱的正比例关系测定其含量。光谱分析法涉及紫外-可见分光光度法、原子吸收光谱法、原子发射光谱法等多种分析方法，是食品分析中广泛应用的方法之一。

3. 色谱分析法

色谱法根据其使用的介质和分离机制，主要分为气相色谱法、液相色谱法和薄层色谱法等几种主要类型。

气相色谱法是由英国生物化学家 Archer John Porter Martin 等人于 1952 年创立的一种分离方法。它的发展基于对液-液分配色谱的研究，通过利用气体作为流动相，将复杂的混合物分离成其组成部分。这种方法利用固定相表面的吸附性质和不同组分在气态流动相中的分配系数差异，实现了高效、快速和精确地分析。气相色谱法在食品质量与安全中应用广泛，例如对食品农药残留量检测，对酒类中甲醇、高级醇和杂醇油等的分析。

液相色谱法是指液体为流动相的色谱，是 20 世纪 70 年代发展起来的一项高效、快速的分离、分析技术。在经典的液相色谱法基础上，采用高压泵、高效固定相和高灵敏度检测器技术，实现了分析速度快、分离效率高和操作自动化。HPLC 因适用于分离、分析高沸点、热稳定性差、生理活性物质以及相对分子质量较大的物质而广受欢迎，如食品中的维生素、着色剂、农药残留、兽药残留等。

4. 质谱分析法

质谱的基本原理是将样品中的分子转化为离子，并根据它们的质荷比（m/z，质量与电荷比）进行分离和检测。20 世纪 60 年代末，GC-MS 的发展使得分析更加精确和高效。液相色谱-质谱联用技术的实用化进一步扩展了质谱法的应用领域。在食品分析中能够定性或定量地检测出挥发性成分、糖类组成、氨基酸、香味成分及有毒有害物质等。近年来，无机质谱技术也得到了快速发展，其中的电感耦合等离子体质谱（inductively coupled plasma mass spectrometry，ICP-MS）是 20 世纪 80 年代发展起来的一种新的质谱联用技术。ICP-MS 将电感耦合等离子体对无机元素的高温电离特性与质谱仪的高选择性、高灵敏度检测特性结合，形成一种多元素（包括同位素）同时测定的超痕量元素分析技术。

5. 核磁共振分析法

核磁共振分析法是一种基于原子核自旋的分析技术，最早由美国斯坦福大学的 Felix Bloch 和哈佛大学的 Edward Purcell 在 1946 年各自独立发现，二人因此获得了 1952 年诺贝尔物理学奖。其基本原理是利用核自旋在外加磁场作用下吸收特定频率的电磁波，从而实现对分子结构的精确解析。核磁共振技术不仅可以分析食品中粉状结块的形成机制，还能研究食品的结块特性与玻璃态转变温度、化学组成等因素之间的关系。这些研究为改善食品质量、延长保质期提供了重要的理论基础。

6. 生物芯片检测技术

生物芯片检测技术是一种新型的微量分析技术，涵盖了方阵构建、样品制备、化学反应和结果检测等关键步骤。该技术在食品微生物学、食品卫生学、食品毒理学、营养学以及转基因产品检测等领域广泛应用。利用生物芯片检测技术，可以对食品中的成品和鲜活动植物材料进行高灵敏度检测，生物芯片检测技术自动化程度高、特异性强、操作简便且速度快。生物芯片检测技术将不断完善，应用范围也将不断扩展。

综合而言，仪器分析法具有多方面的优势，包括高灵敏度、样品需求量少、专一性强、操作简便、易于实现自动化等特点。随着计算机技术的引入，仪器分析的速度、灵敏度和准确性进一步提升，多种技术的组合也使得仪器分析的应用范围更加广泛。分析仪器正朝着小型化、自动化和智能化的方向发展，这将进一步推动食品安全检测和质量控制的科技进步和应用效率。

五、微生物分析法

微生物分析法是一种基于特定微生物对特定物质生长需求的分析方法。例如，乳酪乳酸杆菌在特定培养液中生长时能产生乳酸，其产生的乳酸量与培养液中维生素 B_2 的含量呈比例关系。在培养液中加入维生素 B_2 标准溶液或样品提取液，通过乳酸含量可确定待检样品中维生素 B_2 的含量。微生物分析法的优点包括测定条件温和，选择性高，已被广泛应用于维生素、抗生素残留量和激素等成分的分析。

六、酶分析法

酶分析法利用酶对特定底物的选择性反应来测定样品中的目标成分。酶能够加速化学反应的速率，并且对底物具有高度的特异性。因此，可以用于检测和测量样品中的特定有机酸、糖类或维生素等化合物。

第四节 国内外食品分析标准

食品分析方法的选择通常需要考虑多方面因素，包括样品的具体分析目的、分析方法的特性（如专一性、准确度、精密度、分析速度等）、设备条件、成本费用以及操作要求等。根据不同的应用场景和需求，选择合适的分析方法对确保分析结果的准确性和可靠性至关重要。对于生产过程中的质量控制或企业内部的质量评估，通常会选择分析速度快、操作简单、费用较低的快速分析方法，这有助于及时调整生产过程，确保产品符合质量标准。而对于成品质量的鉴定或需要营养标签的产品分析，则必须采用法定的标准分析方法，以确保结果的法律性和市场认可性。

采用标准的分析方法不仅能提供统一的技术依据，而且能增强分析结果的权威性和可比性，这对于在贸易往来中确保产品质量和安全性具有重要意义。因此，选择合适的分析方法并利用统一的技术手段进行分析，是确保食品质量和安全性的关键步骤之一。按照使用范围划分，目前标准方法分为五种：国际标准、国家标准、行业标准、地方标准、企业标准。

一、国际标准

国际标准是指国际标准化组织（International Organization for Standardization，ISO）、国际电工委员会（International Electrotechnical Commission，IEC）和国际电信联盟（International Telecommunication Union，ITU）所制定的标准，以及经ISO认可并收入《国际标准题内关键词索引》（KWIC Index）之中的标准。国际标准对各国来说是自愿采用，但因为国际标准集中了一些先进工业国家的技术经验，因此，从本国利益出发国际标准也往往被积极采用。《国际标准题内关键词索引》（KWIC Index）收录了包括ISO、IEC及其他27个国际组织所制定的且经ISO认可的各类标准，是ISO为促进《关税及贸易总协定》《世界贸易组织贸易技术壁垒协议》的贯彻实施而出版的。1989年，KWIC Index（第2版）共收录了ISO与IEC制定的800个标准以及其他27个国际组织的1200多条标准。

国际食品法典委员会（Codex Alimentarius Commission，CAC）作为当前制定国际食品标准最重要的国际组织，其发布的《国际推荐 操作规范 食品卫生总则》虽然是推荐性的，但随着WTO/SPS协定强调采用国际食品法典委员会、世界动物卫生组织（World Organization for Animal Health，OIE）和国际植物保护公约（International Plant Protection Convention，IPPC）的标准，CAC的标准在国际食品贸易中显得愈加重要。CAC制定的食品标准、准则和建议称为《国际食品法典》或简称《国际食品法典标准》。这些标准组成了CAC的食品标准体系，也称为CAC农产品加工标准体系。其标准可以分为五大类，包括商品标准、技术规范标准、限量标准、分析与取样方法标准，以及一般准则和指南。其中，商品标准涵盖了国际食品贸易中重要的大宗商品，占据了国际食品法典标准总数的67%左右。制定了食品中农药残留、兽药残留、农药再残留、有害元素和生物毒素等的最大限量标准。CAC标准体系涵盖了食品卫生、标签和包装、食品添加剂、污染物、取样和分析方法、食品进出口检验与认证体系、特殊膳食与营养食品、食品加工及贮藏规范等多个方向，为国际食品贸易提供了重要的技术依据和保障，促进了全球食品安全和贸易的可持续发展。

国际AOAC（AOAC INTERNATIONAL）作为全球性会员组织，虽非国际标准化组织等法定标准机构，但其发布的分析方法因严谨性与普适性，被国际食品、药品监管体系及行业实验室广泛采纳，具有重要参考价值。该机构前身为1885年成立的美国官方农业化学家协会（Association of Official Agricultural Chemists，AOAC），早期专注于农业化学分析标准化；1965年更名为美国官方分析化学家协会（Association of Official Analytical Chemists），拓展至分析化学全领域；1991 年正式转型为 AOAC INTERNATIONAL，其缩写 AOAC 调整为“分析社群协会”（Association of Analytical Communities），凸显全球化定位，会员涵盖学术界、产业界及政府机构。其核心宗旨为促进分析方法创新、验证及实验室质量保证体系的规范化发展，通过制定协同验证指南、建立方法效能评价标准（如 SMFR 体系），为国际贸易协定（如 WTO 技术壁垒协定）及药典（如美国药典 USP）提供技术依据，成为分析方法国际互认的重要桥梁。其中与食品分析密切相关的方法汇编包括：《官方分析方法》（Official Methods of Analysis，OMA）、《食品成分检测技术指南》（Food Analysis）、《美国环保署农药化学方法手册》（US EPA Manual of Chemical Methods for Pesticides）、《农用抗生素的化学分析方法》（Chemical Analysis for Antibiotics Used in Agriculture）、《农业化学品免疫分析新进展》（New Frontiers in Agrochemical Immunoassay）、《营养成分微生物分析法》（Methods for the Microbiological Analysis of Nutrient），以及《无机污染物的分析技术规范》（Analytical Techniques for Inorganic Contaminant）等，这些方法体系为全球食品安全检测、农残监控及污染物溯源提供了方法论支撑。

二、国家标准

国家标准一般是由国家的标准局颁布。各个国家标准有自己的代号，如中国（GB）、美国（ANS）、英国（BS）、日本（JIS）、德国（DIN）、法国（NF）、意大利（UNI）、西班牙（UNE）等。

我国食品安全国家标准中规定了各种食品成分的分析标准方法，主要有 GB 5009 等系列标准，涵盖了从营养成分到有害成分的分析方法，如《食品安全国家标准　食品中蛋白质的测定》（GB 5009.5—2025）、《食品安全国家标准　食品中乳铁蛋白的测定》（GB 5009.299—2024）、《食品安全国家标准　食品酸的测定》（GB 5009.239—2016）等。

三、行业标准

行业标准主要是对国家标准中没有但又要在全国某个行业范围内统一的技术要求，由国内各专业部颁布。例如，商业部颁布的标准 SB，《食品中酸性橙染料的测定　高效液相色谱法》（SB/T 10920—2012）；农业标准《水果和蔬菜可溶性固形物含量的测定　折射仪法》（NY/T 2637—2014）、《蔬菜及其制品中可溶性糖的测定铜还原碘量法》（NY/T 1278—2007）；海关总署颁布的标准《进出口动物源性食品中粘菌素残留量的测定　液相色谱-串联质谱法》（SN/T 5142—2019）。

四、地方标准

对没有国家标准和行业标准的产品，需要在省市范围内统一的，可由省市标准局制定、审批，报国家标准局备案而成地方标准。当相应的国家标准与行业标准实施后，该项地方标准自行废止。例如，青海省食品安全地方标准《食品安全地方标准 黑果枸杞中花青素含量的测定》（DBS63/ 0011—2021），陕西省食品安全地方标准《食品安全地方标准 植物提取物中苯并（a）芘的测定》（DBS61/ 0008—2022），浙江省食品安全地方标准《石斛花、石斛叶及其干制品中四聚乙醛残留量的测定 气相色谱-质谱法》（DBS33/ 3015—2022）等。

五、企业标准

当企业生产一种新产品，无国家标准、行业标准、地方标准可以依据时，就要制定企业标准（QB）作为组织生产的依据。如果企业产品质量特别好，即便有国家标准、行业标准，也可再制定高于国家标准、行业标准的企业标准。国家质检部门根据企业标准测试产品的品质，然后发放“生产许可证”。

思考题

1. 日常食品分析检验中分析方法的选择通常需要考虑哪些因素？
2. 思考企业标准的制定意义与实践挑战。
3. 请阐述食品分析技术对现代食品产业发展的支撑作用。

第二章 食品样品的采集与预处理

【学习目标】

1. 了解食品分析检验的基本步骤和程序。
2. 掌握食品样品的采样原则、采样方法以及样品的保存方法。
3. 掌握不同类别食品样品的制备及预处理方法。

【学习重点与难点】

1. 重点是食品样品的采样方法。
2. 难点是食品样品的预处理方法。

第一节 概述

在食品分析检验过程中，普遍且高效的方法是从整批产品中挑选一部分具有代表性的样品来进行测试。为了确保所选的这部分样品能够准确反映整批食品的关键性质，就必须采用适当的样品采集方法。

采样是食品分析的重要环节。由于食品成品或原料在品种、产地、成熟期、加工和保存条件等方面存在差异，其成分及含量也可能有显著不同。同一分析对象的不同部位，其成分和含量也可能差异较大。因此，从大量成分不均匀、成分不一致的被检物质中采集能够代表全部被检物质的分析样品，必须运用科学的采样技术，均衡地采集具有代表性的样品。否则，即使后续检测环节非常精密和准确，其结果也会毫无价值。

针对不同类型的食品，设计恰当的样品采集和预处理方法，能够通过测试少量具有代表性的样品，准确评估整个批次食品的品质。这样不仅能提高分析效率，还能降低检测成本，使得食品分析工作更加经济高效。

第二节 食品样品的采集与保存

在食品分析工作中，准确获取能够代表整批食品特征的样品是至关重要的第一步。食品的质量和安全性评估依赖于对其组成成分、污染物含量以及其他相关指标的精确测定，而这些测定结果的可靠性在很大程度上取决于所采集样品的代表性。只有采集到合适的样品，后续的分析工作才有意义，才能为食品质量控制、安全监管以及科学研究等提供可靠的数据支持。

一、样品的采集

由于分析对象数量较大，而且目前的检测方法大多数具有破坏作用，故不能对全部对象进行检验，必须从整批食品中采取一定比例的样品进行检验。从大量的分析对象中抽取具有代表性的一部分样品作为分析材料，这项工作即称为采样。

（一）采样目的

食品采样的主要目的是鉴定食品的营养价值和卫生质量，包括食品中营养成分的种类、含量和营养价值；食品及其原料、添加剂、设备、容器、包装材料中是否存在有毒有害物质、种类、性质、来源、含量、危害等；食品采样是进行营养指导、开发营养保健食品和新资源食品、强化食品卫生监督管理、制定国家食品卫生质量标准以及研究营养与食品卫生学的基本手段和重要依据。

（二）采样原则

正确采样要求遵循以下原则：①代表性。在大多数情况下，待鉴定食品不可能全部进行检测，而只能抽取其中的一部分作为样品，通过对样品的检测来推断该食品总体的营养价值或卫生质量。因此，所采的样品应能够较好地代表待鉴定食品各方面的特性。若所采集的样品缺乏代表性，无论其后的检测过程和环节多么精确，其结果都难以反映总体的情况，常可导致错误的判断和结论。②真实性。采样人员应亲临现场采样，以防止在采样过程中的作假或伪造。所有采样用具都应清洁、干燥、无异味，无污染食品的可能。应尽量避免使用对样品可能造成污染或影响检验结果的采样工具和采样容器。③准确性。性质不同的样品必须分开包装，并应视为来自不同的总体；采样方法应符合要求，采样的数量应满足检验及留样的需要；可根据感官性状进行分类或分档采样；采样记录务必清楚地填写在采样单上，并紧附于样品。④及时性。采样应及时，采样后也应及时送检。尤其是检测样品中水分、微生物等易受环境因素影响的指标，或样品中含有挥发性物质或易分解破坏的物质时，应及时赴现场采样并尽可能缩短从采样到送检的时间。

（三）采样步骤

样品通常可分为检样、原始样品和平均样品。采集样品的步骤一般分五步，依次如下：①获得检样。由分析的整批物料的各个部分采集的少量物料称为检样。②形成原始样品。许多份检样综合在一起称为原始样品。③得到平均样品。原始样品经过技术处理后，再抽取其中一部分供分析检验用的样品称为平均样品。④平均样品三分。将平均样品平分为三份，分别作为检验样品（供分析检测使用）、复验样品（供复验使用）和保留样品（供备查用）。⑤填写采样记录。采样记录要求详细填写采样的单位、地址、日期、样品的批号、采样的条件、采样时的包装情况、采样的数量、要求检验的项目以及采样人等资料。

（四）采样方法

采样通常有两种方法：随机抽样和代表性取样。随机抽样是按照随机的原则，从分析的整批物料中抽取出一部分样品。随机抽样时，要求使整批物料的各个部分都有被抽到的机会。代表性取样则是用系统抽样法进行采样，即已经掌握了样品随空间（位置）和时间变化的规律，按照这个规律采取样品，从而使采集到的样品能代表其相应部分的组成和质量，如对整批物料进行分层取样、在生产过程的各个环节取样、定期从货架上采取陈列不同时间的食品的取样等。随机抽样可以避免人为的倾向性，但是，在有些情况下，如难以混匀的食品（如黏稠液体、蔬菜等）的采样，仅使用随机抽样法是不行的，必须结合代表性取样，从有代表性的各个部分分别取样。因此，采样通常采用随机抽样与代表性取样相结合的方式。由于样品形态、包装等差异，采样方法也不同，具体见表 2-1。

表 2-1　食品样品采集的一般方法

食品种类	采样方式
散装颗粒状样品（粮食、粉状食品）	应从各个角落，上、中、下各取一些，然后混合，用四分法（图 2-1）缩分而得平均样品
液体样品	液体样品先混合均匀，用虹吸法分层取样，每层取 500mL，装入瓶中混匀得平均样品
半固体样品（如蜂蜜、稀奶油）及不易混匀的样品	用采样器从上、中、下层分别取出检样，混合后得平均样品

续表

食品种类	采样方式
大包装的样品	对于有完整包装的大件样品，可按采样公式确定采样件数，即 $\sqrt{\frac{总件数}{2}}$，然后打开包装，按液体、半固体或固体样品的采样方法采样
小包装的样品	小包装的样品连包装一起取（如罐头、乳粉），一般按生产班次取样，250g 以上的包装不得少于 6 个，250g 以下的包装不得少于 10 个
鱼、肉、果蔬等组成不均匀的样品	鱼类一般采集完整个体，大鱼（0.5kg 左右）三条作为一份样品，小鱼 0.5kg 为一份。可对各个部分（如肉，包括脂肪、肌肉部分；蔬菜包括根、茎、叶等）分别采样，经过捣碎混合成为平均样品

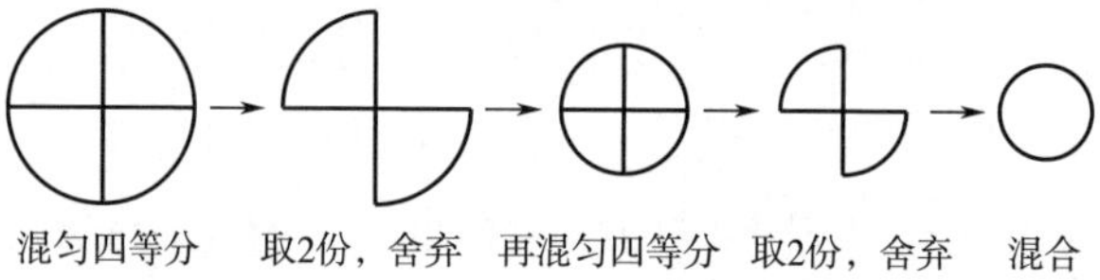

图 2-1 食品样品四分法取样示意图

二、样品的保存

为了防止采集的样品水分或挥发性成分散失以及其他待测成分含量的变化（如光解、高温分解、发酵等），应在短时间内进行分析。如果不能立即分析或是作为复验和备查的样品，则应妥善保存。制备好的样品应放在密封洁净的容器内，根据食品种类选择其物理化学结构变化极小的适宜温度保存。存放的样品要按日期、批号、编号摆放，以便查找。样品保存的原则和方法如下。

（一）稳定待测成分

食品中某些待测成分易挥发、分解或氧化，在运送和保存过程中应尽量保持其稳定不变。按照后续的检测方法，可在采样后立刻加入某些试剂或采取适当的措施，稳定这些待测成分，避开其挥发损失或发生化学变化。例如，胡萝卜素、维生素 B_2 等见光易分解，所以检测这些成分的食品样品，应在避光条件下保存。维生素 E 易被氧化，在保存和处理过程中应加抗氧化剂（如抗坏血酸）。

（二）防止污染

采集和保存食品样品的各种工具和容器不能含有待测成分及其他干扰分析的物质，以防止样品受到污染。接触样品时应用一次性手套，采集好的样品要密封加盖。例如，分析食品中的金属成分，采样工具和盛放样品的容器均不应含有待测金属成分。

（三）防止腐败变质

采集的食品样品应盛放在密封洁净的容器内，并按照食品种类挑选相宜的温度或加入合适的制冷剂与防腐剂保存，避免其理化性质发生转变。如肉类和水产品等样品应低温冷藏，这样可以抑制酶的活性与微生物的生长繁殖，减缓食品中可能的生物化学反应，防止食品样品腐败变质。但应注意，制冷剂或防腐剂的加入应以不影响分析结果为前提。

（四）稳定水分

水分是食物成分的重要指标，食品的水分含量直接影响到食品中营养成分和有害物质的浓度与组成比例，对测定结果影响很大。对许多食品而言，稳定水分可以保持食品应有的感官性状。对于含水量较高的食品样品，若不能尽快分析，可以先测定水分，将样品烘干后保存，检测结果应按照其中水分的含量折算为原样品中待测成分的含量。

第三节　食品样品的制备与预处理

一、样品的制备

按采样规程采取的样品往往数量较多、颗粒较大，而且组成也不十分均匀。为了确保分析结果的正确性，必须对采集的样品进行适当的制备，从而保证样品均匀，以便在分析中采取任何部分都能代表全部样品成分。样品的制备是指对采取的样品进行分取、粉碎、混匀等处理工作。样品的制备方法因产品类别不同而异。

食品样品制备前一般先进行以下步骤：①去除非食用部分。食品理化检验中用于分析的样品一般是指食品的可食用部分。对其中的非食用部分，应该按食用习惯预先去除。例如，植物性食品，根据品种不同去除根、茎、皮、叶、柄、壳等非食用部分；动物性食品需去除羽毛、鳞、爪、骨、肠胃内容物、胆囊、甲状腺、皮脂腺、淋巴结等。罐头食品还应注意清除其中的果核、葱和辣椒等调味品。②去除机械杂质。所检验的食品应该去除生产和加工过程中可能混入的机械杂质，如植物种子、茎、叶、泥沙、金属碎屑、昆虫等异物。③均匀化处理。食品样品在采集时已经切碎或者混匀，但还不能达到分析的要求。通常在实验室检验前，必须进一步均匀化，使检验样品的组成尽可能均匀一致，取出其中任何部分都能获得无显著性差异的结果。

常规食品样品的制备方法见表2-2。

表 2-2 常规食品样品的制备方法 ST 》

样品种类	制备方法
液体、浆体或悬浮液体、互不相溶液体	液体、浆体或悬浮液体：将样品充分摇动，搅拌均匀 互不相溶的液体：如油与水的混合物，应首先使不相溶的成分分离，然后分别进行采样，再制备成平均样品
固体样品	切细、粉碎、捣碎、研磨等方法将样品制成均匀可检状态。水分含量少、硬度较大的固体样品（如谷类）可用粉碎机或研钵磨碎并均匀；水分含量较高、韧性较强的样品（如肉类）可取可食部分放入绞肉机中绞匀，或用研钵研磨；质地软的样品（如水果、蔬菜）可取可食部分放入组织捣碎机中捣匀
罐头	水果罐头在捣碎前须清除果核；肉禽罐头应预先清除骨头；鱼类罐头要将调味品（葱、辣椒及其他）分出后再捣碎。常用捣碎工具有高速组织捣碎机等
鱼类	洗净去鳞后取肌肉部分，置纱布上控水至 1min 内纱布不滴水，切细，混匀，取样。若量大则以四分法缩分留样。备用样品储于玻璃样品瓶中，置冰箱保存
贝类和甲壳类	洗净取可食部分（贝类需含壳内汁液）。蛤、蚬经速冻后连屑挖出，切细，混匀，取样，备用样品储于玻璃样品瓶中，置冰箱保存

二、样品的预处理

食品的化学组成非常复杂，既含有蛋白质、糖、脂肪、维生素及因污染引入的有机农药等大分子的有机化合物，又含有钾、钠、钙、铁等各种无机元素。这些组分之间往往通过各种作用力以复杂的结合态或络合态形式存在。当应用某种方法对其中某种组分的含量进行测定时，其他组分的存在常给测定带来干扰，为了保证分析工作的顺利进行，得到准确的分析结果，必须在测定前破坏样品中各组分之间的作用力，使被测组分游离出来，同时排除干扰组分；此外，有些被测微量组分，如污染物、农药、黄曲霉毒素等，由于含量甚少，很难检测出来，为了准确地测出它们的含量，必须在测定前对样品进行富集或浓缩。以上这些操作过程统称为样品预处理，它是食品成分分析过程中的一个重要环节，直接关系着分析检验的成败。只有少数食品，如饮料、啤酒、白酒等，在测定其微量元素的含量时不需要进行预处理，直接用原子吸收分光光度计即可测定。

（一）样品预处理目的

样品预处理的目的如下：①使被测组分从复杂的样品中分离，制成便于测定的溶液形式。②除去对分析测定有干扰的基体物质。③如果被测组分的浓度较低，还需要进行浓缩富集。④如果被测组分用选定的分析方法难以检测，还需要通过样品衍生化处理使其定量地转化成另一种易于检测的化合物。

（二）样品预处理原则

样品预处理的原则如下：①样品是否要预处理、如何进行预处理、采用何种方法，应根据样品的性状、检验的要求和所用分析仪器的性能等方面加以考虑。②应尽量不用或少用预处理，以便减少操作步骤，加快分析速度，也可减少预处理过程中带来的不利影响，如引入污染、待测物损失等。③分解法处理样品时，分解必须完全，不能造成被测组分的损失，待测组分的回收率应足够高。④样品不能被污染，不能引入待测组分和干扰测定的物质。⑤试剂的消耗应尽可能少，方法简便易行，速度快，对环境和人员污染少。

（三）样品预处理方法

1. 有机物破坏法

测定食品中的粗蛋白、无机盐和金属元素等项目时常用有机物破坏法，这种方法是在高温或强氧化的条件下破坏样品中的有机物质，使样品中的有机物被分解为二氧化碳等而挥发，使被测组分释放出来，以无机物的简单形式存在。有机物破坏法可分为干法灰化法、湿法消化法、高压密封消解法、微波消解法和紫外分解法等。

(1) 干法灰化　干法灰化是一种用高温灼烧的方式破坏样品中有机物的方法。一定量的样品在坩埚中加热，使其中的有机物脱水、炭化、分解、氧化之后，再置于高温马弗炉中（一般温度为500~6000℃）灼烧灰化，使有机成分彻底分解为二氧化碳、水和其他气体而挥发，直至残渣为白色或浅灰色为止，所得的残渣即为无机成分，可供测定用。

干法灰化的优点：①基本不添加或添加少量的试剂，故空白值较低。②多数食品经灼烧后所剩下的灰分体积很小，因而能处理较多量的样品，故可加大称样量，在方法灵敏度相同的情况下，可提高检出率。③有机物分解彻底。④操作简单，灰化过程中不需要人一直看管，可同时做其他实验的准备工作。

干法灰化的缺点：①处理样品所需要的时间较长。②由于敞口灰化，温度又高，容易造成某些挥发性元素的损失。③盛装样品的坩埚对被测组分有一定的吸附作用，由于高温灼烧使坩埚材料结构改变造成微小孔穴，使某些被测组分吸留于孔穴中很难溶出，致使测定结果和回收率偏低。

(2) 湿法消化　向样品中加入氧化性强酸（如浓硝酸、浓硫酸和高氯酸），并结合加热消煮，有时还要加一些氧化剂（如高锰酸钾、过氧化氢）或催化剂（硫酸铜、硫酸汞、二氧化硒、五氧化二钒等），使样品中的有机物质被完全分解、氧化，呈气态逸出，而待测成分则转化为离子状态存在于消化液中，供测试用。常用的强氧化剂有浓硝酸、浓硫酸、高氯酸、高锰酸钾、过氧化氢等。

湿法消化的优点：①由于使用强氧化剂，有机物分解速度快，消化所需时间短。②由于加热温度较干法灰化低，故可减少金属挥发逸散的损失，同时容器的吸附也少。③被测物质以离子状态保存在消化液中，便于分别测定其中的各种微量元素。

湿法消化的缺点：①在消化过程中，有机物快速氧化常产生大量有害气体，因此操作需在通风橱内进行。②消化初期，易产生大量泡沫外溢，故需操作人员随时照管。③消化过程中大量使用各种氧化性酸等，试剂用量较大，空白值偏高。

（3）高压密封消解法　该方法使用的高压密封消解装置是一个聚四氟乙烯容器，外面套有一个不锈钢外套，可以耐受较高的压力。聚四氟乙烯容器可以耐强酸、强碱，耐 250℃ 以下的温度和大多数强氧化剂，消解时所取样品和试剂都比常压湿法消化法少得多。由于是在密封容器内压力消解，试剂的利用率高。在较高的温度和压力下，氧化性酸与样品的作用加快，使样品分解更加完全，而且消解溶液不会污染环境。缺点是速度较慢，因套有不锈钢外套、升温和降温都需要一定的时间。另外，对密封容器的要求也较高，如果密封不严，消解过程中逸出的酸蒸气会腐蚀不锈钢外套，使其使用寿命缩短，并可能造成较大的误差。

（4）微波消解法　微波消解法是一种高压条件下微波辅助加热的湿法消化方法，将样品放入耐酸碱腐蚀的聚四氟乙烯高压密封罐中，加入氧化剂后，在微波消解仪中利用微波能量对样品加热消解。与传统湿法消化相比，微波消解法具有样品消解时间短（几十秒至几分钟）、消解快速彻底、消化试剂用量少、空白值低、易于实现自动化等优点。由于物料是瞬时高温，一些高温易挥发逸散的样品可采用微波消解法处理。

（5）紫外分解法　紫外分解法是利用紫外光消解样品中的有机物，从而测定其中无机离子的氧化分解方法。所用到的紫外光由高压汞灯提供，在 80～90℃ 的温度下进行分解。为了加速有机物的分解，在光解过程中通常加入过氧化氢。其特点是试剂用量少、污染小、空白值低、回收率低，可用于测定样品中铜、锌、镉、磷酸根、硫酸根等物质。

2. 蒸馏法

蒸馏法是利用液体混合物中各组分挥发度不同所进行分离的方法。此法具有分离和净化双重效果。根据样品中待测定成分性质的不同，可采用以下几种常见的蒸馏方式。

（1）常压蒸馏　当被蒸馏的物质受热后不发生分解或沸点不太高时，可在常压下进行蒸馏。常压蒸馏加热方法要根据被蒸馏物质的沸点和特性来选择。如果被蒸馏物质沸点低于 90℃ 可用水浴；如果超过 90℃，则需改用油浴、沙浴、盐浴或石棉浴；如果被蒸馏物质不易爆炸或燃烧，可直接加热，最好垫以石棉网，以保证加热均匀和安全。当被测物质的沸点高于 150℃ 时，可用空气冷凝管代替冷水冷凝器。在加热蒸馏前，应在蒸馏瓶中加入少量沸石或其他类似物，以防止液体暴沸，并使沸腾保持平稳。

（2）减压蒸馏　有很多化合物特别是天然提取物在高温条件下极易分解，因此需降低蒸馏温度，最常用的方法就是减压蒸馏。该方法的基本原理是借助减压装置降低蒸馏系统内的压力以降低液体的沸点，防止被测组分发生分解。减压装置通常使用水泵或真空泵。

（3）水蒸气蒸馏　水蒸气蒸馏是用水蒸气加热水和与水互不相溶的混合液体，使具有一定挥发度的被测组分与水蒸气按分压成比例地从溶液中一起蒸馏出来的方法。某些物质沸点较高，直接加热蒸馏时，因受热不均易引起局部炭化。还有些被测成分，当加热到沸点时可能发生分解。这些成分的提取，可用水蒸气蒸馏。

（4）分馏　分馏是蒸馏的一种，是将液体混合物在一个设备内进行多次部分汽化和部分冷凝，将液体混合物分离为各组分的蒸馏过程。当需要分离的两种或两种以上互溶组分而且沸点相差较小时，可用分馏的方法进行分离。

3. 溶剂提取法

在同一溶剂中，不同的物质具有不同的溶解度。利用样品各组分在某一溶剂中溶解度的差异，将各组分完全或部分地分离的方法，称为溶剂提取法。溶剂提取法很多，常用的方法如下。

（1）浸提法　用适当的溶剂从固体样品中将某种待测成分浸提出来的方法称为浸提法，又称固-液萃取法。提取剂的选择应符合相似相溶的原则，根据被提取物的极性强弱选择提取剂。对极性较弱的成分可用极性小的溶剂，如正己烷、石油醚；对极性强的成分可用极性大的溶剂，如甲醇与水的混合溶液。提取剂的沸点宜在45~80℃，沸点太低易挥发，沸点太高则不易浓缩，且对热稳定性差的被提取成分也不利。此外，要求所用提取剂既能大量溶解被提取的物质，又不破坏被提取物的性质。

浸提法有以下几种方法：①振荡浸渍法。将样品切碎，置于合适的溶剂系统中，浸渍、振荡一定时间，即可从样品中提取出被测成分。此法简便易行，但回收率较低。②捣碎法。将切碎的样品放入捣碎机中，加提取剂捣碎一定时间，使被测成分被提取出来。此法回收率较高，但干扰杂质溶出较多。③索氏提取法。将一定量的样品放入索氏提取器中，加入提取剂，加热回流一定时间，将被测成分提取出来。此法的优点是提取剂用量少，提取完全，回收率高，但操作较麻烦且需专用的索氏提取器。

（2）盐析法　向溶液中加入某一盐类物质，使溶质在原溶剂中的溶解度大大降低，从而从溶液中沉淀出来。在进行盐析工作时，应合理选择溶液中所要加入的物质，以保证其不会破坏溶液中所要析出的物质，否则达不到盐析提取的目的。此外，要注意选择适当的盐析条件，如溶液的pH、温度等。盐析沉淀后，根据溶剂和析出物质的性质和实验要求，选择适当的分离方法，如过滤、离心、分离和蒸发等。

（3）萃取法　萃取法又称溶剂分层法，是利用某组分在两种互不相溶的溶剂中分配系数的不同，使其从一种溶剂转移到另一种溶剂中，而与其他组分分离的方法。此法操作迅速，分离效果好，应用广泛。萃取用溶剂应与原溶剂互不相溶，对被测组分有最大溶解度，而对杂质有最小溶解度。即被测组分在萃取溶剂中有最大的分配系数，而杂质只有最小的分配系数。此外，还应考虑两种溶剂分层的难易以及是否会产生泡沫等问题。经萃取后，被测组分进入萃取溶剂中，即与留在原溶剂中的杂质分离开。需要注意的是，萃取试剂通常易燃、易挥发，且有毒性，操作时需注意。

4. 色谱分离法

色谱分离法是在载体上进行物质分离的一系列方法的总称。食品分析常遇到样品中共存有理化性质十分接近的同分异构体或同系有机化合物，例如，各种氨基酸、维生素等，用其他方法测定时可能会相互干扰，很难用普通的方法排除。此时，可用色谱法分离，预处理后再进行测定。根据分离原理的不同，色谱分离可分为吸附色谱分离、分配色谱分离和离子交换色谱分离等。

（1）吸附色谱分离　利用经活化处理的聚酰胺、硅胶、硅藻土、氧化铝等吸附剂的吸附能力，对被测成分或干扰组分进行选择性吸附，从而实现分离的方法称为吸附色谱分离。例如，聚酰胺对色素有强大的吸附力，而其他组分则难于被其吸附，在测定食品中色素含量时，常用聚酰胺吸附色素，经过过滤洗涤，再用适当溶剂解吸，可以得到较纯净的色素溶液，供测试用。

（2）分配色谱分离　这种方法是根据不同物质在两相间的分配比不同所进行的色谱分离。两相中流动的一相称为流动相，固定不动的另一相称为固定相。被分离的组分在流动相沿着固定相移动的过程中，由于不同物质在两相中的分配比不同，当作为流动相的溶剂渗透在固定相中并向上展开时，这些物质在两相中的分配作用反复进行，从而达到分离的目的。

（3）离子交换色谱分离　离子交换分离法是利用离子交换剂与溶液中的离子之间所发生的交换反应来进行分离的色谱分离方法。可分为阳离子交换和阴离子交换两种。交换作用可用下列反应式表示

$$\text{阳离子交换：} R—H + M^{+}X^{-} \longrightarrow R—M + HX \tag{1}$$

$$\text{阴离子交换：} R—OH + M^{+}X^{-} \longrightarrow R—X + MOH \tag{2}$$

式中　R——离子交换剂的母体；

MX——溶液中被交换的物质。

将被测离子溶液与离子交换剂一起混合振荡，或将样品溶液缓缓通过用离子交换剂制成的离子交换柱时，被测离子或干扰离子即与离子交换剂上的 H^+ 或 OH^- 发生交换，被测离子或干扰离子留在离子交换剂上，被交换出的 H^+ 或 OH^-，以及不发生交换反应的其他物质留在溶液内，从而达到分离的目的。在食品分析中，可应用离子交换分离法制备无氨水、无铅水。离子交换分离法还常用于分离较为复杂的样品。

5. 化学分离法

（1）磺化法　此法的原理是油脂遇到浓硫酸就发生磺化，浓硫酸与脂肪和色素中的不饱和键起加成作用，形成可溶于硫酸和水的强极性化合物，不再被弱极性的有机溶剂所溶解。用浓硫酸处理样品提取液后，再用水清洗，可有效地除去脂肪、色素等干扰杂质，从而达到分离净化的目的。

（2）皂化法　本法是用热碱溶液处理样品提取液，以除去脂肪等干扰杂质。其原理是

利用热碱溶液（如氢氧化钾-乙醇溶液）将脂肪等杂质皂化除去，以达到净化目的。此法仅适用于对碱稳定的待测组分，如维生素 A、维生素 D、维生素 E 等。

（3）沉淀分离法　沉淀分离法是利用沉淀反应进行分离的方法。在试样中加入适当的沉淀剂，使被测组分沉淀下来，或将干扰组分沉淀下来，经过过滤或离心将沉淀与母液分开，从而达到分离目的。在进行沉淀分离时，应注意溶液中所要加入的沉淀剂的选择。所选沉淀剂应该是不会破坏溶液中所要沉淀析出的物质，否则达不到分离提取的目的。沉淀后，要选择适当的分离方法，如过滤、离心分离或蒸发等，要根据溶液、沉淀剂、沉淀析出物质的性质和实验要求来决定。

（4）掩蔽法　此法是利用掩蔽剂与样品溶液中干扰成分作用，使干扰成分转变为不干扰测定状态，即被掩蔽起来。运用这种方法可以不经过分离干扰成分的操作而消除其干扰作用，简化分析步骤，因而在食品分析中应用十分广泛，常用于金属元素的测定。当使用双硫腙比色法测定铅时，在测定条件（pH = 9）下，Cu^{2+}、Cd^{2+}等离子对测定产生干扰，可加入氰化钾和柠檬酸铵进行掩蔽，以消除它们的干扰。

6. 浓缩法

当食品试液中被测组分的量极少，浓度低于检测限时不能产生显著的测定信号，被测组分不可能被检出。这时，为满足测定方法灵敏度的需要，保证食品分析工作的顺利进行，测定之前就需要对试液进行浓缩富集，以提高被测组分的浓度。常用的浓缩方法有常压浓缩法和减压浓缩法两种。常压浓缩主要用于待测组分为非挥发性的样品净化液的浓缩，通常采用蒸发皿直接挥发，若要回收溶剂，则可采用蒸馏装置，该法简便、快速，是较为常用的浓缩方法；减压浓缩主要用于待测组分为热不稳定性或易挥发的样品净化液的浓缩，通常采用专用浓缩器，在水浴锅上加热并抽气减压，该方法浓缩温度低、速度快、被测组分损失少，特别适用于农药残留量分析中样品净化液的浓缩。

思考题

1. 正确采样必须遵循的原则有哪些？
2. 采样的方法和步骤是什么？
3. 样品保存的原则和方法是什么？
4. 样品预处理的目的及常用的预处理方法有哪些？

第三章
分析方法的评价与数据处理

【学习目标】

1. 掌握误差的种类、来源、表示方法及它们之间的关系。
2. 掌握提高分析结果准确度的方法及测定方法的评价指标。
3. 掌握分析结果评价的 t 检验法和 F 检验法。

【学习重点与难点】

1. 重点是误差的计算。
2. 难点是实验结果 t 检验和 F 检验计算。

第一节 食品分析的误差

在食品检验和分析过程中，由于各种因素导致实际检测结果与真实值之间的差异称为误差（error）。误差自始至终存在于一切科学实验过程中，实验结果都具有误差。

真实值（true value）是指一个客观存在的具有一定数值的被测成分的物理量。真实值一般是未知的，但相对意义上来说，真实值又是已知的：①理论真实值，如平面三角形三内角之和为 180°。②计量学约定真实值，如国际计量大会确定的长度、质量、物质的量等单位及各种表列值，如相对原子质量等。③相对真实值，如国家标准样品的标称值，精度高一个等级的测量值作为低一级测量值的真实值，多次试验值的平均值等。

一、误差的种类及其来源

根据误差的性质和来源，可将误差分为系统误差、偶然误差和过失误差三大类。

（一）系统误差

1. 系统误差的定义

系统误差（systematic errors）也称可测误差（determinate errors），它是由分析过程中某些固定原因造成的误差，在测定过程中按一定的规律重复出现，一般有一定的方向性，即测定值总是偏高或总是偏低。

2. 系统误差的特点

系统误差的特点是重复性、单向性、恒定性、可校正性。即系统误差大小及其符号在同一试验中是恒定的；它不能通过多次试验被发现，也不能通过取多次试验值的平均值而减小；只有对系统误差产生的原因有了充分的认识，才能对它进行校正或设法消除。

3. 系统误差的来源

系统误差产生的原因有方法误差、仪器误差、试剂误差和主观误差等。

（1）方法误差　由于不适当的实验设计或方法所引起的误差，如滴定分析中指示剂选择不当、重量分析中沉淀的溶解损失等。

（2）仪器误差　由于使用仪器的本身缺陷所造成的，如使用的仪器或容量器皿未经校准等。

（3）试剂误差　所用试剂不纯或去离子水不合格等原因造成。

（4）操作误差　在实验过程中由于操作人员操作不当或操作偏见造成，如个人对滴定终点判断不当、刻度读数不正确等引起的人为误差。

针对系统误差产生的原因，可采用标准方法与标准样品进行对照实验；进行仪器校正以减小仪器的系统误差；采用纯度高的试剂或进行空白试验，校正试剂误差；严格训练分析人员并提高他们的技术业务水平等方法校正或消除系统误差。

（二）偶然误差

偶然误差（random errors）又称随机误差或不可测误差（indeterminate errors），是由分析中某些难以控制、无法避免的偶然因素造成的误差。产生的原因往往是不固定的、未知的，且大小不一，或正或负，其大小是不可测的。如分析测试时环境温度、湿度、电压等的波动都会引起分析数据在一定范围内波动，造成偶然误差。

偶然误差的特点是多次测定时具有统计规律、不恒定、无法消除。其小误差比大误差出现机会多，正、负误差出现次数近似相等；当试验次数足够多时，误差的平均值趋向于零；偶然误差是不可完全避免的，无法消除，可以通过增加试验次数减少随机误差。

偶然误差的来源：①环境温度、湿度、电压、污染情况等的变化引起样品质量、组成、仪器性能等的微小变化。②操作人员实验过程中操作上的微小差别。③其他不确定因素所造成。

（三）过失误差

过失误差（blunders）是指在实际工作中，因工作人员不按标准规范操作或粗心大意所造成的误差。如加错试剂、溶液溅失、读错或记错数据等。

过失误差没有一定的规律，可以完全避免。分析工作中，当误差值很大时，应分析其原因，如是过失引起的，则结果应舍去。

二、误差的表示方法

在实际工作中，为了提高分析结果的准确性，通常会对样本进行（重复）多次分析，结果取平均值。例如测定了一款鱼粉产品的粗蛋白含量，4 次测定结果分别为 64.53%、64.45%、65.10%和 64.78%。结果取平均值，即该款鱼粉产品的粗蛋白含量为 64.72%。但平均值无法表明测试的可重复性有多高，也无法表明所测结果与真实值（65.05%）有多接近。要解决上述问题，需对结果的准确度和精密度等进行计算。

（一）准确度和精密度

1. 准确度

准确度（accuracy）表示测定值与真实值的接近程度，它能说明测定的可靠性，其高低常以误差的大小来衡量。误差（即准确度）的大小可用绝对误差（absolute error）和相对误差（relative error）表示。绝对误差为测量值与真实值之差。若以 x_i 表示测定值，T 表示真实值，则绝对误差 E 为

$$E = x_i - T \tag{3-1}$$

绝对误差的单位与测量值的单位相同，其数值有正有负，绝对误差值越小，表示测量值与真实值越接近，测量结果的准确度越高；反之，值越大，测量准确度越低。

相对误差 E_r 为绝对误差 E 与真实值 T 的比值，用下式表示

$$E_r = \frac{x_i - T}{T} \times 100\% = \frac{E}{T} \times 100\% \tag{3-2}$$

相对误差反映误差在测量结果中所占的比例，常用百分数或千分数表示。它能消除物理量本身的大小对误差值的影响，更便于比较在各种情况下测定结果的准确度，相对误差越小，准确度越高。

2. 精密度

精密度（precision）是指在相同条件下，n 次重复测定结果的相互符合程度。它体现了分析结果的再现性。平行测定结果越接近，分析结果的精密度越高，它决定于偶然误差的

大小。精密度的好坏可用绝对偏差、相对偏差、平均偏差、相对平均偏差、极差、相对极差、标准偏差、相对标准偏差来衡量。

(1) 绝对偏差 (deviation, d) 与相对偏差 (relative deviation, d_r) 绝对偏差 d 是指某次测定结果 x_i 与 n 次测定结果的平均值 $\bar{x}$ 之间的差别。相对偏差是指绝对偏差 d_r 在平均值 $\bar{x}$ 中所占的百分率。

$$d = x_i - \bar{x} \tag{3-3}$$

$$d_r = \frac{x_i - \bar{x}}{\bar{x}} \times 100\% = \frac{d}{\bar{x}} \times 100\% \tag{3-4}$$

偏差值越小，平行测定的精密度越高。但绝对偏差和相对偏差只能用来衡量单次测定结果对平均值的偏离程度。为了更好地说明测定结果的精密度，在分析工作中常用平均偏差 $\bar{d}$ 来表示。

(2) 平均偏差 ($\bar{d}$) 与相对平均偏差 ($\bar{d}_r$) 平均偏差是指 n 次测量结果偏差的绝对值的平均值。相对平均偏差表示平均偏差在测定结果的算术平均值中所占的百分率。

$$\bar{d} = \frac{|d_1| + |d_2| + \cdots + |d_n|}{n} = \frac{\sum |d_i|}{n} \tag{3-5}$$

$$\bar{d}_r = \frac{\bar{d}}{\bar{x}} \times 100\% = \frac{\sum |d_i|}{n\bar{x}} \times 100\% \tag{3-6}$$

用平均偏差表示精密度比较简单，但不能反映出个别大的偏差。

(3) 极差 (range, R) 与相对极差 (R_r) 极差也称全距或范围误差，为一组测定结果中最大值 (x_{max}) 与最小值 (x_{min}) 的差值。

$$R = x_{max} - x_{min} \tag{3-7}$$

$$R_r = \frac{R}{\bar{x}} = \frac{x_{max} - x_{min}}{\bar{x}} \tag{3-8}$$

虽然用极差表示测定数据的精密度不够严密，但计算简单，在食品分析中也常应用。

(4) 标准偏差 (standard deviation, S 或 SD) 与相对标准偏差 (relative standard deviation, S_r 或 RSD) 标准偏差又称均方根偏差，是对有限次测定次数 n 而言的，表示各测定值对平均值的偏差，能精确反映测定数据之间的离散特性，它比平均偏差更能灵敏地反映出较大偏差的存在，又比极差更充分地引用了全部数据的信息。

$$S = \sqrt{\frac{\sum_{i=1}^{n} (x_i - \bar{x})^2}{n-1}} = \sqrt{\frac{\sum_{i=1}^{n} d_i^2}{n-1}} \tag{3-9}$$

式中 $n-1$——自由度。

在统计学中，测定次数无限多时，可将测定结果的总体平均值当作真实值 μ，用 σ 表示标准偏差。

$$\sigma = \sqrt{\frac{\sum_{i=1}^{n}(x_i - \mu)^2}{n}} \quad (3-10)$$

相对标准偏差又称变异系数（coefficient of variation，CV），是指标准偏差 S 在平均值 $\bar{x}$ 中所占的百分率。

$$CV = \frac{S}{\bar{x}} \times 100\% \quad (3-11)$$

［例 3-1］分析某一水果样品中的总糖含量得到如下数据（%）：14.88，15.01，15.13，14.96，15.22。计算结果的算术平均值、极差、平均偏差、标准偏差和变异系数。

解：算术平均值 $\bar{x} = \frac{\sum x_i}{n} = \frac{14.88 + 15.01 + 15.13 + 14.96 + 15.22}{5} = 15.04$

$$极差\ R = x_{max} - x_{min} = 15.22 - 14.88 = 0.34$$

各次测定结果的绝对偏差分别为 $d_1 = -0.16$，$d_2 = -0.03$，$d_3 = 0.09$，$d_4 = -0.08$，$d_5 = 0.18$。

$$平均偏差\ \bar{d} = \frac{\sum |d_i|}{n} = \frac{0.16 + 0.03 + 0.09 + 0.08 + 0.18}{5} \approx 0.11$$

$$标准偏差\ S = \sqrt{\frac{\sum_{i=1}^{n} d_i^2}{n-1}} = \sqrt{\frac{(-0.16)^2 + (-0.03)^2 + (0.09)^2 + (-0.08)^2 + (0.18)^2}{5-1}} \approx 0.14$$

$$变异系数\ CV = \frac{S}{\bar{x}} \times 100\% = \frac{0.14}{15.04} \times 100\% = 0.93\%$$

3. 准确度与精密度的关系

准确度与精密度是两个不同的概念。准确度表示测定结果与真实值的符合程度，反映系统误差和偶然误差的大小。精密度表示各平行测定结果之间的符合程度，与真实值无关，只反映测定时偶然误差的大小。

图 3-1 为甲、乙、丙、丁四人分析同一样品粗蛋白质量分数（%）的结果。甲的测定结果间隔很小（精密度很高），并且接近真实值（准确度很好）；乙的测定结果精密度虽好，但准确度稍差；丙的测定结果准确度和精密度均差；丁的平均值虽接近于真实值，但数据分散性大，精密度很差，仅由于大的正负误差互相抵消才使平均值接近于真实值。

综上所述，准确度表示正确性，精密度表示重复性，精密度是保证准确度的先决条件。精密度高不一定准确度高；精密度不好，但当试验次数相当多时，有时也会得到好的准确度。两者的差别主要是由于系统误差的存在。

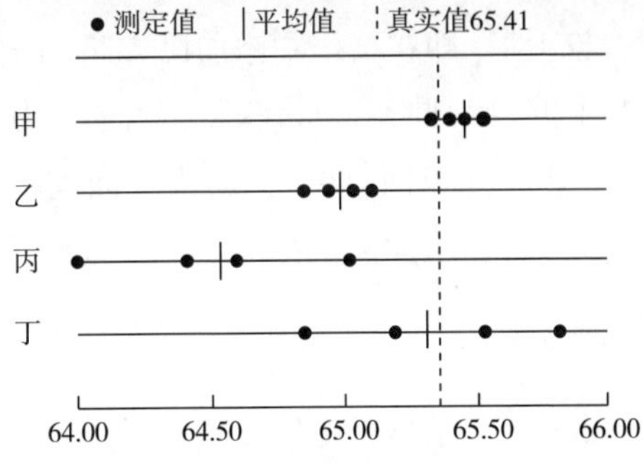

图 3-1　准确度与精密度关系示意图

（二）公差

公差是生产部门对分析结果允许误差的一种表示方法，其大小是根据试样的组成和分析方法的准确度来确定的。各种分析方法能够达到的准确度不同，如比色法、分光光度法等误差较大，而质量分析、容量分析的误差较小。另外，试样组成越复杂，测定时干扰可能越大，允许的公差范围可能越宽。

对于每一类物质的具体分析工作，各主管部门都规定了具体的公差范围。如果测定结果超过允许的公差范围，称为超差。遇到超差，则该项分析必须重做。

（三）不确定度

不确定度是指由于测量误差的存在，对被测量值的不能肯定的程度。反过来，也表明该结果的可信赖程度。它用于表达分析质量的优劣，是合理地表达测量值或其误差离散程度的一个参数。不确定度越小，测量值与真实值越接近，质量越高，水平越高，其使用价值越高；反之，不确定度越大，测定结果的质量越低，水平越低，其使用价值也越低。

第二节 分析方法的评价指标

分析方法很多，为解决实际问题提供了多种途径，但也为方法选择造成一定困难，因此，需要对分析方法进行比较全面的评价，为方法选择提供依据。分析方法的评价指标主要有准确度、精密度、检出限、费用与效益。

一、准确度

准确度表示测定值与真实值的接近程度。准确度通常用绝对误差或相对误差表示。

一定的准确度为定量测定的必要条件。实际工作中经常用回收试验的方法评价分析方法的准确性，即在试样中添加已知量的被测物质，然后进行测定，检查被加入的组分能否定量回收，以判断分析过程是否存在系统误差。所得结果常用百分数表示，称为“百分回收率”或“加标回收率”，简称“回收率”。若 m 表示加入被测物质的量，x_0 表示试样本底测定值，x_1 表示加标试样测定值，则回收率 P 为：

$$P = \frac{x_1 - x_0}{m} \times 100\% \tag{3-12}$$

表 3-1 是某试样中铁含量加标回收率测定结果。在试样中加入 100~500mg/kg 铁标准物质，回收率为 94.0%~107.5%，平均回收率为 101.2%。

表 3-1　某试样中铁含量加标回收率测定结果

序号	本底值/(mg/kg)	加入量/(mg/kg)	测定量/(mg/kg)	回收率/%	平均回收率/%
1	544	100	638	94.0	
2	544	200	759	107.5	
3	544	300	859	105.0	101.2
4	544	400	933	97.3	
5	544	500	1056	102.4	

二、精密度

精密度是指在相同条件下，n 次重复测定结果的相互符合程度。如在实验室中，同一分析测试人员同一时间内平行测定同一样品；多个分析测试人员使用相同的实验设备进行同一样品的分析；或者使用同一实验设备，在不同时间点测量相同的样品。如果他们的分析结果相似，则可以确定该仪器或方法的重复性很好（精密度高）。

精密度通常用标准偏差或相对标准偏差表示。测定方法的精密度时应注意保证足够的测定次数或自由度，通常要求样品重复测定 6 次或在评价范围内制备 3 个不同浓度的样品各测定 3 次。

三、检出限

（一）检出限

国际纯粹与应用化学联合会（International Union of Pure and Applied Chemistry，IUPAC）规定，检出限（limit of detection，LOD）指某特定分析方法在给定的置信度内可从样品中检出待测物质的最小浓度或最小值，又称检测限或测定下限。检出限一般有仪器检出限（instrument detection limit，IDL）、方法检出限（method detection limit，MDL）之分。

仪器检出限是指用仪器可靠地将目标分析物信号从背景（噪声）中识别出来时分析物的最低浓度或量。它反映的是仪器本身的检出能力，灵敏度越高的仪器，相应仪器检出限也会降低。方法检出限指用特定方法可靠地将分析物测定信号从特定基质背景中识别或区分出来时分析物的最低浓度或量，即用该方法测定出大于相关不确定度的最低值。反映该方法对于适用类型样品的平均检出限。

仪器检出限和方法检出限均用于定性检测，但计算方法有所不同。仪器检出限侧重于仪器本身的性能，不受任何样品制备步骤的影响，一般以溶剂空白测定仪器检出限，因此，其值总是比方法检出限低；方法检出限侧重于整个分析方法的有效性，是通过仪器检出限，以及样品称样量和稀释倍数计算出来的。

在仪器分析中，方法的灵敏度（sensitivity）常用检出限或定量限来表示。检出限是识别或区分化合物的最小浓度，主要用于定性检测，判断样品中是否存在高于空白的待测物质；定量限是能可靠地检出并定量的最小浓度，用于定量检测，不仅要求检测到物质，还要求测定结果具有一定的准确度和精密度。当样品中检测不出分析物质时，用“<LOD”表示，同时应指出该方法的灵敏度。

按照完整的分析检验方法建立过程，可大致将检验过程分为未检出、检出、定性到定量测定（图 3-2）。将目标分析物信号从背景（噪声）中识别出来的最小浓度或最小值为检出限。目标物定性检出到定量检测的最低浓度称为定量限。最低检出限（low limit of detection）介于检出限和定量限这两个概念之间，强调的是在低浓度水平下的检测能力，指的是在特定的分析方法下，能够从样品中检测到待测物质的最小浓度或最小量。它是一个定性的概念，用于判断样品中是否存在高于空白的待测物质，即能否“定性检出”。由于被分析的样品受萃取、浓缩等实验步骤的影响，方法检出限要高于最低检出限。

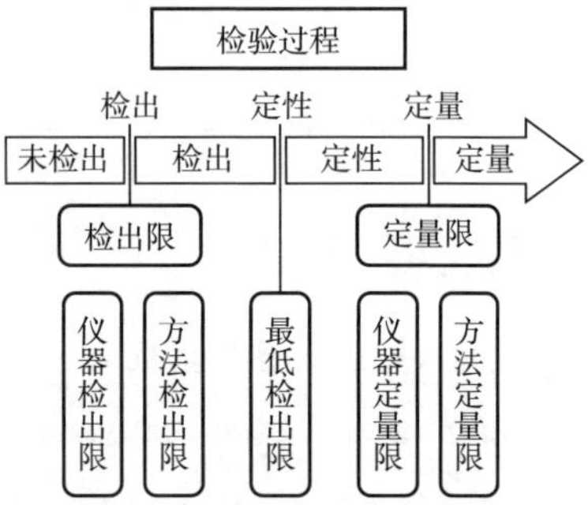

图 3-2 检出限与定量限区别

（二）定量限

定量限（limit of quantification，LOQ）指满足声明的精密度和（或）正确度在规定的实验条件下，样品中被测物能被定量测定的最低浓度，用以表明被测成分能否被可靠地检测和定量，又称测定限。仪器定量限指仪器能够可靠检出并定量测定被分析物的最低量，强调的是仪器本身的性能，即在特定条件下，仪器能够区分目标分析物信号与背景噪声的能力。方法定量限指在特定基质中一定可信度内，用某一方法可靠地检出并定量被分析物的最低量。强调的是整个分析方法的性能，包括样品处理、仪器分析以及数据处理等各个环节。

仪器定量限和方法定量限主要用于定量检测，表示检出被分析物浓度的能力，两者侧重点不同。仪器定量限侧重的是仪器本身的灵敏度、精密度及标准曲线；方法定量限侧重的是特定条件下的定量能力，计算更为复杂，包括仪器误差、操作误差以及样品制备过程中受到的影响，覆盖了从样品制备到数据处理的整个分析过程，是一个更全面的评价指标。

四、费用与效益

费用与效益是目前国内外重视的问题。实验室工作人员应结合实际测试目标，选择或设计相应准确度和精密度的实验方法。用一般常规实验能够完成的测定，不必使用贵重精密仪器。检验员经训练能较好掌握某种测定方法的时间，也是评价实验方法的重要内容。“简单易学”在一定程度上意味着能保证检验质量。从实际工作需要出发，快速、微量、费用低廉、技术要求不高、操作安全的测定方法应列为一般实验室的首选方法。

第三节　实验数据分析处理

一、有效数字及其应用

（一）有效数字

有效数字（significant figures）是指在分析工作中实际能够测量到的数字，包括可靠数字和最后一位存疑数字。我们把通过直读获得的准确数字称可靠数字，把通过估读得到的那部分数字称存疑数字。例如，甲、乙两位同学读取滴定管读数分别为 21.03mL 和 21.04mL，这两个 4 位数字中，前 3 位都是准确的，第四位数字因为没有刻度，是估读出来的，称为存疑数字，但这 4 位数字都是有效数字，所以原始数据要用有效数字来表示。

有效数字的位数就是有效位数，其与测定的相对误差有关。例如，表 3-2 是不同天平的称量结果，0.50600g 表示该物品实际质量为（0.50600±0.00001）g，计算得到其相对误差为±0.002%，如果少取 1 位有效数字，则该物质实际质量为（0.5060 ±0.0001）g，相对误差变为±0.02%。这表明测试的准确度后者比前者低 10 倍。所以在测试准确度的范围内，有效数字的位数越多，测试也越准确，但超过测试准确度的范围，过多的位数是无意义的。

表 3-2　不同称量结果对应的偏差与有效数字位数

称量结果/g	绝对误差	相对误差/%	有效数字位数
0.50600	±0.00001	±0.002	5
0.5060	±0.0001	±0.02	4
0.506	±0.001	±0.2	3

数据中“0”有两种作用：若在数据中起定位作用，则它就不是有效数字，若作为普通数字，则它是有效数字。如某物质的质量为 0.06080g，其中前面两个“0”起到定位作用，都不是有效数字，而“6”和“8”中间的“0”和最后的“0”是普通数字，都是有效数

字，所以该数据的有效位数为 4 位。有效数字中的“0”不能随意增减。

改变单位时，不能改变有效数字位数。如 1. 0L 是 2 位有效数字，换成 mL 时不能写成 1000mL，应写成 1.0×10^3mL，仍为 2 位有效数字。

对于滴定管、移液管和容量瓶，它们都能准确测量溶液体积到 0. 01mL。所以当用 50mL 滴定管测定溶液体积时，如测量体积大于 10mL 小于 50mL 时，应记录为 4 位有效数字，例如写成 24. 22mL；如测定体积小于 10mL，应记录 3 位有效数字，例如写成 8. 13mL。当用 25mL 移液管移取溶液时，应记录为 25. 00mL。当用 5mL 吸取溶液时，应记录为 5. 00mL。当用 250mL 容量瓶配制溶液时，所配溶液体积应记为 250. 0mL。当用 50mL 容量瓶配制溶液时，应记录为 50. 00mL。

注意：个数、分数、比例系数、实验次数等数字不记有效数字位数；有效数字的首位数字是“8”或“9”，有效数字多计 1 位，如回收率为 90. 0%～110. 0%，这两个数字都可看作 4 位有效数字；对数计算时，小数点后的数字位数为有效数字位数，如 pH = 7. 35，$\lg X = 3.26$，lg（2.40×10^2）均为 2 位有效数字。

（二）有效数字的修约

《数值修约规则与极限数值的表示和判定》（GB/T 8170—2008）中定义，数值修约指通过省略原数值的最后若干位数字，调整所保留的末位数字，使最后所得到的值最接近原数值的过程。经数值修约后的数值称为（原数值的）修约值。该标准采取“四舍六入五成双”的法则，具体表述如下。

（1）间隔有效数字后面紧邻的数是 4 或比 4 小，舍去。例如，将 12. 1498 修约到个位数，得 12；12. 1498 修约到 1 位小数，得 12. 1；12. 1498 修约到 4 位有效数字，得 12. 15。

（2）间隔有效数字后面紧邻的数是 6 或比 6 大，进一位。例如，10. 68 修约到 2 位有效数字，得 11；199. 63 修约到 3 位有效数字，得 200。

（3）间隔有效数字后面紧邻的数是 5，5 后面存在任何非零的数字则进位；若 5 后面无数字或皆为 0 时，其前面数字是奇数则进位，其前面数字是偶数则舍去。例如，15. 0250、15. 0150 修约为 4 位有效数字，均得 15. 02；15. 0251 修约为 4 位有效数字，得 15. 03。

注意：一个数据的修约只能进行一次，不能连续修约。例如，15. 4546 修约为 2 位有效数字，正确的修约为 15. 4546→15；错误的修约如 15. 4546→15. 5→16。

（三）有效数字的计算

实验结果常常是多个实验数据通过一定的运算得到的，其有效数字位数可以通过有效数字运算来确定。

（1）加减运算　几个数相加减的结果，经修约后保留有效数字的位数，取决于绝对误差最大的数值，计算结果应以绝对误差最大（即小数点后位数最少）的数据为基准，来决定计算结果数据的位数。例如，计算 0.0121+25.64+1.057，三个数字的绝对误差分别为 0.0001，0.01 和 0.001，其中 25.64 的绝对误差 0.01 为三个数字中最大的绝对误差，因此，三个数字均按照 25.64 修约为小数点后 2 位有效数字，分别得 0.01，25.64 和 1.06。修约后计算为 0.01+25.64+1.06=26.71。

（2）乘除运算　几个数据的乘除运算以相对误差最大（即有效数字位数最少）的数值为基准来决定结果数据的位数。例如，计算（0.0325×5.103×60.064）÷139.82，各数字的绝对误差与相对误差及修约值见表 3-3。

表 3-3　乘除运算示例绝对误差与相对误差及修约值

数值	绝对误差	相对误差/%	修约值
0.0325	0.0001	0.3	0.0325
5.103	0.001	0.02	5.10
60.064	0.001	0.003	60.1
139.8	0.1	0.07	140

从表 3-3 可以看出，0.0325 的相对误差 0.3%为四个数字中最大的，因此各数字按照 0.0325 有效数字位数 3 分别进行修约，然后再进行计算，最终结果保留 3 位有效数字。因此，（0.0325×5.103×60.064）÷139.82=（0.0325×5.10×60.1）÷140=0.0712。

（3）乘方和开方　乘方或开方时，原数值有几位有效数字，计算结果就可以保留几位有效数字。若计算结果还要参与运算，则乘方或开方所得结果可比原数值多保留一位有效数字。例如 $3.58^2=12.8614$，运算结果保留三位有效数字，为 12.9。

（4）平均值　计算几个数值的平均值时，先将计算结果修约至比要求的位数多一位，再按数值修约规则处理。

（5）方差和标准偏差　方差和标准偏差在运算过程中对中间结果不做修约，只将最后结果修约至要求的位数。

注意：

①在所有计算式中，常数（π、e 等）以及非检测所得的计算因子（倍数或分数等）的有效数字位数，可视为无限，需要几位就取几位。

②使用计算器（或电脑）进行计算时，一般不对中间每一步骤的计算结果进行修约，仅对最后的结果进行修约，使其符合事先所确定的位数。

（6）自然数　在一些分析化学运算中，有时会遇到一些倍数或分数的关系。例如水（H_2O）的相对分子质量=2×1.008+16.00=18.02，其中“2”不能看作 1 位有效数字。因为它们是非测量所得到的数，是自然数，其有效数字位数可视为无限的。另外，常数 π、$\sqrt{2}$ 等的有效数字，可认为是无限制，即在计算中可根据需要取适当的数位。

二、可疑数字的检验和取舍

与正常数据不是来自同一分布总体、明显歪曲实验结果的测量数据，称为离群数据。可能会歪曲实验结果，但尚未经检验断定其是离群数据的测量数据，称为可疑数据。

在数据处理时，必须剔除离群数据以使测量结果更符合客观实际。正确数据总有一定的分散性，如果人为地删去一些误差较大但并非离群的测量数据，由此得到精密度很高的测量结果并不符合客观实际。因此对可疑数据的取舍必须遵循一定的原则。

测量中若发现明显的系统误差和过失，则由此产生的数据应随时剔除。而可疑数据的取舍应采用统计方法判别，即离群数据的统计检验。检验的方法很多，现介绍最常用的两种。

（一）狄克逊（Dixon）检验法

狄克逊检验法也称 Q 统计量法，是指用狄克逊法检验测定值的可疑值和界外值的统计量，并以此来决定最大或最小的测定值的取舍。此法适用于一组测量值的一致性检验和剔除离群值，本法中对最小可疑值和最大可疑值进行检验的公式因样本容量（n）不同而异，检验方法如下。

（1）将一组测量数据按从小到大顺序排列为 x_1、x_2、…、x_n，x_1 和 x_n 分别为最小可疑值和最大可疑值。

（2）用表 3-4 所列公式，计算 Q 统计量。x_1 可疑时，用低端离群值公式；x_n 可疑时，用高端离群值公式；若 x_1 和 x_n 均可疑时，可比较（x_2-x_1）和（x_n-x_{n-1}）的大小，差值大的先检验。计算时，Q 统计量的有效数字应保留小数点后 3 位。

（3）从表 3-5 查出 Q 统计量的临界值，若 $Q_{计算}>Q_{表}$统计量，则弃去可疑值，反之则保留。

表 3-4　Q 统计量法计算公式

样本量（n）	检验高端离群值	检验低端离群值
3~7	$Q_n=\dfrac{x_n-x_{n-1}}{x_n-x_1}$	$Q'_n=\dfrac{x_2-x_1}{x_n-x_1}$
8~10	$Q_n=\dfrac{x_n-x_{n-1}}{x_n-x_2}$	$Q'_n=\dfrac{x_2-x_1}{x_{n-1}-x_1}$
11~13	$Q_n=\dfrac{x_n-x_{n-2}}{x_n-x_2}$	$Q'_n=\dfrac{x_3-x_1}{x_{n-1}-x_1}$
14~30	$Q_n=\dfrac{x_n-x_{n-2}}{x_n-x_3}$	$Q'_n=\dfrac{x_3-x_1}{x_{n-2}-x_1}$

表 3-5 狄克逊法界外值检验的临界值

测定次数（n）	临界值/%		测定次数（n）	临界值/%	
	5	1		5	1
3	0.970	0.994	22	0.468	0.544
4	0.829	0.926	23	0.459	0.535
5	0.710	0.821	24	0.451	0.526
6	0.628	0.740	25	0.443	0.517
7	0.569	0.680	26	0.436	0.510
8	0.608	0.717	27	0.429	0.502
9	0.564	0.672	28	0.423	0.495
10	0.530	0.635	29	0.417	0.489
11	0.502	0.605	30	0.412	0.483
12	0.479	0.579	31	0.407	0.477
13	0.611	0.697	32	0.402	0.472
14	0.586	0.670	33	0.397	0.467
15	0.565	0.647	34	0.393	0.462
16	0.546	0.627	35	0.388	0.458
17	0.529	0.610	36	0.384	0.454
18	0.514	0.594	37	0.381	0.450
19	0.501	0.580	38	0.377	0.446
20	0.489	0.567	39	0.374	0.442
21	0.478	0.555	40	0.371	0.438

Q 统计量法在统计上有可能保留离群较远的值。置信度常选 0.9，如选 0.95，会使判断误差更大。故判断可疑值用 Grubbs 检验法更好。

（二）格鲁布斯（Grubbs）检验法

格鲁布斯检验是离散值检验的一种，主要目的是剔除异常数据，对任何一组数据进行处理，首先要检验其是否存在有过失误差带来的异常数据，即进行离散值检验。格鲁布斯检验是离散值检验中最好的方法，具体操作为

（1）将一组数据从小到大按顺序排列：x_1、x_2、…、x_n，设 x_d 为可疑值。

（2）求这组数据的平均值及标准偏差 S，然后求统计量 $G_{计}$。

$$G_{计} = \frac{|x_d - \bar{x}|}{S} \tag{3-13}$$

（3）若计算的 $G_{计}$ 值大于或等于表 3-6 的 $G_{表}$ 值，则弃去该可疑值，反之则保留。

表 3-6 格鲁布斯检验临界值（$G_{表}$值）表

测定次数（n）	临界值/%		测定次数（n）	临界值/%	
	5	1		5	1
3	1.15	1.15	17	2.47	2.78
4	1.46	1.49	18	2.50	2.82
5	1.67	1.75	19	2.53	2.85
6	1.82	1.94	20	2.56	2.88
7	1.94	2.10	21	2.58	2.91
8	2.03	2.22	22	2.60	2.94
9	2.11	2.32	23	2.62	2.96
10	2.18	2.41	24	2.64	2.99
11	2.24	2.48	25	2.66	3.01
12	2.29	2.55	30	2.74	3.10
13	2.33	2.61	35	2.71	3.18
14	2.37	2.66	40	2.87	3.24
15	2.41	2.70	50	2.96	3.34
16	2.44	2.74			

若可疑值有两个以上，且在同一侧，如 x_1、x_2 同属可疑值，则首先检验最内侧的数据 x_2。若 x_2 属于可舍去的数据，则 x_1 自然应该舍去。检验 x_2 时，测定次数应按 $n-1$ 计算。若 x_2 不该舍去，再按上述方法检验 x_1 是否为可疑值。

若可疑值有两个以上但分布在平均值的两侧，则应分别先后进行检验。如果有一个数据决定舍去，再检验另一个时，测定次数应按少一次处理，以此类推。此时，应选择 99% 的置信区间。

三、实验结果的检验

在食品分析中，常遇到两个平均值的比较问题，如测定平均值和已知值的比较，不同分析人员，不同实验室，或用不同分析方法测定的平均值的比较，对比性试验研究等均属于此类问题。所以对这类问题常采用显著性检验法，即利用统计方法来检验被处理问题是否存在统计上的显著性，常用 t 检验法和 F 检验法。

（一）t 检验法

t 检验又称 student t 检验（student's t test），用于比较两组数据的均值是否存在显著差异，是系统误差的检测。它基于 t 分布理论，适用于样本含量较小且总体标准差未知的正态分布数据。t 检验主要有三种类型：单样本 t 检验、配对样本 t 检验和两独立样本 t 检验。

单样本 t 检验用于检验一个样本的均值与已知的总体均值是否存在显著差异。例如，检验一个班级学生的测定结果平均值是否显著高于或低于某个标准值。

配对样本 t 检验用于比较同一组对象在不同条件下的均值差异。例如，比较一组小鼠接受治疗前后的某种指标是否有显著变化。

两独立样本 t 检验用于比较两组独立样本的均值是否存在显著差异。例如，比较两名操作者、两种分析方法、两台仪器或两个实验室等的结果是否存在显著差异。

在进行 t 检验时，需要满足一些前提条件，如数据来自正态分布总体、样本是随机抽取的、以及在比较均值时要求两总体方差相等（方差齐性）。如果不满足这些条件，可以采用校正的 t 检验或非参数检验代替。

t 检验的计算涉及统计量的计算和 P 值的计算。统计量 t 值是根据样本数据计算得出，而 P 值则是根据 t 值在 t 分布中对应的概率。如果 P 值小于事先规定的显著性水平（如 0.05），则拒绝原假设，认为两组数据均值存在显著差异。

在进行测验结果分析确定检测水平时，需根据研究目的、数据特征和统计假设条件等选择单侧检验或双侧检验。当研究目的是验证两组数据是否存在差异（无论方向）时使用双侧检验。例如比较两种检测方法的效果是否有差异，属于探索性研究，差异方向未知，选择双侧检验，显著性水平 α 平分到分布两侧（如 $\alpha=0.05$ 时，每侧为 0.025）。当已知或假设差异仅存在于某一方向时使用单侧检验。例如验证新药效果是否优于旧药，若新药效果不如旧药则没有推广价值，属于验证性研究，差异方向明确，显著性水平 α 集中在单侧，选择单侧检验。

此外，t 检验的结果解释需要注意，假设检验的结论不能绝对化，P 值越小并不直接说明实际差别越大，而是说明越有理由拒绝原假设，即两组数据存在显著差异。

1. 单样本 t 检验，即平均值（$\bar{x}$）与标准值（μ）的比较，计算步骤如下

（1）计算平均值 $\bar{x}$，标准偏差 S。

（2）将 $\bar{x}$，μ，S，测定次数 n 代入 t 值计算公式。

$$t(\text{即 } t_{\text{计}}) = \frac{|\bar{x} - \mu|}{S}\sqrt{n} \qquad (3-14)$$

（3）由置信度 P 和测定次数 n，查附录一 $t_{\alpha,f}$ 表得 $t_{\text{表}}$ 值，比较 $t_{\text{计}}$ 与 $t_{\text{表}}$，若 $t_{\text{计}}>t_{\text{表}}$，有显著性差异，说明存在系统误差，需改进被检验方法；若 $t_{\text{计}}<t_{\text{表}}$，无显著性差异，可采用被检验方法。

［例 3-2］某乳粉标准样品中牛磺酸的含量为 21.47mg/100g，用一种新方法测定了 5 次，结果为 $\bar{x}=20.86$mg/100g，$S=0.81$，分析这种新方法有无系统误差（置信度 95%）？

解：计算统计量 t

$t = \frac{|\bar{x} - \mu|}{S}\sqrt{n} = \frac{|20.86 - 21.47|}{0.81} \times \sqrt{5} = 1.68$，自由度 $f=5-1=4$，查 t 值表得 $t_{0.05,4}=2.78$

$t<t_{0.05,4}$，$\bar{x}$ 与 μ 之间不存在显著性差异，表明新方法不存在系统误差。

2. 配对样本 t 检验，是根据各组配对数据之差 D 进行显著性检验，计算步骤如下

（1）计算配对数据之差 D 的平均值 $\overline{D}$，标准差 S_D。

$$\overline{D} = \frac{\sum D_i}{n} \tag{3-15}$$

$$S_D = \sqrt{\frac{\sum (D_i - \overline{D})}{n-1}} \tag{3-16}$$

（2）计算统计量 t_D。

$$t_D = \frac{\overline{D} \times \sqrt{n}}{S_D} \tag{3-17}$$

（3）比较 t_D 与 t 值表中相应显著性水平 α 和相应自由度 f 的临界值 $t_{表}$，若 $t_D > t_{表}$，有显著性差异，表明被检测的两种方法、两种处理等测定结果不一致；反之，若 $t_D < t_{表}$，无显著性差异，表明测定的两个结果是一致的。

3. 两独立样本 t 检验，两组平均值 $\overline{x}_1$，$\overline{x}_2$ 的比较，计算步骤如下

（1）计算两组数据的平均值 $\overline{x}_1$，$\overline{x}_2$，标准偏差 S_1，S_2。

②按照式（3-18）计算合并标准偏差。

$$S_{合} = \sqrt{\frac{(n_1 - 1)S_1^2 + (n_2 - 1)S_2^2}{n_1 + n_2 - 2}} \tag{3-18}$$

（3）计算合并 t 值。

$$t_{合} = \frac{|\overline{x}_1 - \overline{x}_2|}{S_{合}} \sqrt{\frac{n_1 n_2}{n_1 + n_2}} \tag{3-19}$$

（4）自由度 $f = n_1 + n_2 - 2$，查 $t_{\alpha,f}$ 表得 $t_{表}$ 值，比较 $t_{合}$ 与查 $t_{表}$，若 $t_{合} > t_{表}$，有显著性差异；若 $t_{合} < t_{表}$，无显著性差异。

注意：两组平均值 $\overline{x}_1$，$\overline{x}_2$ 比较的前提是标准偏差 S_1 和 S_2 经 F 检验无显著性差异。

（二）*F* 检验

F 检验（F-test），最常用的别名为联合假设检验，此外也称方差比率检验、方差齐性检验。F 检验是通过比较两组不同方法下数据的偏差，以确定它们的精密度是否存在显著性差异。即将同一预测试样用标准方法和所选用的仪器分析方法，分别进行多次测定。F 检验法步骤如下。

（1）计算两样本的标准差，按照大小分别记为 $S_{大}$ 和 $S_{小}$。

（2）计算 F 值。

$$F_{计} = \frac{S_{大}^2}{S_{小}^2} \tag{3-20}$$

（3）按照置信度 P 和自由度 $f_{大}$、$f_{小}$，查附录二 F 值表得 $F_{\alpha(f_{大}, f_{小})}$。

（4）比较 $F_{计}$ 和 $F_{表}$，若 $F_{计} < F_{表}$，两组数据的精密度之间不存在统计学上的显著性差异。

［例 3-3］分别采用高效液相色谱法和比色法同时测定某试样中的柠檬黄含量，高效液相色谱法测定了 6 次，得平均值 $\overline{x}_1$ 为 1.02μg/L，标准偏差 S_1 为 0.018μg/L；比色法测定了 4 次，

得平均值 $\bar{x}_2$ 为 1.08μg/L，标准偏差 S_2 为 0.026μg/L。请评价用何种方法好（置信度 90%）？

解：（1）F 检验，$F_{计} = \dfrac{S_{大}^2}{S_{小}^2} = \dfrac{0.026^2}{0.018^2} = 2.09$

查 F 值，$f_{大}=n_2-1=4-1=3$，$f_{小}=n_1-1=6-1=5$，$P=0.90$，$F_{0.10(3,5)}=5.41$

$F_{计}<F_{表}$，说明两组数据的精密度之间不存在显著性差异。

（2）t 检验。

①计算合并标准偏差

$$S_{合} = \sqrt{\frac{(n_1-1)S_1^2+(n_2-1)S_2^2}{n_1+n_2-2}} = \sqrt{\frac{(6-1)\times 0.018^2+(4-1)\times 0.026^2}{4+6-2}} = 0.021$$

②计算合并 t 值

$$t_{合} = \frac{|\bar{x}_1-\bar{x}_2|}{S_{合}}\sqrt{\frac{n_1 n_2}{n_1+n_2}} = \frac{|1.06-1.08|}{0.021}\times\sqrt{\frac{6\times 4}{6+4}} = 1.48$$

③查 t 表，$P=0.90$，$f=n_1+n_2-2=8$，$t_{0.10,8}=1.86$

④比较 $t_{合}<t_{0.10,8}$，不存在显著性差异，因此，两种方法都可使用。

思考题

1. 什么称为误差？误差根据其性质可分为几类？各自的定义是什么？

2. 实验方法评价的指标有哪些？

3. 仪器检出限和方法检出限各指什么？各自的特点是什么？

4. 下列数据中各包括了几个有效数字？

（1）0.055；（2）0.05500；（3）1.05500；（4）pH=7.01；（5）$\lg K=5.5\times 10^3$

5. 测定某凉果蜜饯产品的总糖百分含量，得到一组数据：30.18%，30.56%，30.23%，30.35%，30.32%。请问其中最大值是否应舍去？请用 Q 检验法说明（置信度为 90%）。

6. 将 20 只原发性高血压大鼠随机分为两组，分别用甲、乙两药治疗，测得治疗前与治疗一个月后的收缩压（1mmHg=133.322Pa）如下表所示。

甲、乙两药治疗前后的收缩压　　单位：mmHg

	老鼠编号	1	2	3	4	5	6	7	8	9	10
甲药	治疗前	151	157	145	148	155	149	155	153	147	156
	治疗后	128	122	120	116	127	125	126	123	126	119
	老鼠编号	1	2	3	4	5	6	7	8	9	10
乙药	治疗前	152	155	148	157	149	148	150	152	147	155
	治疗后	119	123	125	129	120	126	127	118	109	116

试问：（1）甲、乙两药是否均有效（置信度 95%）？

（2）甲、乙两药的疗效有无差别（置信度 90%）？

第四章

物理检验法

【学习目标】

1. 了解密度瓶、密度计、折光仪、旋光仪等仪器的构造及工作原理。
2. 理解密度、相对密度、光的折射率、物质的旋光性等概念。
3. 掌握食品物理检验方法的原理、步骤及适用范围。

【学习重点与难点】

1. 重点是相对密度法、折光法、旋光法的原理及步骤。
2. 难点是相对密度法、折光法、旋光法的结果分析及操作注意事项。

食品物理检验法是对食品进行物理性质分析和测试的方法，可以帮助人们了解食品的质量、安全和营养价值。食品的外观检验是食品物理检验法的重要部分，可通过观察食品的色泽、形态、质地、表面光泽等指标进行评估。例如，肉类的色泽鲜艳、果蔬的表面光泽等可以反映其新鲜程度和品质。食品的质地检验也是常用的物理检验方法之一。通过对食品的硬度、脆度、黏性等特征进行测试，可以了解食品的口感和质地特点。例如，面包的软硬度、水果的脆度等指标可以影响消费者对食品的喜好程度。食品的含水量、密度和粒度等物理性质也是重要的检验指标。含水量是食品保质期和安全性的重要参考，密度和粒度则可以影响食品的口感和加工性能。通过合适的仪器和方法进行测试，可以准确地测量食品的这些物理性质指标。另外，食品的流变性质也是物理检验中需要关注的重点之一。通过对食品的黏度、弹性、流动性等特征进行测试，可以了解食品在加工、储存和食用过程中的行为特点。例如，酸乳的流变性质可以影响其口感和稳定性。

总的来说，食品物理检验法是保障食品质量和安全的重要手段，通过对食品的外观、质地、物理性质和流变性质等方面进行分析和测试，可以全面了解食品的性质和特点，为消费者提供安全、健康的食品保障。本章主要对食品检验中常用的物理检测方法进行介绍。

第一节 相对密度法

一、密度与相对密度

密度是物质的质量与体积的比值，通常表示为每立方厘米的克数或每升的克数，符号为ρ。相对密度是一种比较物质密度的概念，指物质的密度与参考物质的密度（通常是水）在各自规定的条件下之比，符号为d，无量纲，用来描述物质的浮力和沉降性质，常用于液体和固体的测量中。

密度与相对密度的关系如下

$$d = \frac{t_1\text{ 温度下物质的密度}}{t_2\text{ 温度下同体积水的密度} } \tag{4-1}$$

食品中相对密度的测定对食品科学和食品工业具有重要意义。它有助于监测食品质量、优化生产工艺、评估食品新鲜度以及确保食品品质等方面。通过相对密度的测定，食品企业可以更好地管理生产流程，提高产品质量，满足消费者的需求，从而推动整个食品行业的发展与进步。

二、液体食品相对密度的测定

（一）密度瓶法

1. 原理

利用同一密度瓶，在一定温度下（通常为20℃）分别称量等体积的样品溶液与蒸馏水的质量，两者质量之比即为样品溶液的相对密度。

2. 适用范围

本方法适用于液体试样相对密度的测定。

3. 主要仪器和设备

精密密度瓶（图4-1），恒温水浴锅精度±1℃，分析天平（感量0.1mg）。

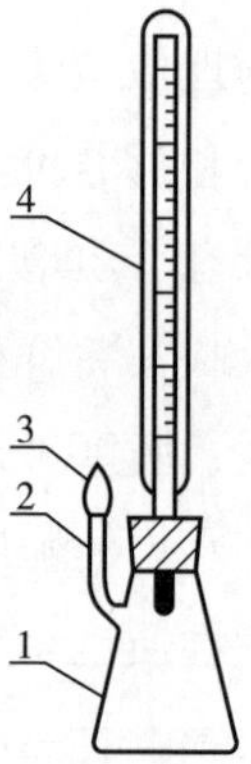

1—密度瓶体 2—支管 3—支管小帽
4—附温度计（精度0.1℃）的瓶盖
图4-1 精密密度瓶

4. 分析步骤

（1）测定密度瓶质量 将密度瓶洗净烘干，冷却至室温，用万分之一的天平精确称重。

(2) 测定密度瓶和试样质量 把试样装满密度瓶，密度瓶上插上温度计，将密度瓶浸入 (20±1)℃的恒温水浴内 0.5h，使试样的温度达到 (20±1)℃，用细滤纸条吸去溢出支管标线上的试样，盖好小帽后取出密度瓶，用滤纸将密度瓶外擦干，置 20℃天平室内 30min，用万分之一的天平精确称重。

(3) 测定密度瓶和纯水质量 将试样倒出，洗净密度瓶，把纯水装满密度瓶，按上面的方法测定出密度瓶加水的质量。

5. 结果计算

试样在 20℃时的相对密度按下式计算

$$d_{20}^{20} = \frac{m_2 - m_1}{m_1 - m_0} \tag{4-2}$$

式中 d_{20}^{20}——试样在 20℃时的相对密度；

m_0——空密度瓶质量，g；

m_1——密度瓶和水的质量，g；

m_2——密度瓶和试样的质量，g。

计算结果表示到称量天平的精度的有效位数，重复条件下获得两次独立测定结果的绝对值差值不得超过算术平均值的 5%。

6. 说明

(1) 本法适用于测定各种液体食品的相对密度，特别适合于样品量较少的场合，对挥发性样品也适用，结果准确，但操作较烦琐。

(2) 水及试样必须装满密度瓶，瓶内不得有气泡。

(3) 拿取已达恒温的密度瓶时，不得用手直接接触密度瓶球部，以免液体受热流出，应戴隔热手套拿取瓶颈或用工具夹取。

(4) 水浴中的水必须清洁无油污，防止瓶外壁被污染。

(5) 天平室温度不得高于 20℃，以免液体膨胀流出。

（二）天平法

1. 原理

在一定温度下（通常为 20℃），分别测量同一玻璃浮锤在蒸馏水中和液体试样中所受的浮力。由于玻璃浮锤所排开蒸馏水的体积和排开待测试样的体积相同，因此根据蒸馏水的密度及玻璃浮锤在蒸馏水与待测液体样品中所受的浮力，可计算出待测试样的相对密度。

2. 适用范围

本方法适用于液体试样相对密度的测定。

3. 仪器和设备

韦氏相对密度天平（感量 0.1mg，如图 4-2 所示），恒温水浴锅（精度±1℃），分析天平。

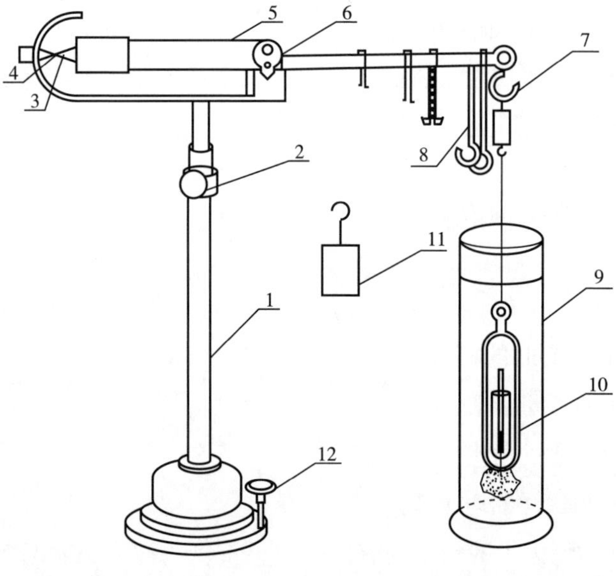

1—支架　2—升降调节旋钮　3，4—指针　5—横梁　6—刀口
7—挂钩　8—游码　9—玻璃圆筒　10—玻锤　11—砝码　12—调零旋钮

图 4-2　韦氏相对密度天平

4. 分析步骤

测定时将支架置于平面桌上，横梁架于刀口处，挂钩处挂上砝码，调节升降旋钮至适宜高度，旋转调零旋钮，使两指针吻合。取下砝码，挂上玻璃浮锤，将玻璃圆筒内加水至 4/5 处，使玻璃浮锤沉于玻璃圆筒内，调节水温至（20±1）℃，试放四种游码，主横梁上两指针吻合，读数为 P_1，然后将玻璃浮锤取出擦干，加待测试样于干净圆筒中，使玻璃浮锤浸入至以前相同的深度，保持试样温度在（20±1）℃，试放四种游码，至横梁上两指针吻合，记录读数为 P_2。注意玻璃浮锤放入圆筒内时，勿使其碰及圆筒四周及底部。

5. 结果计算

试样在 20℃时的相对密度按下式计算

$$d_{20}^{20} = \frac{P_2}{P_1} \tag{4-3}$$

式中　d_{20}^{20}——试样在 20℃时的相对密度；

P_1——玻璃浮锤浸入水中时游码的读数，g；

P_2——玻璃浮锤浸入待测试样时游码的读数，g。

计算结果表示到韦氏相对密度天平精度的有效位数，重复条件下获得两次独立测定结果的绝对值差值不得超过算术平均值的 5%。

（三）密度计法

1. 原理

利用阿基米德原理，根据漂浮在液体中的物体受到的浮力与重力相等的原理，即 F（浮力）$=\rho gV$。密度计的重力恒定，将它悬浮放置于不同的待测液体中，其所受的浮力也不变。当待测液体密度越小，密度计排开液体的体积越大，则密度计浸入液面下的体积越多，反之亦然。将待测液体倒入一个较高的容器中，再将密度计放入，密度计呈悬浮状态，此时液面的位置在玻璃管上所对应的刻度就是该液体的密度。

拓展视频

2. 仪器和设备

普通密度计或专用密度计（糖度计、乳稠计、波美密度计等）。密度计种类很多，但结构和形式基本相同（如图 4-3 所示），都是由玻璃外壳制成。头部呈球形或圆锥形，里面灌有铅珠、水银或其他重金属，使其能立于溶液中，中部是空腔，内有空气故能浮起，尾部是一细长管，内附有刻度标记，刻度是利用各种不同密度的液体标度的。

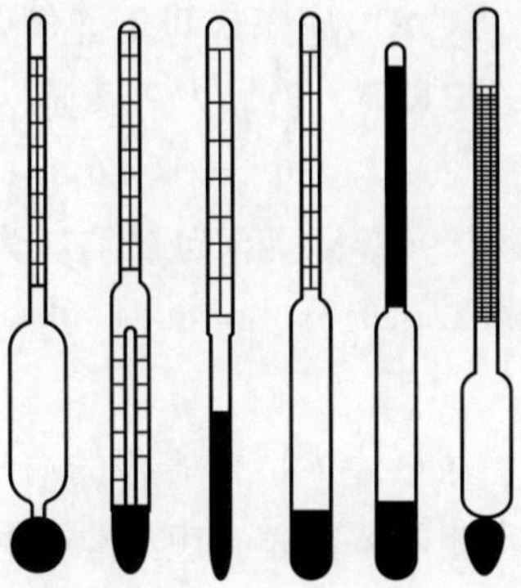

1　2　3　4　5　6

1—普通密度计　2—附有温度计的糖度计　3，4—波美密度计　5—酒精计　6—乳稠计

图 4-3　密度计

（1）普通密度计直接以 20℃时样液的密度值为刻度。一套通常由几支组成，每支的刻度范围不同，0.700～1.000 为轻表，用来测量比水轻的液体；1.000～2.000 为重表，用来测量比水重的液体。

（2）糖度计是专用于测定糖液浓度的密度计，它是以蔗糖溶液质量百分浓度为刻度的。刻度方法是以 20℃为标准温度，在蒸馏水中为 0°Bx，在 1%蔗糖溶液中为 1°Bx（即 100g 蔗糖溶液中含 1g 蔗糖），以此类推。糖度计的刻度范围有多种，常用的有：0～6°Bx、5～

11°Bx、10~16°Bx、15~21°Bx 等。

若测定温度不在标准温度（20℃），应进行温度校正，当测定温度高于 20℃时，因糖液体积膨胀导致相对密度减小，即锤度降低，故应加上相应的温度校正值，反之，则应减去相应的温度校正值。例如

在 17℃时观测糖度为 22.00，校正值为 0.18，则标准温度（20℃）时糖度为：

$$22.00-0.18=21.82\ (°Bx)$$

在 24℃时观测糖度为 16.00，校正值为 0.24，则标准温度（20℃）时糖度为：

$$16.00+0.24=16.24\ (°Bx)$$

（3）波美密度计以波美度来表示液体浓度大小，单位为°Bé。以 20℃为基准，蒸馏水为 0°Bé，15%的食盐液为 15°Bé，纯硫酸（$d=1.8427$ 时）为 66°Bé，其余刻度等分。

（4）酒精计是一种用来测量酒精浓度的密度计，需要用已知酒精浓度的纯酒精溶液来标定。在 20℃时在蒸馏水中为 0，在 1%的酒精溶液中为 1%。

（5）乳稠计是专用于测定牛乳相对密度的密度计，测量相对密度的范围为 1.015~1.045。它是将相对密度减去 1.000 后再乘以 1000 作为刻度，以度表示，其刻度范围为 15°~45°。

使用乳稠计时，若测定温度不是标准温度，应将读数校正为标准温度下的读数。相对于 20℃/4℃乳稠计，在 10~25℃，温度每升高 1℃，乳稠计的读数下降 0.2°，即相当于相对密度值平均减小 0.0002。故当乳温高于标准温度 20℃时，每高一度应在得出的乳稠计读数上加 0.2°，乳温低于 20℃时，每低 1℃应减去 0.2°。例如

16℃时 20℃/4℃乳稠计读数为 31.0°，换算为 20℃应为：

$$31.0-(20-16)\times0.2=31.0-0.8=30.2°$$

25℃时 20℃/4℃乳稠计读数为 29.8°，换算为 20℃应为：

$$29.8-(25-20)\times0.2=29.8+1.0=30.8°$$

3. 分析步骤

将混合均匀的被测样液沿筒壁徐徐注入适当容积的清洁量筒中，注意避免起泡沫。将密度计洗净擦干，缓缓放入盛有待测液体试样的适当量筒中，勿使其碰及容器四周及底部，保持试样温度为 20℃，待密度计静置，再轻轻按下少许，然后待其自然上升，静置至无气泡冒出，从水平位置观察与液面相交处的刻度，即为试样的密度。分别测试待测液体和水的密度，两者比值即为试样相对密度。同时用温度计测量样液的温度，如测得温度不是标准温度，应对测得值加以校正。

4. 结果精度

在重复性条件下获得的两次独立测定结果的绝对差值不得超过算术平均值的 5%。

5. 注意事项

（1）该法操作简便迅速，但准确性差，需要样液量多，且不适用于极易挥发的样品和黏度较高的油脂，例如蓖麻油。

（2）应根据待测液体的相对密度大小，选择合适量程的密度计。

（3）操作时量筒应放在水平台面，注意不要让密度计触碰量筒的筒壁及筒底。

（4）待测液中不能含有气泡。

（5）读数时应以密度计与液体形成的弯月面的下缘为准，若液体颜色较深，不易看清弯月面下缘时，则以弯月面上缘为准。

第二节　折光法

通过测量物质的折光率来鉴别物质的组成，确定物质的纯度、浓度及判断物质品质的分析方法称为折光法。折射率是物质的一种物理性质。它是食品生产中常用的工艺控制指标，通过测定液态食品的折射率，可以鉴别食品的组成，确定食品的浓度，判断食品的纯净程度及品质，评估食品质量和帮助食品加工过程中的质量控制。折光法的应用不仅有助于确保食品安全和品质，也对食品生产企业的管理和运营起着重要作用，推动着食品行业的发展。

必须指出的是，折光法测得的只是可溶性固形物的含量，但对于番茄酱、果酱等食品，已通过实验编制了总固形物与可溶性固形物关系表。先用折光法测定可溶性固形物的含量即可查出总固形物的含量。

一、影响折射率测定的因素

影响折射率测定的因素主要有光的波长及温度两个方面。

1. 光的波长

物质的折射率因光的波长而异，波长越长折射率越小，波长较短则折射率较大。测定时光源通常为白光。当白光经过棱镜和样液发生折射时，因各色光的波长不同，折射程度也不同，折射后分解成多种色光，这种现象称为色散。光的色散会使视野明暗分界线不清，产生测定误差。为了消除色散，在阿贝折射仪观测镜筒的下端安装了色散补偿器。

2. 温度

溶液的折射率随温度改变而改变，温度升高折射率减小，温度降低折射率增大。折光仪上的刻度是在标准温度 20℃下刻制的，所以最好在 20℃下测定折射率。否则，应对测定结果进行温度校正。超过 20℃时，加上校正数；低于 20℃时，减去校正数。

二、果汁可溶性固形物含量的测定（折光法）［《饮料通用分析方法》（GB/T 12143—2008）］

1. 原理

在 20℃用折光计测量待测样液的折光率，并用表中查得或从折光计上直接读出可溶性固形物的含量。

2. 适用范围

本方法适用于透明液体、半黏稠、含悬浮物的饮料制品。

3. 仪器和设备

阿贝折射仪（图 4-4）或其他折光仪，组织捣碎机。

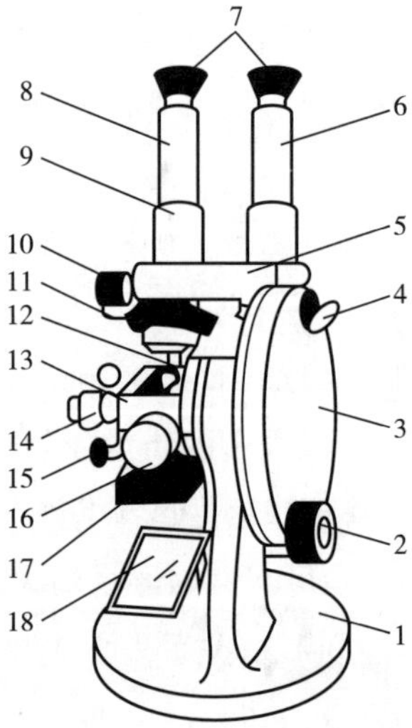

拓展视频

1—底座 2—棱镜转动轮 3—圆盘组（内有刻度板） 4—小反光镜 5—支架 6—读数镜筒 7—目镜 8—观察镜筒 9—分界线调节旋钮 10—色散棱镜手轮 11—色散刻度尺 12—棱镜锁紧扳手 13—棱镜组 14—温度计插座 15—恒温器接头 16—保护罩 17—主轴 18—反光镜

图 4-4 阿贝折射仪

4. 分析步骤

（1）样液的制备 透明液体制品充分混匀，直接测定；半黏稠制品（果浆、菜浆类）充分混匀，用四层纱布挤出滤液，弃去最初几滴，收集滤液待用；含悬浮物制品（果粒、果汁类饮料）置于组织捣碎机中捣碎，用四层纱布挤出滤液，弃去最初几滴，收集滤液备用。

（2）折射率测定 通常用测定蒸馏水折射率的方法来校正折光仪，即在 25℃下折光仪应表示出蒸馏水折射率为 1.3325，在 20℃下折光仪应表示出蒸馏水折射率为 1.3330 或可溶性固形物为 0。如果温度不在 20℃，折射率也有不同（表 4-1）。校正时先用脱脂棉蘸乙醚擦净上下棱镜，待乙醚挥发后，在下棱镜的毛玻璃面上滴 2 滴蒸馏水；关紧棱镜，打开遮光板；转动棱镜旋钮，使读数镜内刻度值与蒸馏水在该温度下的读数一致；调节反光镜，使两个镜筒内视野明亮；转动棱镜旋钮，使视野出现明暗两部分，旋转色散补偿器旋钮，使视野中只有黑白两色。观察观测系统望远镜内明暗分界线是否在十字线中间，若有偏离则用附件方孔调节扳手转动分界线调节旋钮，使明暗分界线调整至中央，校正完毕。对于折射率读数较高的折光仪的校正，可以使用具有一定折射率的标准玻璃块来进行。之后从读数镜内读取数值，记录至小数点后四位。

表 4-1　不同温度时蒸馏水的折射率

温度/℃	折射率	温度/℃	折射率
14	1.3335	24	1.3326
16	1.3333	25	1.3325
18	1.3332	26	1.3324
20	1.3330	28	1.3322
22	1.3328	30	1.3319

5. 结果表示

如目镜读数标尺刻度为百分数，即为可溶性固形物含量。如目镜读数标尺为折射率，可查表换算为可溶性固形物含量。同一样品两次测量值之差，不应大于0.5%。取两次测定的算术平均值作为结果，精确到小数点后一位。

第三节　旋光法

应用旋光仪测量旋光性物质旋光度以确定其含量的分析方法称为旋光法。旋光法可用于测定食品中的光学活性物质，主要应用于葡萄糖、蔗糖、氨基酸等光学活性物质的测定。在食品工业中，旋光法常用于检测食品产品中的糖分含量、质量以及鉴别光学异构体等方面。通过旋光法可以准确测定食品中光学活性物质的含量和构型，为食品生产质量控制提供重要依据。

一、旋光度和比旋光度

（一）旋光性和旋光性物质

分子结构中有不对称原子，能把偏振光的偏振面旋转一定角度的物质称为光学活性物质。许多食品成分都具有光学活性，如单糖、低聚糖、淀粉以及大多数的氨基酸等。其中能把偏振光的振动平面向右旋转的，称为“具有右旋性”，以（+）号表示；反之，称为“具有左旋性”，以（-）号表示。

（二）旋光度

偏振光通过光学活性物质的溶液时，其振动平面所旋转的角度称为该物质溶液的旋光度，以 α 表示。旋光度的大小与光源的波长、温度、旋光性物质的种类、溶液浓度及液层厚度有关。对于特定的光学活性物质，在光源波长和温度一定的情况下，其旋光度 α 与溶液浓度 c 和液层厚度成正比。即

$$\alpha = KcL \tag{4-4}$$

式中 α——旋光度,°;

K——旋光系数;

c——溶液浓度 g/mL;

L——液层厚度或旋光管长度，dm。

（三）比旋光度

当旋光性物质的浓度为单位浓度（1g/mL），液层厚度为单位厚度（1dm）时所测得的旋光度称为比旋光度，以 $[\alpha]_{\lambda}^{t}$ 表示。

在稀溶液中，旋光度 α 与 L 和 c 近似满足线性关系

$$\alpha \propto L \cdot c \tag{4-5}$$

引入比例常数 $[\alpha]_{\lambda}^{t}$（即比旋光度），则

$$\alpha = [\alpha]_{\lambda}^{t} \cdot L \cdot c \tag{4-6}$$

变形后得到比旋光度公式

$$[\alpha]_{\lambda}^{t} = \frac{\alpha}{Lc} \tag{4-7}$$

式中 $[\alpha]_{\lambda}^{t}$——比旋光度,°;

t——温度,℃;

λ——光源波长，nm。

比旋光度与光的波长及测定温度有关。规定用钠光 D 线（波长 589.3nm）在 20℃时测定，在此条件下，比旋光度用 $[\alpha]_{D}^{20}$ 表示。因在一定条件下比旋光度 $[\alpha]_{\lambda}^{t}$ 是已知的，L 为一定值，故测得了旋光度就可以计算出旋光质溶液中的浓度 c。

二、变旋光作用

具有光学活性的还原糖类（如葡萄糖、果糖、乳糖、麦芽糖等），在溶解之后，其旋光度起初迅速变化，然后渐渐变得较缓慢，最后达到恒定值，这种现象称为变旋光作用。产生变旋现象是由于有的糖存在两种异构体，即 α 型和 β 型，它们的比旋光度不同。这两种环形结构及中间的开链结构在构成一个平衡体系的过程中，即显示出变旋光的作用。因此测定含有还原糖的样品时，最好放置过夜后测量。

三、旋光法测定味精成品的纯度

1. 原理

食用味精的主要化学成分为 L-谷氨酸钠盐，是一种鲜味调味料，易溶于水，其水溶液有浓厚鲜味。L-谷氨酸分子中具有不对称碳原子，故有旋光性。在水溶液中比旋光度为 $[\alpha]_{\lambda}^{20}=+12.1$，而在 2mol/L 盐酸溶液中为+32。L-谷氨酸在盐酸溶液中的比旋光度在一定盐酸浓度范围内随酸度增加而增加。在测定味精纯度时加入盐酸使其浓度为 2mol/L，此时

谷氨酸钠以谷氨酸的形式存在。在一定的温度下测定其比旋光度，并与该温度下纯 L-谷氨酸的比旋光度比较，即可求得味精中谷氨酸钠的百分含量，即味精纯度。结晶味精的纯度可达 99%以上。

L-谷氨酸的比旋光度与温度的关系可用下式表示

$$[\alpha]_{\lambda}^{t} = [\alpha]_{\lambda}^{20} + 0.06(20 - t) \tag{4-8}$$

式中　0. 06——L-谷氨酸比旋光度的温度校正系数。

2. 仪器设备

本实验以 WZZ-3 自动旋光仪为例。本旋光仪的特点是采用光电自动平衡原理测量，自动测量的结果由点阵液晶显示。它既保留 WZZ-1、WZZ-2B 稳定可靠、灵敏度高、没有人为误差、读数方便的优点，又新增了比旋度、溶液浓度和糖度的测量工作模式，大大方便了使用。

自动旋光仪

光源：钠光灯+滤色片，波长 589. 3nm；测量范围：±45°（旋光度）；最小读数：0. 001°（旋光度）0. 01°Z（糖度）；准确度：±（0. 01+测量值×0. 05%）°（旋光度）；重复性（标准偏差 δ）：≤0. 003°；显示方式：点阵式液晶显示；试管：100、200mm；可测样品低透过率：10%；电源：（220±22）V，（50±1）Hz。

3. 分析步骤

（1）样品制备　准确称取味精样品 10. 00g，加 20~25mL 蒸馏水，搅拌下加入 32mL 6mol/L 的 HCl，使其全部溶解，冷却至室温，用蒸馏水定容至 100mL。

（2）仪器准备　将旋光仪电源接通，打开电源开关点亮钠光灯预热 15min。按下测量开关，机器处于自动平衡状态。复测 1~2 次，再按清零按钮清零。

（3）测定　将装有蒸馏水或其他空白溶剂的试管放入样品室，盖上箱盖，待小数稳定后，按清零按钮清零。试管通光面两端的雾状水滴，应用软布揩干。取出试管，将味精样品注入试管，按相同的位置和方向放入样品室内，盖好箱盖。仪器读数窗将显示出该样品的旋光度。等到测数稳定，再读取读数。逐次按下复测按键，取几次测量的平均值作为样品的测定结果。仪器使用完毕后，应依次关闭测量、光源、电源开关。

4. 结果计算

当温度为 t 时旋光物质的比旋光度为

$$[\alpha]_{\lambda样}^{t} = \frac{\alpha \times 100}{m \times L} \tag{4-9}$$

式中　m——100mL 样品溶液中含旋光物质的质量，g。

因测定时溶液中是 L-谷氨酸，故需将味精样品的质量 m_1 换算成 L-谷氨酸的质量 m_2

$$m_2 = m_1 \times \frac{147.13}{187.13} \tag{4-10}$$

式中　147. 13——L-谷氨酸的相对分子质量；

187. 13——味精的相对分子质量（含 1 分子结晶水的 L-谷氨酸钠）。

纯 L-谷氨酸 20℃时比旋光度为+32°，校正为 t 时比旋光度为

$$[\alpha]_{\lambda纯}^{t} = 32 + 0.06(20 - t) \tag{4-11}$$

$$味精纯度(\%) = \frac{[\alpha]_{\lambda样}^{t}}{[\alpha]_{\lambda纯}^{t}} = \frac{\alpha \times 100}{[32 + 0.06(20 - t)] \times L \times m \times \dfrac{147.13}{187.13}} \times 100\%$$

$$= \frac{\alpha \times 100}{[25.16 + 0.047(20 - t)] \times L \times m} \times 100\%$$

式中 t——测量时温度，℃；

m——味精样品质量，g。

5. 味精的质量标准

味精中谷氨酸钠、食盐、水分的总和大约为 100%，参照《谷氨酸钠（味精）》（GB/T 8967—2007）和《食品安全国家标准 味精》，见表 4-2。

表 4-2 味精的质量标准

项目 \ 规格	味精	加盐味精	增鲜味精
谷氨酸钠（以干基计）/%	≥99	≥80	≥97
干燥失重/%	≤0.5	≤1.0	≤0.5
透光率/%	≥98	≥89	≥98
砷含量/（mg/kg）	≤0.5	≤0.5	≤0.5
铅含量/（mg/kg）	≤1.0	≤1.0	≤1.0
铁含量/（mg/kg）	≤5	≤10	≤5

第四节 物理检测法的未来

食品物理检测法作为食品检测领域的重要分支，在未来将继续发挥关键作用，并展现出许多新的应用范围和发展趋势。以下是食品物理检测法未来展望及应用范围的一些预测。

1. 智能化和自动化

随着人工智能和大数据技术的发展，食品物理检测设备将更加智能化和自动化。未来的食品物理检测设备将能够实现自动化操作、智能分析和数据处理，提高检测效率和准确性。

2. 多元化和综合化

未来食品物理检测法将更多地结合多种物理手段和技术，如光学、声学、电磁等。综

合利用不同的物理检测手段可以更全面地评估食品的物理性质，为食品生产和质量控制提供更丰富的信息。

3. 快速化和精准化

随着新材料和新技术的广泛应用，食品物理检测设备的检测速度将大幅提升，同时检测的精准度和准确性也将明显改善。这将有助于快速地检测食品中的各种物理性质，以满足生产和质量控制的需求。

4. 环保和节能

未来食品物理检测设备将更加注重环保和节能。采用环保材料、技术和工艺，减少能源消耗和排放，降低对环境的影响，实现绿色检测。

5. 应用范围拓展

未来食品物理检测法将在食品安全监测、品质评价、食品加工工艺控制等方面得到更广泛应用。同时，随着人们对食品质量和安全的关注度增加，食品物理检测法也将在新兴领域如个性化营养、健康食品等方面发挥重要作用。

综上所述，食品物理检测法在未来将以智能化、多元化、快速化、精准化、环保节能为发展方向，拓展应用范围，为食品行业的可持续发展和食品安全保障提供更多的支持和保障。

思考题

1. 物理检测法的基本原理是什么？
2. 如何提升物理检测法的准确性和可靠性？
3. 在食品质量控制中，物理检测法有何优势和局限性？
4. 如何设计一个基于物理检测法的食品安全检测系统？
5. 物理检测法在不同类型食品分析中的应用有哪些差异？
6. 如何将物理检测法与其他检测技术相结合以提高检测效率？
7. 试比较三种相对密度测定方法的异同、适用范围及优缺点。
8. 请查阅资料，分析我国与美国、日本、欧盟等国家和地区在果汁质量检测标准的异同。

第五章

水分和水分活度的测定

【学习目标】

1. 了解不同食品的水分含量。
2. 理解食品水分和水分活度测定的意义。
3. 掌握食品中水分和水分活度测定的原理和方法。

【学习重点与难点】

1. 卡尔费休法测定食品中水分的原理及特点。
2. 食品中水分活度测定的方法。

第一节 概述

水是食品的天然成分也是生物体中不可缺少的重要成分。食品中水分含量的多少直接关系到食品的感官性状，并影响食品中胶体状态的形成和测定。在生物体内，水不仅以纯水状态存在，如常常溶解一些可溶性物质（糖类和许多盐类）构成溶液，把淀粉、蛋白质等亲水性高分子分散在水中形成凝胶来保持一定的形态。而且，即使不溶于水的物质，如脂肪和某些蛋白质，也能在适当的条件下分散于水中成为乳浊液或胶体溶液。但是，当某些食品的水分增加或减少到一定程度时也会影响其品质，如水分含量增加时，脱水蔬菜的非酶褐变会随之增加；水分含量减少可能会导致蛋白质的变性、糖和盐的结晶等。食品的变质或腐败是由于微生物的生长引起的，这与食品的水分含量也有直接关系。所以，控制食品中的水分含量，对于保持食品良好的感官性状、维持食品中其他组分的平衡关系、延长食品的保存期、提高食品的安全性均起着重要作用。根据食品的种类不同，食品中水分含量差异较大，部分食品的水分含量见表 5-1。

表 5-1 部分食品的水分含量

食品种类	近似水分含量/%	食品种类	近似水分含量/%
谷物食品、面包、通心粉		**水果和蔬菜**	
白面包（加料）	13.4	西瓜	91.5
小麦面粉（整粒）	10.3	橙子（带皮）	86.8
通心粉（干，加料）	10.2	苹果（带皮）	83.9
椒盐饼干	4.1	葡萄（美国品种，新鲜）	81.3
玉米片	3.0	葡萄干	15.4
乳制品		黄瓜（带皮，新鲜）	96.0
牛乳（纯，新鲜，脂肪含量 3.3%）	88.0	马铃薯（新鲜带皮）	79.0
酸乳酪（清淡，低脂）	89.0	蚕豆（绿皮，新鲜）	90.3
酪农干酪	79.3	**肉、家禽和鱼**	
切达干酪	37.5	牛肉	63.2
脂肪和油脂		鸡肉	68.6
人造奶油	16.7	鲭鱼、鲽鱼（比目鱼类，生）	79.1
黄油（含盐）	16.9	蛋（新鲜）	75.3
大豆油（沙拉或烹饪用）	0	**坚果**	
甜味剂		核桃（黑色，干）	4.4
砂糖	0	花生（所有种类）	1.6
红糖	1.6	花生酱（含盐）	1.2
浓缩或过滤的蜂蜜	17.1		

第二节 食品中水分的测定

一、食品中水分的存在形态

食品中通常含有大量的水，根据水在食品中所处的状态，可把食品中的水分为自由水和结合水两类。

（1）自由水　由分子（通常是低浓度的大分子）所构成基质物理截留的水，这部分水保持着水本身的物理性质，能作为胶体的分散剂和盐的溶剂，如食盐、砂糖、氨基酸、蛋白质或植物胶等的水溶液中的水。它们在被截留的区域内可以自由流动，能使食品变质的反应以及微生物活动在其中进行。在高水分含量的食品中，自由水可以达到总水量的90%以上。

（2）结合水　指食品中的非水成分与水借助化学力或物理化学力相结合的水。通常是指存在于溶质或其他非水组分附近的那部分水，它与同一体系中的水比较，分子的运动减小，并且使水的其他性质明显改变。它又包括单分子层结合水和多分子层结合水。

单分子层结合水是指通过氢键与非水物质中以离子形式存在的一些强极性基团结合紧密的水，在非水组织的外层形成一层水膜。这种水-40℃不结冰，其结合力较大，很难用蒸发的方法分离出去。单分子层结合水在食品内部不能作为溶剂，微生物孢子也不能利用它来进行发芽和繁殖。这部分水如葡萄糖、麦芽糖、乳糖的结晶水或果胶、明胶等所形成冻胶中的结合水。

多分子层结合水是指强极性基团单分子水层外的几个水分子层所包含的水，以及与非水组分中弱极性基团以氢键结合的水。这种水-40℃基本不结冰，它向外蒸发的能力也较弱，与自由水相比，蒸发时需吸收较多的能量。多分子层结合水可存在于细胞壁或原生质中，与蛋白质牢固地结合在一起。

食品中以自由水形态存在的水分易于分离，而以结合态存在的水分却不如前者容易分离。如果在水分测定时不加限制长时间地对食品进行加热干燥，必然会使其发生质变，影响分析结果。所以水分测定要在一定的温度、一定的时间和规定的操作条件下进行，方能得到满意的结果。

二、食品中水分测定的意义

对食品分析来说，水分含量的测定是最基本、最重要的方法。去除水分后剩下的干基称为总固形物，其组分有蛋白质、脂肪、粗纤维、无氮抽出物和灰分等。下面的一些实例充分说明了水分在食品中的重要性。

（1）水分含量在食品保藏中是一个关键的质量因素　水分含量可以直接影响一些产品质量的稳定性，如脱水蔬菜和水果、乳粉、鸡蛋粉、香料香精等。全脂乳粉水分含量控制在2.5%~3.0%，可抑制微生物的生长，延长保质期。

（2）水分含量是食品加工产品的质量因素之一　如在果酱和果冻中，为防止糖结晶需将水分含量控制在一定的范围内。水果硬糖的水分含量一般控制在3.0%以下，但过低会出现返砂甚至返潮现象。

（3）水分含量的减少有利于产品的包装和运输　如浓缩牛乳、浓缩果汁、脱水产品等。

（4）有些产品的水分含量（或固形物含量）通常有国家标准对其作了专门的规定，如国家标准中软质、坚实/半硬、硬质、特硬干酪的水分含量要求分别为>67%、54%~69%、49%~56%、<51%［《食品安全国家标准　干酪》（GB 5420—2021）］。因此，为了能使产品达到相应的标准，有必要通过水分检测来更好地控制水分含量。

（5）食品营养价值的计量值要求列出水分含量。

（6）水分含量数据可用于表示样品在同一计量基础上的其他分析的测定结果（如干基）。

此外，各种生产原料中水分含量的高低，对于产品品质和保存、成本核算、提高工厂的经济效益等均具有重大意义。因此，食品中水分含量的测定通常是食品分析的重要项目之一。

三、食品中水分的测定方法

食品中水分测定的方法有多种，通常分为两大类：直接法和间接法。利用水分本身的物理性质和化学性质测定水分的方法，称作直接法，如重量法、蒸馏法和卡尔费休法；利用食品的密度、折射率、电导、介电常数等物理性质测定水分的方法，称作间接法。相比较而言，通过直接法得到的结果准确度要高于间接法，实际应用时测定水分的方法要根据食品性质和测定目的而选定。需要注意的是，在测定水分含量时，必须要预防操作过程中所产生的水分得失误差或尽量将其降到最低值。因此任何样品都需要尽量缩短其在空气中的暴露时间，并尽可能地减少样品在碾碎过程中的摩擦以及热量的产生，否则会影响样品的水分含量，造成不必要的误差。

（一）干燥法

在一定的温度和压力条件下，将样品加热干燥，蒸发以排除其中水分并根据样品前后失重来计算水分含量的方法，称为干燥法，包括直接干燥法和减压干燥法。水分含量测定值的大小与所用烘箱的类型、箱内状况、干燥温度和干燥时间密切相关。这种测定方法费时较长，但操作简便，应用范围较广。

1. 直接干燥法

（1）原理　利用食品中水分的物理性质，在 101.3kPa（一个大气压），温度 101~105℃下采用挥发方法测定样品干燥减失的重量，包括吸湿水、部分结晶水和该条件下能挥发的物质，再通过干燥前后的称量数值差计算出水分的含量。

（2）适用范围　适用于在 101~105℃下，蔬菜、谷物及其制品、水产品、豆制品、乳制品、肉制品、卤菜制品、粮食（水分含量低于 18%）、油料（水分含量低于 13%）、淀粉及茶叶类等食品中水分的测定，不适用于水分含量小于 0.5g/100g 的样品。

应用烘箱干燥法测定水分的样品应当符合下述三个条件，

①水分是样品中唯一的挥发物质：因为食品中挥发组分的损失会造成测量的误差，例如乙酸、丙酸、丁酸、醇、酯和醛等。

②水分可以较彻底地被除去：若食品中含有较多的胶态物质，则用直接干燥法对水分

的排除是比较困难的。

③在加热过程中，样品中的其他组分由于发生化学反应而引起的质量变化可以忽略不计：在分析过程中，样品中的水分含量与干燥的时间和温度有关，但当干燥时间持续太久、温度太高时，食品中其他组分的分解就会变得明显起来。水分分析主要存在的问题仍在于必须蒸发要分离的水，同时又不能有其他成分因分解而释放出水分使得结果偏高；同样，食品中有的成分的化学反应（例如蔗糖的水解）要利用食品中的水分，这会使其测得的水分含量偏低。如果当这些变化产生的影响很小时，可考虑使用直接干燥法。

（3）分析步骤　根据食品种类及存在状态的不同，样品的制备方法也不同。一般情况下，食品以固态（如面包、饼干、乳粉等）、液态（如牛乳、果汁等）和半固体状态（如炼乳、糖浆、果酱等）存在。

①对于固体样品：取洁净铝制或玻璃制的扁形称量瓶，置于 101~105℃ 干燥箱中，瓶盖斜支于瓶边，加热 1.0h，取出盖好，置干燥器内冷却 0.5h，称量，并重复干燥至前后两次质量差不超过 2mg，即为恒重。将混合均匀的试样迅速磨细至颗粒小于 2mm，不易研磨的样品应尽可能切碎，称取 2~10g 试样（精确至 0.0001g），放入此称量瓶中，试样厚度不超过 5mm，如为疏松试样，厚度不超过 10mm，加盖，精密称量后，置于 101~105℃ 干燥箱中，瓶盖斜支于瓶边，干燥 2~4h 后，盖好取出，放入干燥器内冷却 0.5h 后称量。然后再放入 101~105℃ 干燥箱中干燥 1h 左右，取出，放入干燥器内冷却 0.5h 后再称量。并重复以上操作至前后两次质量差不超过 2mg，即为恒重。（注：两次恒重值在最后计算中，取质量较小的一次称量值。）

②对于半固体或液体样品：液体样品若直接在高温下加热，会因沸腾而造成样品损失，所以需低温浓缩后再进行高温干燥。取洁净的称量瓶，内加 10g 海砂（实验过程中可根据需要适当增加海砂的质量）及一根小玻棒，置于 101~105℃ 干燥箱中，干燥 1.0h 后取出，放入干燥器内冷却 0.5h 后称量，并重复干燥至恒重。然后称取 5~10g 试样（精确至 0.0001g），置于称量瓶中，用小玻棒搅匀放在沸水浴上蒸干，并随时搅拌，擦去瓶底的水滴，置于 101~105℃ 干燥箱中干燥 4h 后盖好取出，放入干燥器内冷却 0.5h 后称量。然后再放入 101~105℃ 干燥箱中干燥 1h 左右，取出，放入干燥器内冷却 0.5h 后再称量。并重复以上操作至前后两次质量差不超过 2mg，即为恒重。

（4）结果计算　样品中的水分含量 X 可按式（5-1）计算

$$X = \frac{m_1 - m_2}{m_1 - m_3} \times 100 \tag{5-1}$$

式中　X——样品中的水分含量，g/100g；

m_1——称量瓶（加海砂、玻棒）和样品的质量，g；

m_2——称量瓶（加海砂、玻棒）和样品干燥后的质量，g；

m_3——称量瓶（加海砂、玻棒）的质量，g。

（5）注意事项

①直接干燥法为《食品安全国家标准　食品中水分的测定》（GB 5009.3—2016）第一法。

②由于直接干燥法不能完全排出食品中的结合水，所以它不可能测出食品中真正的水分含量。

③直接干燥法设备和操作简单，但时间较长，且不适宜胶体、高脂肪、高糖食品及含有较多高温易氧化、易挥发物质的食品，测得的水分质量中包括了在100℃下所失去的挥发物量，如微量的芳香油、醇、有机酸等挥发性物质的质量。

④只能依靠是否达到恒重来判断水分是否蒸发完全。

⑤烘箱干燥法所选用的温度、压力及干燥时间，应随着被测样品的性质及分析目的的不同而有所改变。干燥温度通常取70~100℃，对于热稳定性较好的食品，甚至可以采用120℃、130℃或更高的温度，可大大缩短干燥时间。

2. 减压干燥法

（1）原理　利用食品中水分的物理性质，在达到40~53kPa压力后，加热至（60±5）℃，采用减压烘干方法去除试样中的水分，再通过烘干前后的称量数值计算出水分的含量。

（2）适用范围　减压干燥法的操作压力较低，水的沸点也相应降低，因而可以在较低温度下将水分蒸发完全，适用于糖、味精等易分解的食品中水分的测定，不适用于添加了其他原料的糖果，如奶糖、软糖等试样测定，同时该法不适用于水分含量小于0.5g/100g的样品。

（3）分析步骤

①样品的制备：粉末和结晶试样直接称取；较大块硬糖经研钵粉碎，混匀备用。

②样品的测定：取已恒重的称量瓶，称取2~10g（精确至0.0001g）试样，放入真空干燥箱内，将真空干燥箱连接真空泵，抽出真空干燥箱内空气（所需压力一般为40~53kPa），并同时加热至所需温度（60±5）℃。关闭真空泵上的活塞，停止抽气，使真空干燥箱内保持一定的温度和压力，经4h后，打开活塞，使空气经干燥装置缓缓通入至真空干燥箱内，待压力恢复正常后再打开。取出称量瓶，放入干燥器中0.5h后称量，并重复以上操作至前后两次质量差不超过2mg，即为恒重。

（4）结果计算　同“直接干燥法”。

（5）注意事项

①减压干燥法为《食品安全国家标准　食品中水分的测定》（GB 5009.3—2016）第二法。

②减压干燥法选择的压力一般为40~53kPa，温度为55~65℃。但是实际应用时可根据样品性质及干燥箱耐压能力不同而调整压力和温度，如AOAC法的干燥条件：咖啡，3.3kPa和98~100℃；乳粉，13.3kPa和100℃；干果，13.3kPa和70℃；坚果和坚果制品，

13.3kPa 和 95~100℃；糖和蜂蜜，6.7kPa 和 60℃。

③减压干燥时，自干燥箱内部压力降至规定真空度时起计算干燥时间，一般每次烘干时间为 2h，但是有的样品需 5h；恒重一般以减量不超过 0.5mg 时为标准，但对受热后易分解的样品可以不超过 1~3mg 的减量值为恒重标准。

④在使用真空干燥箱时需注意，如果被测样品中含有大量的挥发物质，应考虑使用校正因子来弥补挥发量；另外，在真空条件下热传导不佳，称量瓶应直接放在金属架上以确保良好的热传导；蒸发是一个吸热过程，要注意由于多个样品放在同一烘箱中使箱内温度降低的现象，冷却会影响蒸发，但不能通过升温来弥补冷却效应，否则样品在最后干燥阶段可能会产生过热现象；干燥时间取决于样品的总水分含量、样品的性质、单位质量的表面积、是否使用海砂、是否含有较强持水能力和易分解的糖类及其他化合物等因素。

3. 其他干燥法

在食品领域应用的其他水分分析方法很多，如化学干燥法、微波烘箱干燥法、红外线干燥法等。

（1）化学干燥法　化学干燥法是将某种对于水蒸气具有强烈吸附的化学药品与含水样品一同装入一个干燥容器，如普通玻璃干燥器或真空干燥器中，通过等温扩散及吸附作用而使样品达到干燥恒重，然后根据干燥前后样品的质量差计算出其中的水分含量。但此法的缺点是时间比较长，需要数天、数周甚至数月时间。用于干燥（吸收水蒸气）的化学样品称为干燥剂，主要包括五氧化二磷、氧化钡、高氯酸镁、氢氧化钾（熔融）、氧化铝、硅胶、硫酸（100%）、氧化镁、氢氧化钠（熔融）、氧化钙、无水氯化钙、硫酸（95%）等，它们的干燥效率依次降低。其中浓硫酸、固体氢氧化钠、硅胶、活性氧化铝、无水氯化钙等最为常用。该法适用于对热不稳定及含有易挥发组分的样品，如茶叶、香料等。

（2）微波烘箱干燥法　微波是指频率范围为 $10^3 \sim 10^5$ MHz 的电磁波。微波加热是靠电磁波把能量传播到被加热物体的内部，使物体内部温度迅速升高，这种加热方法具有很多优点：①加热速度快，不需要靠热传导的作用，可以令物体内部温度迅速升高。②加热均匀性好，因为它是内部加热，往往具有自动平衡的性能，所以加热更均匀。③加热易于瞬时控制，微波热惯性小，可以立即发热和升温，易于控制。④选择性吸收，某些成分非常容易吸收微波，另一些成分则不易，这种微波加热的吸收性有利于产品质量的提高，如食品中的水分吸收微波能量要比干物质多得多，温度也高得多，这有利于水分的蒸发，干物质吸收微波能量少，温度低，不过热，而且加热时间又短，因此能够保持食品的色、香、味等。⑤加热效率高，由于加热作用来自物料本身，而且基本上不辐射热能，所以热效率较高。在食品工业中，部分食品在被包装之前可利用微波烘箱干燥法快速测定食品在生产过程中的水分含量，并据此加以调整。例如，在加工干酪时，在原料加入容器之前，可利用此法分析成分组成，并在搅拌之前调整成分，在以后的几个月内都应用微波烘箱干燥法来有效地控制水分。

（3）红外线干燥法　红外线干燥法是一种快速测定水分的方法，它以红外线发热管为热源，通过红外线的辐射热和直接热加热样品，高效迅速地使水分蒸发，根据干燥前后样品的质量差可以得出其水分含量。与采用热传导和对流方式的普通烘箱相比，热渗透至样品中蒸发水分所需的干燥时间能显著缩短至 10~25min。但比较起来，其精密度较差，可作为简易法用于测定 2~3 份样品的大致水分，或快速检验在一定允许偏差范围内的样品水分含量。

（二）蒸馏法

1. 原理

蒸馏法出现于 20 世纪初，目前包括直接蒸馏和回流蒸馏两种方法。在直接蒸馏中，使用矿物油或沸点比水高、与水互不相溶的溶剂，在远高于水沸点的温度下加热。而回流蒸馏可使用沸点仅比水略高的溶剂如甲苯、二甲苯，利用食品中水分的物理化学性质，使用水分测定器将食品中的水分与甲苯或二甲苯共同蒸出，根据接收的水的体积计算出试样中水分的含量，其中采用甲苯进行的回流蒸馏是应用最广泛的蒸馏方法。蒸馏式水分测定仪如图 5-1 所示。

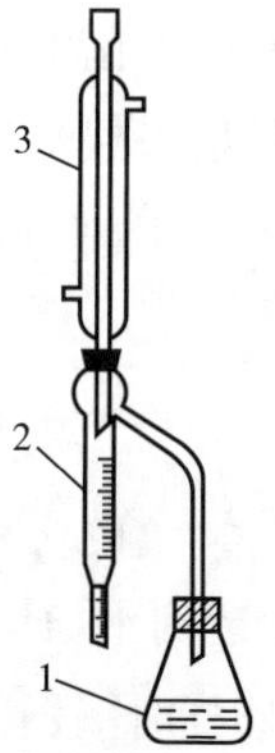

1—锥形瓶　2—刻度水分接收管
3—冷凝管

图 5-1　蒸馏式水分测定仪

2. 适用范围

蒸馏法采用了一种有效的热交换方式，水分可被迅速移去，食品组分所发生的例如氧化、分解等作用，都较直接干燥法小。这种方法最初是作为水分测定的快速分析法被提出来的，设备简单经济，管理方便，准确度能够满足常规分析的要求。适用于含水较多又有较多挥发性成分的水果、香辛料及调味品、肉与肉制品等食品中水分的测定，不适用于水分含量小于 1g/100g 的样品。

3. 分析步骤

准确称取适量试样（应使最终蒸出的水在 2~5mL，但最多取样量不得超过蒸馏瓶的 2/3），放入 250mL 蒸馏瓶中，加入新蒸馏的甲苯（或二甲苯）75mL，连接冷凝管与水分接收管，从冷凝管顶端注入甲苯，装满水分接收管。同时做甲苯（或二甲苯）的试剂空白。

加热慢慢蒸馏，使每秒钟的馏出液为 2 滴，待大部分水分蒸出后，加速蒸馏约 4 滴/s，当水分全部蒸出后，接收管内的水分体积不再增加时，从冷凝管顶端加入甲苯冲洗。如冷凝管壁附有水滴，可用附有小橡皮头的铜丝擦拭，再蒸馏片刻至接收管上部及冷凝管壁无水滴附着，接收管水平面保持 10min 不变为蒸馏终点，读取接收管水层的容积。

4. 结果计算

试样的水分含量按式（5-2）计算

$$X = \frac{V - V_0}{m} \times 100 \tag{5-2}$$

式中　X——试样中水分的含量，mL/100g；

V——接收器中水的体积，mL；

V_0——做试剂空白时，接收管内水的体积，mL；

m——试样的质量，g；

100——单位换算系数。

如果重复性符合要求，以两次独立测定结果的算术平均值表示，结果保留三位有效数字。

5. 注意事项

（1）蒸馏法为《食品安全国家标准　食品中水分的测定》（GB 5009.3—2016）第三法。

（2）蒸馏法与干燥法有较大差别，干燥法是以干燥后减少的质量为依据，而蒸馏法是以蒸馏收集到的水量为准，避免了挥发性物质减少的质量以及脂肪氧化对水分测定造成的误差。

（3）在使用蒸馏法时，对于有机溶剂的选择（表5-2），可考虑如能否完全湿润样品、适当的热传导、化学惰性、可燃性以及样品的性质等因素，其中样品的性质是选择溶剂的重要依据。对热不稳定的食品，常选用低沸点的，如苯、甲苯或甲苯-二甲苯的混合液；对于一些含有糖分、可分解出水分的样品，如脱水洋葱和脱水大蒜，宜选用苯作溶剂。对于比水重的溶剂，其特点是样品会浮在上面，不易过热及炭化，又安全防火。但是，这种溶剂被馏出冷凝后，会穿过水面进入接收管下方，增加形成乳浊液的机会。

表5-2　蒸馏法有机溶剂的物理常数

有机溶剂	沸点/℃	相对密度（25℃）	共沸混合物		水在有机溶剂中溶解度/（g/100g）
			沸点/℃	水分/℃	
苯	80.2	0.88	69.25	8.8	0.05
甲苯	110.7	0.86	84.1	19.6	0.05
二甲苯	140	0.86			0.04
四氯化碳	76.8	1.59	66.0	4.1	0.01
四氯（代）乙烯	120.8	1.63			0.03
偏四氯乙烷	146.4	1.60			0.11

蒸馏法测量误差产生的原因很多，如样品中水分没有完全被蒸发出来；水分附着在冷凝器和连接管内壁；水分溶解在有机溶剂中；生成了乳浊液；馏出了水溶性的成分等。

在加热时一般要使用石棉网，如果样品含糖量高，用油浴加热较好。样品为粉状或半流体时，先将瓶底铺满干净的海砂，再加样品及甲苯。所用甲苯必须无水，也可将甲苯经过氯化钙或无水硫酸钠吸水，过滤蒸馏，弃去最初馏液，收集澄清透明溶液即为无水甲苯。

为防止出现乳浊液，可以添加少量戊醇、异丁醇。最后，为了避免接收管和冷凝管附着水珠，使用的仪器必须清洗干净。

（三）卡尔费休法

卡尔费休法简称费休法或 K-F 法，是一种迅速而准确的水分测定法，它属于碘量法，被广泛应用于多种化工产品的水分测定。此方法快速准确且不需加热，在很多场合，该法也常被作为水分特别是微量水分的标准分析方法，用于校正其他分析方法。

1. 原理

根据碘能与水和二氧化硫发生化学反应，在有吡啶和甲醇共存时，1mol 碘只与 1mol 水作用，反应式如下：

$$C_5H_5N \cdot I_2+C_5H_5N \cdot SO_2+C_5H_5N+H_2O+CH_3OH \rightarrow 2C_5H_5N \cdot HI+C_5H_6N[SO_4CH_3] \quad (1)$$

卡尔费休水分测定法又分为库仑法和容量法。其中容量法测定的碘是作为滴定剂加入的，滴定剂中碘的浓度是已知的，根据消耗滴定剂的体积，计算消耗碘的量，从而计量出被测物质水的含量。

2. 适用范围

适用于食品中含微量水分的测定，不适用于含有氧化剂、还原剂、碱性氧化物、氢氧化物、碳酸盐、硼酸等食品中水分的测定。卡尔费休容量法适用于水分含量大于 1.0×10^{-3}g/100g 的样品。

3. 仪器和试剂

仪器：卡尔费休水分测定仪、分析天平。

试剂：卡尔费休试剂的有效浓度取决于碘的浓度，新鲜配制的试剂，其有效浓度可不断降低，这是由于试剂中各组成本身也含有水分。但是，试剂浓度降低主要是由一些副反应引起的，它消耗了一部分碘。因此，新鲜配制的卡尔费休试剂，混合后需放置一定时间后才能使用，同时，每次临用前均应标定。

卡尔费休试剂的制备：在干燥的 1L 具塞棕色试剂瓶中溶解 85g 碘（I_2），加入 670mL 无水甲醇，盖好瓶塞，摇匀至碘全部溶解后，加入 270mL 无水吡啶混匀，然后放在冰浴上冷却至 4℃，通入经硫酸脱水干燥的 60~70g 二氧化硫气体，盖上瓶塞混匀后放置 24h。

卡尔费休试剂的标定（容量法）：在反应瓶中加一定体积（浸没铂电极）的甲醇，在搅拌下用卡尔费休试剂滴定至终点。加入 10mg 水（精确至 0.0001g），滴定至终点并记录卡尔费休试剂的用量（V）。卡尔费休试剂的滴定度按式（5-3）计算

$$T=\frac{m}{V} \quad (5\text{-}3)$$

式中 T——卡尔费休试剂的滴定度，mg/mL；

m——水的质量，mg；

V——滴定消耗卡尔费休试剂的体积，mL。

4. 分析步骤

（1）样品前处理　可粉碎的固体试样要尽量粉碎，使之均匀。不易粉碎的试样可切碎。

（2）样品中水分的测定　向反应瓶中加一定体积的甲醇或卡尔费休测定仪中规定的溶剂浸没铂电极，在搅拌下用卡尔费休试剂滴定至终点。迅速将易溶于甲醇或卡尔费休测定仪中规定的溶剂的试样直接加入滴定杯中；对于不易溶解的试样，应对滴定杯进行加热或加入已测定水分的其他溶剂辅助溶解后用卡尔费休试剂滴定至终点。采用容量法测定时，试样中的含水量应大于100μg。对于滴定时，平衡时间较长且引起漂移的试样，需要扣除其漂移量。

（3）漂移量的测定　在滴定杯中加入与测定样品一致的溶剂，并滴定至终点，放置不少于10min后再滴定至终点，两次滴定之间的单位时间内的体积变化即为漂移量（D）。

5. 结果计算

固体食品样品水分的含量按式（5-4）计算，液体食品样品中水分的含量按式（5-5）进行计算

$$X = \frac{(V_1 - D \times t) \times T}{m} \times 100 \tag{5-4}$$

$$X = \frac{(V_1 - D \times t) \times T}{V_2 \rho} \times 100 \tag{5-5}$$

式中　X——样品中的水分含量，g/100g；

V_1——滴定样品时卡尔费休试剂体积，mL；

D——漂移量，mL/min；

t——滴定时所消耗的时间，min；

T——卡尔费休试剂的滴定度，g/mL；

m——样品的质量，g；

100——单位换算系数；

V_2——液体样品体积，mL；

ρ——液体样品的密度，g/mL。

6. 注意事项

（1）在使用卡尔费休法时，若要水分萃取完全，样品的颗粒大小非常重要。通常样品细度约为40目，宜用破碎机处理，不要用研磨机以防水分损失，在粉碎样品中还要保证其含水量的均匀性。

（2）卡尔费休法是测定食品中微量水分的方法，该法不适用于能与卡尔费休试剂的主要成分反应并生成水的样品以及能还原碘或氧化碘化物样品的水分测定。如食品中含有氧化剂、还原剂、碱性氧化物、氢氧化物、碳酸盐、硼酸等，都会与卡尔费休试剂所含组分起反应，干扰测定。

（3）样品溶剂可用甲醇或吡啶，此外，也可以使用其他溶剂，如甲酰胺或二甲基甲酰

胺。在滴定过程中吡啶会产生强烈异味，所以，现在有研究正在尝试用其他的胺类来代替吡啶溶解碘和二氧化硫。目前，已发现某些脂肪胺和其他的杂环化合物比较适宜。在这些新的胺盐的基础上，分别制备了单组分试剂（溶剂和滴定组分合在一起）和双组分试剂（溶剂和滴定组分是分开的），单组分使用较为方便，而双组分更适合于大量试剂的储存。

拓展视频

（四）其他方法

1. 介电容量法

介电容量法是根据样品的介电常数与含水率，以含水食品作为测量电极间的充填介质，通过电容的变化达到对食品水分含量的测定。由于水的介电常数（80.37，20℃）比其他大部分溶剂都要高，所以可用介电容量法来进行水分的测定。例如，介电容量法常用于谷物中水分含量的测定，这是根据水的介电常数是 80.37，而蛋白质和淀粉的介电常数只有 10。在检测样品时，可以根据仪器的读数从预先制作好的标准曲线上得到水分含量的测定值。

样品的密度、样品的温度等因素对介电容量法的影响较大，因此测定时要充分考虑。用该方法测定水分含量的仪器需要使用已知水分含量的样品（标准方法测定）来进行校准。介电容量法的测量速度快，对于需要进行质量控制并要求连续测定的加工过程非常有效，但该方法不太适用于检测水分含量低于 30%~35%的食品。

2. 电导率法

电导率法的原理是当样品中水分含量变化时，可导致其电流传导性随之变化，因此通过测量样品的电阻，能反映样品中的水分含量，是一种具有一定精确度的快速分析方法。根据欧姆定律，电流等于电压与电阻之比。例如，含水量为 13%的小麦电阻是含水量为 14%的小麦电阻的 7 倍，是含水量为 15%的小麦电阻的 50 倍。在用电导率法测定样品时必须要保持温度的恒定，而且每个样品的测定时间必须恒定为 1min。

3. 红外吸收光谱法

红外线是一种电磁波，一般指波长为 0.75~1000μm 的光，水分子对红外线具有选择吸收作用。红外吸收光谱法测定的是食品中的分子对辐射的吸收，即频率不同的红外辐射被食品分子中不同的官能团所吸收，这与紫外可见光谱中的紫外光或可见光的应用相似。根据水分对某一波长的红外光的吸收强度与其在样品中的含量存在一定的关系建立了红外吸收光谱测水分法，该方法准确、快速、方便，有广阔的应用前景。日本、美国和加拿大等国家已将近红外吸收光谱法应用于肉制品、牛乳、谷物、核桃、咖啡、马铃薯等样品的水分测定。

4. 折光法

折光法现已广泛应用于水果及水果类产品中可溶性固定物的测定，通过测定食品中固形物的含量，可间接测定水分含量。

水分含量的分析看起来似乎很简单，但最不容易的是如何通过试验分析途径获得精确可靠的结果。水分含量的分析方法主要包括两大类：一是从样品中分离出水分，再以质量或体积来定量测定；另一类方法是利用水的某些物理或化学性质来测定。水分含量分析方法的选择常取决于样品中水分含量的大小、食品中其他组分的特性（如高挥发性、热敏感性）、仪器的性能、对检测速度、精确度和可靠程度的要求及其用途（如是产品标准还是工厂的质量控制）等因素。这些分析、检验方法的目的都是要除去或测定样品中所有的水分，但在实际分析过程中，由于食品的分解或其他成分的干扰，往往不能获得最佳的结果。所以，对于每一种分析方法来说，都必须采取一些有效的措施加以预防和控制，包括样品的采集和处理，以保证结果的精确可靠。

第三节　水分活度的测定

一、水分活度的测定意义

本章第二节介绍了食品中水分含量的测定方法，但单纯的水分含量并不能准确地反映食品的稳定性。食品在存放过程中，常发生腐败现象，这与食品中水分含量有关，但食品的腐败程度并不与水分含量成正相关，例如，相同含水量的不同食品往往会表现出不同的腐败变质现象。这种现象在一定程度上是由于食品中的水与其他成分结合的方式不同而造成的。为了更好地阐明水分含量与食品保藏性能之间的关系，并定量说明食品中的水分状态，在此引入了水分活度（water activity）这一概念。根据平衡热力学定律，水分活度可定义为溶液中水的逸度（fugacity）与纯水逸度之比值，即式（5-6）。其中，逸度是溶剂从溶液中逃脱的趋势。水分活度表示食品中水分存在的状态，即反映水分与食品成分的结合程度或游离程度，结合程度越高，水分活度越低；结合程度越低，水分活度越高。在同种食品中一般水分含量越高，其水分活度越大，但不同种食品即使水分含量相同水分活度往往也不同。

$$A_W = \frac{f}{f_0} \tag{5-6}$$

式中　A_W——水分活度；

f——溶剂（水）的逸度；

f_0——纯溶剂（水）的逸度。

在低压（如室温）时，f/f_0 与 p/p_0 之间的差别小于1%，因此水分活度也可近似地表示为溶液中水蒸气分压与纯水蒸气压之比

$$A_W = \frac{p}{p_0} = \frac{\mathrm{ERH}}{100} \tag{5-7}$$

式中　p——溶液或食品中的水蒸气分压，一般说来，p 随食品中易蒸发的自由水含量的增

多而加大；

p_0——为纯水的蒸汽压；

ERH——平衡相对湿度（equilibrium relativehumidity），指食品中水分蒸发达到平衡时，即单位时间内脱离食品的水的物质的量等于返回食品的水的物质的量的时候，食品上方恒定的水蒸气分压与在此温度时水的饱和蒸汽压的比值（乘以 100 用整数表示）。

测定食品的水分活度往往有着重要的意义，因为水分活度对食品的色、香、味、组织结构以及食品的稳定性有着重要影响。不同水分含量的食品由于其水分活度不同，其储存时的稳定性也不同。利用食品水分活度的原理，可以在生产、保藏过程中对食品的水分活度进行控制，进而提高食品产品的质量，延长食品的保藏期。例如，水果软糖中的琼脂、面包中的乳化剂、糕点中的甘油等，对调整食品水分活度、改善质构、口感及延长保存期均起到了重要的作用。因此，食品中水分活度的测定是食品分析与检验环节中非常重要的项目之一。

二、水分活度的测定方法

在食品工业中对于水分活度的测定方法很多，如蒸汽压力法、电湿度计法、溶剂萃取法、康威氏皿扩散法和水分活度仪扩散法等，下面介绍国标中常用的几种测定方法。

（一）康威氏皿扩散法

1. 原理

样品在康威氏（Conway）微量扩散皿的密封和恒温条件下，分别在 A_W 较高和 A_W 较低的标准饱和溶液中扩散平衡后，根据样品质量的增加（在 A_W 较高的标准溶液中平衡）和减少（在 A_W 较低的标准溶液中平衡）得出样品的水分活度。

2. 适用范围

康威氏皿扩散法适用食品水分活度的范围为 0.00~0.98，适用于预包装谷物制品类、肉制品类、水产制品类、蜂产品类、薯类制品类、水果制品类、蔬菜制品类、乳粉、固体饮料的水分活度的测定，不适用于冷冻和含挥发性成分的食品。

3. 仪器和试剂

（1）主要仪器

①康威氏微量扩散皿：如图 5-2 所示。

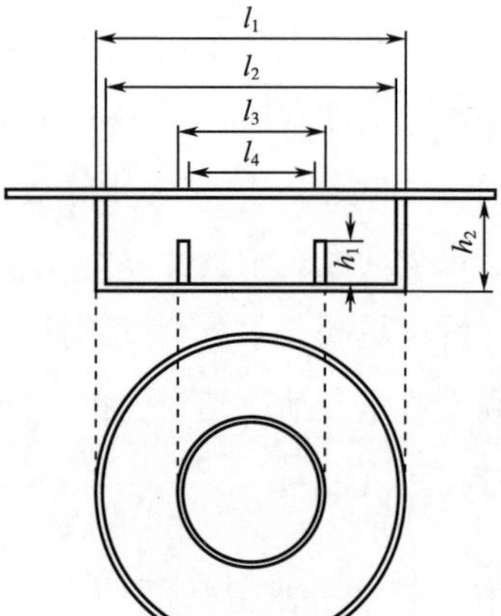

图 5-2　康威氏扩散皿

l_1——外室外直径，100mm

l_2——外室内直径，92mm

l_3——外室外直径，53mm

l_4——外室内直径，45mm

h_1——内室高度，10mm

h_2——外室高度，25mm

②称量皿：盛放样品用，直径 35mm，高 10mm。

③分析天平：感量 0.0001g 和 0.1g。

④恒温培养箱：精度±1℃。

⑤电热恒温鼓风干燥箱。

（2）主要试剂 标准水分活度试剂，如表 5-3 所示。

表 5-3 标准水分活度试剂及其在 25℃时的 A_W 值

试剂名称	A_W	试剂名称	A_W
重铬酸钾（$K_2Cr_2O_7 \cdot 2H_2O$）	0.986	溴化钠（$NaBr \cdot 2H_2O$）	0.577
硝酸钾（KNO_3）	0.924	硝酸镁［$Mg(NO_3)_2 \cdot 6H_2O$］	0.528
氯化钡（$BaCl_2 \cdot 2H_2O$）	0.901	硝酸锂（$LiNO_3 \cdot 3H_2O$）	0.476
氯化钾（KCl）	0.842	碳酸钾（$K_2CO_3 \cdot 2H_2O$）	0.427
溴化钾（KBr）	0.807	氯化镁（$MgCl_2 \cdot 6H_2O$）	0.330
氯化钠（NaCl）	0.752	乙酸钾（$KAc \cdot H_2O$）	0.224
硝酸钠（$NaNO_3$）	0.737	氯化锂（$LiCl \cdot H_2O$）	0.110
氯化锶（$SrCl_2 \cdot 6H_2O$）	0.708	氢氧化钠（$NaOH \cdot H_2O$）	0.070

4. 分析步骤

（1）样品制备

①粉末状固体、颗粒状固体及糊状样品：取有代表性样品不少于 200g，混匀后置于密闭的玻璃容器内。

②块状样品：取可食部分的代表性样品不少于 200g。在室温 18～25℃，湿度 50%～80%的条件下，迅速切成约小于 3mm×3mm×3mm 的小块，不得使用组织捣碎机，混匀后置于密闭的玻璃容器内。

③瓶装固体、液体混合样品：取液体部分。

④质量多样混合样品：取有代表性的混合均匀样品。

⑤液体或流动酱汁样品：直接采取均匀样品进行称重。

（2）样品预测定

①预处理：将装有待测样品的密闭容器、康威氏皿及称量皿置于恒温培养箱内，于(25±1)℃的条件下进行恒温 30min。取出后立即使用及测定。

②预测定：分别取 12.0mL 溴化锂饱和溶液、氯化镁饱和溶液、氯化钴饱和溶液、硫酸钾饱和溶液于 4 只康威氏皿的外室，在预先干燥、恒温并称量的称量皿中（精确至 0.0001g），迅速称取与标准饱和盐溶液相等份数的同一试样约 1.5g（精确至 0.0001g），随后放入盛有标准饱和盐溶液的康威氏皿的内室。并沿康威氏皿上口平行移动盖好涂有凡士

林的磨砂玻璃片，转移至（25±1）℃的恒温培养箱内，恒温24h后，取出盛有试样的称量皿，并立即称量（精确至0.0001g）。

③预测定结果计算：试样质量的增减量按式（5-8）计算。随后，以所选饱和盐溶液（25℃）的水分活度（A_W）数值为横坐标，对应标准饱和盐溶液的试样的质量变化数值为纵坐标，绘制二维直线图（图5-3）。取横坐标截距值，即为该样品的水分活度预测值。

$$X = \frac{m_1 - m}{m - m_0} \tag{5-8}$$

式中 X——试样质量的增减量，g/g；

m_1——25℃扩散平衡后，试样和称量皿的质量，g；

m——25℃扩散平衡前，试样和称量皿的质量，g；

m_0——称量皿的质量，g。

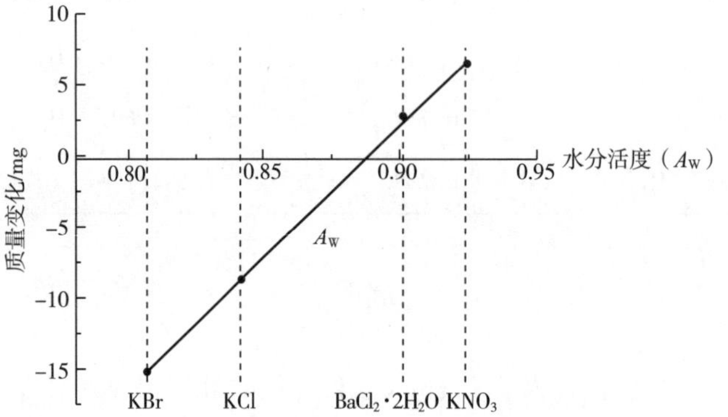

图5-3 A_W值测定图解

［例3-1］某食品样品在硝酸钾标准饱和溶液平衡下增重6.5mg，在氯化钡标准饱和溶液中增重2.7mg，在氯化钾标准饱和溶液中减重8.7mg，在溴化钾标准饱和溶液中减重15.2mg。如图5-3所示，可求得其A_W预测定结果为0.888。

（3）样品的测定及结果表达 依据预测定的结果，分别选用水分活度数值大于和小于试样预测结果数值的饱和盐溶液各3种，各取12.0mL，注入康威氏皿的外室用经恒温的称量皿，在预先干燥并称量的称量皿中（精确至0.0001g），迅速称取与标准饱和盐溶液相等份数的同一试样约1.5g（精确至0.0001g），放入盛有标准饱和盐溶液的康威氏皿的内室。沿康威氏皿上口平行移动盖好涂有凡士林的磨砂玻璃片，放入（25±1）℃的恒温培养箱内，恒温24h。取出盛有试样的称量皿，立即称量（精确至0.0001g）。样品质量的增减量按式（5-8）计算，取横轴截距值，即为该样品的水分活度值。当符合精密度所规定的要求时，取三次平行测定的算术平均值作为结果，结果保留两位有效数字。

5. 注意事项

（1）康威氏皿扩散法是《食品安全国家标准　食品水分活度的测定》（GB 5009.238—2016）第一法。

（2）样品首先通过预测，确定水分活度数值，再分别选用水分活度数值大于和小于试样预测结果数值的饱和盐溶液各3种，进行精确测定。

（3）操作和称量过程应迅速，避免在空气中暴露时间过长，各份样品称量应在同一条件下进行。

（4）康威氏微量扩散皿应密封性良好。

（5）试样的大小、形状对测定结果影响不大，取试样的固体部分或液体部分都可以，样品平衡后其测定结果没有差异。

（6）一般食品样品在24h后可测得A_W。但有的样品如米饭类、油脂类、油浸烟熏类则需4天左右时间才能测定。为此，需加入样品量0.2%的山梨酸作防腐剂，并以其水溶液作空白。

（二）水分活度仪扩散法

拓展视频

1. 原理

在密闭、恒温的水分活度仪测量舱内，试样中的水分扩散平衡。此时水分活度仪测量舱内的传感器或数字化探头显示出的响应值（相对湿度对应的数值）即为样品的水分活度（A_W）。

2. 适用范围

水分活度仪扩散法适用食品水分活度的范围为0.60~0.90，适用于预包装谷物制品类、肉制品类、水产制品类、蜂产品类、薯类制品类、水果制品类、蔬菜制品类、乳粉、固体饮料的水分活度的测定，不适用于冷冻和含挥发性成分的食品。

3. 仪器和设备

主要仪器和设备包括水分活度测定仪、天平（感量0.01g）和样品皿。

4. 分析步骤

（1）样品制备　食品样品制备方法同康威氏皿扩散法。

（2）水分活度仪校正　在室温18~25℃，湿度50%~80%的条件下，用饱和盐溶液校正水分活度仪。

（3）样品测定　称取约1g（精确至0.01g）试样，迅速放入样品皿中，封闭测量仓，在温度20~25℃、相对湿度50%~80%的条件下测定。每间隔5min记录水分活度仪的响应值。当相邻两次响应值之差小于0.005A_W时，即为测定值。仪器充分平衡后，同一样品重复测定3次。

思考题

1. 在实验过程中使用海砂的作用是什么？

2. 为什么经过加热干燥的称量瓶要迅速放到干燥器内冷却后再称量？

3. 造成康威氏皿扩散法测试水分活度误差产生的潜在因素有哪些？在实验过程中应如何减小误差？

第六章

酸度的测定

【学习目标】

1. 掌握食品中酸度的定义和分类。
2. 掌握食品中几种酸度测定方法的基本原理、方法及注意事项。
3. 掌握电位滴定法的基本操作技能及应用。

【学习重点与难点】

1. 重点是酸度测定的原理。
2. 难点是有机酸测定方法的基本操作技能及应用。

第一节 概述

一、酸度的定义

食品的酸度不仅反映了酸味强度，也反映了其中酸性物质的含量或浓度。食品中的酸味物质在食品加工、储运及品质管理等方面被认为是非常重要的一种成分。这是由于酸味物质影响食品的色、香、味及稳定性，酸味物质的种类和含量是判断食品质量好坏的重要指标，利用有机酸含量与糖含量之比，可以判断某些果蔬的成熟度。

二、酸度的分类

酸度的检验包括总酸度（可滴定酸度）、有效酸度（H^+活度，pH）和挥发酸度。总酸度包括滴定前已离子化的酸，也包括滴定时产生的 H^+。但是人们味觉中的酸度，各种生物化学或其他化学工艺变化的动向和速度，主要不是取决于酸的总量，而是取决于离子状态的那部分酸，所以通常用 H^+活度（pH）来表示有效酸度。总挥发酸度主要是乙酸、甲酸和丁酸等，它包括游离的和结合的两部分，前者在蒸馏时较易挥发，后者比较困难。用蒸汽蒸馏并加入 10%磷酸，可使结合状态的挥发酸得以离析，并显著加速挥发酸的蒸馏过程。

1. 总酸度

总酸度（或酸度）是指食品中所有酸性成分的总量，包括未离解酸的浓度与已离解酸的浓度，其大小可通过标准碱性溶液滴定来测定，故总酸度又称为“可滴定酸度”。

2. 有效酸度

有效酸度是指被测溶液中 H^+的物质的量浓度，准确是指溶液中的 H^+浓度，其对应的是已解离出的那部分酸的浓度，常称为酸度，用 pH 表示，其值可通过酸度计测得。

3. 挥发性酸

挥发性酸是指食品中易挥发的有机酸，如甲丁酸和乙酸等低级脂肪酸，其值可通过蒸馏法分离后用标准碱性溶液滴定测得。

4. 牛乳酸度

（1）外表酸度　又称为固有酸度，是指刚挤出的鲜牛乳本身所具有的酸度，其主要来源是鲜牛乳中的酪蛋白、乳白蛋白、磷酸盐和柠檬酸盐等酸性物质，在鲜牛乳中，外表酸度占总酸度的 0. 15%~0. 18%（以乳酸计）。

（2）真实酸度　又称为发酵酸度，是指牛乳放置过程中，在乳酸菌作用下乳糖发酵产生乳酸而引起的酸度升高值，如果牛乳中的含酸量超过 0. 15%~0. 20%，即被认为有乳酸存在，习惯上把含酸量在 0. 20%以上的牛乳列为不新鲜牛乳。外表酸度与真实酸度之和即为牛乳的总酸度，其大小可以通过标准碱溶液滴定测得，其概念与总酸度相似。

（3）牛乳酸度的表示方法

①用吉尔涅尔度（°T）表示牛乳的酸度。°T 指滴定 100mL 牛乳样品消耗 0. 1000mol/L NaOH 溶液的毫升数或滴定 10mL 牛乳所用的 0. 1000mol/L NaOH 的毫升数乘以 10，即为牛乳的酸度。新鲜牛乳的酸度为 16~18°T。

②以乳酸的百分数来表示，与总酸度计算方法同样，用乳酸表示牛乳酸度。

5. 食品中的有机酸

有机酸是果蔬特有的酸性物质，在果蔬组织中以有机酸、无机酸、酸式盐及各类酸性有机物形式存在。对于新鲜果蔬而言，有机酸的种类和含量与品种、成熟度和其生长条件有关，它们对食品的风味、质量和颜色有直接的影响。天然果蔬食品中含有的有机酸主要是苹果酸和柠檬酸，通常称为果酸。此外，食品在加工和储存过程中还会添加和产生其他一些有机酸，如乙酸、脂肪酸和氨基酸等。食品中有机酸的含量与种类对食品的颜色、风味与稳定性都有直接影响，部分常见食品的酸度见表6-1。

表6-1　部分常见食品的酸度（pH）

名称	pH	名称	pH
桃	3.2~5.0	猪肉	5.3~6.9
梨	3.2~4.8	牛肉	5.1~6.2
杏	3.2~4.9	羊肉	5.4~6.7
李	2.8~4.1	鱼肉	6.6~6.8
苹果	2.5~5.0	蟹肉	7.0
草莓	3.0~4.5	蛤肉	6.5
西瓜	6.0~6.4	菠菜	5.7
甜橙	3.5~4.9	番茄	4.1~4.3
葡萄	2.5~4.5	豌豆	6.1
柠檬	2.2~3.5	辣椒	5.4
甜樱桃	3.5~4.1	胡萝卜	5.0
鲜蛋	8.2~8.4	甘蓝	5.2
牛乳	6.5~7.0	南瓜	5.0

资料来源：谢音，屈小英．食品分析［M］．北京：科学技术文献出版社，2006.

第二节　酸度的测定

一、酸度测定的意义

食品中的酸不只是一种酸味成分，它是食品加工、储运与品质管理等方面的重要分析内容，因此测定食品酸度具有重要意义。

1. 酸度可以作为食品的质量指标

牛乳及其制品、啤酒饮料、番茄制品的总酸值过高时，说明该食品已被乳酸菌发酵变质。挥发酸含量的高低是衡量水果发酵制品质量好坏的一项重要技术指标，如果乙酸含量在0.1%以上时，说明该食品已腐败；新鲜动物油脂制得的油脂常为中性，当脂肪不新鲜时，油脂中因有过量的游离脂肪酸而呈酸性。对鲜肉中有效酸度的测定，可以判断肉的品质，如新鲜肉的pH=5.7~6.2，若pH>6.7说明肉已变质。

2. 酸度可影响食品的色、香、味及稳定性

食品的色调由色素决定，而色素所形成的色调与酸度密切相关，色素会在不同的酸度条件下发生变色反应，只有测定出酸度才能有效地调控食品的色调。例如叶绿素在酸性条件下会变成黄褐色的脱镁叶绿素，花青素在不同酸度下，颜色也不相同。

食品的口味取决于糖、酸的种类、含量及其比例，酸度降低则甜味增加，酸度增加则甜味减弱，调控好适宜的酸味和甜味才能使食品具有各自独特的口味和风味。同时，适量的挥发酸可以赋予食品特定的香气。

酸度的高低对食品的稳定性有一定影响。降低 pH 能减弱微生物的抗热性和抑制其生长，所以 pH 是罐头食品杀菌条件控制的主要依据；在水果加工过程中，控制介质的 pH 可抑制果蔬褐变；有机酸可以与铁、锡等金属反应，加快设备和容器的腐蚀作用，影响制品的风味和色泽，有机酸还可以提高维生素 C 的稳定性，防止其氧化。

3. 糖酸比可以判断果蔬的成熟度

不同种类的水果和蔬菜，酸的含量因成熟度、生长条件而异，一般成熟度越高，酸的含量越低。例如葡萄中的苹果酸高于酒石酸时，说明葡萄还未成熟，因为成熟的葡萄含大量的酒石酸；番茄在成熟过程中，总酸度从绿熟期的 0.94%下降到完熟期的 0.64%，同时糖的含量增加，果蔬的糖酸比（酸度和糖的相对含量比值）增大，呈现良好的口感。通过测定糖酸比可以判定果蔬的成熟度，一般随成熟度的提高，有机酸含量下降，而糖含量增加，糖酸比增大，因此糖酸比对确定果蔬收获期也具有重要意义。

二、酸度测定的方法

在国家标准中，目前现行有效的测定食品酸度的标准有《食品安全国家标准　食品酸度的测定》（GB 5009.239—2016），该标准用到的方法主要有酸碱滴定法（酚酞指示剂法）、pH 计法和电位滴定仪法；《水果和蔬菜产品中挥发性酸度的测定》（GB/T 10467—1989）用到的方法是蒸馏法。该部分详细介绍食品的总酸度、有效酸度和挥发性酸的测定方法以及食品中有机酸组分的分离和检测手段。

三、总酸度的测定

由于篇幅有限，介绍的测定方法参照 GB 5009.239—2016，本标准规定了生乳及乳制品、淀粉及其衍生物酸度和粮食及制品酸度的测定方法。本标准第一法（酚酞指示剂法）适用于生乳及乳制品、淀粉及其衍生物、粮食及制品酸度的测定；第二法（pH 计法）适用乳粉酸度的测定；第三法（电位滴定仪法）适用于乳及其他乳制品中酸度的测定。

（一）酸碱滴定法

1. 原理

样品经过处理后，以酚酞作为指示剂，用 0.1000mol/L NaOH 标准溶液滴定至中性，消耗 NaOH 溶液的体积数，经计算确定试样总酸的含量。反应式如下

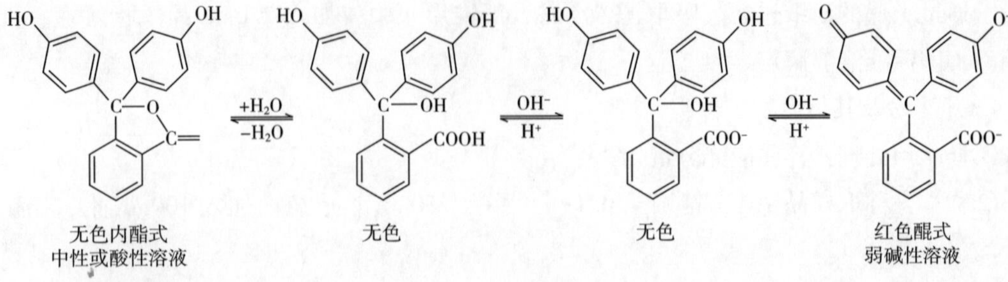

(1)

2. 试剂与仪器

（1）NaOH 标准溶液（0.1000mol/L）、酚酞指示液（10g/L）。

（2）分析天平、粉碎机等。

3. 分析步骤

（1）乳粉

①试样制备：将样品全部移入到约两倍样品体积的洁净干燥容器中（带密封盖）立即盖紧容器，反复旋转振荡，使样品彻底混合。在此操作过程中，应尽量避免样品暴露在空气中。

②测定：称取 4g 样品（精确至 0.01g）于 250mL 锥形瓶中。用量筒量取 96mL 约 20℃ 的水使样品复溶，搅拌，然后静置 20min。向一只装有 96mL 约 20℃ 的水的锥形瓶中加入 2.0mL 参比溶液，轻轻转动，使之混合，得到标准参比颜色。如果要测定多个相似的产品，则此参比溶液可用于整个测定过程，但时间不得超过 2h。

向另一只装有样品溶液的锥形瓶中加入 2.0mL 酚酞指示液，轻轻转动，使之混合。用 25mL 碱式滴定管向该锥形瓶中滴加 NaOH 溶液，边滴加边转动烧瓶，直到颜色与参比溶液的颜色相似，且 5s 内不消退，整个滴定过程应在 45s 内完成。

（2）乳及其他乳制品

①巴氏杀菌乳、灭菌乳、生乳、发酵乳：称取 10g（精确至 0.001g）已混匀的试样，置于 150mL 锥形瓶中，加 20mL 新煮沸冷却至室温的水，混匀，加入 2.0mL 酚酞指示液，混匀后用 NaOH 标准溶液滴定，边滴加边转动烧瓶，直到颜色与参比溶液的颜色相似，且 5s 内不消退，整个滴定过程应在 45s 内完成。滴定过程中，向锥形瓶中吹氮气，防止溶液吸收空气中的 CO_2。

②奶油：称取 10g（精确至 0.001g）已混匀的试样，置于 250mL 锥形瓶中，加 30mL 中性乙醇-乙醚混合液，混匀，加入 2.0mL 酚酞指示液，混匀后用 NaOH 标准溶液滴定。

③炼乳：称取 10g（精确至 0.001g）已混匀的试样，置于 250mL 锥形瓶中，加 60mL 新煮沸冷却至室温的水溶解，混匀，加入 2.0mL 酚酞指示液，混匀后用 NaOH 标准溶液滴定。

④干酪素：称取 5g（精确至 0.001g）经研磨混匀的试样于锥形瓶中，加入 50mL 水，于室温下放置 4~5h，或在水浴锅中加热到 45℃ 并在此温度下保持 30min，再加 50mL，混

匀后，通过干燥的滤纸过滤。吸取滤液 50mL 于锥形瓶中，加入 2.0mL 酚酞指示液，混匀后用 NaOH 标准溶液滴定。

（3）淀粉及其衍生物

①样品预处理：样品应充分混匀。

②称样：称取样品 10g（精确至 0.1g），移入 250mL 锥形瓶内加入 100mL 水，振荡并混合均匀。

③滴定：向装有样品的锥形瓶中加入 2～3 滴酚酞指示剂，混匀后用 NaOH 标准溶液滴定。

（4）粮食及制品

①试样制备：取混合均匀的样品 80～100g，用粉碎机粉碎，粉碎细度要求 95%以上通过 CQ16 筛［孔径 0.425mm（40 目）］，粉碎后的全部筛分样品充分混合，装入磨口瓶中，制备好的样品应立即测定。

②测定：称取试样 15g，置入 250mL 具塞磨口锥形瓶，加水 150mL（先加少量水与试样混成稀糊状，再全部加入）滴入三氯甲烷 5 滴，加塞后摇匀，在室温下放置提取 2h，每隔 15min 摇动 1 次（或置于振荡器上振荡 70min），浸提完毕后静置数分钟用中速定性滤纸过滤，用移液管吸取滤液 10mL，注入 100mL 锥形瓶中，再加水 20mL 和酚酞指示剂 3 滴，混匀后用 NaOH 标准溶液滴定。

拓展视频

4. 结果计算

巴氏杀菌乳、灭菌乳、生乳、发酵乳、奶油和炼乳试样中的酸度数值以（°T）表示，按式（6-1）计算

$$X = \frac{c \times (V - V_0) \times 100}{m \times 0.1} \tag{6-1}$$

式中 X——试样的酸度，°T（以 100g 干物质为 12%的复原乳所消耗的 0.1mol/L NaOH 毫升数计，mL/100g）；

c——NaOH 标准溶液的浓度，mol/L；

V——滴定时所消耗 NaOH 标准溶液的体积，mL；

V_0——空白实验所消耗 NaOH 标准溶液的体积，mL；

100——100g 试样；

m——试样的质量，g；

0.1——酸度理论定义 NaOH 的浓度，mol/L。

其他样品酸度的计算方法参照标准（GB 5009.239—2016）方法进行计算。

5. 注意事项

（1）因食品中含有多种有机酸，总酸度的测定结果通常以样品中含量最多的酸表示。

（2）因为CO_2溶于水后呈酸性，影响滴定终点时酚酞颜色的变化，所以样品浸渍、稀释用水、样液中不可含CO_2。

（3）样品稀释用水量应该根据样品中总酸含量选择，避免因滴定溶液过少而造成误差。一般要求滴定时消耗0.1mol/L碱溶液不可少于5.0mL，最好控制在10.0~15.0mL。

（4）食品中的有机酸均为弱酸，在用强碱滴定时，其终点偏碱，一般pH=8.2左右，所以可以选择酚酞作为终点指示剂。

（5）本法适用于各种颜色较浅食品中总酸含量的测定（如乳及乳制品酸度的测定）。对于颜色较深的样品，可以在滴定前进行适当的稀释或加入惰性指示剂来扣除背景颜色；对颜色过深或混浊的样品，采用酸度计指示滴定终点为宜。

（二）pH计法

1. 原理

中和试样溶液至pH=8.3所消耗的0.1000mol/L NaOH体积，经计算确定其酸度。

2. 主要试剂与仪器

（1）0.1000mol/L NaOH标准溶液。

（2）pH计　带玻璃电极和适当的参比电极，磁力搅拌器，高速搅拌器（如均质器），恒温水浴锅等。

3. 分析步骤

（1）试样制备　将样品全部移入到约两倍于样品体积的洁净干燥容器中（带密封盖），立即盖紧容器，反复旋转振荡，使样品彻底混合。在此操作过程中，应尽量避免样品暴露在空气中。

（2）测定　称取4g样品（精确到0.01g）于250mL锥形瓶中。用量筒量取96mL约20℃的水，使样品复溶，搅拌，然后静置20min。

用滴定管向锥形瓶中滴加NaOH标准溶液，直到pH稳定在（8.30±0.01）处4~5s。滴定过程中，始终用磁力搅拌器进行搅拌，同时向锥形瓶中吹氮气，防止溶液吸收空气中的CO_2。整个滴定过程应在1min内完成。

4. 结果计算

乳粉试样中的酸度数值以（°T）表示，按式（6-2）计算

$$X = \frac{c \times (V - V_0) \times 12}{m \times (1 - w) \times 0.1} \tag{6-2}$$

式中　X——试样的酸度，°T；

c——NaOH标准溶液的浓度，mol/L；

V——滴定时所消耗NaOH标准溶液的体积，mL；

V_0——空白实验所消耗NaOH标准溶液的体积，mL；

12——12g乳粉相当100mL复原乳（脱脂乳粉应为9，脱脂乳清粉应为7）；

m——称取样品的质量，g；

w——试样中水分的质量分数，g/100g；

1-*w*——试样中乳粉的质量分数，g/100g；

0.1——酸度理论定义 NaOH 的浓度，mol/L。

注：若以乳酸含量表示样品的酸度，那么样品的乳酸含量（g/100g）= $T\times0.009$。*T* 为样品的滴定酸度（0.009 为乳酸的换算系数，即 1mL 0.1mol/L 的 NaOH 标准溶液相当于 0.009g 乳酸）。

（三）电位滴定仪法

1. 原理

中和 100g 试样至 pH=8.3 所消耗的 0.1000mol/L NaOH 体积，经计算确定其酸度。

2. 试剂与仪器

（1）0.1000mol/L NaOH 标准溶液。

（2）电位滴定仪。

3. 分析步骤

①巴氏杀菌乳、灭菌乳、生乳、发酵乳：称取 10g（精确到 0.001g）已混匀的试样，置于 150mL 锥形瓶中，加 20mL 新煮沸冷却至室温的水，混匀，用 NaOH 标准溶液电位滴定至 pH=8.3 为终点。滴定过程中，向锥形瓶中吹氮气，防止溶液吸收空气中的 CO_2。记录消耗的 NaOH 标准滴定溶液毫升数，代入公式进行计算。

②奶油：称取 10g（精确到 0.001g）已混匀的试样，置于 250mL 锥形瓶中，加 30mL 中性乙醇-乙醚混合液，混匀，用 NaOH 标准溶液电位滴定至 pH=8.3 为终点。滴定过程中，向锥形瓶中吹氮气，防止溶液吸收空气中的 CO_2。记录消耗的 NaOH 标准滴定溶液毫升数，代入公式进行计算。

③炼乳：称取 10g（精确到 0.001g）已混匀的试样，置于 250mL 锥形瓶中，加 60mL 新煮沸冷却至室温的水溶解，混匀，用 NaOH 标准溶液电位滴定至 pH=8.3 为终点。滴定过程中，向锥形瓶中吹氮气，防止溶液吸收空气中的 CO_2。记录消耗的 NaOH 标准滴定溶液毫升数，代入公式进行计算。

④干酪素：称取 5g（精确到 0.001g）经研磨混匀的试样于锥形瓶中，加入 50mL 水，于室温下（18~20℃）放置 4~5h，或在水浴锅中加热到 45℃并在此温度下保持 30min，再加 50mL 水，混匀后，通过干燥的滤纸过滤。吸取滤液 50mL 于锥形瓶中，用 NaOH 标准溶液电位滴定至 pH=8.3 为终点。滴定过程中，向锥形瓶中吹氮气，防止溶液吸收空气中的 CO_2。记录消耗的 NaOH 标准滴定溶液毫升数，代入公式进行计算。

4. 结果计算

巴氏杀菌乳、灭菌乳、生乳、发酵乳、奶油和炼乳试样中的酸度数值以（°T）表示，

按式（6-3）计算

$$X = \frac{c \times (V - V_0) \times 100}{m \times 0.1} \tag{6-3}$$

式中　X——试样的酸度，°T；

c——NaOH 标准溶液的浓度，mol/L；

V——滴定时所消耗 NaOH 标准溶液的体积，mL；

V_0——空白实验所消耗 NaOH 标准溶液的体积，mL；

100——100g 试样；

m——试样的质量，g；

0.1——酸度理论定义 NaOH 的浓度，mol/L。

干酪素试样中的酸度数值以（°T）表示，按式（6-4）计算

$$X = \frac{c \times (V - V_0) \times 100 \times 2}{m \times 0.1} \tag{6-4}$$

式中　2——试样的稀释倍数。

四、有效酸度（pH）的测定

1. pH 概述

食品的 pH 变动很大，不仅取决于原料的品种和成熟度，还取决于加工方法。在食品酸度测定中，pH 和酸度之间没有严格的比例关系。有效酸度（pH）的测定往往比测定总酸度更有实际意义，更能说明问题，表示食品介质的酸碱性。pH 的测定方法有很多，如电位法（pH 计法）、比色法及化学法等，常用的方法为电位法及比色法。

2. pH 计概述

（1）pH 计（一种测量微电压数值的装置）是一种用电位法来测定 pH 的测量仪，其基本原理为将两个电极插入同种被测溶液中形成一个原电池。一定温度下，电动势的大小与溶液的离子活度（浓度）有关。

在分析化学的电位法中，原电池反映两个电极中一个电极的电位随被测离子浓度变化而变化，称为指示电极；另一个电极不受离子浓度影响，具有恒定电位，称为参比电极。甘汞电极作为参比电极重现性好，又比较稳定，是常见的参比电极。如今许多食品分析实验室都使用复合电极，即将 pH 电极与参比电极组合成单个对温度敏感的电极。微型电极常用于测定非常小的体系的 pH，例如细胞或显微镜片上的溶液；平面型电极常用于测定半固体和高黏度的物质，例如肉类、干酪和体积低于 10μL 的体系的 pH。

（2）pH 计的使用指南

pH 计的正确操作和保养非常重要，应当遵从生产厂家的使用指导。pH 计的校正方式有两种

①单点校正：用一种 pH 缓冲溶液来测量调正定位旋钮，在 pH 计上直接读出 pH 标准

缓冲溶液 pH。

②双点校正：为达到最高精密度，pH 计可用两种标准溶液校正（即双点校正），选择两种 pH 间隔为 3 的缓冲液，使待测样品的 pH 处于这两个 pH 之间。实验室中广泛使用的三种标准缓冲溶液 pH 为：4. 01、6. 86 和 9. 18（25℃），它们分别被制成粉红、黄、蓝色溶液。

pH 电极进行单点校正操作后，用蒸馏水清洗电极并吸干，插入第二种缓冲溶液（例如 pH=9. 18）中进行二次校正。如有必要，重复这两步。直至读出的第二种缓冲液的 pH 的误差精确到 0. 1pH 单位。如上所述电极就可以延长使用寿命。参比电极使用前需作预备工作，电极中保护液的液面应低于饱和 KCl 溶液液面 2cm 以上（图 6-1）。

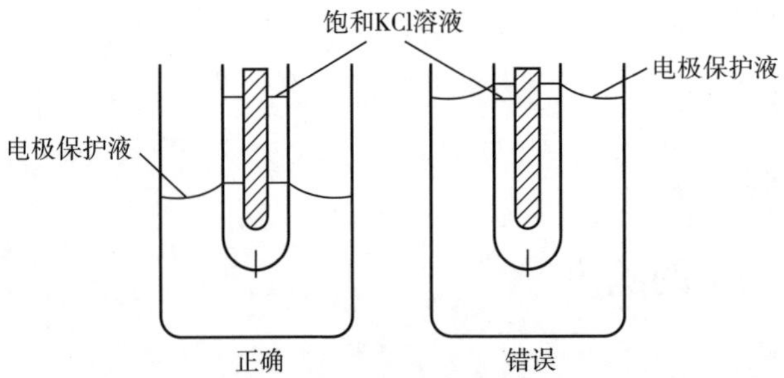

图 6-1　甘汞电极在溶液中的正确和错误位置

3. pH 计法

（1）原理

利用 pH 计测定溶液的酸度，将玻璃电极和甘汞电极（现在一般采用复合电极）插在试液中，组成原电池，电池电动势大小与溶液 pH 有关，关系为

$$E=E_0-0.05916\text{pH}\ (25℃) \tag{6-5}$$

即通过对原电池电动势的测定在 pH 计上直接读出待测溶液的 pH。

（2）试剂与仪器

①酸度计（pH 计）；玻璃电极和甘汞电极（或复合电极）。

②pH=4. 01 的标准缓冲溶液：将邻苯二甲酸氢钾基准物质在（115±5）℃烘干 2~3h 后，称取 10. 12g，溶于不含 CO_2 的蒸馏水中，在容量瓶中稀释至 1L。

③pH=6. 86 的标准缓冲溶液：称取 3. 3g 磷酸二氢钾［（115±5）℃烘干 2~3h］、无水磷酸钠氢二钠 3. 53g，将二者溶于不含 CO_2 的蒸馏水中，在容量瓶中稀释至 1L。

拓展视频

（3）分析步骤

①样品处理：果蔬类样品榨汁后取汁液直接测定；肉类样品除去油脂并绞碎，称取 10. 000g，加 100mL 新煮沸并冷却的蒸馏水，浸泡 15min（随时摇动）后摇

动过滤，取滤液备用；含 CO_2 的液体样品（如啤酒、碳酸饮料等）40℃水浴上加热 30min 以除去其中的 CO_2，待冷却后测定。其余液体样品直接取样测定。

②样品测定：pH 计经预热后用标准缓冲溶液校正再用蒸馏水、样品溶液清洗，将烧杯用样品溶液润洗后，装上样品溶液，插入电极，轻摇烧杯，使其均匀。此时屏上所显示的数字即为所测样品的 pH。测定完毕后，取出电极，吸干水分，套上盛有饱和 KCl 溶液的电极套。

（4）注意事项

①新的或久置不用的玻璃电极使用前应在蒸馏水中浸泡 24h 以上。

②样品的 pH 可能会因吸收 CO_2 等因素而改变，所以试液制备后须立即测定。

③电极经长期使用后，如果发现梯度略有降低，可以将电极下端浸泡在 4%氢氟酸溶液中 3~5s，用蒸馏水洗净后，在 KCl 溶液中浸泡，以使其复新。

④使用甘汞电极时，应将电极上部加 KCl 溶液处的小橡皮塞拔掉，让极少量的 KCl 溶液从毛细管流出，以免样品溶液进入毛细管而使测定结果不准确。电极使用完后应该将上、下两个橡皮套套上，以免电极内溶液流失。

⑤甘汞电极中的 KCl 溶液应保持饱和，且在弯管内不应该有气泡存在，否则致使溶液隔断，如果甘汞电极内溶液流失过多，应及时补加 KCl 饱和溶液。

⑥玻璃电极的玻璃球膜已损坏，操作时应特别小心，如果玻璃膜沾有油污，可以先浸入乙醇溶液，然后浸入乙醚或四氯化碳中，最后浸入乙醇溶液中，再用蒸馏水冲洗干净。

五、挥发酸的测定

食品中的挥发酸主要是低碳链的脂肪酸，包括乙酸和痕量的甲酸、丁酸等，不包括可用水蒸气蒸馏的乳酸、山梨酸、CO_2 和 SO_2 等。正常生长的食品中，其挥发酸的含量较稳定，若生产中使用了不合格的原料或违反正常的工艺操作，则会由于糖被发酵，而使挥发酸含量增加，降低食品的品质，因此挥发酸的含量是某些食品的质量控制指标。介绍的测定方法参照《水果和蔬菜产品中挥发性酸度的测定方法》（GB/T 10467—1989），本标准规定了水果和蔬菜产品中挥发性酸度的测定方法。

1. 方法分类

（1）直接滴定法　通过水蒸气蒸馏或溶剂萃取，把挥发酸分离出来，然后用标准碱液滴定。

特点：操作方便，较常用于挥发酸含量较高的样品。

（2）间接法　将挥发酸蒸发排除后，用标准碱滴定不挥发酸，最后从总酸中减去不挥发酸，即得挥发酸含量。

$$\text{总酸}=\text{挥发酸}+\text{不挥发酸} \tag{6-6}$$

特点：适用于样品中挥发酸含量较少或在蒸馏操作过程中蒸馏液有所损失或被污染。

下面介绍水蒸气蒸馏法，以水果和蔬菜产品中挥发性酸度的测定方法为例。用标准规定方法测定的挥发性酸度，以每 100mL 或 100g 制品中乙酸质量（g）表示。

2. 原理

试样经酸化后，用水蒸气蒸馏带出挥发性酸类。经冷凝收集后，以酚酞作指示剂，用 NaOH 标准溶液滴定馏出液至微红色 15s 不褪色为终点。根据标准碱消耗量计算出样品中总挥发酸含量。反应式如下

$$H_nA+nNaOH = Na_nA+nH_2O \quad (2)$$

3. 样品制备与预处理

（1）新鲜果蔬样品（苹果、橘子、冬瓜等）取待测样品适量，洗净、沥干，可食部分按四分法取样于捣碎机中，加一定量水捣成匀浆，多汁果蔬类可直接捣浆。

（2）液体制品和容易分离出液体的制品（果汁、糖浆水、泡菜水等）将样品充分混匀，若样品有固体颗粒，可过滤分离。若样品在发酵过程中产生 CO_2，用量筒取约 100mL 样品于 500mL 长颈瓶中，在减压下振摇 2~3min，除去 CO_2。为避免形成泡沫，可在样品中加入少量消泡剂，例如 50mL 样品加入 0.2g 鞣酸。

（3）黏稠或固态制品（果酱、干果等）必要时除去果核、果籽，加一定量水软化后于捣碎机中捣成匀浆。

（4）冷冻制品（速冻马蹄、青刀豆等）将冷冻制品于密闭容器中解冻后，定量转移至捣碎机中捣碎均匀。

4. 分析步骤

（1）取样

①液体样品用移液管吸取 20mL 试样于起泡器中，如样品挥发性酸度强，可少取，但需加水至总容量 20mL。

②黏稠的或固态的或冷冻制品称取试样约（10±0.01）g 于起泡器中，加水至总容量 20mL。

（2）蒸馏　将氢氧化钙稀溶液注入蒸汽发生器至其容积的 2/3，加 0.5g 酒石酸和约 0.2g 鞣酸于起泡器中的试样中。连接蒸馏装置（图 6-2），加热蒸汽发生器和起泡器。若起泡器内容物最初的容量超过 20mL，调节加热量使容量浓缩到 20mL，在整个蒸馏过程中，使起泡器内容物保持恒定（20mL）。蒸馏时间 15~20min。收集馏出液于接收瓶中，直至馏出液体积为 250mL 时停止蒸馏。

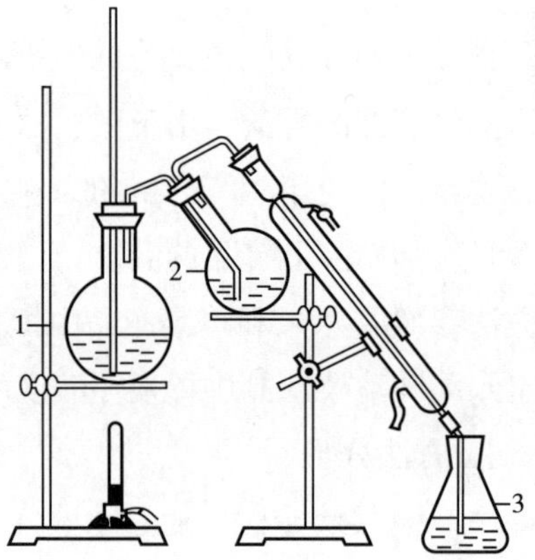

1—蒸汽发生器　2—样品瓶　3—接收瓶

图6-2　水蒸气蒸馏装置

（3）滴定　在 250mL 馏出液中滴加 2 滴酚酞指示剂，用 NaOH 标准溶液滴定至呈淡粉

红色，保持 15s 不褪色。

5. 结果计算

挥发酸以每 100mL 或 100g 样品中乙酸质量（g）表示，分别由式（6-7）和式（6-8）求得

$$X = \frac{c \times V \times 0.06 \times 100}{V_0} \tag{6-7}$$

式中　X——每 100mL 样品中乙酸质量，g/100mL；

c——NaOH 标准溶液的浓度，mol/L；

V——滴定样品时消耗标准 NaOH 溶液的体积，mL；

V_0——滴定空白时消耗标准 NaOH 溶液的体积，mL；

0.06——与 $c=1.000$mol/L 的 NaOH 标准溶液相当的乙酸质量（g）。

$$X = \frac{c \times V \times 0.06 \times 100}{m} \tag{6-8}$$

式中　m——试样的质量，g。

6. 注意事项

（1）含 CO_2 的饮料、发酵酒类，须排除 CO_2。可取 80～100mL 样品于锥形瓶中，在用电磁搅拌器连续搅拌时于低真空下抽气 2～4min。固体样品（如干鲜果蔬及其制品）及冷冻、黏稠等制品，取可食部分，加定量水，以捣碎机粉碎成浆状，再称取处理样品 10g，加无水 CO_2 蒸馏水溶解并稀释至 25mL 进行测定。

（2）在蒸馏前应先将水蒸气发生器中的水煮沸 10min，或在其中加入 2 滴酚酞指示剂、加 NaOH 至溶液呈浅红色，以排除其中的 CO_2，并用蒸汽冲洗整个装置。

（3）溶液中总挥发酸包括游离态与结合态两种。而结合态挥发酸又不容易挥发，所以要加少许 H_3PO_4，使结合态挥发酸挥发出来。

（4）在整个蒸馏装置中，蒸馏瓶内液面要保持恒定，不然会影响测定结果，另外，整个装置连接要密封良好，防止挥发酸泄漏。

（5）若样品中含 SO_2 还要排除它对测定的干扰。可采用如下方法：在已用标准溶液滴定过的蒸馏液中加入 5mL 25% H_2SO_4 酸化，以淀粉溶液作指示剂，用 0.02mol/L I_2 标准溶液滴定至蓝色，10s 不褪为终点，并从计算结果中扣除。

六、乳及乳制品酸度的测定

正常牛乳的酸度一般为 16～18°T，乳酸含量为 0.15%～0.12%。如果牛乳放置时间太久，则会因细菌繁殖而使酸度明显提高。当鲜乳的酸度超过 18°T 时或乳中的乳酸含量超过 0.20%时，则可以认为该牛乳为不新鲜牛乳，所以乳及乳制品的酸度是了解其新鲜程度和品质情况的重要指标。

乳及乳制品的酸度可以根据测定样品的不同采用不同的表示方法：乳酸的质量分数、

酸度、复原乳酸度。

（一）乳酸含量（质量分数）的测定

酸乳、炼乳等样品的酸度除了用°T 表示外，还经常以乳酸的质量分数（%）表示。

1. 原理

以酚酞作为指示剂，中和 100g（mL）样品所需 0.1000mol/L NaOH 的体积，即为样品的酸度。

2. 主要试剂

（1）酚酞指示剂，浓度为 10g/L。

（2）NaOH 标准溶液［c（NaOH）= 0.1000mol/L］。

（3）中性乙醇-乙醚混合液（1∶1） 将乙醇、乙醚等体积混合，加几滴酚酞指示剂，用 0.1mol/L NaOH 溶液滴定至出现微红色。

3. 分析步骤

（1）牛乳 吸取 10.0mL 样品于锥形瓶中，加入 10mL 新煮沸并已经冷却的蒸馏水及 3~5 滴酚酞指示剂混匀，用 NaOH 标准溶液滴定至终点，记录体积 V。

（2）酸牛乳 称取已经搅拌均匀的样品 5.00g 于锥形瓶中，加入 40mL 新煮沸并已经冷却至约 40℃的蒸馏水及 4 滴或 5 滴酚酞指示剂后混匀，用 NaOH 标准溶液滴定至终点。

（3）奶油 称取 10.0g 样品于锥形瓶中，加入中性乙醇-乙醚（1∶1）混合液 30mL 及 2 滴或 3 滴酚酞指示剂混匀，用 NaOH 标准溶液滴定至终点。

4. 结果计算

（1）酸度（°T）的测定，根据式（6-9）或式（6-10）计算获得

$$°T = 10 \times V(\text{一般样品用此公式计算}) \tag{6-9}$$

$$°T = 20 \times V(\text{酸牛乳用此公式计算}) \tag{6-10}$$

式中 V——滴定样品消耗的 NaOH 标准溶液的体积，mL。

（2）测得的°T 根据式（6-11）计算即得到乳酸的质量分数（乳酸的百分含量）：

$$\text{乳酸}(\%) = °T \times 0.009 \tag{6-11}$$

式中 0.009——乳酸的换算系数，即 1.0mL NaOH 标准溶液［c（NaOH）= 0.1000mol/L］相当于 0.009g 乳酸。

5. 注意事项

面包的酸度也可以用°T 表示，面包酸度一般为 3~9°T。

（二）乳及乳制品酸度的测定

乳及乳制品酸度的测定与上述乳酸质量分数的测定原理、方法相同，即°T = 10×V 和°T = 20×V。

（三）复原乳酸度的测定

复原乳通常为含干物质 12%（质量分数）的乳，此法适用于乳粉中酸度的测定。

1. 原理与试剂

同“（一）乳酸含量（质量分数）的测定”。

2. 分析步骤

准确称取 4g 样品于小烧瓶中，用 100mL 新煮沸并已经冷却的蒸馏水分数次将样品溶解，转入 250mL 锥形瓶中，加入酚酞指示剂 3～5 滴，摇匀后用 NaOH 标准溶液滴定至终点。

3. 结果计算

复原乳酸度根据式（6-12）计算获得

$$°T = \frac{120 \times V \times c}{m \times (100 - A - B)} \tag{6-12}$$

式中 V——样品消耗 NaOH 标准溶液的体积，mL；

c——NaOH 标准溶液的浓度，mol/L；

A——样品中的水分含量，%；

B——加糖乳粉中蔗糖的质量分数，%；

120——换算系数（12g 干燥乳粉相当于鲜乳 100mL）。

第三节　食品中有机酸的测定

一、有机酸的概述

食品中酸的种类很多，可分为有机酸和无机酸两类，但主要是有机酸、无机酸含量很少。通常有机酸部分呈游离状态，部分呈酸式盐状态存在于食品中；无机酸呈中性盐化合态存在于食品中。

常见的有机酸有柠檬酸、苹果酸、酒石酸、草酸、琥珀酸、乳酸及乙酸等。这些有机酸有的是食品固有的，如果蔬及制品中的有机酸；有的是在生产、加工、贮藏过程中产生的，如酸乳、食醋中的有机酸。有机酸在食品中的分布极不均衡，果蔬中所含的有机酸种类很多，酿造食品（如酱油、果酒、食醋）中也含多种有机酸。

二、食品中常见的有机酸

（1）柠檬酸　柠檬酸为三元酸，是食品加工中使用最多的酸味剂（通常使用量为 0.1%～1.0%），也是果蔬中分布最为广泛的有机酸。在柑橘类果实与浆果类果实中含量最高，尤其是在柠檬干重中其含量高达6%~8%、在石榴干重中高达9%，蔬菜中番茄的柠檬酸含量最高。

（2）苹果酸　苹果酸为二元酸，几乎存在于所有果实中，尤其是仁果类（如苹果、梨等）、核果类（如桃、樱桃、杏等）、蔬菜（如莴苣、番茄等）中含量较多。一般情况下苹果酸与柠檬酸共存。

（3）乙二酸　乙二酸是在果蔬中普遍存在的一种有机酸，一般以钾盐、钠盐的形式存在，在竹笋、菠菜等蔬菜中含量较多，在果实中含量很少。

（4）酒石酸　酒石酸为二元酸，其酸味比苹果酸、柠檬酸强，但口感稍涩，在食品加工中的用量一般为0.1%~0.2%。酒石酸存在于许多水果中，其中葡萄中的含量最多。葡萄中的酒石酸大部分以酒石酸钾（酒石）的形式存在少量以游离态存在。

（5）水杨酸　水杨酸常以酯态或葡萄糖苷的形式存在于草莓等浆果中。

（6）苯甲酸　苯甲酸以游离态存在于蔓越橘、李子等水果中。

（7）琥珀酸与延胡索酸　在未成熟的水果（如樱桃）、低等植物（如蘑菇）中存在琥珀酸与延胡索酸。

一种食品中可同时含有一种或多种有机酸。如苹果中含有苹果酸，含少量柠檬酸；菠萝中含有苹果酸、柠檬酸、酒石酸等，在分析有机酸含量时以主要酸为计算标准。一般核果类、仁果类及大部分浆果类以苹果酸计算，柑橘以柠檬酸计算，葡萄以酒石酸计算，饮料以柠檬酸计算，鱼、肉、乳、酱油等以乳酸计算，酒类及调味品以乙酸计算，山中的野果以乙二酸计算。常见果蔬中的有机酸种类及含量分别见表6-2和表6-3。

表6-2　常见果蔬中的主要有机酸

名称	有机酸种类	名称	有机酸种类
杏	苹果酸、柠檬酸	番茄	苹果酸、柠檬酸
樱桃	苹果酸	菠萝	苹果酸、柠檬酸、酒石酸
葡萄	酒石酸、苹果酸	甘蓝	苹果酸
梨	苹果酸、果心部分有柠檬酸	笋	乙二酸、酒石酸、乳酸、柠檬酸
西洋梨	苹果酸、柠檬酸	芦笋	苹果酸、柠檬酸
苹果	苹果酸、少量柠檬酸	甜菜叶	乙二酸、苹果酸、柠檬酸
桃	苹果酸、柠檬酸、奎宁酸	莴笋	苹果酸、柠檬酸、乙二酸
梅	苹果酸、柠檬酸、乙二酸	甘薯	乙二酸
蜜橘	苹果酸、柠檬酸	柠檬	苹果酸
橙	苹果酸、柠檬酸、琥珀酸	甜瓜	柠檬酸

资料来源：谢音，屈小英．食品分析［M］．北京：科学技术文献出版社，2006.

表6-3　常见果蔬中主要有机酸的含量　单位：%

果蔬名称	柠檬酸	苹果酸	果蔬名称	柠檬酸	苹果酸
柠檬	3.84	+	芦笋	0.11	0.10
菠萝	0.84	0.12	黄瓜	0.01	0.24
桃	0.37	0.37	番茄	0.47	0.05
橙	0.98	+	菜花	0.21	0.39
草莓	0.91	0.10	菠菜	0.08	0.09
苹果	0.03	1.02	南瓜	-	0.15
葡萄	0.43	0.65	甘薯	0.07	-
梨	0.24	0.12	马铃薯	0.51	-
杏	0.35	0.81	洋葱	0.02	0.17
李	0.03	0.92	胡萝卜	0.09	0.24
樱桃	0.10	0.50	甘蓝	0.14	0.10

资料来源：谢音，屈小英．食品分析［M］．北京：科学技术文献出版社，2006.

注：+表示痕量；-表示缺乏。

三、有机酸的测定方法

分析食品中的有机酸可分为两种情况，一是要求了解总酸量，它可使用 pH 指示剂以规定的碱溶液滴定求得；二是要求了解特定的酸的含量，有时要了解全部有机酸的组成，这正是食品科学研究发展所需要的分析项目。有机酸不仅作为酸味成分，而且在食品的加工、贮藏、品质管理、质量评价以及生物化学等广泛领域被认为是重要的成分。因此对食品中的有机酸进行分离与定量具有现实意义。

（一）有机酸的分离与定量方法简介

在 20 世纪 50 年代以前，对食品中的有机酸进行分离和定量都比较困难，1952 年 Bulen 优化了硅胶色谱法，但此法不仅制备柱子要求有高超的技术和谨慎的操作，而且还要用馏分收集器分别收集洗出液，用碱滴定各分馏液，操作很复杂。1966 年，在此法基础上，开发人员开发出用稳流泵将指示剂连续不断地与洗出液混合，通过测定其吸光度进行检测的有机酸自动分析法。但此法也存在一些问题，如柱子制备麻烦，需要有组成复杂的洗出液，且分析时间较长等，所以实际应用较困难。纸色谱法及薄层色谱法也可用于食品中有机酸的分析，但只是定性和半定量分析，且需要冗长的富集、浓缩、皂化等许多预处理步骤，操作十分烦琐，故实际应用也不多。目前比较常用的方法是气相色谱法、离子交换色谱法和高效液相色谱法。

采用气相色谱法不仅可以分析香气成分之类的挥发性物质，而且糖和氨基酸等非挥发性物质经过转变为挥发性衍生物后也能分析。在适当测定条件下，许多物质都能被准确、迅速、容易地加以分析，因而该法具有普及性。在一般气相色谱条件下，许多有机酸是不挥发的，故需转化成挥发性衍生物，常用方法有甲酯化法和三甲基硅烷衍生法。

离子交换色谱法最初用于有机酸的分析时与硅胶色谱法相似，也是采用将分离的各馏分滴定中和的方法。近年来，此法研究有很大进展，已研究出对有机酸的羧基有特异性的高灵敏度检测方法及带有这种检测器的自动分析仪（即羧酸分析仪），并研究开发出一种新型的离子交换色谱法即离子色谱法，由于这种新型离子交换色谱法具有简便、快速和高灵敏度等独特优点，被广泛地用于分析各种食品中有机酸的组成和含量。

高效液相色谱法已广泛应用于有机酸的分离与测定，此法只需对样品进行离心或过滤等简单预处理，而不需要太多的分离处理手续，操作十分简单，其他组分的干扰少。高效液相色谱法 C18 最初用于有机酸分析时，采用强阴、阳离子交换树脂的柱通过离子排斥和分配色谱分离有机酸，以示差折光检测器或紫外分光检测器检测。由于键合填料在高效液相色谱法上的应用，采用等反相柱分离食品中有机酸，并以紫外分光检测器或电化学检测器测定的方法越来越完善和准确，应用也越来越广泛。

（二）有机酸的测定

1. 气相色谱法

（1）原理　在硫酸的催化下，使有机酸成为丁酸衍生物，用气相色谱法定量。

（2）适用范围　本法适用于水果、蔬菜、腌制的农产品、清凉饮料、酒精饮料、酱油、蛋黄酱、咖啡等，可定量的有机酸有甲酸、乙酸、丙酸、异丁酸、正丁酸、乳酸、异戊酸、正戊酸、异己酸、正己酸、乙酰丙酸、草酸、丙二酸、琥珀酸、反丁烯二酸、苹果酸、酒石酸、反丙烯酸以及柠檬酸等。

分析时需要的酸的最小含量，因酸的种类不同而异。甲酸、乙酸等低相对分子质量酸为 1mg，苹果酸、柠檬酸等约 10mg，酒石酸若少于 10mg 便不能获得高精度分析结果。

（3）试剂　0.1mol/L NaOH、浓硫酸、己烷、酚酞指示剂等。

离子交换树脂：阳离子交换树脂 Amberlite（一种人工合成的酚甲醛离子交换树脂）CG120，阴离子交换树脂 AmberliteCG4B，Amberlite IRA410。

（4）仪器　气相色谱仪（装有氢火焰离子检测器、程序升温装置）、色谱柱［填充 10% Silicone Dc560 DiasolidL（180~250μm）的 3mm×2m 不锈钢柱或玻璃柱］。

（5）分析步骤

①试样制备：将试样在 60℃热水中均质，离心分离得到有机酸提取液。取一定量提取液通过离子交换树脂柱，使有机酸被阴离子交换树脂吸附。

取下阴离子交换树脂柱，将 50mL 2mol/L 氨水通过阴离子交换树脂柱，使酸转变为铵盐洗脱。洗脱液用旋转式蒸发器浓缩，馏出过剩的氨后，再通过阳离子交换树脂柱（图 6-3），使有机酸呈游离态。用酚酞作指示剂，用 0.1mol/L NaOH 溶液滴定，求总酸量。同时使有机酸成为钠盐。将相当于滴定值约 10mL 的试样浓缩，在具塞试管内干涸。

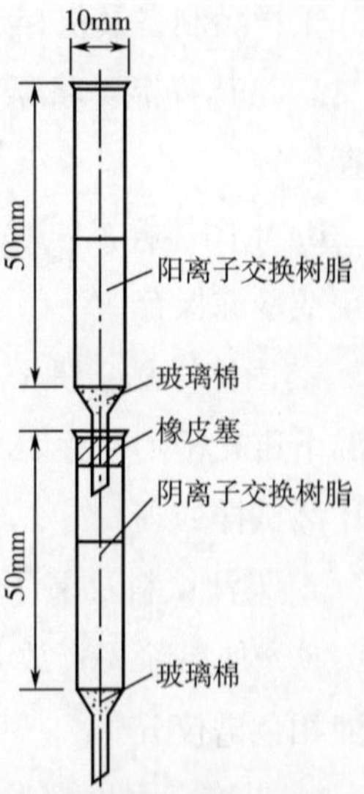

图 6-3　试样前处理用离子交换树脂柱

②酯化：在用上述方法制备的有机酸中，加 2mL 丁醇、2g 无水硫酸钠、0.2mL 浓硫酸，连接冷凝管，在电热板上平衡沸腾约 30min（加热不断搅拌），使有机酸成为酯。

③酯的提取：酯化终了，加水和己烷 5mL，使酯转溶于己烷中，每次用约 5mL 己烷提取 3 次，用安全移液管移入 20mL 容量瓶中［容量瓶中事先已装有 0.5% 十九烷（内标）的己烷溶液 1mL］，用己烷定容。再加入 0.5g 无水硫酸钠，去除混入的微量硫酸。取 5μL 进行气相色谱分析。

④分析柱子：在 60℃ 下保持 6min 后，以每分钟升温 5℃ 的速度升至 250℃，氮气、氢气、空气的流量分别是 60、50、900mL/min，汽化室和检测器的温度均为 260℃。将已知浓度的标准有机酸用上述方法制成丁酯后，用气相色谱仪分析，制作工作曲线，样品与工作曲线相比较，计算出样品含量。

（6）说明　对于含盐食品如酱油等，用离子交换树脂进行前处理很困难，可用乙醚提取。取无水硫酸钠和硅藻土各 20g 置于烧杯中，加乙醚 200mL，边用大型搅拌器搅拌，边滴加用盐酸调整 pH 至 1.0～2.0 的酱油 10mL。搅拌提取 10min 后收集乙醚，再用乙醚（150mL×3 次）提取，将收集的乙醚合并于分液漏斗中。加 50mL 2mol/L 氨水充分混合，使有机酸转溶于水中，蒸馏出氨，直至氨的气味基本消失。用 AmberliteCG120 处理使有机酸成为游离酸，用 0.1mol/L NaOH 溶液中和，所得到的酱油有机酸的钠盐蒸发干涸后，由硫酸和丁醇作用生成丁酯，供气相色谱分析用。

2. 高效液相色谱法

在国家标准中，目前现行有效的测定食品有机酸的相关标准有《食品安全国家标准　食品中有机酸的测定》（GB 5009.157—2016），该标准用到的方法主要是高效液相色谱法，该标准可测定食品中酒石酸、乳酸、苹果酸、柠檬酸、丁二酸、富马酸和己二酸等有机酸的含量，该标准适用于果汁及果汁饮料、碳酸饮料、固体饮料、胶基糖果、饼干、糕点、果冻、水果罐头、生湿面制品和烘焙食品馅料等食品中 7 种有机酸的测定。

（1）原理　样品直接用水稀释或用水提取后，经强阴离子交换固相萃取柱净化，经反相色谱柱分离，以保留时间定性，外标法定量。

（2）试剂　甲醇、无水乙醇、磷酸、7 种有机酸标准品、强阴离子固相萃取柱等。

（3）分析步骤

①样品制备及保存

a. 液体样品：将果汁及果汁饮料、果味碳酸饮料等样品摇匀分装，密闭常温或冷藏保存。

b. 半固体样品：对果冻、水果罐头等样品取可食部分匀浆后，搅拌均匀，分装，密闭冷藏或冷冻保存。

c. 固体样品：饼干、糕点和生湿面制品等低水分样品，经高速粉碎机粉碎、分装，于室温下避光密闭保存。

②试样处理

a. 果汁饮料及果汁、果味碳酸饮料：称取 5g（精确至 0.01g）均匀试样（若试样中含 CO_2 应先加热除去）放入 25mL 容量瓶中，加水至刻度，经 0.45μm 水相滤膜过滤，注入高效液相色谱仪分析。

b. 果冻、水果罐头：称取 10g（精确至 0.01g）均匀试样，放入 50mL 塑料离心管中，向其中加入 20mL 水后在 15000r/min 的转速下均质提取 2min，4000r/min 离心 5min，取上层提取液至 50mL 容量瓶中，残留物再用 20mL 水重复提取一次，合并提取液于同一容量瓶中，并用水定容至刻度，经 0.45μm 水相滤膜过滤，注入高效液相色谱仪分析。

③仪器参考条件

a. 酒石酸、苹果酸、乳酸、柠檬酸、丁二酸和富马酸的测定

色谱柱：CAPECELL PAK MG S5 C18 柱，4.6mm×250mm，5μm，或同等性能的色谱柱。

流动相：用 0.1%磷酸溶液-甲醇=97.5+2.5（体积比）比例的流动相等度洗脱 10min，然后用较短的时间梯度让甲醇相达到 100%并平衡 5min，再将流动相调整为 0.1%磷酸溶液-甲醇=97.5+2.5（体积比）的比例，平衡 5min。

柱温：40℃；进样量：20μL；检测波长：210nm。

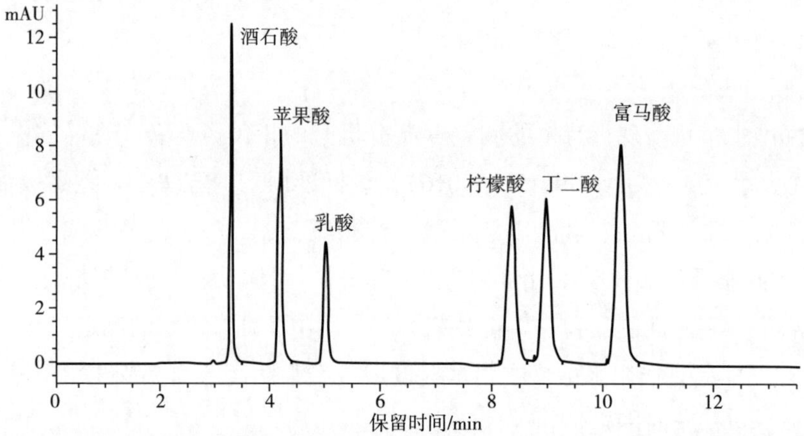

酒石酸—50mg/L　苹果酸—100mg/L　乳酸—50mg/L　柠檬酸—50mg/L　丁二酸—250mg/L　富马酸—0.25mg/L

图 6-4　6 种有机酸的标准色谱图

b. 己二酸的测定

色谱柱：CAPECELL PAK MG S5 C18 柱，4.6mm×250mm，5μm，或同等性能的色谱柱。

流动相：0.1%磷酸溶液-甲醇=75+25（体积比）等度洗脱 10min。

柱温：40℃；进样量：20μL；检测波长：210nm。

④绘制标准曲线：将标准系列工作液分别注入高效液相色谱仪中，测定相应的峰高或峰面积。以标准工作液的浓度为横坐标，以色谱峰高或峰面积为纵坐标，绘制标准曲线。

⑤试样溶液的测定：将试样溶液注入高效液相色谱仪中，得到峰高或峰面积，根据标准曲线得到待测液中有机酸的浓度。

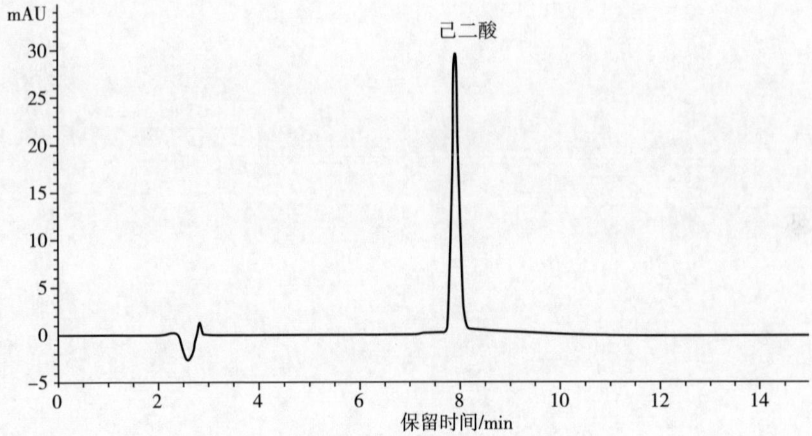

图 6-5 己二酸的标准色谱图（50mg/L）

（4）结果计算

试样中有机酸的含量按式（6-13）计算

$$X = \frac{C \times V \times 1000}{m \times 1000 \times 1000} \tag{6-13}$$

式中 X——试样中有机酸的含量，g/kg；

C——由标准曲线求得试样溶液中某有机酸的浓度，μg/mL；

V——样品溶液定容体积，mL；

m——最终样液代表的试样质量，g；

1000——换算系数。

思考题

1. 测定食品酸度有哪些意义？

2. 食品酸度测定时，如何消除 CO_2 对测定结果的影响？

3. 什么是有效酸度？如何测定有效酸度？在食品的 pH 测定中必须注意哪些问题？如何使用和维护 pH 计？

4. 测定食品中挥发性酸的原理是什么？

5. 食品的总酸度、有效酸度、挥发酸测定值之间有什么关系？

6. 食品中的有机酸主要有哪些？

第七章

灰分和矿物质元素的测定

【学习目标】

1. 掌握食品中灰分的定义、食品中矿物质元素的种类和含量。
2. 掌握食品中灰分的测定方法。
3. 掌握食品中主要矿物质元素的测定原理和步骤。
4. 能够熟练采用仪器测定食品中主要的矿物质元素。

【学习重点与难点】

1. 重点是水分测定的样品前处理方法、原子吸收分光光谱法与原子荧光光谱法的工作原理。

2. 难点是原子吸收分光光谱法与原子荧光光谱法测定食品中汞、铅、砷等元素。

第一节　食品中灰分的测定

食品中的灰分是指食品在高温灼烧后残留下来的无机物。这些残留物主要由食品中的矿物质元素（如钙、磷、铁、镁、钾等）的氧化物构成。灰分测定对于评价食品的营养成分、质量控制以及检测食品是否受污染等方面具有重要意义。通过测定食品中的灰分含量，可以全面了解食品的矿物质组成及其安全性，对于保障食品安全、提升食品营养价值具有重要作用。此外，灰分测定也是食品加工和质量控制中的一个重要环节，如监控原料和产品的纯度。在食品加工过程中，灰分含量的变化可以反映加工工艺的效果，如脱水、浓缩等过程对矿物质的影响。

不同食品种类中的灰分含量因其来源、加工方式、成分等因素的不同而有所差异。大米中灰分含量通常较低，在0.5%~1.5%。根据加工精细程度不同，灰分含量也有较大差异。特制粉的灰分含量较低，为0.3%~0.5%，而全麦粉的灰分含量较高，2%左右。玉米中灰分含量一般在1%~2%。大豆中灰分含量较高，在4%~5%，而豆腐由于在加工过程中去除了部分矿物质，因此豆腐的灰分含量相对较低，一般在1%左右。牛肉和猪肉的灰分含量通常在1%左右。不同蔬菜的灰分含量差异较大。例如，菠菜的灰分含量较高，为4%左右；黄瓜的灰分含量则较低，约为0.5%。水果的灰分含量普遍较低，一般在0.5%以下。例如，苹果的灰分含量约为0.35%。灰分含量为0.7%~0.8%，而不同干酪类型灰分含量也会有所不同，但一般在2%~3%。坚果中的灰分含量较高，为2%~4%。食用油的灰分含量很低。

根据《食品安全国家标准　食品中灰分的测定》（GB 5009.4—2016），由于样品性质及灰分种类不同，规定了三种方法测定食品中的灰分。

一、食品中总灰分的测定

1. 原理

食品经灼烧后所残留的无机物质称为灰分。灰分数值系用灼烧、称重后计算得出。

2. 仪器和设备

测定食品中总灰分所需要的设备主要有：高温炉、分析天平、石英坩埚或瓷坩埚、干燥器（内有干燥剂）、电热板、恒温水浴锅。

3. 分析步骤

（1）坩埚预处理

①含磷量较高的食品和其他食品：取大小适宜的石英坩埚或瓷坩埚置高温炉中，在(550±25)℃下灼烧30min，冷却至200℃左右，取出，放入干燥器中冷却30min，准确称量。重复灼烧至前后两次称量结果相差不超过0.5mg为恒重。

②淀粉类食品：先用沸腾的稀盐酸洗涤，再用大量自来水洗涤，最后用蒸馏水冲洗。将洗净的坩埚置于高温炉内，在（900±25)℃下灼烧30min，并在干燥器内冷却至室温，称重，精确至0.0001g。

（2）称样

①含磷量较高的食品和其他食品：灰分≥10g/100g的试样称取2~3g（精确至0.0001g)；灰分≤10g/100g的试样称取3~10g（精确至0.0001g，对于灰分含量更低的样品可适当增加称样量）。

②淀粉类食品：迅速称取样品2~10g（马铃薯淀粉、小麦淀粉以及大米淀粉至少称5g，玉米淀粉和木薯淀粉称10g)，精确至0.0001g。将样品均匀分布在坩埚内，不要压紧。

（3）测定

①含磷量较高的豆类及其制品、肉禽及其制品、蛋及其制品、水产及其制品、乳及乳制品：称取试样后，加入 1. 00mL 乙酸镁溶液（240g/L）或 3. 00mL 乙酸镁溶液（80g/L），使试样完全润湿。放置 10min 后，在水浴上将水分蒸干，在电热板上以小火加热使试样充分炭化至无烟，然后置于高温炉中，在（550±25）℃灼烧 4h。冷却至 200℃左右，取出，放入干燥器中冷却 30min，称量前如发现灼烧残渣有炭粒时，应向试样中滴入少许水湿润，使结块松散，蒸干水分再次灼烧至无炭粒即表示灰化完全，方可称量。重复灼烧至前后两次称量相差不超过 0. 5mg 为恒重。

同时，做空白试验以消除试剂带来的误差。吸取 3 份与前面相同浓度和体积的乙酸镁溶液，做 3 次试剂空白试验。当 3 次试验结果的标准偏差小于 0. 003g 时，取算术平均值作为空白值。若标准偏差大于或等于 0. 003g 时，应重新做空白值试验。

②淀粉类食品：将坩埚置于高温炉口或电热板上，半盖坩埚盖，小心加热使样品在通气情况下完全炭化至无烟，即刻将坩埚放入高温炉内，将温度升高至（900±25）℃，保持此温度直至剩余的碳全部消失为止，一般 1h 可灰化完毕，冷却至 200℃左右，取出，放入干燥器中冷却 30min，称量前如发现灼烧残渣有炭粒时，应向试样中滴入少许水湿润，使结块松散，蒸干水分再次灼烧至无炭粒即表示灰化完全，方可称量。重复灼烧至前后两次称量相差不超过 0. 5mg 为恒重。

③其他食品：液体和半固体试样应先在沸水浴上蒸干。固体或蒸干后的试样，先在电热板上以小火加热使试样充分炭化至无烟，然后置于高温炉中，在（550±25）℃灼烧 4h。冷却至 200℃左右，取出，放入干燥器中冷却 30min，称量前如发现灼烧残渣有炭粒时，应向试样中滴入少许水湿润，使结块松散，蒸干水分再次灼烧至无炭粒即表示灰化完全，方可称量。重复灼烧至前后两次称量结果相差不超过 0. 5mg 为恒重。

4. 结果计算

（1）以试样质量计

①试样中灰分的含量，加了乙酸镁溶液的试样，按式（7-1）计算

$$X_1 = \frac{m_1 - m_2 - m_0}{m_3 - m_2} \times 100 \tag{7-1}$$

式中　X_1——加了乙酸镁溶液试样中灰分的含量，g/100g；

m_1——坩埚和灰分的质量，g；

m_2——坩埚的质量，g；

m_0——氧化镁（乙酸镁灼烧后生成物）的质量，g；

m_3——坩埚和试样的质量，g。

②试样中灰分的含量，未加乙酸镁溶液的试样，按式（7-2）计算

$$X_2 = \frac{m_1 - m_2}{m_3 - m_2} \times 100 \tag{7-2}$$

式中 X_2——未加乙酸镁溶液试样中灰分的含量，g/100g。

（2）以干物质计

①加了乙酸镁溶液的试样中灰分的含量，按式（7-3）计算

$$X_1 = \frac{m_1 - m_2 - m_0}{(m_3 - m_2) \times \omega} \times 100 \tag{7-3}$$

式中 X_1——加了乙酸镁溶液试样中灰分的含量，g/100g；

ω——试样干物质含量（质量分数），%。

②未加乙酸镁溶液的试样中灰分的含量，按式（7-4）计算

$$X_2 = \frac{m_1 - m_2}{(m_3 - m_2) \times \omega} \times 100 \tag{7-4}$$

式中 X_2——未加乙酸镁溶液的试样中灰分的含量，g/100g。

二、食品中水溶性灰分和水不溶性灰分的测定

1. 原理

用热水提取总灰分，经无灰滤纸过滤、灼烧、称量残留物，测得水不溶性灰分，由总灰分和水不溶性灰分的质量之差计算水溶性灰分。

2. 分析步骤

用约25mL热蒸馏水分次将总灰分从坩埚中洗入100mL烧杯中，盖上表面皿，用小火加热至微沸，防止溶液溅出。趁热用无灰滤纸过滤，并用热蒸馏水分次洗涤杯中残渣，直至滤液和洗涤体积约达150mL为止，将滤纸连同残渣移入原坩埚内，放在沸水浴锅上小心地蒸去水分，然后将坩埚烘干并移入高温炉内，以（550±25）℃灼烧至无炭粒（一般需1h）。待炉温降至200℃时，放入干燥器内，冷却至室温，称重（精确至0.0001g）。再放入高温炉内，以（550±25）℃灼烧30min，如前冷却并称重。如此重复操作，直至连续两次称重结果之差不超过0.5mg为止，记下最低质量。

3. 结果计算

（1）以试样质量计

①水不溶性灰分的含量，按式（7-5）计算

$$X_1 = \frac{m_1 - m_2}{m_3 - m_2} \times 100 \tag{7-5}$$

式中 X_1——水不溶性灰分的含量，g/100g；

m_1——坩埚和水不溶性灰分的质量，g；

m_2——坩埚的质量，g；

m_3——坩埚和试样的质量，g。

②水溶性灰分的含量，按式（7-6）计算

$$X_2 = \frac{m_4 - m_5}{m_0} \times 100 \tag{7-6}$$

式中　X_2——水溶性灰分的质量，g/100g；

m_0——试样的质量，g；

m_4——总灰分的质量，g；

m_5——水不溶性灰分的质量，g。

（2）以干物质计

①水不溶性灰分的含量，按式（7-7）计算

$$X_1 = \frac{m_1 - m_2}{(m_3 - m_2) \times \omega} \times 100 \tag{7-7}$$

式中　X_1——水不溶性灰分的含量，g/100g；

m_1——坩埚和水不溶性灰分的质量，g；

m_2——坩埚的质量，g；

m_3——坩埚和试样的质量，g；

ω——试样干物质含量（质量分数），%。

②水溶性灰分的含量，按式（7-8）计算

$$X_2 = \frac{m_4 - m_5}{m_0 \times \omega} \times 100 \tag{7-8}$$

式中　X_2——水溶性灰分的质量，g/100g；

m_0——试样的质量，g；

m_4——总灰分的质量，g；

m_5——水不溶性灰分的质量，g；

ω——试样干物质含量（质量分数），%。

三、食品中酸不溶性灰分的测定

1. 原理

用盐酸溶液处理总灰分，过滤、灼烧、称量残留物。

2. 分析步骤

用25mL 10%盐酸溶液将总灰分分次洗入100mL烧杯中，盖上表面皿，在沸水浴上小心加热，至溶液由浑浊变为透明时，继续加热5min，趁热用无灰滤纸过滤，用沸蒸馏水少量反复洗涤烧杯和滤纸上的残留物，直至中性（约150mL）。其余步骤同水不溶性灰分测定“将滤纸连同残渣移入原坩埚内……”。

3. 结果计算

（1）以试样质量计，酸不溶性灰分的含量，按式（7-9）计算

$$X_1 = \frac{m_1 - m_2}{m_3 - m_2} \times 100 \tag{7-9}$$

式中 X_1——酸不溶性灰分的含量，g/100g；

m_1——坩埚和酸不溶性灰分的质量，g；

m_2——坩埚的质量，g；

m_3——坩埚和试样的质量，g。

（2）以干物质计，酸不溶性灰分的含量，按式（7-10）计算

$$X_1 = \frac{m_1 - m_2}{(m_3 - m_2) \times \omega} \times 100 \tag{7-10}$$

式中 ω——试样干物质含量（质量分数），%。

第二节 矿物质元素的测定

食品中的矿物质元素对于维持人体健康至关重要。这些元素在人体内扮演着多种角色，包括参与酶的活性、调节体液平衡、构成骨骼和牙齿、参与神经信号传导等。根据人体需求量的不同，矿物质元素可分为宏量元素（必需量较多）和微量元素（必需量较少）两大类。

食品中的宏量元素包括钙（Ca）、磷（P）、钾（K）、钠（Na）、氯（Cl）等元素。钙的主要来源有乳制品（牛乳、酸乳、干酪）、豆制品（豆腐）、绿叶蔬菜（菠菜、羽衣甘蓝）等，对构成骨骼和牙齿，参与神经传导和肌肉收缩具有重要作用。肉类、鱼类、乳制品、坚果等含有丰富的磷，而磷在体内参与能量代谢，是构成细胞膜和DNA的重要成分。水果（香蕉、橙子）、蔬菜（马铃薯、菠菜）、豆类等含有较高含量的钾，人体中的钾能够维持细胞内外液体平衡，参与神经信号传导和肌肉收缩。钠在加工食品中含量较高，如肉类、蛋制品、乳制品等。食品中的微量元素包括铁、锌、铜、碘、硒等，具有重要的生理功能，如碘参与甲状腺激素合成，锌参与免疫功能、DNA合成、伤口愈合，碘参与甲状腺激素合成。

食品加工过程中可能会对矿物质元素的含量产生影响。例如，加热处理可能会导致部分易挥发的矿物质损失。浸泡和洗涤可能会减少某些矿物质的含量。发酵过程有时可以提高某些矿物质的生物利用度。添加或去除特定成分如去壳、去皮等加工过程，可能会去除掉一些矿物质。了解食品中的矿物质元素含量及其分布，对于保证饮食均衡、满足人体营养需求具有重要意义。此外，合理膳食搭配和科学加工方法也有助于最大限度地保留食品中的矿物质。

一、食品中钙的测定

测定食品中钙含量的方法有火焰原子吸收光谱法、滴定法、电感耦合等离子体发射光谱法和电感耦合等离子体质谱法。

（一）火焰原子吸收光谱法

1. 原理

火焰原子吸收光谱法是基于从光源辐射出具有待测元素特征谱线的光，通过试样蒸气时被蒸气中待测元素基态原子所吸收，根据辐射特征谱线光被减弱的程度来测定试样中待测元素含量的分析方法。原子受外界能量激发时，外层电子可跃迁到不同能级上，把电子从基态跃迁到第一激发态所产生的吸收谱线称作共振吸收线。元素的共振线是所有谱线中最灵敏的谱线，是元素测定的特征谱线。对不同元素，其原子结构和外层电子排布不同，因此，其共振吸收线的频率也不相同，即共振吸收线是与元素的原子结构相关的特征谱线，共振吸收能量最低，最容易发生，一般原子吸收分光光度分析就是利用元素的共振吸收来进行的。试样经消解处理后，加入镧溶液作为释放剂，经原子吸收火焰原子化，在 422.7nm 处测定的吸光度值在一定浓度范围内与钙含量成正比，与标准系列比较定量。

2. 分析步骤

（1）试样制备

①粮食、豆类样品：去除杂物后，粉碎，储于塑料瓶中。

②蔬菜、水果、鱼类、肉类等样品：用水洗净，晾干，取可食部分，制成匀浆，储于塑料瓶中。

③饮料、酒、醋、酱油、食用植物油、液态乳等液体样品：摇匀。

（2）试样消解

①湿法消解：准确称取固体试样 0.2～3g（精确至 0.001g）或准确移取液体试样 0.500～5.000mL 于带刻度消化管中，加入 10mL 硝酸、0.5mL 高氯酸，在可调式电热炉上消解（参考条件：120℃/0.5h～120℃/1h、升至 180℃/2h～180℃/4h、升至 200～220℃）。若消化液呈棕褐色，再加硝酸，消解至冒白烟，消化液呈无色透明或略带黄色。取出消化管，冷却后用水定容至 25mL，再根据实际测定需要稀释，并在稀释液中加入一定体积的镧溶液（20g/L），使其在最终稀释液中的浓度为 1g/L，混匀备用，此为试样待测液。同时做试剂空白试验。

②微波消解：准确称取固体试样 0.2～0.8g（精确至 0.001g）或准确移取液体试样 0.5000～3.000mL 于微波消解罐中，加入 5mL 硝酸，按照微波消解的操作步骤消解试样。冷却后取出消解罐，在电热板上于 140～160℃ 赶酸至 1mL 左右。消解罐放冷后，将消化液转移至 25mL 容量瓶中，用少量水洗涤消解罐 2～3 次，合并洗涤液于容量瓶中并用水定容至刻度。根据实际测定需要稀释，并在稀释液中加入一定体积镧溶液（20g/L）使其在最终稀释液中的浓度为 1g/L，混匀备用，此为试样待测液。同时做试剂空白试验。

③压力罐消解：准确称取固体试样 0.2～1g（精确至 0.001g）或准确移取液体试样 0.5000～5.000mL 于消解内罐中，加入 5mL 硝酸。盖好内盖，旋紧不锈钢外套，放入恒温

干燥箱，于140~160℃下保持4~5h。冷却后缓慢旋松外罐，取出消解内罐，放在可调式电热板上于140~160℃赶酸至1mL左右。冷却后将消化液转移至25mL容量瓶中，用少量水洗涤内罐和内盖2~3次，合并洗涤液于容量瓶中并用水定容至刻度，混匀备用。根据实际测定需要稀释，并在稀释液中加入一定体积的镧溶液（20g/L），使其在最终稀释液中的浓度为1g/L，混匀备用，此为试样待测液。同时做试剂空白试验。

④干法灰化：准确称取固体试样0.5~5g（精确至0.001g）或准确移取液体试样0.500~10.000mL于坩埚中，小火加热，炭化至无烟，转移至马弗炉中，于550℃灰化3~4h。冷却，取出。对于灰化不彻底的试样，加数滴硝酸，小火加热，小心蒸干，再转入550℃马弗炉中，继续灰化1~2h，至试样呈白灰状，冷却，取出，用适量硝酸溶液（1+1）溶解转移至刻度管中，用水定容至25mL。根据实际测定需要稀释，并在稀释液中加入一定体积的镧溶液，使其在最终稀释液中的浓度为1g/L，混匀备用，此为试样待测液。同时做试剂空白试验。

（3）标准曲线的制作　将钙标准系列溶液按浓度由低到高的顺序分别导入火焰原子化器，测定吸光度值，以标准系列溶液中钙的质量浓度为横坐标，相应的吸光度值为纵坐标，制作标准曲线。

（4）样品测定　在与测定标准溶液相同的实验条件下，将空白溶液和试样待测液分别导入原子化器，测定相应的吸光度值，与标准系列比较定量。

3. 结果计算

试样中钙的含量按式（7-11）计算

$$X = \frac{(\rho - \rho_0) \times f \times V}{m} \tag{7-11}$$

式中　X——试样中钙的含量，mg/kg或mg/L；

ρ——试样待测液中钙的质量浓度，mg/L；

ρ_0——空白溶液中钙的质量浓度，mg/L；

f——试样消化液的稀释倍数；

V——试样消化液的定容体积，mL；

m——试样质量或移取体积，g或mL。

（二）EDTA滴定法

1. 原理

在适当的pH范围内，钙与乙二胺四乙酸二钠（EDTA）形成金属络合物。以EDTA滴定，在达到当量点时，溶液呈现游离指示剂的颜色。根据EDTA用量，计算钙的含量。

2. 分析步骤

（1）试样制备和消解　该方法所采用的试样制备和消解方法同火焰原子吸收光谱法。

（2）滴定度（T）的测定　吸取0.500mL钙标准储备液（100.0mg/L）于试管中，加1

滴硫化钠溶液（10g/L）和 0.1mL 柠檬酸钠溶液（0.05mol/L），加 1.5mL 氢氧化钾溶液（1.25mol/L），加 3 滴钙红指示剂，立即以稀释 10 倍的 EDTA 溶液滴定，至指示剂由紫红色变蓝色为止，记录所消耗的稀释 10 倍的 EDTA 溶液的体积。根据滴定结果计算出每毫升稀释 10 倍的 EDTA 溶液相当于钙的毫克数，即滴定度（T）。

（3）样品及空白滴定　分别吸取 0.100~1.000mL（根据钙的含量而定）试样消化液及空白液于试管中，加 1 滴硫化钠溶液（10g/L）和 0.1mL 柠檬酸钠溶液（0.05mol/L），加 1.5mL 氢氧化钾溶液（1.25mol/L），加 3 滴钙红指示剂，立即以稀释 10 倍的 EDTA 溶液滴定，至指示剂由紫红色变蓝色为止，记录所消耗的稀释 10 倍的 EDTA 溶液的体积。

3. 结果计算

试样中钙的含量按式（7-12）计算

$$X = \frac{T \times (V_1 - V_0) \times V_2 \times 1000}{m \times V_3} \tag{7-12}$$

式中　X——试样中钙的含量，mg/kg 或 mg/L；

T——EDTA 滴定度，mg/mL；

V_1——滴定试样溶液时所消耗的稀释 10 倍的 EDTA 溶液的体积，mL；

V_0——滴定空白溶液时所消耗的稀释 10 倍的 EDTA 溶液的体积，mL；

V_2——试样消化液的定容体积，mL；

1000——换算系数；

m——试样质量或移取体积，g 或 mL；

V_3——滴定用试样待测液的体积，mL。

除以上方法外，食品中钙的测定方法还有电感耦合等离子体质谱法和（ICP-MS）电感耦合等离子体发射光谱法（ICP-OES）。电感耦合等离子体质谱法测定的原理是试样经消解后，由电感耦合等离子体质谱仪测定，以元素质荷比定性，采用外标法，以待测元素质谱信号与内标元素质谱信号的强度比与待测元素的浓度成正比进行定量分析，而电感耦合等离子体发射光谱法是样品消解后，由电感耦合等离子体发射光谱仪测定，以元素的特征谱线波长定性；待测元素谱线信号强度与元素浓度成正比进行定量分析。

二、食品中铁的测定

食品中铁的测定方法有火焰原子吸收光谱法、电感耦合等离子体发射光谱法和电感耦合等离子体质谱法，其中火焰原子吸收光谱法在食品分析中应用较为普遍。

1. 原理

试样消解后，经原子吸收火焰原子化，在 248.3nm 处测定吸光度值。在一定浓度范围内铁的吸光度值与铁含量成正比，与标准系列比较定量。

2. 分析步骤

（1）试样制备与消解　同“食品中钙的测定”。

（2）标准曲线的制作　将铁标准系列溶液按浓度由低到高的顺序分别导入火焰原子化器，测定吸光度值，以铁标准系列溶液中铁的质量浓度为横坐标，相应的吸光度值为纵坐标，制作标准曲线。

（3）样品测定　在与测定标准溶液相同的实验条件下，将空白溶液和试样待测液分别导入原子化器，测定相应的吸光度值，与标准系列比较定量。

（4）结果计算

试样中铁的含量按式（7-13）计算

$$X = \frac{(\rho - \rho_0) \times V}{m} \tag{7-13}$$

式中　X——试样中铁的含量，mg/kg 或 mg/L；

ρ——试样待测液中铁的质量浓度，mg/L；

ρ_0——空白溶液中铁的质量浓度，mg/L；

V——试样消化液的定容体积，mL；

m——试样质量或移取体积，g 或 mL。

三、食品中锌的测定

食品中锌的测定方法有火焰原子吸收光谱法、电感耦合等离子体发射光谱法、电感耦合等离子体质谱法和二硫腙比色法，其中火焰原子吸收光谱法、二硫腙比色法在食品分析中应用较为普遍。

（一）火焰原子吸收光谱法

试样消解后，经原子吸收火焰原子化，在 213.9nm 处测定吸光度值。在一定浓度范围内铁的吸光度值与锌含量成正比，与标准系列比较定量。

拓展视频

（二）二硫腙比色法

1. 原理

试样经消化后，在 pH 4.0~5.5 时，锌离子与二硫腙形成紫红色络合物，溶于四氯化碳，加入硫代硫酸钠，防止铜、汞、铅、铋、银和镉等离子干扰。于 530nm 处测定吸光度与标准系列比较定量。

2. 分析步骤

（1）试样制备　和“食品中钙的测定”中相同。

（2）试样前处理　本方法中试样前处理采用湿法消解和干法灰化两种方法，处理过程同“食品中钙的测定”。

（3）标准曲线的绘制　准确吸取0、1.00、2.00、3.00、4.00和5.00mL锌标准使用液（相当0、1.00、2.00、3.00、4.00和5.00μg质量的锌），分别置于125mL分液漏斗中，各加盐酸溶液（0.02mol/L）至20mL。于各分液漏斗中，各加10mL乙酸-乙酸盐缓冲液、1mL硫代硫酸钠溶液（250g/L），摇匀，再各加入10mL二硫腙使用液，剧烈振摇2min。静置分层后，经脱脂棉将四氯化碳层滤入1cm比色杯中，以四氯化碳调节零点，于波长530nm处测吸光度，以质量为横坐标，吸光度值为纵坐标，制作标准曲线。

（4）试样测定　准确吸取5.00～10.00mL试样消化液和相同体积的空白消化液，分别置于125mL分液漏斗中，加5mL水、0.5mL盐酸羟胺溶液（200g/L），摇匀，再加2滴酚红指示液（1g/L），用氨水溶液（1+1）调节至红色，再多加2滴。再加5mL二硫腙-四氯化碳溶液（0.1g/L），剧烈振摇2min，静置分层。将四氯化碳层移入另一分液漏斗中，水层再用少量二硫腙-四氯化碳溶液（0.1g/L）振摇提取，每次2～3mL，直至二硫腙-四氯化碳溶液（0.1g/L）绿色不变为止。合并提取液，用5mL水洗涤，四氯化碳层用盐酸溶液（0.02mol/L）提取2次，每次10mL，提取时剧烈振摇2min，合并盐酸溶液（0.02mol/L）提取液，并用少量四氯化碳洗去残留的二硫腙。

将上述试样提取液和空白提取液移入125mL分液漏斗中，各加10mL乙酸-乙酸盐缓冲液、1mL硫代硫酸钠溶液（250g/L），摇匀，再各加入10mL二硫腙使用液，剧烈振摇2min。静置分层后，经脱脂棉将四氯化碳层滤入1cm比色杯中，以四氯化碳调节零点，于波长530nm处测定吸光度，与标准曲线比较定量。

3. 结果计算

试样中锌的含量按式（7-14）计算

$$X=\frac{(m_1-m_0)\times V_1}{m_2\times V_2} \tag{7-14}$$

式中　X——试品中锌的含量，mg/kg或mg/L；

m_1——测定用试样溶液中锌的质量，μg；

m_0——空白溶液中锌的质量，μg；

m_2——试样称样量或移取体积，g或mL；

V_1——试样消化液的定容体积，mL；

V_2——测定用试样消化液的体积，mL。

四、食品中碘的测定

碘是人体必需的一种微量元素，体内缺乏碘会造成甲状腺激素合成不足，导致甲状腺功能下降。海带等海产品中含有较丰富的碘，其测定方法主要有电感耦合等离子体质谱法（ICP-MS）、氧化还原滴定法、砷铈催化分光光度法和气相色谱法。每种方法所适用的范围不一样，在实际分析工作中，应根据样品性质、分析目的、实验室环境和条件等综合考虑选择合适的方法。

（一）电感耦合等离子体质谱法

1. 原理

试样中的碘经四甲基氢氧化铵溶液提取，采用电感耦合等离子体质谱仪测定，以碘元素（质荷比127）定性，以碘元素和内标元素质谱信号的强度比值与碘元素的浓度成正比进行定量，测定试样中碘的含量。

2. 分析步骤

（1）试样制备

①固态样品

干样：豆类、谷物、菌类、茶叶、干制水果、焙烤食品等样品，取可食部分，经高速粉碎机粉碎，搅拌至均匀；对于固体乳制品、蛋白粉、面粉等呈均匀状的粉状样品，摇匀。

鲜样：蔬菜、水果、水产品等样品必要时洗净、沥干，取可食部分匀浆至均质；对于肉类、蛋类等样品取可食部分匀浆至均质。

速冻及罐头食品：经解冻的速冻食品及罐头样品，取可食部分匀浆至均质。

②液态样品：软饮料、调味品等样品摇匀。

（2）试样处理　称取试样0.2～1g（精确到0.001g）于50mL的耐110℃塑料离心管中，加入5mL提取液，涡旋1min，使样品充分分散均匀，旋紧盖子，置于（85±5）℃恒温干燥箱（每隔半小时取出振摇）或水浴摇床提取3h，冷却，用水定容至50mL，并以大于3000r/min的转速，离心10min，取上层清液用0.45μm过滤膜过滤后，备用，同时做试剂空白。

（3）仪器分析参考条件

①仪器操作参考工作条件：射频功率1550W；等离子气流速15L/min；载气流速0.80～0.90L/min；辅助气流速0.30～0.40L/min；分析时泵速0.10r/s；采样深度8～10mm；雾化器为高盐/同心雾化器；半导体制冷雾室，控温在2.0℃；石英炬管；碰撞池气体He气流速4～5mL/min，每测一个样品后，进样系统的冲洗时间应大于60s。

②测定参考条件：在调谐仪器达到测定要求后，编辑测定方法，选择碘元素同位素（127I）及内标碲同位素（125Te、130Te）或103Rh或115In或185Re。若ICP-MS仪器由酸性进样体系转变为碱性体系，则建议更换所有进样泵管，用0.5%TMAH溶液清洗进样系统1～2h，直至127I的信号稳定。

（4）标准曲线的制作　将碘标准溶液注入ICP-MS中，测定碘元素和内标元素的信号响应值，以碘元素的质量浓度为横坐标，碘元素与所选内标元素响应信号值的比值为纵坐标，绘制标准曲线。

（5）试样溶液的测定　将空白和试样溶液分别注入电感耦合等离子质谱仪中，测定碘元素和所选内标元素的信号响应值，计算碘元素与所选内标元素的响应信号值比值，根据标准曲线得到待测液中碘元素的质量浓度。

3. 结果计算

试样中碘元素含量按式（7-15）计算

$$X = \frac{(\rho - \rho_0) \times V \times f}{m \times 1000} \tag{7-15}$$

式中　X——试样中碘元素含量，mg/kg；

ρ——试样溶液中碘元素质量浓度，μg/L；

ρ_0——试样空白液中碘元素质量浓度，μg/L；

V——试样液定容体积，mL；

f——试样稀释倍数；

m——试样称取质量，g；

1000——单位转换系数。

4. 注意事项

（1）配制标准溶液时，对于复杂基质的样品，内标中可添加适量异丙醇，使其体积分数为1%~2%。

（2）在试样处理过程中，为了防止样品遇水结块，可采用称量纸称取样品，然后慢慢加入盛有提取液的离心管中，涡旋1min，若样品太稠可补加5mL提取液，如大米粉及面粉等吸水性强的样品。

（二）氧化还原滴定法

1. 原理

样品经炭化、灰化处理后，在酸性介质中，用液溴将碘离子氧化成碘酸根离子，碘酸根在酸性溶液中氧化碘化钾而析出碘，以淀粉溶液作为指示剂，用硫代硫酸钠溶液滴定，计算样品中碘的含量。具体的反应方程式如下

$$I^- + 3Br_2 + 3H_2O \longrightarrow IO^{3-} + 6H^+ + 6Br^- \tag{1}$$

$$IO^{3-} + 5I^- + 6H^+ \longrightarrow 3I_2 + 3H_2O \tag{2}$$

$$I_2 + 2S_2O_3{}^{2-} \longrightarrow 2I^- + S_4O_6{}^{2-} \tag{3}$$

2. 分析步骤

（1）试样制备　同“电感耦合等离子体质谱法”。

（2）试样分析

①称取试样2~5g（精确至0.01g），置于50mL瓷坩埚中，加入5~10mL碳酸钠溶液，使充分浸润试样，静置5min，置于101~105℃恒温干燥箱中将样品烘干，取出。

②将烘干试样加热炭化至无烟，置于（550±25）℃马弗炉中灼烧40min，冷却至室温后取出，加入少量水研磨，将溶液及残渣全部转移至250mL烧杯中，并用水冲洗坩埚数次合

并至烧杯中，烧杯中溶液总量为 150~200mL，煮沸 5min 后趁热用滤纸过滤至 250mL 碘量瓶中，备用。

③在碘量瓶中加入 2~3 滴甲基橙溶液，用 1mol/L 硫酸溶液调至红色，加入 5mL 饱和溴水，加热煮沸至黄色消失。稍冷后加入 5mL 甲酸钠溶液，加热煮沸 2min，用水浴冷却至 30℃ 以下，再加入 5mL 的 3mol/L 硫酸溶液，5mL 碘化钾溶液，盖上瓶盖避光放置 10min，用硫代硫酸钠标准溶液滴定至溶液呈浅黄色，加入 1mL 淀粉溶液，继续滴定至蓝色恰好消失，同时做空白试验，分别记录消耗的硫代硫酸钠标准溶液体积。

拓展阅读

3. 结果计算

试样中碘元素含量按式 7-16 计算

$$X = \frac{(V - V_0) \times c \times 21.15 \times f}{m} \tag{7-16}$$

式中 X——试样中碘元素含量，mg/kg；

V——滴定样液消耗硫代硫酸钠标准溶液的体积，mL；

V_0——滴定试剂空白消耗硫代硫酸钠标准溶液的体积，mL；

c——硫代硫酸钠标准溶液的浓度，mol/L；

21.15——与 1.00mL 硫代硫酸钠标准滴定溶液 [c ($Na_2S_2O_3$) = 0.100mol/L] 相当的碘的质量，g/mol；

f——试样稀释倍数；

m——试样称取质量，g。

五、食品中硒的测定

硒（Se）是人体所需的微量元素之一，为保持动物和人类的健康，需要在饮食中摄入适量硒元素。食品中硒的测定方法有氢化物原子荧光光谱法、荧光分光光度法和电感耦合等离子体质谱法。

（一）氢化物原子荧光光谱法

1. 原理

原子荧光光谱法的工作原理是当气态原子受到强特征辐射时，由基态跃迁到激发态，在 8~10s 后，再由激发态跃迁回到基态，同时发射出与原激发辐射波长相同或不同的辐射即原子荧光。不同元素的荧光波长不同。浓度很低时，强度与蒸气中该元素的密度成正比，定量依据，可适用于微量或痕量分析。试样经酸加热消化后，在 6mol/L 盐酸介质中，将试样中的六价硒还原成四价硒，用硼氢化钠或硼氢化钾作还原剂，将四价硒在盐酸介质中还原成硒化氢，由载气（氩气）带入原子化器中进行原子化，在硒空心阴极灯照射下，基态硒原子被激发至高能态，在去活化回到基态时，发射出特征波长的荧光，其荧光强度与硒含量成正比，与标准系列比较定量。

2. 分析步骤

（1）试样制备 同“食品中碘的测定”。

（2）试样消解

①湿法消解：称取固体试样 0.5~3g（精确至 0.001g）或准确移取液体试样 1.00~5.00mL，置于锥形瓶中，加 10mL 硝酸-高氯酸混合酸（9+1）及几粒玻璃珠，盖上表面皿冷消化过夜。次日于电热板上加热，并及时补加硝酸。当溶液变为清亮无色并伴有白烟产生时，再继续加热至剩余体积为 2mL 左右，切不可蒸干。冷却，再加 5mL 盐酸溶液（6mol/L），继续加热至溶液变为清亮无色并伴有白烟出现。冷却后转移至 10mL 容量瓶中，加入 2.5mL 铁氰化钾溶液（100g/L），用水定容，混匀待测。同时做试剂空白试验。

②微波消解：称取固体试样 0.2~0.8g（精确至 0.001g）或准确移取液体试样 1.00~3.00mL，置于消化管中，加 10mL 硝酸、2mL 过氧化氢，振摇混合均匀，于微波消解仪中消化。消解结束待冷却后，将消化液转入锥形烧瓶中，加几粒玻璃珠，在电热板上继续加热至近干，切不可蒸干。再加 5mL 盐酸溶液（6mol/L），继续加热至溶液变为清亮无色并伴有白烟出现，冷却，转移至 10mL 容量瓶中，加入 2.5mL 铁氰化钾溶液（100g/L），用水定容，混匀待测。同时做试剂空白试验。

（3）测定

①分析仪器参考条件：根据各自仪器性能调至最佳状态。参考条件为负高压 340V；灯电流 100mA；原子化温度 800℃；炉高 8mm；载气流速 500mL/min；屏蔽气流速 1000mL/min；测量方式标准曲线法；读数方式峰面积；延迟时间 1s；读数时间 15s；加液时间 8s；进样体积 2mL。

②标准曲线的制作：以盐酸溶液（5+95）为载流，硼氢化钠碱溶液（8g/L）为还原剂，连续用标准系列的零管进样，待读数稳定之后，将标硒标准系列溶液按质量浓度由低到高的顺序分别导入仪器，测定其荧光强度，以质量浓度为横坐标，荧光强度为纵坐标，制作标准曲线。

③试样测定：在与测定标准系列溶液相同的实验条件下，将空白溶液和试样溶液分别导入仪器，测其荧光值强度，与标准系列比较定量。

3. 注意事项

（1）所有玻璃器皿及聚四氟乙烯消解内罐均需硝酸溶液（1+5）浸泡过夜，用自来水反复冲洗，最后用水冲洗干净。

（2）在采样和制备过程中，应避免试样污染。

（二）荧光分光光度法

1. 原理

将试样用混合酸消化，使硒化合物转化为无机硒 Se^{4+}，在酸性条件下 Se^{4+} 与 2,3-二氨基萘（2,3-diaminonaphthalene，DAN）反应生成4,5-苯并苤硒脑，然后用环己烷萃取后上机测定。4,5-苯并苤硒脑在波长为376nm的激发光作用下，发射波长为520nm的荧光，测定其荧光强度，与标准系列比较定量。

2. 分析步骤

（1）试样制备　试样制备方法同氢化物原子荧光光谱法中的样品制备方法。

（2）试样消解　称取固体试样0.5~3g（精确至0.001g）或准确移取液体试样1.00~5.00mL，置于锥形瓶中，加10mL硝酸-高氯酸混合酸（9+1）及几粒玻璃珠，盖上表面皿冷消化过夜。次日于电热板上加热，并及时补加硝酸。当溶液变为清亮无色并伴有白烟产生时，再继续加热至剩余体积为2mL左右，切不可蒸干。冷却，再加5mL盐酸溶液（6mol/L），继续加热至溶液变为清亮无色并伴有白烟出现，再继续加热至剩余体积2mL左右，冷却。同时做试剂空白试验。

（3）测定

①分析仪器参考条件：根据各自仪器性能调至最佳状态。参考条件为激发光波长376nm、发射光波长520nm。

②标准曲线的制作：将硒标准系列溶液按质量由低到高的顺序分别上机测定4,5-苯并苤硒脑的荧光强度。以质量为横坐标，荧光强度为纵坐标，制作标准曲线。

③试样测定：将消化后的试样溶液以及空白溶液加盐酸溶液（1+9）至5mL后，加入20mLEDTA混合液，用氨水溶液（1+1）及盐酸溶液（1+9）调至淡红橙色（pH 1.5~2.0）。（以下步骤在暗室操作）加DAN试剂（1g/L）3mL，混匀后，置沸水浴中加热5min，取出冷却后，加环己烷3mL，振摇4min，将全部溶液移入分液漏斗，待分层后弃去水层，小心将环己烷层由分液漏斗上口倾入带盖试管中，勿使环己烷中混入水滴，待测。

3. 结果计算

试样中硒含量按式（7-17）计算

$$X = \frac{m_1}{F_1 - F_0} \times \frac{F_2 - F_0}{m} \tag{7-17}$$

式中　X——试样中硒量，mg/kg或mg/L；

m_1——试样管中硒的质量，μg；

F_1——标准管硒荧光读数；

F_0——空白管荧光读数；

F_2——试样管荧光读数；

m——试样称样量或移取体积，g或mL。

4. 注意事项

（1）所有玻璃器皿均需硝酸溶液（1+5）浸泡过夜，用自来水反复冲洗，最后用水冲洗干净。

（2）DAN 试剂有一定毒性，使用本试剂的人员应注意防护。

（3）当硒含量≥1.00mg/kg（或 mg/L）时，计算结果保留三位有效数字，当硒含量<1.00mg/kg（或 mg/L）时，计算结果保留两位有效数字。

六、食品中磷的测定

磷是一种重要的矿物元素，参与体内多种细胞活动，是人体中含量第二丰富的元素（仅次于钙），约占婴儿身体的0.5%，约占成年人身体的1%。测定食品中磷含量的方法有钼蓝分光光度法、钒钼黄分光光度法和电感耦合等离子体发射光谱法，其中钼蓝分光光度法和电感耦合等离子体发射光谱法可测定各类食品中磷的含量，而钒钼黄分光光度法可测定婴幼儿食品和乳品中磷的含量，在实际分析工作，应根据分析对象、目标组分、仪器条件等选择最适宜的方法。

（一）钼蓝分光光度法

1. 原理

试样经消解，磷在酸性条件下与钼酸铵结合生成磷钼酸铵，此化合物被对苯二酚、亚硫酸钠或氯化亚锡、硫酸肼还原成蓝色化合物钼蓝。钼蓝在 660nm 处的吸光度值与磷的浓度成正比。用分光光度计测定试样溶液的吸光度，与标准系列比较定量。

2. 分析步骤

（1）试样制备　同“食品中硒的测定”。

（2）试样消解

①湿法消解：同“食品中硒的测定”。

②干法灰化：称取试样 0.5～5g（精确至 0.001g）或准确移取液体试样 0.500～10.000mL，在火上灼烧成炭分，再于 550℃下烧成灰分，直至灰分呈白色为止（必要时，可在加入浓硝酸润湿蒸干后再灰化），加 10mL 盐酸溶液（1+1），在水浴上蒸干。再加 2mL 盐酸溶液（1+1），用水分数次将残渣完全洗入 100mL 容量瓶中，并用水稀释至刻度，摇匀。同时做试剂空白试验。

（3）测定　可任选苯二酚、亚硫酸钠还原法或氯化亚锡、硫酸肼还原法。

①对苯二酚、亚硫酸钠还原法

a. 标准曲线的制作：准确吸取磷标准使用液 0、0.50、1.00、2.00、3.00、4.00、5.00mL，相当于含磷量 0、5.0、10.0、20.0、30.0、40.0、50.0μg，分别置于 25mL 具塞试管中，依次加入 2mL 钼酸铵溶液（50g/L）摇匀，静置。加入 1mL 亚硫酸钠溶液（200g/L）、1mL 对苯二酚溶液（5g/L），摇匀。加水至刻度，混匀。静置 0.5h 后，用 1cm 比色杯，在 660nm 波长处，以零管作参比，测定吸光度，以测出的吸光度对磷含量绘制标准曲线。

b. 试样溶液的测定：准确吸取试样溶液 2.00mL 及等量的空白溶液，分别置于 25mL 具塞试管中，加入 2mL 钼酸铵溶液（50g/L）摇匀，静置。加入 1mL 亚硫酸钠溶液（200g/L）、1mL 对苯二酚溶液（5g/L），摇匀。加水至刻度，混匀。静置 0.5h 后，用 1cm 比色杯，在 660nm 波长处，测定其吸光度，与标准系列比较定量。

②氯化亚锡、硫酸肼还原法

a. 标准曲线的制作：准确吸取磷标准使用液 0、0.50、1.00、2.00、3.00、4.00、5.00mL，相当于含磷量 0、5.0、10.0、20.0、30.0、40.0、50.0μg，分别置于 25mL 具塞试管中，各加约 15mL 水、2.5mL 硫酸溶液（5%）、2mL 钼酸铵溶液（50g/L）、0.5mL 氯化亚锡-硫酸肼溶液，各管均补加水至 25mL，混匀。在室温放置 20min 后，用 1cm 比色杯，在 660nm 波长处，以零管作参比，测定其吸光度，以吸光度对磷含量绘制标准曲线。

b. 试样溶液的测定：准确吸取试样溶液 2.00mL 及等量的空白溶液，分别置于 25mL 比色管中，各加约 15mL 水、2.5mL 硫酸溶液（5%）、2mL 钼酸铵溶液（50g/L）、0.5mL 氯化亚锡-硫酸肼溶液。各管均补加水至 25mL，混匀。在室温放置 20min 后，用 1cm 比色杯，在 660nm 波长处，分别测定其吸光度，与标准系列比较定量。

3. 结果计算

试样中磷含量按式（7-18）计算

$$X = \frac{(m_1 - m_0) \times V_1}{m \times V_2} \times \frac{100}{1000} \tag{7-18}$$

式中 X——试样中磷含量，mg/100g 或 mg/100mL；

m_1——测定用试样溶液中磷的质量，μg；

m_0——测定用空白溶液中磷的质量，μg；

V_1——试样消化液定容体积，mL；

m——试样称样量或移取体积，g 或 mL；

V_2——测定用试样消化液的体积，mL；

100、1000——换算系数。

（二）钒钼黄分光光度法

1. 原理

试样经消解，磷在酸性条件下与钒钼酸铵生成黄色络合物钒钼黄。钒钼黄的吸光度值与磷的浓度成正比。于 440nm 测定试样溶液中钒钼黄的吸光度值，与标准系列比较定量。

2. 分析步骤

（1）试样制备　试样的制备与钼蓝分光光度法中相同。

（2）试样消解　试样的消解方法与钼蓝分光光度法中相同。

（3）标准曲线制作　准确吸取磷标准储备液 0、2.50、5.00、7.50、10.00、15.00mL

于 50mL 容量瓶中，加入 10mL 钒钼酸铵试剂，用水定容至刻度。该系列标准溶液中磷的质量浓度分别为 0、2.50、5.00、7.50、10.00、15.0mg/L。在 25~30℃下显色 15min。用 1cm 比色杯，以零管作参比，于 440nm 测定吸光度值。以吸光度值为纵坐标，磷的质量浓度为横坐标，制作标准曲线。

（4）试样溶液的测定　准确吸取试样溶液 10mL 及等量的空白溶液于 50mL 容量瓶中，加少量水后，加 2 滴二硝基酚指示剂（2g/L），先用氢氧化钠溶液（6mol/L）调至黄色，再用硝酸溶液（0.2mol/L）调至无色，最后用氢氧化钠溶液（0.1mol/L）调至微黄色。加入 10mL 钒钼酸铵试剂，用水定容至刻度。于 440nm 测定其吸光度值，与标准系列比较定量。

第三节　限量元素的测定

食品中污染物是指食品在从生产（包括农作物种植、动物饲养和兽医用药）、加工、包装、贮藏、运输、销售，直至食用等过程中产生的或由环境污染带入的、非有意加入的化学性危害物质，不包括农药残留、兽药残留、生物毒素和放射性物质。2022 年国家卫生健康委员会和市场监督管理总局联合发布《食品安全国家标准　食品中污染物限量》（GB 2762—2022）国家标准，于 2023 年 6 月 30 日起正式实施。该标准规定了食品中铅、镉、汞、砷、锡、镍、铬、亚硝酸盐、硝酸盐、苯并［a］芘、*N*-二甲基亚硝胺、多氨联苯、3-氯-1,2-丙二醇的 13 项限量指标，严格限定了包括铅等重金属元素在食品原料和（或）食品成品可食用部分中允许的最大含量水平，对食品原料和产品提出了更高要求，促使生产企业加强原辅料进货验收控制，做好原料污染物项目监测。同时，加强生产过程中污染物的控制，使食品污染物的含量达到最低水平。通过源头和产品两手抓，保障食品安全。

一、食品中铅的测定

食品中铅来自直接污染和间接污染。直接污染是指食品在生产过程中直接接触铅或者使用了含铅的原料。例如生产设施设备中的马口铁、陶瓷和搪瓷等材料中常含有较高的铅，一些罐头食品、皮蛋及爆米花等容易带入铅。间接污染是指食品原材料在生长、生产过程中通过土壤、空气、水等途径导致铅污染。例如含铅的废水废渣排放污染水体和土壤后，进而污染食物；含铅农药的使用也可造成农作物的铅污染等。

人体中的铅部分是通过摄取食物、饮用自来水等方式带入体内，而铅是一种蓄积性的重金属，只有少量的铅经胃肠黏膜吸收进入机体参与血液循环，经血液循环进入大脑、肝、肾等器官，经过数周以后，血液中的铅大部分会沉积到骨骼中。在长期摄入铅后，会对机体的血液系统、神经系统产生损害，尤其对儿童生长和发育的影响较大。

GB 2762—2022 中规定了不同食品中铅的限量，如麦片、面筋、粥类罐头、带馅（料）面米制品等产品中的限量（以 Pb 计）为 0.5mg/kg，干制蔬菜中限量为 0.8mg/kg，水果干类为 0.5mg/kg，双孢菇、平菇、香菇、榛蘑及以上食用菌的制品中为 0.3mg/kg，豆类制品（豆浆除外）为 0.3mg/kg，生乳、巴氏杀菌乳、灭菌乳为 0.02mg/kg。

测定食品中铅的方法有石墨炉原子吸收光谱法、电感耦合等离子体质谱法和火焰原子吸收光谱测定方法。下面以石墨炉原子吸收光谱法为例进行介绍。

1. 原理

试样消解处理后，经石墨炉原子化，在 283.3nm 处测定吸光度。在一定浓度范围内，铅的吸光度值与铅含量成正比，与标准系列比较定量。

2. 分析步骤

（1）试样制备　同“食品中碘的测定”。

（2）试样前处理　同“食品中硒的测定”。

食盐、酱油、腌渍食品、火锅底料和方便面盐包等高盐食品可采用除盐操作，具体步骤如下

①湿法消解：称取固体试样 0.2~3g（精确至 0.001g）或准确移取液体试样 0.50~5.00mL 于带刻度消化管中，含乙醇或二氧化碳的样品先在电热板，上低温加热除去乙醇或二氧化碳，加入 10mL 硝酸和 0.5mL 高氯酸，放数粒玻璃珠，在可调式电热炉上消解（参考条件：120℃/0.5~1h；升至 180℃/2~4h、升至 200~220℃）。若消化液呈棕褐色，再加少量硝酸，消解至冒白烟，消化液呈无色透明或略带黄色，赶酸至近干，冷却后用乙酸钠溶液（2mol/L）洗涤消解罐 2~3 次。合并洗涤液于 25mL 容量瓶中并用乙酸钠溶液（2mol/L）定容至刻度，混匀备用（定容后溶液 pH 4.5~6.5）。同时做试剂空白试验。

②微波消解：称取固体试样 0.2~2g（精确至 0.001g）或准确移取液体试样 0.50~3.00mL 于微波消解罐中，含乙醇或二氧化碳的样品先在电热板上低温加热除去乙醇或二氧化碳，加入 5~10mL 硝酸（可根据试样的称样量、性质调整硝酸使用量），按照微波消解的操作步骤消解试样。冷却后取出消解罐，在电热板上于 140~160℃ 赶酸至近干。冷却后用乙酸钠溶液（2mol/L）洗涤消解罐 2~3 次。合并洗涤液于 25mL 容量瓶中并用乙酸钠溶液（2mol/L）定容至刻度，混匀备用（定容后溶液 pH 4.5~6.5）。同时做试剂空白试验。

③压力罐消解：称取固体试样 0.2~2g（精确至 0.001g）或准确移取液体试样 0.50~5.00mL 于消解内罐中，含乙醇或二氧化碳的样品先在电热板上低温加热除去乙醇或二氧化碳，加入 5~10mL 硝酸（可根据试样的称样量、性质调整硝酸使用量）。盖好内盖，旋紧不锈钢外套，放入恒温干燥箱，于 140~160℃ 下保持 4~5h。冷却后缓慢旋松外罐，取出消解内罐，放在可调式电热板上于 140~160℃ 赶酸至近干。冷却后用乙酸钠溶液（2mol/L）洗涤消解罐 2~3 次。合并洗涤液于 25mL 容量瓶中并用乙酸钠溶液（2mol/L）定容至刻度，混匀备用（定容后溶液 pH 4.5~6.5）。同时做试剂空白试验。

④铅的分离

拓展阅读

固相萃取柱的活化：吸取 10mL 硝酸溶液（1+99）以 5mL/min 的流速过柱，然后分别用 5mL 水和 5mL 乙酸铵溶液（1mol/L）以 5mL/min 流速过柱。

铅的吸附与解吸：分别吸取试剂空白液和消解液 25mL，以 5mL/min 的流速过柱，然后用 5mL 乙酸铵溶液（1mol/L）过柱洗涤，再用 10mL 水分两次洗去乙酸铵溶液（1mol/L），最后用 10mL 硝酸（1+99）洗脱，收集洗脱液，备测。

（3）测定

①标准曲线制作：按质量浓度由低到高的顺序分别将 10μL 铅标准系列溶液和 5μL 磷酸二氢铵-硝酸钯溶液（可根据所使用的仪器确定最佳进样量、最佳基体改进剂，过固相萃取柱的样品可不加基改进剂）同时注入石墨炉，原子化后测其吸光度值，以质量浓度为横坐标，吸光度值为纵坐标，制作标准曲线。

②试样溶液的测定：在与测定标准溶液相同的实验条件下，将 10μL 空白溶液或试样溶液与 5μL 磷酸二氢铵硝酸钯溶液（可根据所使用的仪器确定最佳进样量，过固相萃取柱的样品可不加基体改进剂）同时注入石墨炉，原子化后测其吸光度值，与标准系列比较定量。

3. 注意事项

（1）所有玻璃器皿及聚四氟乙烯消解内罐均需硝酸溶液（1+5）或硝酸溶液（1+4）浸泡过夜，用自来水反复冲洗，最后用水冲洗干净，并晾干。

（2）湿法消解时，可根据实际情况调节加入的硝酸、高氯酸体积。

二、食品中镉的测定

食品中镉超标的原因，主要是其生长过程中富集环境中的镉元素。其次，许多食品包装材料和容器也含有镉，也会对食品造成镉污染。例如将排放的工业废水用来灌溉农田是导致土壤含镉的重要原因，由此造成了农产品的含镉量超标。水产品鱼和贝类可以从周围的水体中富集镉，甲壳类、腹足类、头足类等水产动物及其制品容易积聚高水平的镉，从而导致水产品中镉超标。此外，动物肾脏和肝脏是蓄积镉的主要部位。

镉的毒性较强，其化合物也具有一定的毒性，对人体的危害主要是慢性蓄积性，当累积到一定程度会给人体健康带来较大危害，包括消化系统，会引起肝功能异常和胃肠功能紊乱。镉对呼吸道会产生刺激，吸入含有镉的粉尘或烟雾会造成嗅觉丧失，还可能引起气短、胸闷、肺水肿等现象。此外，镉还会对泌尿系统、运动系统造成伤害。

我国食品安全国家标准中严格规定了不同种类食品中镉的限量（以 Cd 计），如糙米、大米（粉）为 0.2mg/kg，豆类蔬菜、块根和块茎蔬菜、茎类蔬菜（芹菜除外）为 0.1mg/kg，新鲜水果为 0.05mg/kg，香菇及其制品为 0.5mg/kg，饮用天然矿泉水 0.003mg/L，婴幼儿谷类辅助食品 0. 06mg/kg。2021 年 8 月欧盟对食品中镉最大限量进行了最新修订，对水果、蔬菜、谷物和坚果等产品制定了更为细分和严格的限量值，其中大米中镉的限量由 0. 2mg/kg 降低到 0. 15mg/kg，新制定了大蒜中镉的限量 0. 05mg/kg，豆类（除了豆类蛋白质）中镉的限量 0. 04mg/kg 等。

测定食品中镉含量的方法有石墨炉原子吸收光谱法和电感耦合等离子体质谱，其中前者应用广泛，可测定各类食品中镉的含量。

1. 原理

样品经预处理后，试样溶液中镉经石墨炉原子化后，基态镉原子吸收来自镉空心阴极灯发出的共振线，在波长 228. 8nm 处测定吸光度，在一定的浓度范围内镉的吸光度值与镉的含量成正比，与标准系列比较定量。

2. 分析步骤

（1）试样制备　同“食品中铅的测定”。

（2）试样前处理　同“食品中铅的测定”。

（3）测定

①标准曲线制作：按质量浓度由低到高的顺序分别取 10μL 标准系列溶液、5μL 磷酸二氢铵-硝酸钯混合溶液（可根据使用仪器选择最佳进样量），同时注入石墨管，原子化后测其吸光度值，以质量浓度为横坐标，吸光度值为纵坐标，绘制标准曲线。

②试样溶液的测定：在测定标准曲线相同的试验条件下，吸取 10μL 空白溶液或试样消化液、5μL 磷酸二氢铵-硝酸钯混合溶液（可根据使用仪器选择最佳进样量），同时注入石墨管，原子化后测其吸光度值。根据标准曲线得到待测液中镉的质量浓度。若测定结果超出标准曲线范围，用硝酸溶液（5+95）稀释后测定。

三、食品中总汞和有机汞的测定

食品中的汞污染主要有以下四种来源。①未经处理工业废水的排放：一方面，可通过灌溉农作物根系从土壤中吸收并富集汞；另一方面，流入江河湖海中的废水经过非生物的作用使得甲基汞在鱼类、贝类等海产品中富集，再经过食物链的传递作用，进而引起人体的汞及化合物中毒。②农药、化肥和饲料的使用：农药施用及农田施肥等可使汞进入土壤并随之积累，从而被作物吸收与富集，从而造成水果、蔬菜等农产品中汞超标。③环境污染：汞矿开采和冶炼造成矿区大气、水体、土壤受到汞的污染，从而进一步影响食品安全。④包装材料：印刷纸质包装材料中的汞也会随食物进入体内，会对所包装的食品造成不同程度的污染。

汞易挥发，在常温时会挥发，遇热挥发更快，而且吸附性强，汞及汞化合物对人体的危害主要作用于中枢神经系统、消化系统及肾脏，此外对呼吸系统、皮肤、血液及眼睛也有一定的影响。

我国《食品安全国家标准　食品中污染物限量》（GB 2762—2022）中对各类食品中总汞和甲基汞含量进行了限定，如谷物及其制品≤0.02mg/kg；肉类、鲜蛋≤0.05mg/kg；新鲜蔬菜、乳及乳制品≤0.01mg/kg；矿泉水≤0.001mg/L；食用菌及其制品、食用盐≤0.1mg/kg；水产动物及其制品（甲基汞）≤0.5mg/kg；肉食性鱼类及其制品（甲基汞）≤1.0mg/kg；婴幼儿罐装辅助食品≤0.02mg/kg。

（一）原子荧光光谱法测定食品中总汞的含量

1. 原理

试样经酸加热消解后，在酸性介质中，试样中汞被硼氢化钾或硼氢化钠还原成原子态汞，由载气（氩气）带入原子化器中，在汞空心阴极灯照射下，基态汞原子被激发至高能态，在由高能态回到基态时，发射出特征波长的荧光，其荧光强度与汞含量成正比，外标法定量。

2. 分析步骤

（1）试样制备　同“食品中铅的测定”。

（2）试样前处理　同“食品中铅的测定”。

（3）测定

①分析仪器参考条件：根据各自仪器性能调至最佳状态。

光电倍增管负高压为240V；汞空心阴极灯电流为30mA；原子化器温度为200℃；载气流速为500mL/min；屏蔽气流速为1000mL/min。

②标准曲线制作：设定好仪器最佳条件，连续用硝酸溶液（1+9）进样，待读数稳定之后，转入标准系列溶液测量，按由低到高浓度顺序依次测定标准溶液的荧光强度，以汞的质量浓度为横坐标，荧光强度为纵坐标，绘制标准曲线。在实际分析测定过程中，可根据仪器的灵敏度及样品中汞的实际含量微调标准系列溶液中汞的质量浓度范围。

③试样溶液的测定　转入试样测量，先用硝酸溶液（1+9）进样，使读数基本回零，再分别测定处理好的试样空白和试样溶液。根据标准曲线计算试样中汞含量。

（二）液相色谱-原子荧光光谱联用法测定食品中甲基汞含量

1. 原理

试样中甲基汞经超声波辅助5mol/L盐酸溶液提取后，使用C18反相色谱柱分离，色谱流出液进入在线紫外消解系统，在紫外光照射下与强氧化剂过硫酸钾反应，甲基汞转变为无机汞。酸性环境下，无机汞与硼氢化钾在线反应生成汞蒸气，由原子荧光光谱仪测定。保留时间定性，外标法定量。

2. 分析步骤

（1）试样制备

①大米、食用菌、水产动物及其制品的干剂样品：取可食部分粉碎均匀，粒径达

425μm 以下（相当于 40 目以上），装入洁净聚乙烯瓶中，密封保存备用。

②食用菌、水产动物等湿剂样品：洗净晾干，取可食部分匀浆至均质，装入洁净聚乙烯瓶中，密封，于 2~8℃冰箱冷藏备用。

（2）试样提取　称取固体样品 0.20~1.0g 或新鲜样品 0.5~2.0g（精确到 0.001g），置于 15mL 塑料离心管中，加入 10mL 盐酸溶液（5mol/L）。室温下超声水浴提取 60min，期间振摇数次。4℃ 下以 8000r/min 离心 15min。准确吸取 2.0mL 上清液至 5mL 容量瓶或刻度试管中，逐滴加入氢氧化钠溶液（6mol/L），至样液 pH 3~7。加入 0.1mL 的 L-半胱氨酸溶液（10g/L），用水稀释定容至刻度。经 0.45μm 有机系滤膜过滤，待测。同时做空白试验。

（3）测定

①液相色谱参考条件

a. 色谱柱：C18 分析柱（150mm×4.6mm，5μm）或等效色谱柱，C18 预柱（10mm×4.6mm，5μm）或等效色谱预柱；b. 流动相：3%甲醇+0.04mol/L 乙酸铵+1g/L L-半胱氨酸；c. 流速：1mL/min；d. 进样体积：100μL。

②原子荧光检测参考条件

a. 负高压：300V；b. 汞灯电流：30mA；c. 原子化方式：冷原子；d. 载液：盐酸溶液（1+9）；e. 载液流速：4.0mL/min；f. 还原剂：2g/L 硼氢化钾溶液；g. 还原剂流速：4.0mL/min；h. 氧化剂：2g/L 过硫酸钾溶液；i. 氧化剂流速：1.6mL/min；j. 载气（氩气）流速：500mL/min；k. 辅助气（氩气）流速：600mL/min。

③标准曲线的制作：设定仪器最佳条件，待基线稳定后，测定汞形态混合标准溶液（10μg/L），确定各汞形态的分离度，待分离度（R>1.5）达到要求后，将甲基汞标准系列溶液按质量浓度由低到高分别注入液相色谱-原子荧光光谱（LC-AFS）联用仪中进行测定，以标准系列溶液中目标化合物的浓度为横坐标，以色谱峰面积为纵坐标，制作标准曲线。汞形态混合标准溶液的色谱图如图 7-1 所示。

④试样溶液的测定：依次将空白溶液和试样溶液注入液相色谱-原子荧光光谱联用仪中，得到色谱图，以保留时间定性。根据标准曲线得到试样溶液中甲基汞的浓度。试样溶液的色谱图如图 7-2~图 7-4 所示。

3. 注意事项

（1）玻璃器皿均需以硝酸溶液（1+4）浸泡 24h，用自来水反复冲洗，最后用水冲洗干净。

（2）在采样和制备过程中，应注意避免试样污染。

（3）在样品提取过程中，滴加 6mol/L 氢氧化钠溶液时应缓慢逐滴加入，避免酸碱中和产生的热量来不及扩散，使温度很快升高，导致汞化合物挥发，造成测定值偏低。可选择加入 1~2 滴 0.1%的甲基橙溶液作为指示剂，当滴定至溶液由红色变为橙色时即可。

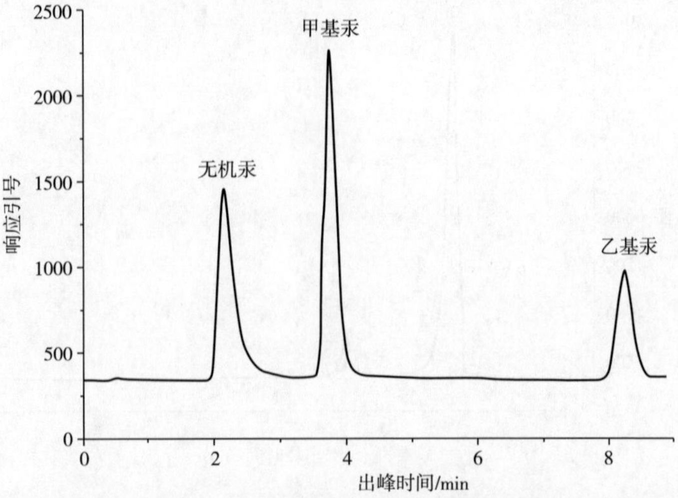

图 7-1　标准溶液色谱图（LC-AFS 法，10μg/L）

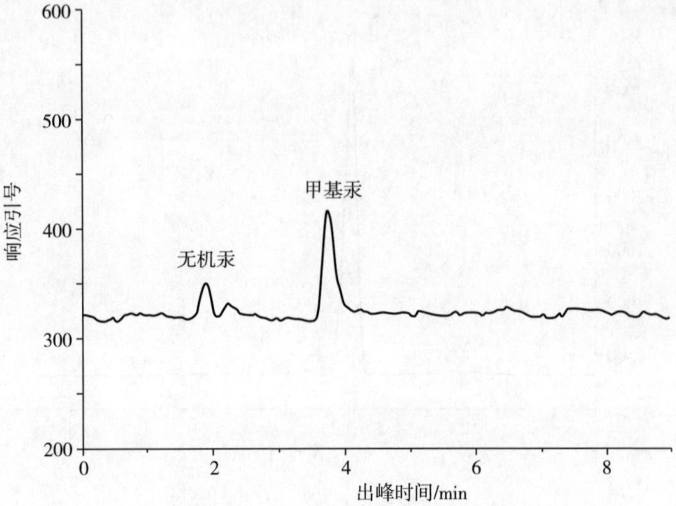

图 7-2　参考试样（大米）色谱图

四、食品中总砷及无机砷的测定

食品砷污染主要来自含砷土壤、农药以及污水。例如工业“三废”的排放、农业和畜牧业含砷化肥、农药、饲料添加剂的使用、含砷矿物的开采及冶炼、化石燃料燃烧等均能通过天然降水、人工灌溉和水土流失等作用造成水体砷污染。此外，一些特殊自然环境下，如岩石及矿物的风化、火山喷发、生物活动、含砷地下水等是水环境中含砷化合物释放的重要来源。砷污染物一旦进入环境，将通过化学过程和生物转化，以不同形态存在于水、

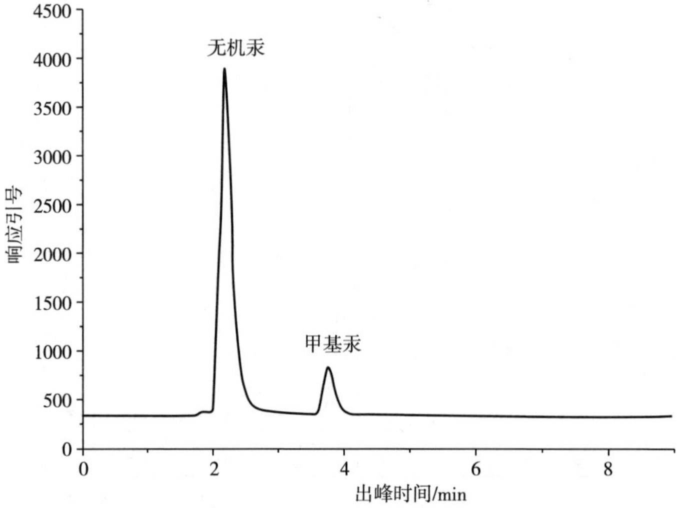

图 7-3 参考试样（食用菌）色谱图

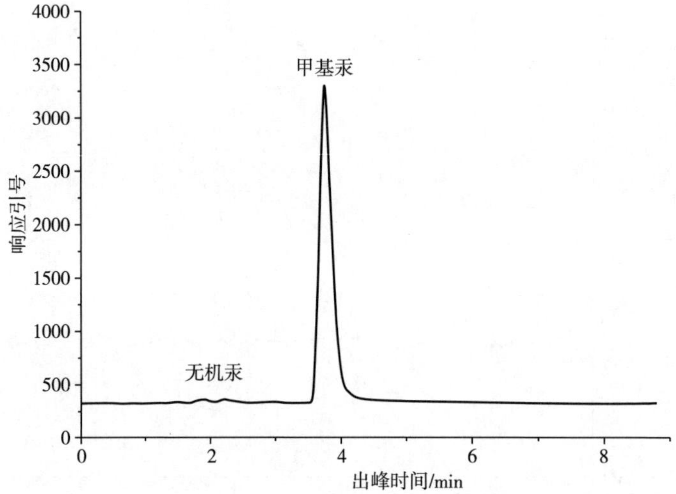

图 7-4 参考试样（鱼肉）色谱图

土壤、植物、海洋生物和人体中，并且在各类砷化合物之间形成循环，对生态环境和人类健康产生持续影响。

砷化合物的毒性与其形态密切相关，其中砷酸根和亚砷酸根为主要的无机砷形态，其中无机砷是国际癌症研究中心（International Agency for Research on Cancer，IARC）确认的致癌物，而有机砷化合物毒性较低，二者合称为总砷。我国食品安全标准对各类食品中砷的限量有严格的限定，如调制乳粉的砷限量为 0.5mg/kg，大米粉的无机砷限量为 0.2mg/kg，鱼油及其制品、磷虾油及其制品无机砷限量 0.1mg/kg，复合调味料无机砷限量要求为 0.1mg/kg，包装饮用水总砷限量为 0.01mg/L。

（一）氢化物发生原子荧光光谱法测定食品中总砷含量

1. 原理

试样经消解处理后，加入硫脲使五价砷预还原为三价砷，再加入硼氢化钠或硼氢化钾使三价砷还原生成砷化氢，由氩气载入石英原子化器中分解为原子态砷，在砷空心阴极灯的发射光激发下产生原子荧光，其荧光强度在固定条件下与被测液中的砷浓度成正比，外标法定量。

2. 分析步骤

（1）试样制备　同“食品中铅的测定”。

（2）试样消解

①湿法消解：固体试样称取0.5~2.5g（精确至0.001g），液体试样称取5.0~10.0g（精确至0.001g）于消解瓶或消解管中，加20mL硝酸，4mL高氯酸，1.25mL硫酸，放置过夜。次日，于120~200℃逐级升温加热消解，若消解液处理至5mL左右时仍有未分解物质或色泽变深，补加硝酸5~10mL，再消解至2mL左右，如此反复2~3次，注意避免炭化，继续加热消解至消解液1mL左右，呈无色澄清，且消解瓶或消解管中充满白烟（对于有机砷较高的水产动物及其制品、食用菌及其制品、鱼油及其制品、磷虾油及其制品、藻类及其制品等样品，将消解温度升至280~300℃继续加热消解至消解液为0.5mL左右，呈无色澄清，且消解瓶或消解管中充满白烟）。冷却后，沿消解容器壁缓慢加水约10mL，再蒸发至消解瓶或消解管充满白烟。冷却，用水将消解液转入25mL容量瓶或比色管中，加入2mL硫脲+抗坏血酸溶液，用水定容至刻度，混匀，放置30min，待测。同时做空白试验。

②干法灰化：固体试样称取1.0~2.5g（精确至0.001g），液体试样（油脂样品除外）称取4.0g（精确至0.001g），置于50~100mL坩埚中。加10mL硝酸镁溶液（150g/L）混匀，低热蒸干，将1g氧化镁覆盖在干渣上（对于油脂样品称取1.00g于50~100mL坩埚中，直接加入0.2g氧化镁覆盖在油脂上），于电炉上炭化至无黑烟，移入550℃马弗炉灰化4h。取出放冷，小心加入5~10mL盐酸溶液（1+1）以中和氧化镁并溶解灰分，转入25mL容量瓶或比色管，向容量瓶或比色管中加入2mL硫脲+抗坏血酸溶液，另用硫酸溶液（1+9）分次洗涤坩埚后，合并洗涤液并定容至刻度，混匀，放置30min，待测。同时做空白试验。

③微波消解法：固体试样和油脂及其制品试样称取0.2~0.8g（精确至0.001g），含水分较多的试样或液体试样称取1.0~3.0g（精确至0.001g）于消解罐中，加入5~8mL硝酸，放置30min以上。对于肉类、油脂等难消解的样品再加入0.5~1mL过氧化氢，盖好安全阀，将消解罐放入微波消解系统中。根据不同类型的样品，设置适宜的微波消解程序，按相关步骤进行消解，消解结束后，于135~145℃赶酸至1~2mL。将消化液转移至25mL容

量瓶或比色管，用少量硫酸溶液（1+9）洗涤消解罐 3 次，合并洗涤液于容量瓶或比色管中并加入 2mL 硫脲+抗坏血酸溶液，用硫酸溶液（1+9）定容至刻度，混匀，放置 30min，待测。同时做空白试验。

④压力罐消解法：固体试样和油脂及其制品试样称取 0.2~1.0g（精确至 0.001g），鲜样或液体试样称取 1.0~5.0g（精确至 0.001g）于消解内罐中，加入 5mL 硝酸浸泡过夜。盖好内盖，旋紧不锈钢外套，放入恒温干燥箱，140~160℃保持 3~4h，自然冷却至室温，然后缓慢旋松不锈钢外套，将消解内罐取出，放在控温电热板上 135~145℃赶酸至 1~2mL。将消化液转移至 25mL 容量瓶或比色管，用少量硫酸溶液（1+9）洗涤消解罐 3 次，合并洗涤液于容量瓶或比色管中并加入 2mL 硫脲+抗坏血酸溶液，用硫酸溶液（1+9）定容至刻度，混匀，放置 30min，待测。同时做空白试验。

（3）测定

①仪器参考条件

负高压：260V；砷空心阴极灯电流：50~80mA；载气：氩气；载气流速：500mL/min；屏蔽气流速：800mL/min；测量方式：荧光强度；读数方式：峰面积。

②标准曲线的制作：仪器预热稳定后，将试剂空白、标准系列溶液依次引入仪器进行原子荧光强度的测定。以原子荧光强度为纵坐标，砷质量浓度为横坐标，制作标准曲线，得到回归方程。

③试样测定：相同条件下，将空白溶液和样品溶液分别引入仪器进行测定。根据回归方程计算出样品中砷元素的质量浓度。

3. 注意事项

（1）玻璃器皿及聚四氟乙烯消解内罐均需以（1+4）的硝酸溶液浸泡 24h，用自来水反复冲洗，最后用水冲洗干净。

（2）微波消解法、压力罐消解法不适用有机砷含量较高的水产动物及其制品、食用菌及其制品、鱼油、磷虾油及其制品、水产调味品、藻类及其制品等基质复杂的样品。

（二）液相色谱-原子荧光光谱联用法测定食品中无机砷含量

1. 原理

试样中无机砷经稀硝酸提取后，以液相色谱进行分离，分离后的目标化合物在酸性环境下与硼氢化钾或硼氢化钠反应，生成气态砷化合物，以原子荧光光谱仪进行测定。保留时间定性，外标法定量。

2. 分析步骤

（1）试样制备　同“食品中铅的测定”。

（2）试样提取

①谷物及其制品

a. 热浸提法：称取试样 0.5~1.0g（精确至 0.001g）于 50mL 聚丙烯离心管中，加入 20mL 0.15mol/L 硝酸溶液。于 90℃恒温箱中热浸提 2.5h，每 0.5h 振摇 1min。提取完毕，取出冷却至室温，8000r/min 离心 15min，取上层清液，经 0.45μm 滤膜过滤，待测。同时做空白试验。

b. 微波辅助提取法：称取试样 0.5~0.8g（精确至 0.001g）于微波萃取罐中，加入 15mL 0.15mol/L 硝酸溶液，盖好内盖，旋紧外盖，置于微波消解仪中，采用梯度升温方式进行提取。提取完毕，冷却后取出，8000r/min 离心 15min，取上层清液，经 0.45μm 滤膜过滤，待测。同时做空白试验。

②水产动物及其制品：称取试样 0.5~1.0g（精确至 0.001g）于 50mL 聚丙烯离心管中，加入 20mL 0.15mol/L 硝酸+0.45%过氧化氢溶液。于 90℃恒温箱中热浸提 2.5h，每 0.5h 振摇 1min。提取完毕，取出冷却至室温，8000r/min 离心 15min。取 5mL 上清液置于离心管中，加入 5mL 正己烷，振摇 1min 后，8000r/min 离心 15min，弃去上层正己烷。按此过程重复一次。吸取下层清液，经 0.45μm 滤膜过滤，待测。同时做空白试验。

③婴幼儿辅助食品

a. 婴幼儿谷类辅助食品（添加藻类的产品除外）：称取试样约 1.0g（精确至 0.001g）于 50mL 聚丙烯离心管中，加入 20mL 0.15mol/L 硝酸溶液，于 90℃恒温箱中热浸提 2.5h，每 0.5h 振摇 1min。提取完毕，取出冷却至室温。8000r/min 离心 15min。吸取上层清液，经 0.45μm 滤膜过滤，待测。同时做空白试验。

b. 婴幼儿谷类辅助食品（添加藻类的产品）：称取试样 0.5~1.0g（精确至 0.001g）于 50mL 聚丙烯离心管中，加入 20mL 0.15mol/L 硝酸+0.45%过氧化氢溶液。于 90℃恒温箱中热浸提 2.5h，每 0.5h 振摇 1min。提取完毕，取出冷却至室温，8000r/min 离心 15min。吸取上层清液，经 0.45μm 滤膜过滤，待测。同时做空白试验。

c. 婴幼儿罐装辅助食品：称取试样 0.5~1.0g（精确至 0.001g）于 50mL 聚丙烯离心管中，加入 20mL 0.15mol/L 硝酸+0.45%过氧化氢溶液。于 90℃恒温箱中热浸提 2.5h，每 0.5h 振摇 1min。提取完毕，取出冷却至室温，8000r/min 离心 15min。吸取上层清液，经 0.45μm 有机滤膜过滤，待测。按同一操作方法做空白试验。

④食用菌及其制品：称取干试样 0.2~0.5g 或鲜试样 1.0~2.0g（精确至 0.001g）于 15mL 聚丙烯离心管中，加入 10mL 0.15mol/L 硝酸溶液，置于 60℃超声水浴中提取 1h，每 20min 振摇 1 次。提取完毕，取出冷却至室温，8000r/min 离心 10min，吸取上层清液，经 0.45μm 滤膜过滤，待测。同时做空白试验。

⑤调味品：称取试样约 1.0g（精确至 0.001g）于 50mL 聚丙烯离心管中，加入 20mL 0.15mol/L 硝酸+0.45%过氧化氢溶液。于 90℃恒温箱中热浸提 2.5h，每 0.5h 振摇 1min。提取完毕，取出冷却至室温，8000r/min 离心 15min。取 5mL 上清液置于离心管中，加入

5mL 正己烷，振摇 1min 后，8000r/min 离心 15min，弃去上层正己烷。按此过程重复一次。吸取下层清液，经 0.45μm 滤膜过滤，待测。同时做空白试验。

⑥油脂及其制品：称取试样 0.3～1.0g（精确至 0.001g）于 50mL 聚丙烯离心管中，加入 20mL 0.15mol/L 硝酸+0.45%过氧化氢溶液。于 90℃恒温箱中热浸提 2.5h，每 0.5h 振摇 1min。提取完毕，取出冷却至室温，8000r/min 离心 15min。取 5mL 上清液置于离心管中，加入 5mL 正己烷，振摇 1min 后，8000r/min 离心 15min，弃去上层正己烷。按此过程重复一次。吸取下层清液，经 0.45μm 滤膜过滤，待测。同时做空白试验。

⑦藻类及其制品：称取试样 0.2～0.5g（精确至 0.001g）于 50mL 聚丙烯离心管中，加入 20mL 0.15mol/L 硝酸+0.45%过氧化氢溶液。于 90℃恒温箱中热浸提 2.5h，每 0.5h 振摇 1min。提取完毕，取出冷却至室温，8000r/min 离心 15min。吸取上层清液，经 0.45μm 滤膜过滤，待测。同时做空白试验。

试样提取时可根据样品中砷含量适当调整加入提取试剂（0.15mol/L 硝酸溶液或 0.15mol/L 硝酸+0.45%过氧化氢溶液）的体积。

（3）测定

①液相色谱参考条件

液相色谱分离体系 1

a. 色谱柱：填料为季铵化的苯乙烯和二乙烯基苯共聚物的阴离子交换色谱柱（250mm×4.1mm，10μm）或等效柱，阴离子交换色谱保护柱（20mm×2.1mm，10μm）或等效柱；

b. 等度洗脱：流动相 A 为 15mmol/L 磷酸二氢铵溶液，pH＝6.0；流速为 1.0mL/min；进样量：100μL。等度洗脱适用于谷类及其制品和婴幼儿谷类辅助食品（添加藻类的产品除外）；

c. 梯度洗脱：流动相 B 为 1mmol/L 磷酸氢二铵溶液，pH＝9.0；流动相 C 为 30mmol/L 磷酸氢二铵溶液，pH＝8.5；流速为 1.0mL/min；进样量为 100μL。梯度洗脱程序见表 7-1。梯度洗脱程序适用于所有试样。

表 7-1　流动相梯度洗脱程序 1

组成	时间/min		
	0～5	5～11	11～20
流动相 B/%	100	0	100
流动相 C/%	0	100	0

液相色谱分离体系 2

a. 色谱柱：填料为季铵化的苯乙烯和二乙烯基苯共聚物的阴离子交换色谱柱（50mm×4mm，5μm）或等效柱，阴离子交换色谱保护柱（50mm×4mm，5μm）或等效柱；

b. 梯度洗脱：流动相 D 为 5mmol/L 磷酸氢二钾+1mmol/L 硝酸铵，pH=10.9；流动相 E 为 25mmol/L 磷酸氢二钾+40mmol/L 硝酸铵，pH=9.2；流速为 1.2mL/min；进样量为 100μL。梯度洗脱程序见表 7-2。梯度洗脱程序适用于所有试样。

实际分析工作中，根据各自实验室仪器设备情况适当调整流动相浓度及 pH，以保证分离度及灵敏度满足试验要求。

表 7-2 流动相梯度洗脱程序 2

组成	时间/min		
	0~2	2~4	4~5
流动相 D/%	100	0	100
流动相 E/%	0	100	0

②原子荧光检测参考条件

a. 负高压：280~300V；b. 砷灯总电流：90mA；c. 主电流/辅助电流：50/40mA；d. 原子化方式：火焰原子化；e. 原子化器温度：200℃；f. 载液：5%~7%盐酸溶液；g. 还原剂：20g/L 硼氢化钾溶液；h. 载气（氩气）流速：400mL/min；i. 辅助气（氩气）流速：600mL/min。

③标准曲线的制作：设定仪器最佳条件，待基线稳定后，测定砷形态混合标准溶液（10μg/L 或 50μg/L），确定各砷形态完全分离后，将 As（Ⅲ）和 As（Ⅴ）混合标准系列溶液按质量浓度由低到高分别注入液相色谱-原子荧光光谱联用仪中进行测定，以标准系列溶液中目标化合物的浓度为横坐标，以色谱峰面积为纵坐标，制作标准曲线。标准溶液色谱图如图 7-5~图 7-8 所示。

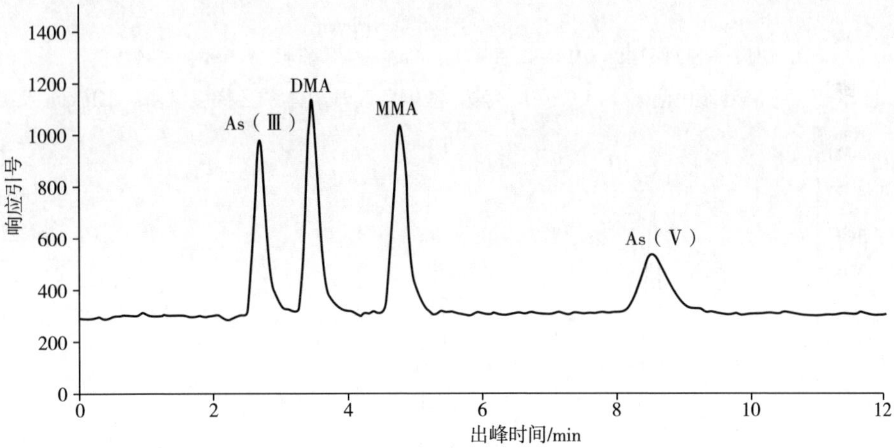

As（Ⅲ）—亚砷酸根 DMA—二甲基砷 MMA—一甲基砷 As（Ⅴ）—砷酸根

图 7-5 标准溶液色谱图 ［LC-AFS 法，液相色谱分离体系 1 等度洗脱，10μg/L］

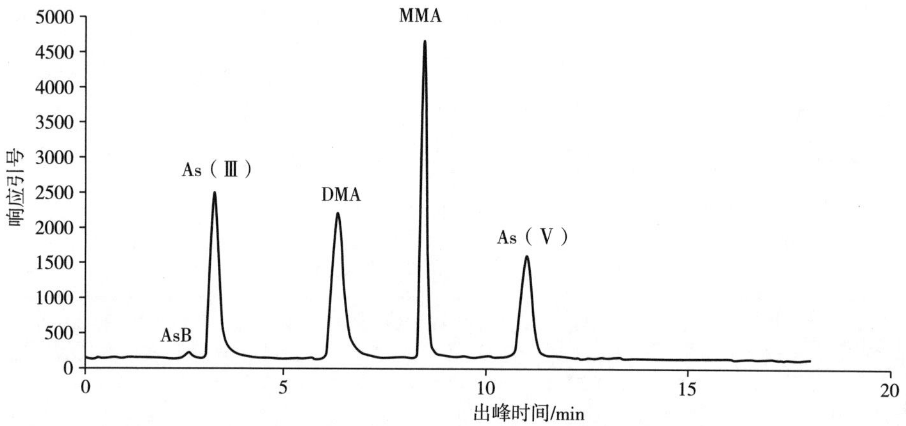

AsB—砷甜菜碱　As（Ⅲ）—亚砷酸根　DMA—二甲基砷　MMA——一甲基砷　As（V）—砷酸根

图 7-6　标准溶液色谱图［LC-AFS 法，液相色谱分离体系 1 梯度洗脱，50μg/L］

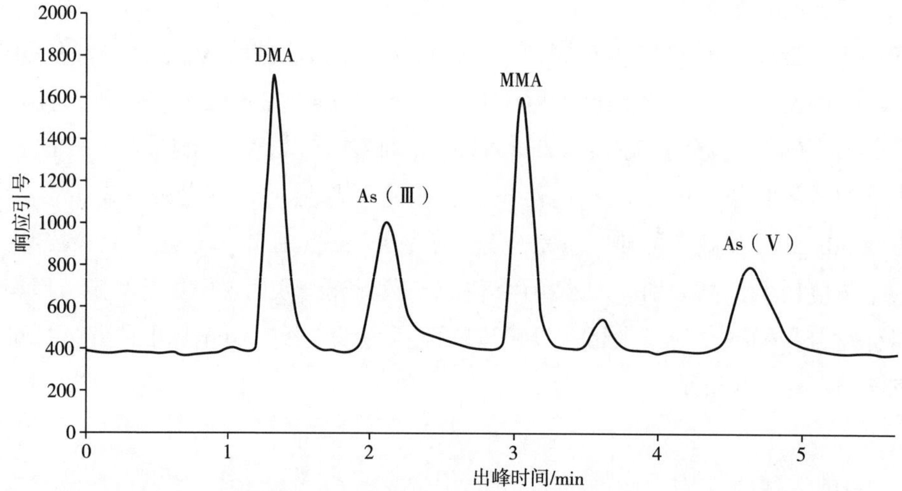

As（Ⅲ）—亚砷酸根　DMA—二甲基砷　MMA——一甲基砷　As（V）—砷酸根

图 7-7　标准溶液色谱图［LC-AFS 法，液相色谱分离体系 2 梯度洗脱，10μg/L］

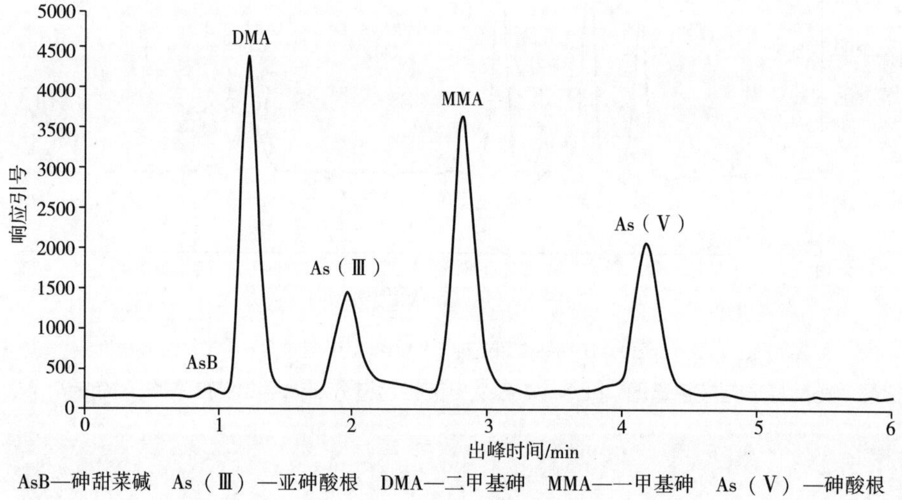

AsB—砷甜菜碱　As（Ⅲ）—亚砷酸根　DMA—二甲基砷　MMA——一甲基砷　As（V）—砷酸根

图 7-8　标准溶液色谱图［LC-AFS 法，液相色谱分离体系 2 梯度洗脱，50μg/L］

④试样溶液的测定：吸取试样溶液100μL注入液相色谱-原子荧光光谱联用仪中，得到色谱图，以保留时间定性。根据标准曲线得到试样溶液中As（Ⅲ）与As（Ⅴ）含量。

3. 结果计算

试样中As（Ⅲ）或As（Ⅴ）含量按式（7-19）计算

$$X = \frac{(\rho - \rho_0) \times V \times 1000}{m \times 1000 \times 1000} \tag{7-19}$$

式中　X——试样中As（Ⅲ）或As（Ⅴ）的含量（以As计），mg/kg；

ρ——测定溶液中As（Ⅲ）或As（Ⅴ）的质量浓度，μg/L；

ρ_0——空白溶液中As（Ⅲ）或As（Ⅴ）的质量浓度，μg/L；

V——试样提取液的体积，mL；

m——试样称样量，g；

1000——换算系数。

无机砷含量等于As（Ⅲ）含量与As（Ⅴ）含量之和。

4. 注意事项

（1）玻璃器皿及微波萃取内罐均需以（1+4）的硝酸溶液浸泡24h，用自来水反复冲洗，最后用水冲洗干净。

（2）当测定有机砷含量较高的水产动物及其制品、食用菌及其制品、鱼油、磷虾油及其制品、水产调味品、藻类及其制品等复杂基质样品中无机砷时，需采用质量浓度为50μg/L的砷形态混合标准溶液确定分离度。

五、食品中镍、锡和铬的测定

食品中锡的污染主要是有机锡的使用而造成环境污染，从而导致农产品及食品中锡超标。食品中的镍污染主要来自环境，如通过废气、废液、废渣、含镍废料等途径进入土壤，从而影响农产品安全品质，并随着食物链进入体内。长期接触镍会严重影响肺部、肝脏、大脑等器官。此外，镍具有一定的致癌作用，促进恶化的细胞向癌细胞转化。食品中铬污染也主要源于电镀、印染、化工等工业“三废”中含有的铬，造成对空气、地下水和土壤等自然环境的污染，再进一步经过原料传递或在加工过程污染食品。此外，食品加工中设备设施的磨损也可导致铬污染。过量的铬会对人体健康造成危害。铬有三价和六价两种形式，其中六价铬的毒性更强，可导致皮肤过敏、溃疡，鼻中隔穿孔和支气管哮喘等，是已知的致癌物。

我国最新食品安全标准规定，食品（饮料类、婴幼儿配方食品、婴幼儿辅助食品除外）中锡限量（以Sn计）为250mg/kg，饮料类为150mg/kg，婴幼儿配方食品、婴幼儿辅助食品为50mg/kg。氢化植物油、含氢化和（或）部分氢化油脂的油脂制品中镍的限量（以Ni计）为1.0mg/kg。谷物及其制品中镉（以Cr计）限量为1.0mg/kg，新鲜蔬菜为0.5mg/kg，豆类为1.0mg/kg，肉及其制品为1.0mg/kg，水产动物及其制品为2.0mg/kg，生乳、巴氏杀菌乳、灭菌乳、调制乳、发酵乳 0.3mg/kg，乳粉和调制乳粉 2.0mg/kg。

（一）石墨炉原子吸收光谱法测定食品中镍的含量

1. 原理

试样消解处理后，经石墨炉原子化，在 232.0nm 处测定吸光度。在一定浓度范围内，镍的吸光度值与镍含量成正比，采用外标法定量。

2. 分析步骤

（1）试样制备　同“食品中铅的测定”。

（2）试样消解　同“食品中铅的测定”。

（3）测定

①仪器参考条件　仪器操作条件参见表 7-3。

表 7-3　石墨炉参考升温程序

步骤	程序	温度/℃	升温时间/s	保持时间/s	氩气流量/（L/min）
1	干燥	85	5	10	0.3
		120	5	20	0.3
2	灰化	400	10	10	0.3
		1000	10	10	0.3
3	原子化	2700	1	3	停气
4	净化	2750	1	4	0.3

②标准曲线的制作：按质量浓度由低到高的顺序分别将 10μL 镍标准系列溶液和 5μL 磷酸二氢铵-硝酸钯溶液（可根据所使用的仪器确定最佳进样量、最佳基体改进剂）同时注入石墨炉，原子化后测其吸光度值，以质量浓度为横坐标，吸光度值为纵坐标，制作标准曲线。

③试样溶液的测定：在与测定标准溶液相同的实验条件下，将 10μL 空白溶液或试样溶液（可根据试样溶液浓度进行适当稀释后上机）与 5μL 磷酸二氢铵-硝酸钯溶液（可根据所使用的仪器确定最佳进样量、最佳基体改进剂）同时注入石墨炉，原子化后测其吸光度值，根据标准曲线得到试样溶液中镍元素的浓度。

（二）氢化物原子荧光光谱法测定食品中锡的含量

1. 原理

氢化物原子荧光光谱法的原理为试样经消解后，在硼氢化钠（或硼氢化钾）的作用下生成锡的氢化物（SnH_4），并由载气带入原子化器中进行原子化，在锡空心阴极灯的照射下，基态锡原子被激发至高能态，在去活化回到基态时，发射出特征波长的荧光，其荧光强度与锡含量成正比，与标准系列溶液比较定量。

2. 分析步骤

（1）试样制备　同“食品中铅的测定”。

（2）试样前处理　称取试样 1～5g（精确至 0.001g）或准确移取液体试样 1.00～5.00mL 于玻璃消解器皿中，含乙醇或二氧化碳的试样于 90℃加热 30min 除去乙醇或二氧化碳。加入 10.0mL 硝酸-高氯酸混合溶液（4+1），加入 1.0mL 硫酸，于电热板上或石墨消解装置上消解。消解过程中消解液若变棕黑色，应立即取下放冷，适当补加硝酸或硝酸-高氯酸混合溶液（4+1），再继续消解。当消解液冒白烟并呈无色透明或略带黄色时，继续加热至剩余体积为 1mL 左右，取下冷却，用水定容至 50mL，混匀备用，得到试样溶液。根据试样溶液中锡的含量，需要时将试样溶液用水稀释至适当浓度，并在稀释过程中补加一定量的硫酸溶液（1+9），使最终试样溶液的硫酸浓度与标准系列溶液相同。同时做空白试验。

分别准确移取 10.0mL 空白溶液和试样溶液，置于 25mL 容量瓶中，加入 3.0mL 硫酸溶液（1+9），加入 2.0mL 硫脲+抗坏血酸溶液，再用水定容至 25mL，混匀，得到空白测定液和试样测定液。

（3）测定

①分析仪器参考条件：负高压 380V；灯电流 70mA；原子化温度 850℃；屏蔽气量 1200mL/min；载气流量 500mL/min；测量方式为标准曲线法；读数方式为峰面积；延迟时间 1s；读数时间 15s；加液时间 8s；进样体积 2.0mL。

②标准曲线制作：仪器预热稳定后，将标准系列溶液注入原子荧光光谱仪中，测定锡的荧光强度，以标准系列溶液中锡的质量浓度为横坐标、荧光强度为纵坐标，绘制标准曲线。

③试样溶液的测定：将空白测定液和试样测定液分别注入原子荧光光谱仪中，测定锡的荧光强度，根据标准曲线得到溶液中锡的质量浓度。

（三）石墨炉原子吸收光谱法测定食品中铬的含量

1. 原理

试样消解处理后，经石墨炉原子化，在 357.9nm 处测定吸光度。在一定浓度范围内铬的吸光度值与铬含量成正比，与标准系列比较定量。

2. 分析步骤

（1）试样制备　同“食品中铅的测定”。

（2）试样消解　同“食品中铅的测定”。

（3）测定

①标准曲线的制作：按质量浓度由低到高的顺序分别将 10μL 铬标准系列溶液和 5μL 磷酸二氢铵-硝酸钯溶液（可根据所使用的仪器确定最佳进样量）同时注入石墨炉，原子化后测其吸光度值，以质量浓度为横坐标、吸光度值为纵坐标，制作标准曲线。

②试样溶液的测定：在与测定标准溶液相同的实验条件下，将 10μL 空白溶液或试样消化液、5μL 磷酸二氢铵（可根据所使用的仪器确定最佳进样量）同时注入石墨炉，原子化后测其吸光度值。根据标准曲线得到待测液中铬的质量浓度。若测定结果超出标准曲线范围，用硝酸溶液（5+95）稀释后测定。

思考题

1. 什么是食品中的灰分？简述其在食品科学中的意义。灰分测定在食品质量控制中的作用是什么？

2. 食品中的灰分主要由哪些元素组成？

3. 在实验过程中，哪些因素可能会影响灰分最终的测定结果？

4. 描述灰分测定的原理和主要实验步骤。

5. 试述新型技术（如快速检测方法）在灰分测定中的应用前景如何？

6. 测定食品中总砷的方法有哪些？请举出一种应用较为广泛的方法，描述其分析原理。

7. 石墨炉原子吸收光谱法测定食品中铬的原理是什么？

8. 描述火焰原子吸收光谱法测定食品中钙的原理。

9. 矿物元素测定中，采用干法灰化时，为何先将样品进行炭化至无烟后才转移到马弗炉？

10. 测定食品中铅时都有哪些样品前处理方法？这些方法各有什么优缺点？

第八章
碳水化合物的测定

【学习目标】

1. 了解碳水化合物的分类以及测定食品中碳水化合物的意义。
2. 掌握可溶性糖、淀粉的测定原理和方法。
3. 掌握纤维素和果胶物质的测定原理和方法。

【学习重点与难点】

1. 掌握各种测定碳水化合物的方法原理，了解不同方法的应用范围、优点和局限性，能根据样品特性选择最合适的分析方法。

2. 学会如何对食品样品进行提取、净化和浓缩等前处理步骤，掌握不同类型样品（固体、液体、半固体等）的处理方法。

第一节 概述

碳水化合物（carbohydrate）是自然界中最丰富的一类有机化合物，在植物源性食物中含量较高，是人类饮食中重要的能量来源之一。早期化学家认为它们是由碳和水组成的物质，含有碳（C）、氢（H）和氧（O）三种元素，故称“碳水化合物”，其分子结构通常可以简化表示为 $C_n(H_2O)_m$。随着时间的推移和科技的进步，人们发现这种理解并不完全准确，例如，甲醛、乙酸、乳酸等化合物虽然符合通式，但它们并不属于糖类；鼠李糖和脱氧核糖虽然属于糖类，其元素组成比并不符合上述通式。但是由于碳水化合物这个名字沿用已久，才被使用至今。

根据碳水化合物分子大小和结构复杂性的不同，碳水化合物被分为单糖（monosaccharide）、双糖（disaccharide）、寡糖（oligosaccharide）和多糖（polysaccharide）。单糖是单糖分子，如葡萄糖和果糖，它们是其他更复杂碳水化合物的基本单元。双糖，例如蔗糖和乳糖，由两个单糖通过化学键连接而成。寡糖包含几个单糖分子，而多糖则由大量单糖分子组成长链，典型的多糖包括淀粉、纤维素和糖原。

食品中碳水化合物含量的测定对于保障食品安全、维护公众健康以及满足特定人群的营养需求具有重要意义。在食品科学中，碳水化合物的含量和种类直接影响食品的营养价值、口感和保存期。准确地测定食品中的可溶性糖、淀粉和其他类型的碳水化合物不仅能够帮助人们合理规划饮食，还能够在工业生产中控制产品质量。例如，在糖尿病患者的饮食管理中，明确食物中碳水化合物的含量有助于他们更好地控制血糖水平。此外，对于婴幼儿配方食品而言，确保碳水化合物含量符合标准也是保障婴幼儿健康成长的关键因素之一。从加工和制造的角度来看，碳水化合物的测定对于调整食品配方、改进生产工艺也极为重要。例如，在烘焙行业中，对面团发酵过程中淀粉转化为糖的速度进行监测，可以帮助制造商优化发酵时间和条件，从而获得更佳的产品质地和风味。同时，对于那些声称“低糖”或“无糖”的产品来说，准确测定碳水化合物关系到产品的合规性和消费者的信任度。

第二节 可溶性糖的测定

一、前处理方法

（一）可溶性糖类的提取

食品中可溶性糖通常是指游离态单糖、双糖和低聚糖等，测定时一般选择适当样品中糖类物质，并对提取液进行纯化，排除干扰物质再进行测定。

（1）提取剂　水：温度为40~50℃。乙醇：浓度为70%~75%。

（2）含酒精和二氧化碳的液体样品，通常蒸发至原体积1/4~1/3，以除去酒精和二氧化碳。

（3）含脂肪的食品需经脱脂处理，用乙醚/石油醚处理后再提取。

（4）含有机酸的食品，应将提取液调至中性，以避免糖的水解。

（二）提取液的澄清

1. 澄清剂必备条件

（1）能完全除去干扰物质。

（2）不会吸附或沉淀糖类，也不会改变糖类的性质。

（3）过剩的澄清剂不干扰糖的分析或易于除掉。

2. 常用的澄清剂种类

（1）中性乙酸铅　不能用于深色样液的澄清，适用于浅色的糖及糖浆制品、果蔬制品、焙烤制品等。

（2）乙酸锌和亚铁氰化钾溶液　适用于色泽较浅、蛋白质含量较高的样液的澄清，如乳制品、豆制品等。

（3）硫酸铜和氢氧化钠溶液　适用于富含蛋白质样品的澄清。

（4）碱性乙酸铅　用于处理深色糖液。

（5）活性炭　适用于颜色较深的提取液，但会吸附糖类从而造成糖的损失。

（6）氢氧化铝乳液　可用于浅色糖溶液的澄清或作为附加澄清剂。

澄清剂的种类很多，应根据样液的性质、干扰物质种类和含量及所采用的分析方法加以选择。

二、直接滴定法测定还原糖

拓展视频

还原糖是含有游离醛基或酮基的单糖，或含有游离醛基的双糖，包括葡萄糖、果糖、半乳糖、乳糖、麦芽糖等。根据还原糖的还原性，可以通过直接滴定法进行测定。

1. 原理

试样经除去蛋白质后，以亚甲蓝作指示剂，在加热条件下滴定标定过的碱性酒石酸铜溶液（已用还原糖标准溶液标定），根据样品液消耗体积计算还原糖含量。

2. 主要试剂及配制

（1）盐酸溶液（1+1，体积比）、氢氧化钠溶液（40g/L）、亚铁氰化钾溶液（106g/L）。

（2）碱性酒石酸铜甲液　称取硫酸铜 15g 和亚甲蓝 0. 05g，加水溶解并定容至 1000mL。

（3）碱性酒石酸铜乙液　称取酒石酸钾钠 50g 和氢氧化钠 75g，溶解于水中，再加入亚铁氰化钾 4g，完全溶解后，用水定容至 1000mL，储存于橡胶塞玻璃瓶中。

（4）乙酸锌溶液　称取乙酸锌 21. 9g，加乙酸 3mL，加水溶解并定容至 100mL。

（5）葡萄糖标准溶液（1. 0mg/mL）　准确称取经过98～100℃烘箱中干燥 2h 后的葡萄糖 1g（精确至 0. 001g），加水溶解后加入盐酸溶液 5mL，并用水定容至 1000mL，置于 0～4℃密封保持。此溶液每毫升相当于 1. 0mg 葡萄糖。

3. 分析步骤

（1）试样制备

①含淀粉的食品：称取粉碎或混匀后的试样 10～20g（精确至 0. 001g），置 250mL 容量瓶中，加水 200mL，在 45℃水浴中加热 1h，并时时振摇，取出冷却后加水至刻度混匀，静

置，沉淀。吸取200.0mL上清液置于另一250mL容量瓶中，缓慢加入乙酸锌溶液5mL和亚铁氰化钾溶液5mL，加水至刻度，混匀，静置30min，用干燥滤纸过滤，弃去初滤液，取后续滤液备用。

②酒精饮料：称取混匀后的试样100g（精确至0.01g），置于蒸发皿中，用氢氧化钠溶液中和至中性，在水浴上蒸发至原体积的1/4后，移入250mL容量瓶中，缓慢加入乙酸锌溶液5mL和亚铁氰化钾溶液5mL，加水至刻度，混匀，静置30min，用干燥滤纸过滤，弃去初滤液，取后续滤液备用。

③碳酸饮料：称取混匀后的试样100g（精确至0.01g）于蒸发皿中，在水浴上微热搅拌除去二氧化碳后，移入250mL容量瓶中，用水洗涤蒸发皿，洗液并入容量瓶，加水至刻度，混匀后备用。

④其他食品：称取粉碎后的固体试样2.5~5g（精确至0.001g）或混匀后的液体试样5~25g（精确至0.001g），置于250mL容量瓶中，加50mL水，缓慢加入乙酸锌溶液5mL和亚铁氰化钾溶液5mL，加水至刻度，混匀，静置30min，用干燥滤纸过滤，弃去初滤液，取后续滤液备用。

（2）碱性酒石酸铜溶液的标定　吸取碱性酒石酸铜甲液5.0mL和碱性酒石酸铜乙液5.0mL于150mL锥形瓶中，加水10mL，加入玻璃珠2~4粒，从滴定管中加葡萄糖标准溶液约9mL，控制在2min中内加热至沸，趁热以2s/滴的速度继续滴加葡萄糖标准溶液，直至溶液蓝色刚好褪去为终点，记录消耗葡萄糖的总体积，平行操作3次取其平均值，计算每10mL（碱性酒石酸甲、乙液各5mL）碱性酒石酸铜溶液相当于葡萄糖的质量（mg）。

（3）试样溶液预测　吸取5.0mL碱性酒石酸铜甲液及5.0mL碱性酒石酸铜乙液，置于150mL锥形瓶中，加水10mL，加入玻璃珠2~4粒，控制在2min内加热至沸，在保持沸腾的状态下以先快后慢的速度，从滴定管中滴加试样溶液，待溶液颜色变浅时，以2s/滴的速度滴定，直至溶液蓝色刚好褪去为终点。记录试样溶液的消耗体积。

（4）试样溶液测定　吸取5.0mL碱性酒石酸铜甲液及5.0mL碱性酒石酸铜乙液，置于150mL锥形瓶中，加水10mL，加入玻璃珠2~4粒，从滴定管滴加比预测体积少1mL的试样溶液至锥形瓶中，控制在2min内加热至沸，保持沸腾状态下继续以2s/滴的速度滴定，直至蓝色刚好褪去为终点，记录试样溶液的消耗体积，同时平行操作3次，得出平均消耗体积（V）。（注：当浓度过低时可直接加入10mL样品液，免去加水10mL，再用还原糖标准溶液滴定至终点，记录消耗的体积与标定时消耗的葡萄糖标准溶液体积之差，相当于10mL样液中所含还原糖的量。）

4. 结果计算

（1）试样中还原糖的含量（以葡萄糖计）计算

$$X = \frac{m_1}{m \times F \times \frac{V}{250} \times 1000} \times 100 \tag{8-1}$$

式中　X——试样中还原糖的含量，g/100g。

m_1——碱性酒石酸铜溶液（甲、乙液各半）相当于葡萄糖质量，mg；

m——试样质量，g；

F——系数，对酒精饮料为0.8，其余为1；

V——测定时平均消耗试样溶液体积，mL；

250——定容体积，mL；

100、1000——单位转换系数。

（2）当浓度过低时，试样中还原糖的含量（以葡萄糖计）计算

$$X = \frac{m_2}{m \times F \times \frac{10}{250} \times 1000} \times 100 \tag{8-2}$$

式中　m_2——标定时体积与加入样品后消耗的葡萄糖标准溶液体积之差相当于葡萄糖的质量，mg。

5. 注意事项

（1）在碱性酒石酸铜乙液中加入少量亚铁氰化钾，能够消除氧化亚铜沉淀对滴定终点观察的干扰。

（2）当样液中还原糖浓度过高时，应适当稀释后再进行正式测定，使每次滴定消耗样液的体积控制在与标定碱性酒石酸铜溶液时所消耗的还原糖标准溶液的体积相近。这是因为反应液的碱度会影响 Cu^{2+} 与还原糖的反应速度和程度，因此当标定和测定反应体系碱度接近时，得到的结果更为准确。

（3）滴定反应必须在沸腾条件下进行且不能随意摇动锥形瓶以避免氧气干扰，因为空气中的氧易将 Cu_2O 氧化为 Cu^{2+} 从而导致滴定终点的推迟。

三、酸水解-莱因-埃农氏法测定蔗糖

1. 原理

试样除去蛋白质后，其中蔗糖经盐酸水解为还原糖，按还原糖测定水解前后的差值乘以相应的系数即为蔗糖含量。

2. 试剂及配制

（1）盐酸溶液（1+1，体积比）、氢氧化钠溶液（40、200g/L）、亚铁氰化钾溶液（0.25mol/L）、碱性酒石酸铜甲液和乙液、葡萄糖标准溶液（1.0mg/mL）。

（2）乙酸锌溶液（1mol/L）　称取乙酸锌21.9g，加3mL乙酸，溶于水并稀释至100mL，混匀。

（3）甲基红指示液（1g/L）　称取甲基红0.1g，用95%乙醇溶解并稀释至100mL，混匀。

3. 分析步骤

（1）试样制备

①胶基糖果和巧克力等难溶解试样：称取试样2.5~5g（精确至0.001g）于100mL烧

杯中，加入约 50mL 50~60℃热水搅拌溶解，再缓慢加入 5mL 乙酸锌溶液和 5mL 亚铁氰化钾溶液，混匀，放冷，转移至 250mL 容量瓶中并用水定容至刻度，混匀，静置 30min，用滤纸过滤，弃去初滤液，取后续滤液备用。

②含淀粉试样：称取粉碎或混匀后的试样 10~20g（精确至 0.001g），置于烧杯中，加入约 200mL 水，在 45℃水浴中加热 1h 并振摇，取出冷却后转移至 250mL 容量瓶中并定容，混匀，静置，沉淀。吸取 200mL 上清液于另一 250mL 容量瓶中，缓慢加入 5mL 乙酸锌溶液和 5mL 亚铁氰化钾溶液，用水定容至刻度，混匀，静置 30min，用滤纸过滤，弃去初滤液，取后续滤液备用。

③含气体和酒精试样：称取混匀后的试样 100g（精确至 0.01g），置于蒸发皿中，用氢氧化钠溶液（40g/L）中和至中性，水浴，微热搅拌去除气体和酒精，待冷却后移至 250mL 容量瓶中，缓慢加入 5mL 乙酸锌溶液和 5mL 亚铁氰化钾溶液，用水定容至刻度，混匀，静置 30min，用滤纸过滤，弃去初滤液，取后续滤液备用。

④其他试样：称取粉碎或混匀后的固体试样 2.5~5g（精确至 0.001g）或液体试样 5~25g（精确至 0.001g），置于烧杯中，加入约 50mL 水，缓慢加入 5mL 乙酸锌溶液和 5mL 亚铁氰化钾溶液，搅拌混匀转移至 250mL 容量瓶中并用水定容至刻度，混匀，静置 30min，用滤纸过滤，弃去初滤液，取后续滤液备用。

（2）酸水解　吸取 2 份试样处理液各 50.0mL，分别置于 100mL 容量瓶中。转化前取 1 份试样用水定容至刻度，混匀；转化后取 1 份试样加 5mL 盐酸溶液，在 68~70℃水浴中加热 15min，冷却后加 2 滴甲基红指示液，用氢氧化钠溶液（200g/L）中和至中性，用水定容至刻度，混匀。

（3）标定碱性酒石酸铜溶液　按“直接滴定法测定还原糖”中步骤进行。

（4）试样溶液的测定　按“直接滴定法测定还原糖”中步骤进行酸水解转化前后样液的测定。

4. 结果计算

（1）试样中还原糖（以葡萄糖计）的含量计算

$$R=\frac{A}{m\times\frac{50}{250}\times\frac{V}{100}\times1000}\times F\times100 \tag{8-3}$$

式中　R——试样中还原糖（以葡萄糖计）的质量分数，g/100g；

A——碱性酒石酸铜溶液（甲、乙液各半）相当于葡萄糖的质量，mg；

m——试样的称样量，g；

50——酸水解中吸取样液体积，mL；

250——试样处理中定容体积，mL；

V——滴定时消耗样液体积，mL；

$100\left(\frac{V}{100}中的\right)$——酸水解中定容体积，mL；

F——当使用含淀粉样品试样处理时 $F=1.25$，其他 $F=1$。

（2）采用反滴定方式测定时，试样中还原糖（以葡萄糖计）的含量计算

$$R = \frac{A_1}{m \times \frac{50}{250} \times \frac{10}{100} \times 1000} \times F \times 100 \tag{8-4}$$

式中　A_1——标定时体积与加入样品后消耗的葡萄糖标准溶液体积之差相当于葡萄糖的质量，mg。

（3）试样中蔗糖的含量计算

$$X = (R_2 - R_1) \times 0.95 \tag{8-5}$$

式中　X——试样中蔗糖的质量分数，g/100g；

R_2——转化后还原糖（以葡萄糖计）的质量分数，g/100g；

R_1——转化前还原糖（以葡萄糖计）的质量分数，g/100g；

0.95——还原糖（以葡萄糖计）换算为蔗糖的系数。

5. 注意事项

（1）为获得准确的结果，必须严格控制样品溶液体积、酸的浓度及用量、水解温度和水解时间，防止其他双糖、淀粉的水解。

（2）由于蔗糖的相对分子质量为 342，水解生成的 2 分子单糖相对分子质量和为 360，因此最终计算蔗糖含量是需乘 0.95 的换算系数。

四、总糖的测定

1. 原理

样品中水溶性糖和水不溶性多糖经盐酸溶液水解后转化成还原糖，水解物在硫酸的作用下，迅速脱水生成糖醛衍生物，并与苯酚反应生成橙黄色溶液，反应产物在 490nm 处比色，采用外标法定量。

2. 主要试剂

浓盐酸（$\rho=1.18$g/mL）、浓硫酸（$\rho=1.84$g/mL）、苯酚溶液（50g/L）、葡萄糖标准溶液（100mg/L）。

3. 分析步骤

（1）试样制备　取约 0.25g 试样（食用菌），精确到 0.001g。同时按照《食品安全国家标准　食品中水分的测定》（GB/T 5009.3—2016）第一法测定试样含水率。

（2）水解　将试样小心倒入 250mL 锥形瓶中，加 50mL 水和 15mL 浓盐酸。装上冷凝回流装置，置 100℃水浴中水解 3h。冷却至室温后过滤，再用蒸馏水洗涤滤渣，合并滤液及洗液，用水定容至 250mL。此溶液为试样测试液。

（3）标准曲线的制定　分别吸取0、0.2、0.4、0.6、0.8、1.0mL的葡萄糖标准溶液至10mL具塞试管，用蒸馏水补至1.0mL。向试液中加入1.0mL 5%苯酚溶液，然后快速加入5.0mL浓硫酸（与液面垂直加入），反应液静止放置10min。使用涡旋振荡器使反应液混合，然后将试管放置于30℃水浴锅中反应20min。取适量反应液在490nm处测吸光度。以葡萄糖质量浓度为横坐标，吸光度值为纵坐标，制定标准曲线。

（4）测定　准确吸取试样测试液0.2mL于10mL具塞试管，用蒸馏水补至1.0mL，按“3分析步骤”操作，以空白溶液调零，测得吸光度，以标准曲线计算总糖含量。

4. 结果计算

$$X = \frac{m_1 \times V_1 \times 10^{-6}}{m_2 \times V_2 \times (1 - \omega)} \times 100 \tag{8-6}$$

式中　X——总糖的质量分数，%；

V_1——样品定容体积，mL；

V_2——比色测定时所移取样品测定液的体积，mL；

m_1——从标准曲线上查得样品测定液中的含糖量，μg；

m_2——样品质量，g；

ω——样品含水量，%。

计算结果以葡萄糖计，表示到小数点后一位。

第三节　淀粉的测定

淀粉是高分子碳水化合物，是一种由葡萄糖分子聚合而成的多糖。按照聚合形式的不同，淀粉可分为直链淀粉和支链淀粉。直链淀粉由葡萄糖残基以α-1,4糖苷键连接形成直链状，含几百个葡萄糖单元，在天然淀粉中占比20%～26%，用碘溶液检测，呈现深蓝色；支链淀粉由葡萄糖残基以α-1,4糖苷键连接形成主链，以α-1,6糖苷键连接形成支链，整体呈树枝状，含几千个葡萄糖单元，在天然淀粉中占比74%～80%，与碘溶液反应呈紫红色。淀粉具有以下几种性质。

①水溶性：直链淀粉不溶于冷水，可溶于热水，支链淀粉在常压下不溶于水。只有在加热并加压时才能溶解于水。

②醇溶性：不溶于浓度在30%以上的乙醇溶液。

③水解性：在酸或酶等催化剂的作用下可以水解产生还原性葡萄糖。

④旋光性：淀粉水溶液具有旋光性。

淀粉常用的测定方法有酶水解法、酸水解法和旋光法等。

一、酶水解法

1. 原理

食品试样经除去脂肪及可溶性糖后，淀粉依次经淀粉酶解和盐酸水解成葡萄糖，测定葡萄糖含量，并折算成样品中淀粉含量。

2. 主要试剂及配制

（1）石油醚（沸程为60~90℃）、乙醇溶液（85%和40%，体积比）、乙醚、甲苯、三氯甲烷、盐酸溶液（1+1，体积比）、氢氧化钠溶液（200g/L）、碱性酒石酸铜甲液和乙液、甲基红指示液（2g/L）、葡萄糖标准溶液（1mg/mL）。

（2）淀粉酶溶液（5g/L）　称取α-淀粉酶0.5g，加100mL水溶解，临用现配；也可加入数滴甲苯或三氯甲烷防止长霉，置于4℃冰箱中。

（3）碘溶液　称取3.6g碘化钾溶于20mL水中，加入1.3g碘，溶解后加水定容至100mL。

（4）α-萘酚乙醇溶液（10g/L）　称取α-萘酚1g，用95%乙醇溶解并稀释至100mL。

3. 分析步骤

（1）试样制备　取可食部分磨碎过40目筛，称取2~5g（精确至0.001g），不易碎试样可准确加入适量水并记录质量，匀浆后称取相当于原样质量2~5g。置于放有折叠慢速滤纸的漏斗内，先用50mL石油醚或乙醚分5次洗除脂肪，再用乙醇溶液（85%）分次洗去可溶性糖类至微糖检验结果为阴性。含有麦芽糊精的试样，先用100mL乙醇溶液（85%）洗涤，再用乙醇溶液（40%）洗涤至微糖检验结果为阴性。滤干乙醇溶液，将残留物移入250mL烧杯内，用50mL水洗净滤纸，洗液并入烧杯内，将烧杯置于沸水浴加热至糊化完全，一般需15min，放冷至60℃以下，加20mL淀粉酶溶液，在55~60℃保温1h，并时时搅拌。然后取1滴此液加1滴碘溶液，应不显现蓝色。若显蓝色，再加热糊化并加20mL淀粉酶溶液，继续保温，直至加碘溶液不显蓝色为止。加热至沸腾，冷却后移入250mL容量瓶中，用适量体积的水洗涤烧杯，并转入容量瓶中，加水至刻度，混匀，过滤，并弃去初滤液。

取50.00mL滤液，置于250mL锥形瓶中，加5mL盐酸（1+1），装上回流冷凝器，在沸水浴中回流1h，冷后加2滴甲基红指示液，用氢氧化钠溶液（200g/L）中和至中性，溶液转入100mL容量瓶中，洗涤锥形瓶，洗液并入100mL容量瓶中，加水至刻度，混匀备用。

（2）微糖检验方法　取洗涤液2mL在小试管中，加入α-萘酚乙醇溶液（10g/L）4滴，沿管壁缓缓加入浓硫酸1mL。在水与酸的界面出现紫色环，判定为阳性；在水与酸的界面出现黄绿色环，判定为阴性。

（3）标定碱性酒石酸铜溶液　按“第二节　可溶性糖的测定 直接滴定法测定还原糖”中操作。

（4）试样溶液预测与测定　按“第二节　可溶性糖的测定 直接滴定法测定还原糖”中操作。

（5）试剂空白测定　同时量取20.00mL水及与试样溶液处理时相同量的淀粉酶溶液，按反滴法做试剂空白试验。即用葡萄糖标准溶液滴定试剂空白溶液至终点，记录消耗的体积与标定时消耗的葡萄糖标准溶液体积之差相当于10mL样液中所含葡萄糖的量。

4. 结果计算

（1）试样中葡萄糖含量按式（8-7）计算

$$X_1 = \frac{m_1}{\frac{50}{250} \times \frac{V_1}{100}} \tag{8-7}$$

式中　X_1——所称试样中葡萄糖的量，mg；

m_1——标定用碱性酒石酸铜溶液（甲、乙液各半）相当于葡萄糖的质量，mg；

50——测定用样品溶液体积，mL；

250——样品定容体积，mL；

V_1——测定时平均消耗试样溶液体积，mL；

100——测定用样品的定容体积，mL。

（2）试样中淀粉浓度过低时葡萄糖含量按式（8-8）、式（8-9）计算

$$X_2 = \frac{m_2}{\frac{50}{250} \times \frac{10}{100}} \tag{8-8}$$

$$m_2 = m_1\left(1 - \frac{V_2}{V_s}\right) \tag{8-9}$$

式中　X_2——所称试样中葡萄糖的质量，mg；

m_2——标定碱性酒石酸铜溶液（甲、乙液各半）时消耗的葡萄糖标准溶液的体积与加入试样后消耗的葡萄糖标准溶液体积之差相当于葡萄糖的质量，mg；

10——直接加入的试样体积，mL；

V_2——加入试样后消耗的葡萄糖标准溶液体积，mL；

V_s——标定碱性酒石酸铜溶液（甲、乙液各半）时消耗的葡萄糖标准溶液的体积，mL。

（3）试剂空白值按式（8-10）、式（8-11）计算

$$X_0 = \frac{m_0}{\frac{50}{250} \times \frac{10}{100}} \tag{8-10}$$

$$m_0 = m_1\left(1 - \frac{V_0}{V_s}\right) \tag{8-11}$$

式中　X_0——试剂空白值，mg；

m_0——标定碱性酒石酸铜溶液（甲、乙液各半）消耗和加入空白后消耗的葡萄糖标

准溶液的体积之差相当于葡萄糖的质量，mg；

V_0——加入空白试样后消耗的葡萄糖标准溶液体积，mL。

（4）试样中淀粉的含量按式（8-12）计算

$$X=\frac{(X_1-X_0)\times 0.9}{m\times 1000}\times 100 \text{ 或 } X=\frac{(X_2-X_0)\times 0.9}{m\times 1000}\times 100 \qquad (8-12)$$

式中　X——试样中淀粉的含量，g/100g；

0.9——葡萄糖换算成淀粉的换算系数；

m——试样质量，g。

5. 注意事项

（1）本法为《食品安全国家标准　食品中淀粉的测定》（GB 5009.9—2023）第一法，适用于除肉制品外其他食品中淀粉的测定。

（2）此法具有专一性，准确性高，不受半纤维素、戊聚糖、果胶质等多糖的干扰，但需要先对样品进行糊化。

二、酸水解法

1. 原理

试样经除去脂肪及可溶性糖类后，其中淀粉用酸水解成葡萄糖，测定葡萄糖含量，并折算成淀粉含量。

2. 主要试剂

石油醚（沸程为60~90℃）、乙醇（40%和85%，体积比）、乙醚、盐酸溶液（1+1）、氢氧化钠溶液（400g/L）、乙酸铅溶液（200g/L）、硫酸钠溶液（100g/L）、甲基红指示液（2g/L）、α-萘酚乙醇溶液（10g/L）、葡萄糖标准溶液（1.0g/L）。

3. 分析步骤

（1）试样制备　取试样可食部分磨碎，过40目筛，称取2~5g（精确至0.001g）；不易碎试样，可准确加入适量水并记录质量，匀浆后称取相当于原样质量2~5g。置于放有折叠慢速滤纸的漏斗内，先用50mL石油醚或乙醚分5次洗除脂肪（可用玻璃棒轻轻搅动分散样品），弃去石油醚或乙醚。再用乙醇溶液（85%）分次洗去可溶性糖类至微糖检验结果为阴性。含有麦芽糊精的试样，先用100mL乙醇溶液（85%）洗涤，再用乙醇溶液（40%）洗涤至微糖检验结果为阴性。滤干乙醇溶液，以100mL水洗涤漏斗中残渣并转移至250mL烧杯内，加入30mL盐酸（1+1），接好冷凝管，置沸水浴中回流2h。回流完毕后，立即冷却。待试样水解液冷却后，加入2滴甲基红指示液，先用氢氧化钠溶液（400g/L）调至黄色，再以盐酸（1+1）校正至试样水解液刚变成红色。若试样水解液颜色较深，可用精密pH试纸测试，使试样水解液的pH约为7。然后加20mL乙酸铅溶液（200g/L），摇匀，放置10min。再加20mL硫酸钠溶液（100g/L）以除去过多的铅。摇匀后将全部溶液及残渣转入500mL容量瓶中，用水洗涤锥形瓶，洗液合并入容量瓶中，加水稀释至刻度。过滤，弃去初滤液 20mL，滤液供测定用。

（2）微糖检验方法　测定步骤同酶解法。

（3）测定　测定步骤同酶解法。

4. 结果计算

试样中淀粉的含量按式（8-13）计算

$$X = \frac{(A_1 - A_2) \times 0.9}{m \times \frac{V}{500} \times 1000} \times 100 \tag{8-13}$$

式中　X——试样中淀粉的含量，g/100g；

A_1——测定用试样中水解液葡萄糖质量，mg；

A_2——试剂空白中葡萄糖质量，mg；

0.9——葡萄糖折算成淀粉的换算系数；

m——称取试样质量，g；

V——测定用试样水解液体积，mL；

500——试样液总体积，mL。

5. 注意事项

此法为《食品安全国家标准　食品中淀粉的测定》（GB 5009.9—2023）第二法，适用于淀粉含量高而半纤维素和戊聚糖等其他多糖含量较少的样品，其准确性和选择性不及酶水解法。

第四节　纤维素的测定

纤维素是植物性食物的重要组成部分，作为一类复杂混合物，其组成和含量随食品种类的不同而改变。早期科学家将植物性食物中不能被人体消化的部分定义为粗纤维，这些成分构成了植物细胞壁的主要部分。后来，随着对食物中纤维研究的不断深入和营养学的不断发展，科学家们认识到传统意义上的“粗纤维”并不能完全代表食品中所有对人体有益的不可消化成分。因此在现代营养学中，粗纤维一词已经较少使用，取而代之的是更为精确和广泛的膳食纤维概念。

膳食纤维（dietary fiber，DF）是指那些不能被人体小肠中的消化酶所消化的碳水化合物及其类似物，包括纤维素、半纤维系、木质素、果胶及其他一些低聚糖和多糖。根据是否能溶于水可分为可溶性膳食纤维（soluble dietary fiber，SDF）和不溶性膳食纤维（insoluble dietary fiber，IDF）。SDF 是能溶于水的膳食纤维部分，包括不可消化的低聚糖和部分多聚糖等，检测过程中根据是否被 78% 乙醇沉淀，分为可沉淀的可溶性膳食纤维（SDFP）和不可沉淀的可溶性膳食纤维（SDFS）。IDF 是不能溶于水的膳食纤维部分，包括木质素、纤维素、部分半纤维素等。总膳食纤维（total dietary fiber，TDF）是可溶性膳食纤维与不溶性膳食纤维之和。

从营养学角度来说，膳食纤维对人体健康具有重要的影响，能够促进肠道健康、帮助控制血糖和血脂水平、降低心血管疾病的风险，有助于控制体重，并可能降低患某些疾病的风险。因此，食品中膳食纤维的测定具有重要意义，通过测定不同食品中的膳食纤维含量和类型，研究人员可以更深入地了解食物的成分对健康的具体影响，推动个性化营养和食品开发领域的创新。从食品工业角度来看，食品中膳食纤维的组成及含量极大地影响着产品的各类理化特性，通过膳食纤维测定可以指导产品配方的调整。目前主要采用酶重量法进行测定。

1. 原理

试样经匀质化处理，采用酶解去除淀粉和蛋白质后，得到不可消化的酶解液。将酶解液用78%乙醇沉淀，收集沉淀部分经洗涤、干燥、称重后，测定残渣中部分 DF（包括 IDF 和 SDFP）质量；收集滤液部分，经脱盐、浓缩后，采用液相色谱法（内标法）测定 SDFS，二者之和为 TDF。

拓展视频

将酶解液直接抽滤并用热水洗涤，收集滤渣部分经洗涤、干燥、称重后测定 IDF 残渣质量。收集滤液部分再用78%乙醇沉淀，沉淀经干燥、称重后测定 SDFP 残渣质量，滤液部分测定 SDFS，SDFS 与 SDFP 之和为 SDF。

TDF、IDF 和 SDFP 残渣质量需扣除残留的蛋白质、灰分和试剂空白质量，即可得到相应部分的膳食纤维含量。

2. 试剂及配制

（1）乙醇溶液（78%和85%）、石油醚、丙酮。

（2）盐酸溶液（1mol/L 和 2mol/L）、乙酸溶液（2mol/L）、氢氧化钠溶液（0.1mol/L、1mol/L、4mol/L）。

（3）顺丁烯二酸缓冲液（50mmol/L）　称取11.6g 顺丁烯二酸溶于 1600mL 水中，用 4mol/L 氢氧化钠溶液调整至 pH=6.0，再加入 0.6g 二水合氯化钙，加水稀释至 2L。在 4℃ 避光保存，保存期不超过 1 个月。

（4）三羟甲基氨基甲烷（Tris）溶液（0.75mol/L）　称取90.8g Tris 固体溶于约 800mL 水中，加水稀释至 1L。

（5）混合酶溶液　取 0.5g 胰 α-淀粉酶与 0.05g 淀粉葡萄糖苷酶，用 50mL 50mmol/L 顺丁烯二酸缓冲液配成每毫升含 400 U 胰 α-淀粉酶和 30 U 淀粉葡萄糖苷酶的溶液，涡旋振荡 5min。临用现配。

（6）蛋白酶溶液　取 2.5g 蛋白酶，用 50mL 50mmol/L 顺丁烯二酸缓冲液配成每毫升含 50mg 的蛋白酶溶液，涡旋振荡 5min。临用现配，使用前于 4℃储存。

（7）酸洗硅藻土　取200g硅藻土于600mL的2mol/L盐酸中，浸泡过夜，过滤，用水洗至滤液为中性，置于（550±5）℃马弗炉中灼烧后备用。

（8）重铬酸钾洗液　称取100g重铬酸钾，用200mL水溶解，把烧杯放于冷水中冷却后，缓慢加入1800mL浓硫酸混合，边加边用玻璃棒搅动，防止溅出。

（9）二甘醇内标溶液（100mg/mL）　准确称取10g（精确至0.1mg）二甘醇，用水稀释，转移至100mL容量瓶中，加水定容至刻度。临用现配。

（10）D-葡萄糖标准溶液（10mg/mL）　准确称取1.0g（精确至0.1mg）D-葡萄糖，用水溶解后转移至100mL容量瓶中，加水定容至刻度。临用现配。

（11）D-葡萄糖/二甘醇溶液标准系列工作液　分别吸取0.50、1.0、2.0、4.0和8.0mL 10mg/mL D-葡萄糖标准溶液至10mL容量瓶中，再加入0.2mL 100mg/mL二甘醇内标溶液，加水稀释并定容至刻度。标准系列工作液中D-葡萄糖含量分别相当于0.5、1.0、2.0、4.0和8.0mg/mL，二甘醇含量相当于2.0mg/mL。临用现配。

（12）定性用标准溶液　称取约0.10g蔗果三糖和0.10g D-麦芽糖一水合物，用水溶解，转移至50mL容量瓶中，加入1mL 100mg/mL二甘醇内标溶液，加水定容至刻度。临用现配。

3. 分析步骤

（1）试样制备

①匀质处理：固体试样经碾磨、粉碎、混匀后备用，半固体、液体试样经匀浆混匀后备用。

②脱水：水分含量≥70%且不易混匀的固体、半固体及含有沉浮物的液体试样，称取适量试样（m_C，不少于50g），置于（105±2）℃烘箱干燥4h。将试样转至干燥器中，待试样温度下降到室温后称量（m_D）。根据干燥前后试样质量，计算试样质量变化因子（f）。干燥后试样匀质化处理后，置于干燥器中待用。（注：也可参照GB 5009.3—2016采用减压干燥的方法。）

③脱脂：脂肪含量≥10%的试样，称取适量试样（m_C，不少于50g），置于1000mL锥形瓶中，加入500mL石油醚混匀、放气，振摇2min，放置10min后，去除石油醚，连续3次。脱脂后试样混匀再按上一步进行脱水干燥，称量（m_D），计算处理后试样质量变化因子（f）。试样匀质化处理后，置于干燥器中待用。（若试样脂肪含量未知，可按先脱脂再干燥粉碎的方法处理。）

④脱糖：称适量试样（m_C，不少于50g），置于1000mL，锥形瓶中，加入500mL 85%乙醇溶液，混匀，振摇2min，去除乙醇溶液部分，连续3次。脱糖后试样置于40℃烘箱内干燥过夜，称量（m_D），计算处理后试样质量变化因子（f）。试样匀质化处理后，置于干燥器中待用。

（2）称样　准确称取2份待测试样（m），精确至0.1mg，2份试样质量差≤0.005g。

一般固体试样称取 0. 25~3. 00g，液体试样称取 1. 0~5. 0g。

（3）酶解　将试样转置于 400~600mL 高脚烧杯中，加入 50mmol/L 顺丁烯二酸缓冲液 35mL，用磁力搅拌直至试样完全分散在缓冲液中。同时制备 2 个空白样品同步操作。（注：搅拌均匀，避免试样结成团块，以防止酶解过程中试样不能与酶充分接触。）

①淀粉酶酶解：向高脚烧杯中加入 5mL 胰 α-淀粉酶和淀粉葡萄糖苷酶混合酶溶液，缓慢搅拌，加盖铝箔，置于 37℃的恒温振荡水浴箱中持续振摇，当温度升至 37℃开始计时，酶解 16h。（注：如采用高浓度混合酶溶液，酶解时间可适当缩减，不少于 4h。）

打开铝箔盖，向试样溶液中加入 3. 0mL 0. 75mol/L Tris 溶液，使试样溶液 pH = 8. 2± 0. 2。盖上铝箔，置于 95~100℃水浴箱中水浴加热约 20min，不时轻摇烧杯。取出烧杯冷却至（60±1）℃。

②蛋白酶酶解：向每个烧杯中加入 100μL 蛋白酶溶液（如为动物性食品加入 500μL），盖上铝箔，置于（60±1）℃水浴中持续振摇 30min。打开铝箔盖，边搅拌边加入 4mL 2mol/L 乙酸溶液，用 1mol/L 氢氧化钠溶液或 1mol/L 盐酸溶液调 pH = 4. 3±0. 2。

③加入内标溶液：如测定 SDFS，向酶解液中加入 2mL 100mg/mL 二甘醇内标溶液，混匀。

（4）总膳食纤维（TDF）的测定

①沉淀：向试样酶解液中，加入 4 倍体积已预热至（60±1）℃的 95%乙醇。取出烧杯，盖上铝箔，室温条件下沉淀 1~2h。

②抽滤：取已处理的坩埚，用 15mL 78%乙醇润湿硅藻土并展平，接上真空抽滤装置，抽去乙醇使坩埚中硅藻土平铺于滤板上。将试样乙醇沉淀液转移入坩埚中抽滤，用刮勺和 78%乙醇将高脚烧杯中所有残渣转至坩埚中，用 15mL 78%乙醇洗涤残渣 2 次。收集滤液转移至 500mL 容量瓶中，使用 78%乙醇定容至刻度，用于 SDFS 的测定，残渣用于 IDF 和 SDFP 的测定。

③残渣测定：残渣分别用 15mL 95%乙醇洗涤 2 次，15mL 丙酮洗涤 2 次，抽滤去除洗涤液。将坩埚连同残渣置于烘箱内于（105±2）℃烘干过夜。将坩埚转移至干燥器内冷却 1h，称量包括坩埚质量及残渣质量（m_{GR}），精确至 0. 1mg，减去坩埚质量，计算试样残渣质量（m_R）。

④蛋白质和灰分的测定：取 1 份试样残渣参照《食品安全国家标准 食品中蛋白质的测定》（GB 5009. 5—2016）测定蛋白质含量（m_P），折算系数为 6. 25。取另一份试样参照《食品安全国家标准 食品中灰分的测定》（GB 5009. 4—2016）测定灰分含量，即在（550±25）℃灰化 4h 后转至干燥器中，冷却后精确称量坩埚及残渣总质量（m_{GA}），精确至 0. 1mg，减去坩埚质量，计算灰分质量（m_A）。

拓展阅读

⑤SDFS 的测定：SDFS 采用液相色谱（内标法）进行测定，具体方法扫描二维码查看。

（5）不溶性膳食纤维（IDF）的测定

①按分析步骤（2）和（3）进行称样和酶解。

②抽滤：取已处理的坩埚，用3mL水润湿硅藻土并展平，抽去水分使坩埚中的硅藻土平铺于滤板上。将试样酶解液全部转移至坩埚中抽滤，残渣用10mL 70℃热水洗涤2次，用于IDF的测定。

③残渣测定：按分析步骤（4）③操作。

（6）可溶性膳食纤维（SDF）的测定

①按分析步骤（2）和（3）进行称样和酶解。

②按分析步骤（5）②进行抽滤。

③收集滤液：收集滤液至另一已预先称量的600mL高脚烧杯中，称量“烧杯+滤液”的总质量，扣除烧杯质量，估算滤液体积。

④沉淀：按乙醇与滤液体积4∶1的比例加入预热至（60±1）℃的95%乙醇，盖上铝箔，室温下沉淀1h以上。

⑤按分析步骤（5）②再次进行抽滤。滤液用于SDFS的测定，残渣用于SDFP的测定。

⑥测定：残渣按分析步骤（4）③测定SDFP；滤液按分析步骤（4）⑤测定SDFS。SDFP与SDFS之和为可溶性膳食纤维。

4. 结果计算

（1）试样制备中质量变化因子按式（8-14）计算

$$f = \frac{m_C}{m_D} \tag{8-14}$$

式中 f——试样制备过程中质量变化因子；

m_C——试样制备前试样质量，g；

m_D——试样制备前试样质量，g。

注：如果试样没有经过脱水、脱脂、脱糖等处理，$f = 1$。

（2）坩埚中残渣质量按式（8-15）计算

$$m_R = m_{GR} - m_G \tag{8-15}$$

式中 m_R——坩埚中残渣质量，g；

m_{GR}——坩埚及残渣质量，g；

m_G——坩埚质量，g。

（3）试剂空白质量按式（8-16）计算

$$m_B = \frac{m_{BR1} + m_{BR2}}{2} - m_{BP} - m_{BA} \tag{8-16}$$

式中 m_B——试剂空白质量，g；

m_{BR1}、m_{BR2}——2份试剂空白残渣质量，g；

m_{BP}——试剂空白残渣中蛋白质质量，g；

m_{BA}——试剂空白残渣中灰分质量，g。

（4）根据残渣测定获得的IDF、SDFP和不含SDFS的TDF含量按式（8-17）计算

$$X_{DF}=\frac{\frac{m_{R1}+m_{R2}}{2}-m_P-m_A-m_B}{\frac{m_1+m_2}{2}\times f}\times 100 \tag{8-17}$$

式中 X_{DF}——试样中膳食纤维的含量，g/100g；

m_{R1}、m_{R2}——2份试样残渣质量，g；

m_P——试样残渣中蛋白质质量，g；

m_A——试样残渣中灰分质量，g；

m_B——试剂空白质量，g；

m_1、m_2——2份试样称量质量，g；

f——试样制备过程中质量变化因子。

（5）检测结果的表达及换算关系

①未添加膳食纤维组分的食品，如植物性食品及其制品，TDF和SDF的检测结果中可不包括SDFS部分，TDF表示为TDF（酶重量法），结果相当于TDF = IDF + SDFP；SDF表示为SDF（酶重量法），结果相当于SDFP。TDF（酶重量法）、IDF和SDF（酶重量法）可分别独立检测，也可根据换算公式进行相加或相减。

$$\text{TDF（酶重量法）}=\text{IDF}+\text{SDF（酶重量法）} \tag{8-18}$$

②添加了可溶性膳食纤维组分的食品应测定SDFS，TDF和SDF测定结果分别表示为TDF（酶重量-液相色谱法）和SDF（酶重量-液相色谱法）。

$$\text{TDF（酶重量-液相色谱法）}=\text{TDF（酶重量法）}+\text{SDFS} \tag{8-19}$$

5. 注意事项

（1）一般情况下试样制备中无需脱糖处理，如试样因糖含量较高导致黏度过大，影响后续酶解、抽滤效果，宜采用脱糖处理；需要测定SDFS的试样不宜进行脱糖处理。

（2）酶解前的试样分散过程要搅拌均匀，避免结团结块导致的反应不充分。在蛋白质酶解过程中一定要在（60±1）℃调pH，因为温度降低会使pH升高。注意空白样的pH测定，保证pH在适宜范围内。

（3）由于大部分植物性食品及其制品SDFS含量较低，因此测定无添加膳食纤维组分的试样TDF时也可不包含SDFS部分。

第五节 果胶物质的测定

果胶是一种广泛存在于果蔬植物组织中的杂多糖，是构成植物细胞的主要成分之一，但不能被人体消化吸收，属于无效碳水化合物。根据果胶物质的酯化程度可将其分为以下

三类。

①原果胶：原果胶酯化程度高，果胶物质之间或果胶与半纤维素、钙盐等物质间以物理化学方式结合，不能直接溶于水，存在于未成熟果蔬组织，保持果蔬组织坚实、硬脆的质构特性。

②果胶酯酸：原果胶在原果胶酶和果胶甲酯酶的作用下可生成果胶酯酸，其基本结构是聚半乳糖醛酸，呈胶状或水溶性取决于聚合度和甲酯化程度。

③果胶酸：果胶酯酸在果胶甲酯酶的连续作用下被完全除去甲酯基后生成果胶酸，其基本结构也为聚半乳糖醛酸，无黏结性。因此，果胶物质的一系列变化过程是导致成熟果蔬变松软、硬度下降的原因之一。

果胶物质在食品工业中应用广泛，利用果胶的凝胶性能可生产果酱、果冻、凝胶软糖等食品，果胶还具有增稠性、稳定性、乳化性等，例如在糕点中添加适量果胶有防止糕点硬化的作用，在饮料中添加适量可防止饮料分层。因此，果胶含量的测定对于评估食品品质有重要意义。果胶物质的测定方法有重量法、咔唑比色法、果胶酸钙滴定法等。

一、重量法

1. 原理

先用70%乙醇处理样品，使果胶沉淀，再依次用乙醇、乙醚洗涤沉淀，以除去可溶性糖类、脂肪、色素等物质，残渣分别用酸或用水提取总果胶或水溶性果胶。果胶经皂化生成果胶酸钠，再经乙酸酸化使之生成果胶酸，加入钙盐则生成果胶酸钙沉淀，烘干后称重。

2. 试剂

乙醇（70%和99%）、乙醚、盐酸（0.05mol/L）、氢氧化钠溶液（0.1mol/L）、乙酸溶液（1mol/L）、氯化钙溶液（1mol/L）。

3. 分析步骤

（1）样品处理

①新鲜样品：称取试样30~50g，切成薄片，置于预先放有99%乙醇的500mL锥形瓶中，装回流冷凝器，在水浴上沸腾回流15min后，冷却，用布氏漏斗过滤，残渣于研钵中一边慢慢磨碎；②干燥样品：研细，使之通过60目筛，称取5~10g样品于烧杯中。

将热的70%乙醇加入处理样品，冷却后再过滤，反复此操作至滤液不呈糖的反应（用苯酚-硫酸法检验）为止。残渣用99%乙醇洗涤脱水，再用乙醚洗涤以除去脂类和色素，风干乙醚。

（2）提取果胶

①水溶性果胶提取：用150mL水将上述漏斗中的残渣移入250mL烧杯中，加热至沸腾并保持沸腾1h，随时补足蒸发的水分，冷却后移入250mL容量瓶中，加水定容，摇匀，过滤，弃去初滤液，收集续滤液即得水溶性果胶提取液。

②总果胶的提取：用150mL加热至沸的0.05mol/L盐酸把漏斗中的残渣移入250mL锥形瓶中，装上冷凝器，于沸水浴中加热回流1h，冷却后移入250mL容量瓶中，加甲基红指示剂2滴，加0.5mol/L氢氧化钠溶液中和后，用水定容，摇匀，过滤，收集滤液即得总果胶提取液。

（3）测定　取25mL提取液（能生成果胶酸钙25mg左右）于500mL烧杯中，加入0.1mol/L氢氧化钠溶液100mL，充分搅拌，放置0.5h。再加入1mol/L乙酸溶液50mL，放置5min，边搅拌边缓缓加入1mol/L氯化钙溶液25mL，放置1h。加热煮沸5min，趁热用烘干至恒重的滤纸（或G2垂熔坩埚）过滤，用热水洗涤至无氯离子（用10%硝酸银溶液检验）为止。滤渣连同滤纸一同放入称量瓶中，置于105℃烘箱中干燥至恒重。

4. 结果计算

$$X = \frac{(m_1 - m_2) \times 0.9233}{m \times \frac{25}{250} \times 1} \times 100\% \tag{8-20}$$

式中　X——果胶物质质量分数（以果胶酸计）；

m_1——果胶酸钙和滤纸或垂融坩埚质量，g；

m_2——滤纸或垂融坩埚的质量，g；

m——样品质量，g；

25——测定时取果胶提取液的体积，mL；

250——果胶提取液总质量，mL；

0.9233——由果胶酸钙换算为果胶酸的系数。

5. 注意事项

（1）苯酚-硫酸法（检验糖分）　取检液1mL，置于试管中，加入5%苯酚水溶液1mL，再加入硫酸5mL，混匀，如溶液呈褐色，证明检液中含有糖分。

（2）加入氯化钙溶液时，应边搅拌边缓缓滴加，以减小过饱和度，并避免溶液局部过浓。

（3）采用热过滤和热水洗涤沉淀，是为了降低溶液的黏度，加快过滤和洗涤速度，并增大杂质的溶解度，使其易被洗去。

（4）沉淀剂有两类，一类是电解质，如氯化钠、氯化钙等；另一类是有机溶剂，如甲醇、乙醇、丙酮等。电解质适用于酯化度小或中等的果胶物质，如酯化度为0~30%时，常用氯化钠溶液；酯化度为40%~70%时，常用氯化钙溶液作沉淀剂。有机溶剂适用于酯化度较大的果胶物质，酯化度越大所需有机溶液浓度越高。

二、咔唑比色法

1. 原理

果胶水解生成的半乳糖醛酸，在强酸环境中可与咔唑试剂发生缩合反应，生成紫红色化合物，呈色强度与半乳糖醛酸含量成正比，经过比色可间接得出果胶含量。

2. 试剂及配制

（1）无水乙醇、硫酸（分析纯）。

（2）咔唑乙醇溶液（0.15%） 称取化学纯咔唑0.150g溶解于精制乙醇，定容至100mL。

（3）精制乙醇 取无水乙醇或95%乙醇1000mL，加入锌粉4g、硫酸（1+1）4mL，在水浴中回流10h，用全玻璃仪器蒸馏，馏出液每1000mL加锌粉和氢氧化钾各4g，重新蒸馏一次。

（4）半乳糖醛酸标准溶液 称取半乳糖醛酸100mg，溶于蒸馏水并定容到100mL，用此液配制一组浓度为10~70μg/mL的半乳糖醛酸标准溶液。

3. 分析步骤

（1）样品处理 同重量法。

（2）果胶提取 同重量法。

（3）制作标准曲线 取8支50mL比色管，各加入12mL浓硫酸，置于冰水浴中，边冷却边缓缓依次加入浓度为0、10.00、20.00、30.00、40.00、50.00、60.00、70.00μg/mL的半乳糖醛酸标准溶液2.00mL，充分混合后，再置于冰水浴中冷却。然后在沸水浴中准确加热10min，用流动水迅速冷却到室温，各加入0.15%咔唑试剂1.00mL，充分混合，室温（暗处）下放置30min，以零管为空白在530nm波长下测定吸光度，绘制标准曲线。

（4）测定 取果胶提取液，用水稀释（使含半乳糖醛酸10.00~70.00μg/mL），取2mL稀释液于50mL比色管，后续步骤按照标准曲线方法进行操作，测定吸光度值，对照标准曲线查出半乳糖醛酸浓度。

4. 结果计算

$$X = \frac{C \times V \times K}{m \times 10^6} \times 100\% \tag{8-21}$$

式中 X——果胶物质质量分数（以半乳糖醛酸计）；

C——从标准曲线查得的半乳糖醛酸浓度，μg/mL；

V——果胶提取液总体积，mL；

K——提取液稀释倍数；

m——样品质量，g。

5. 注意事项

（1）糖分存在对咔唑的呈色影响较大，使结果偏高，因此提取果胶前应用乙醇多次蒸煮使果胶和其他多糖一起沉淀并尽可能洗涤除去糖分。

（2）硫酸的纯度对咔唑的呈色反应有很大的影响，故必须用分析纯的硫酸。

（3）在加入95%乙醇溶液后的几次煮沸过程中，都会造成试管中溶液的挥发损失。在操作过程中，应注意随时观察，及时补加乙醇溶液。

（4）此法测定结果以半乳糖醛酸表示，因不同来源的果胶中半乳糖醛酸含量不同，如甜橙为 77.7%，柠檬为 94.2%，柑橘为 96%，苹果为 72%～75%。若把结果换算为果胶含量，可按上述关系计算换算系数。

思考题

1. 在测定食品中碳水化合物的过程中多次用到碱性酒石酸铜溶液，为什么需要对配制的溶液进行标定？

2. 测定淀粉的方法有哪些？各自适用于什么类型的样品？

3. 膳食纤维的分类有哪些？分类依据是什么？

4. 澄清剂选择的必备条件有哪些？

5. 为什么还原糖测定中，使用碱性酒石酸铜测定试样溶液前需要进行预滴定？

第九章
脂类的测定

【学习目标】

1. 掌握食品中脂类含量的测定原理和方法。

2. 熟悉酸价、过氧化值、碘价、皂化价、羰基价等油脂理化指标的测定原理和方法，明确不同理化指标的测定意义。

3. 了解食品中脂类的测定意义。

【学习重点与难点】

1. 重点学习索氏抽提法测定脂肪的方法及操作要点。

2. 重点学习酸价、过氧化值的测定原理及测定意义。

3. 难点是区分过氧化值测定时不同计算公式所代表的意义。

4. 难点是碘值的测定时样品的称量值需根据其预估碘值确定。

第一节 概述

一、脂类的定义和种类

脂类是食品中重要的营养物质之一，为人体的新陈代谢提供所需的能量和碳源、必需脂肪酸、脂溶性维生素和其他脂溶性营养物质。通常所说的“脂类”包括一些具有共同性质和组成相似的物质，因为在不同的原料中脂类成分不同，在不同的萃取技术下所获得脂类成分也存在差异，这使得对脂类物质具体成分的定义变得很困难，因此国际上倾向于使用“总脂”概念进行描述。

食品中的脂类主要包括脂肪（甘油三酯）和一些类脂化合物，如脂肪酸、磷脂、糖脂、胆固醇及甾类化合物等。脂肪大约占据食品中脂类的95%，是甘油和脂肪酸生成的酯，也被称为真脂或中性脂肪，而类脂是与脂肪性质类似的伴随物质。在大多数动物性食品和植物性食品中都含有天然脂肪和类脂化合物，但含量各不相同。

（一）脂肪

脂肪是一种固态的脂类，通常在室温下呈现为固体状态。它们主要由甘油和脂肪酸组成，是人体和动物体内重要的能量来源之一。在食品中，脂肪是一种常见的营养物质，不仅提供能量，还会影响到食品的口感、风味和营养价值，如动物脂肪（如动物油脂）和植物脂肪（如植物油脂）。其中牛油、猪油、鸡油等动物脂肪常常在肉类中存在，也可作为烹饪食用油的原料；橄榄油、菜籽油、葵花籽油、花生油、大豆油等植物脂肪通常富含不饱和脂肪酸，如单不饱和脂肪酸和多不饱和脂肪酸，对健康有益。

（二）类脂化合物

食品中的类脂化合物是多种类型的脂质分子，在食品中具有重要的功能和影响，如磷脂、糖脂、类固醇等。

在食品中，磷脂是一类重要的脂质成分，主要存在于植物和动物的细胞组织中。磷脂在食品加工中常被用作乳化剂帮助稳定乳液，能够增加食品的口感和质地；糖脂是一类含有糖类分子的脂质，常见于某些植物的果实中，如椰子、棕榈果等，具有改善食品口感和防腐保鲜的作用；类固醇通常以胆固醇的形式存在，在食品中可以增强口感和产品的稳定性，可以作为一种天然防腐剂用于减缓食品的氧化变质。

食品中的脂类物质不仅影响着食品的品质、风味、营养价值，还对人体健康起着重要作用。因此在日常饮食中，需要适量摄入含有脂类物质的食品。

二、食品中脂肪的存在形式

食品中脂肪以多种形式存在，其中游离态的脂肪有动物性脂肪和植物性油脂，通常是指游离脂肪酸，包括饱和脂肪酸、不饱和脂肪酸和反式脂肪酸，在食品加工和人体新陈代谢过程中产生，不同类型、摄入量的脂肪酸对于人体健康会产生一些影响，高摄入脂肪酸会增加心脏病等疾病发生的风险，低摄入不饱和脂肪酸有助于降低血压、减少血小板聚集和炎症反应。结合态的脂肪，常见的有天然存在的磷脂、糖脂、脂蛋白及加工食品中的脂肪，它们能够与蛋白质或碳水化合物等成分形成结合态。这些结合态脂肪在人体中发挥着多种重要功能，对人体健康产生影响，能够促进脂溶性营养物质的吸收、维持细胞的功能和结构、调节人体内激素的合成以及增强人体免疫功能等，但过量摄入结合态脂肪同样会导致一些健康问题，如高胆固醇血症、动脉粥样硬化等。因此不论何种存在形式的脂肪，都要保持适度的摄入并结合健康的饮食习惯和生活方式，保证人体的健康状态。

三、食品中脂肪的测定意义

脂肪含量是食品品质的重要指标。在许多食品加工过程中，脂肪的含量会直接影响产品的风味、口感、外观、组织结构和品质，因此准确测定脂肪含量对于保持产品质量、衡量食品营养价值和品质优劣至关重要，进一步来说，食品中脂肪的测定能够引发对于食品安全、健康饮食、生态环境和社会公平等问题的思考和讨论，促进社会的发展和进步。通过对食品中脂肪含量的测定，可以及时发现和解决食品质量安全问题，提高人们对于食品安全的信心和保障，促进食品产业的可持续发展；了解食品中脂肪含量有助于引导人们进行健康饮食，控制膳食中脂肪的摄入量，预防和控制肥胖、心血管疾病等慢性疾病，提高整体健康水平；食品生产和加工过程中的脂肪排放可能对环境造成影响，如水体污染、土壤污染等。通过对食品中脂肪含量的监测和控制，可以减少环境污染，保护生态环境；了解食品中脂肪含量可以帮助政府和社会监管食品市场，保障消费者权益，促进市场秩序的健康发展，实现社会公平和经济可持续发展；食品中脂肪测定作为一项科学技术，可以促进科学教育和科学素养的提升，培养学生的科学思维和创新意识，推动科技进步和社会发展。

作为食品分析领域中的重要内容之一，食品中脂类物质的测定不仅直接关系到食品质量与安全，还与人们的健康和生活质量息息相关。同时脂类物质的测定还是一个涉及伦理、社会责任、科学道德等多方面因素的复杂过程。因此，本教材旨在将脂类物质的测定与思政教育相结合，引导学生全面理解脂类测定的科学原理、技术方法，同时培养其社会责任感、科学伦理观念和环境意识。

第二节 脂肪的测定

食品的种类不同，其中脂类的存在形式及其含量就不相同，测定脂肪的方法也就不同。常用的测定脂肪的方法有索氏抽提法、酸水解法、碱水解法、盖勃法、巴布科克法和氯仿-甲醇提取法等。

一、索氏抽提法

索氏抽提法是脂肪含量测定经典方法，也是我国《食品安全国家标准　食品中脂肪的测定》的第一法（GB 5009.6—2016）。具有稳定性好、准确度高的优点，但也存在耗时、耗力等缺点。随着科学技术的发展，该方法也在不断改进和完善。

1. 原理

将样品前处理，使其分散且呈干燥状态。利用溶剂回流和虹吸原理，用无水乙醚或石油醚等溶剂回流抽提，使样品中的脂肪进入溶剂中，蒸发出溶剂，干燥后所得残留物即为脂肪。

拓展视频

由于本法提取的脂溶性物质除脂肪类混合物外，还含有磷脂、色素、树脂、固醇、挥发油等醚溶性物质，因此用索氏抽提法测得的脂肪称为粗脂肪。

2. 适用范围

本方法适用于水果、蔬菜及其制品、粮食及粮食制品、肉及肉制品、蛋及蛋制品、水产及其制品、焙烤食品、糖果等食品中游离态脂肪含量的测定。此法是经典方法，对大多数样品结果比较可靠，但费时间，溶剂用量大，且需专门的索氏抽提器。

3. 主要仪器

索氏抽提器：主要由冷凝器、抽提筒、提取器三部分组成（图 9-1）；恒温水浴锅；电热鼓风干燥箱；滤纸筒；橡胶管；表面皿等。

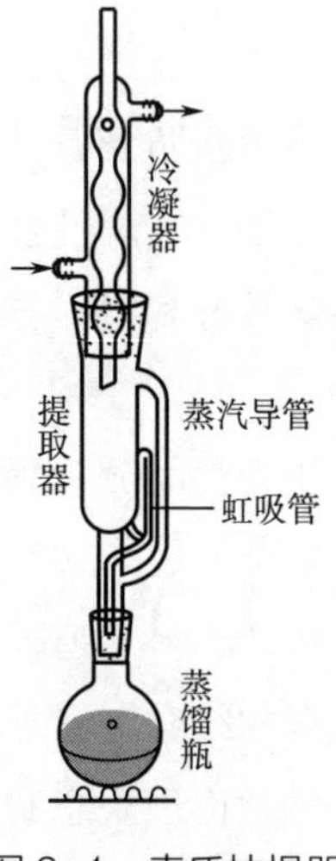

图 9-1 索氏抽提器

4. 分析步骤

（1）测定前的准备

①洗净并烘干索氏提取器，并将接收瓶置 100~105℃ 烘箱内干燥 1~2h 取出放入干燥器中冷却至室温再称重。再烘半小时称重，直至恒重，记录接收瓶重量。

②样品的称取：每份样品取 1/3~1/4，在研钵中研磨均匀。

③滤纸筒的制备：将滤纸裁成 8cm×15cm 大小，以直径约 2.0cm 的大试管为模型，将滤纸紧靠试管壁卷成圆筒型，折叠成底部封口的滤纸筒，底部可放一小片脱脂棉，以避免向外漏样。

④试样处理：在处理固体试样时，称取已干燥并研细混匀后的样品 2~5g（可取测定水分后的样品，精确至 0.001g），必要时也可拌以石英砂，全部移入滤纸筒内；在处理液体或半固体试样时，称取混匀后的试样 5~10g（精确至 0.001g），置于蒸发皿中，加入约 20g 石英砂，沸水浴煮沸蒸干，在电热鼓风干燥箱中于（100±5）℃ 干燥 30min 后取出研细，全部移入滤纸筒内。蒸发皿及黏有试样的玻璃棒，均用沾有乙醚的脱脂棉擦净，并将脱脂棉一并放入滤纸筒内。

（2）抽提　将滤纸筒放入索氏抽提器的抽提筒内，连接已干燥至恒重的接收瓶，由抽提器冷凝管上端加入无水乙醚或石油醚（沸程为 30~60℃）至瓶内容积的 2/3 处，水浴加热，使无水乙醚或石油醚不断回流抽提（6~8 次/h）至样品中的脂肪抽提完全，一般抽提

6～10h。抽提是否完全可用滤纸或磨砂玻璃棒检查。用滤纸或磨砂玻璃棒由抽提管下口接收 1 滴提取液，挥发后不留下油斑表明已抽提完全。

（3）称量　取下接收瓶，回收乙醚或石油醚，待接收瓶内溶剂剩余 1～2mL 时水浴蒸干，再于（100±5）℃干燥 1h，放入干燥器内冷却 0.5h 后称量。重复以上操作至恒重（两次称量差不超过 2mg）。

5. 结果计算

试样中脂肪含量按式（9-1）计算，计算结果保留至小数点后一位。

$$X = \frac{m_1 - m_0}{m_2} \times 100 \tag{9-1}$$

式中　X——试样中脂肪的含量，g/100g；

m_1——恒重后接收瓶和脂肪的质量，g；

m_0——接收瓶的质量，g；

m_2——试样的质量，g；

100——换算系数。

6. 注意事项

（1）索氏抽提法是国标食品中脂肪测定的第一法，适用于水果、蔬菜及其制品、粮食及粮食制品、肉及肉制品、蛋及蛋制品、水产及其制品、焙烤食品、糖果等食品中游离态脂肪含量的测定。

（2）索氏抽提法所用的提取剂为无水乙醚和石油醚等有机溶剂，只能提取样品中的游离态脂肪，而结合态的脂肪不能被其直接提取。

（3）索氏抽提法适用于脂类含量较高，结合态的脂类含量较少的样品。结合态脂肪需在一定条件下进行水解处理，使结合态脂肪转变为游离脂肪后，才可用此法测定。

（4）测定前样品应干燥并研细，样品含有的水分会影响溶剂的提取效果，而且溶剂会吸收样品中的水分造成非脂成分溶出。

（5）装样品的滤纸筒一定要严密，不能往外漏样品，但也不要包得太紧，影响溶剂渗透。放入滤纸筒时高度不能超过回流弯管，否则会造成超过回流弯管的样品脂肪无法抽提，产生误差。

（6）对含多糖及糊精的样品，要先以冷水使糖及糊精溶解，经过滤除去，将残渣连同滤纸一起烘干，再一起放入抽提筒中。

（7）抽提用的乙醚或石油醚要求无水、无醇、无过氧化物，挥发残渣含量低。因水和醇可导致水溶性物质溶解，如水溶性盐、糖类等混入会使得测定结果偏高。过氧化物会导致脂肪氧化，在烘干时也有引起爆炸的危险。过氧化物的检查方法为取 6mL 乙醚，加 2mL 10%碘化钾溶液，用力振摇，放置 1min 后，若碘化钾层出现黄色，则证明有过氧化物存在，应另选乙醚或处理后再用。乙醚中过氧化物的处理方法为向乙醚中加入 1/20～1/10

体积的质量浓度为 200g/L 的硫代硫酸钠溶液洗涤，再用水洗，然后加入少量无水氯化钙或无水硫酸钠脱水，于水浴上蒸馏，蒸馏温度略高于溶剂沸点，能达到烧瓶内沸腾即可。弃去最初和最后的 1/10 馏出液，收集中间馏出液备用。

（8）提取时水浴温度不可过高，以每分钟从冷凝管滴下 80 滴左右，每小时回流 6～8 次为宜，提取过程还应注意防火。

（9）在挥发乙醚或石油醚时，切忌直接用火加热，应用电热套、电水浴等，且要注意室内通风。仪器周围也不能有明火，以防空气中有机溶剂蒸气着火或爆炸。烘前应驱除全部残余的乙醚，因乙醚稍有残留，放入烘箱中有发生爆炸的危险，故需在水浴上彻底挥发干净。

（10）在抽提时，冷凝管上端最好连接一个氯化钙干燥管，如无此装置可塞一团干燥的脱脂棉球，这样可防止空气中水分进入，也可避免乙醚在空气中挥发。

（11）提取后在接收瓶烘干称量过程中，反复加热会因脂类氧化而增重。若恒重中质量增加时，应以增重前的质量作为恒重。对富含脂肪的食品，最好在真空干燥箱中干燥。

（12）提取过程中若有溶剂蒸发损耗太多，可适当从冷凝器上口处用漏斗小心加入适量新溶剂补充。

二、酸水解法

一些食品中的脂肪在其组织内部或与食品成分结合而形成结合态脂类，如谷物等淀粉颗粒中的脂类，面条、焙烤食品等组织中包含的脂类，用索氏提取法不能完全提取出来。这种情况下，要测定样品中包括结合态脂肪在内的总脂肪含量，需在一定条件下用强酸将淀粉、蛋白质、纤维素水解，使结合态脂肪转变为游离态脂肪游离出来，再用有机溶剂提取测定，即采用酸水解法进行测定，此为 GB 5009. 6—2016 中的第二法。

1. 原理

将试样与盐酸溶液一同加热进行水解，使结合或在组织内部的脂肪游离出来，再用乙醚和石油醚提取脂肪，回收溶剂，干燥后称量，提取物的质量即为脂肪含量。

2. 适用范围

本方法适用于水果、蔬菜及其制品、粮食及粮食制品、肉及肉制品、蛋及蛋制品、水产及其制品、焙烤食品、糖果等食品中游离态脂肪及结合态脂肪总量的测定。应用此法测定时，脂类中的磷脂在水解条件下将几乎完全分解为脂肪酸及碱，当用于测定含大量磷脂的食品时，测定值将偏低。故对于含较多磷脂的蛋及蛋制品、鱼类及其制品，不宜用此法。

3. 主要仪器

恒温水浴锅；电热板（满足 200℃高温）；100mL 具塞刻度量筒；鼓风干燥箱等。

4. 分析步骤

（1）试样酸水解

①肉制品：称取混匀后的试样 3～5g（精确至 0. 001g），置于 250mL 锥形瓶中，加入

50mL 2mol/L 盐酸溶液和数粒玻璃细珠，盖上表面皿，于电热板上加热至微沸，保持 1h，每 10min 旋转摇动 1 次。取下锥形瓶，加入 150mL 热水，混匀，过滤。锥形瓶和表面皿用热水洗净，热水一并过滤。沉淀用热水洗至中性（用蓝色石蕊试纸检验，中性时试纸不变色）。将沉淀和滤纸置于大表面皿上，于（100±5）℃干燥箱内干燥 1h，冷却。

②淀粉：根据总脂肪含量的估计值，称取混匀后的试样 25～50g（精确至 0.1g），倒入烧杯并加入 100mL 水。将 100mL 盐酸缓慢加到 200mL 水中，并将该溶液在电热板上煮沸后加入样品液中，继续加热 5min，冷却后，取几滴混合液于试管中，加入 1 滴碘液，若无蓝色出现，可进行下一步操作。若出现蓝色，应继续煮沸混合液，并用上述方法不断地进行检查，直至确定混合液中不含淀粉为止。

将盛有混合液的烧杯置于水浴锅（70～80℃）中 30min，不停地搅拌，以确保温度均匀，使脂肪析出。用滤纸过滤冷却后的混合液，并用干滤纸片取出黏附于烧杯内壁的脂肪。为确保定量的准确性，应将冲洗烧杯的水进行过滤。在室温下用水冲洗沉淀和干滤纸片，直至滤液用蓝色石蕊试纸检验不变色。将含有沉淀的滤纸和干滤纸片折叠后，放置于大表面皿上，（100±5）℃的电热恒温干燥箱内干燥 1h。

③其他食品：固体试样称取约 2～5g（精确至 0.001g），置于 50mL 试管内，加入 8mL 水，混匀后再加 10mL 盐酸；液体试样称取约 10g（精确至 0.001g），置于 50mL 试管内，加 10mL 盐酸。将加盐酸后的试管放入 70～80℃水浴中，每隔 5～10min 以玻璃棒搅拌 1 次，至试样消化完全为止，约 40～50min。

（2）抽提

①肉制品、淀粉：将干燥后的试样装入滤纸筒内，将滤纸筒放入索氏抽提器的抽提筒内，连接已干燥至恒重的接收瓶，由抽提器冷凝管上端加入无水乙醚（不含过氧化物或石油醚（沸程为 30～60℃）进行回流抽提至脂肪提取完全。

②其他食品：取出试管，加入 10mL 乙醇（95%），混合。冷却后将混合物移入 100mL 具塞量筒中，用 25mL 乙醚（不含过氧化物）分次洗试管，一并倒入量筒中，待乙醚全部倒入量筒后，加塞振摇 1min，小心开塞，放出气体，再塞好，静置 12min，小心开塞，并用石油醚（沸程为 30～60℃）-乙醚等量混合液冲洗塞及量筒口附着的脂肪。静置 10～20min，待上部液体清晰，吸出上清液于已恒重的锥形瓶内，再加 5mL 乙醚于具塞量筒内，振摇，静置后，仍将上层乙醚吸出，放入原锥形瓶内。

（3）称量　肉制品和淀粉制品抽提完后，取下接收瓶，取出滤纸筒，用索氏抽提器回收乙醚或石油醚，并干燥至恒重（操作同索氏抽提法）。

其他食品脂肪提取完后，将锥形瓶置于水浴上蒸干，置于（100±5）℃烘箱中干燥 1h，取出放入干燥器内冷却 0.5h 后称量。重复以上操作直至恒重。

5. 结果计算

试样中脂肪含量按式（9-2）计算，计算结果表示到小数点后一位。

$$X = \frac{m_1 - m_0}{m_2} \times 100 \tag{9-2}$$

式中 X——试样中脂肪的含量，g/100g；

m_1——恒重后接收瓶和脂肪的质量，g；

m_0——接收瓶的质量，g；

m_2——试样的质量，g；

100——换算系数。

6. 注意事项

（1）本法是 GB 5009.6—2016 中的第二法，适用于水果、蔬菜及其制品、粮食及粮食制品、肉及肉制品、蛋及蛋制品、水产及其制品、焙烤食品、糖果等食品中游离态脂肪及结合态脂肪总量的测定。对固体、半固体、黏稠液体或液体食品，特别是加工后的混合食品，容易吸湿、结块，不易烘干的食品，不能采用索氏提取法时，用此法效果较好。

（2）本法对含磷脂较多及糖类含量高的食品不适用。磷脂含量高的食品如鱼类、贝类、蛋及蛋制品，在盐酸溶液中加热时，磷脂几乎完全分解为脂肪酸和碱，当用于测定含大量磷脂的食品时，测定结果将偏低；含糖量高的食品，因糖类遇强酸易炭化而影响测定结果，故也不适用。

（3）测定的样品须充分磨细，液体样品需充分混合均匀，以便消化完全至无块状碳粒，否则结合性脂肪不能完全游离，致使结果偏低，同时用有机溶剂提取时也往往易乳化。

（4）固体样品水解时需加入 8mL 水，以防止后续加盐酸水解时干试样固化。

（5）水解后加入乙醇可使蛋白质沉淀，防止乳化，促进脂肪球聚合，同时溶解一些糖、有机酸等。后面用乙醚提取脂肪时因乙醇可溶于乙醚，故需加入石油醚降低乙醇在乙醚中的溶解度，使乙醇溶解物残留在水层，使分层清晰。

（6）水解时，应防止水分大量损失，以免酸浓度升高。

（7）挥干溶剂后残留物中若有黑色焦油状杂质，是分解物与水一同混入所致，会使测定值增大造成误差，可用等量的乙醚及石油醚溶解后，过滤，再次进行挥干溶剂的操作，若无分解液等杂质混入，通常干燥 2h 即可恒量。反复加热可能会因脂类氧化而增重，质量增加时，以增重前的质量为恒重。

（8）抽提用的乙醚若放置时间过长，会产生过氧化物。过氧化物不稳定，当蒸馏或干燥时会发生爆炸，故使用前应严格检查，并除去过氧化物。

检查方法：取 5mL 乙醚于试管中，加 1mL 10%碘化钾溶液，充分振摇 1min，静置分层若有过氧化物则放出游离碘，水层是黄色（加淀粉指示剂显蓝色），则需另选乙醚或处理后再用。去除过氧化物的方法是将乙醚倒入蒸馏瓶中加一段无锈铁丝或铝丝，收集重蒸乙醚。

（9）不得在仪器的接口处涂抹凡士林。

三、碱水解法

碱水解法又称为罗紫-哥特里法、碱性乙醚提取法。本法被国际标准化组织、联合国粮农组织/世界卫生组织等采用，是乳及乳制品脂类定量的国际基准法。

1. 原理

用无水乙醚和石油醚抽提样品的碱（氨水）水解液，通过蒸馏或蒸发去除溶剂，测定溶于溶剂中的抽提物的质量。

2. 适用范围

主要用于乳及乳制品、婴幼儿配方食品中脂肪的测定。此法为国际标准化组织、联合国粮农组织/世界卫生组织等采用，为乳及乳制品脂类定量的国际标准方法。

3. 主要仪器

抽脂瓶：抽脂瓶应带有软木塞或其他不影响溶剂使用的瓶塞（如硅胶或聚四氟乙烯），软木塞应先浸泡于乙醚中，后放入60℃或60℃以上的水中保持至少15min，冷却后使用。不用时需浸泡在水中，浸泡用水每天更换1次；离心机：可用于放置抽脂瓶或管，转速为500~600r/min，可在抽脂瓶外端产生80~90g的重力场；电热鼓风干燥箱；干燥器等。

4. 分析步骤

（1）试样碱水解

①巴氏杀菌乳、灭菌乳、生乳、发酵乳、调制乳：称取充分混匀试样10g（精确至0.0001g）于抽脂瓶中，加入2.0mL、25%氨水（也可使用比此浓度更高的氨水），充分混合后立即将抽脂瓶放入（65±5）℃的水浴中，加热15~20min，不时取出振荡。取出后，冷却至室温。静置30 s。

②乳粉和婴幼儿食品：称取混匀后的试样，高脂乳粉、全脂乳粉、全脂加糖乳粉和婴幼儿食品约1g（精确至0.0001g），脱脂乳粉、乳清粉、酪乳粉约1.5g（精确至0.0001g），如样品不含淀粉，直接加入10mL、（65±5）℃的水，将试样洗入抽脂瓶的小球中，充分混合，直到试样完全分散，放入流动水中冷却至室温。对于含淀粉样品，将试样放入抽脂瓶中，加入约0.1g的淀粉酶（酶活力≥1.5U/mg），混合均匀后，加入8~10mL约45℃的水，注意液面不要太高。盖上瓶塞于搅拌状态下，置（65±5）℃水浴中2h，每隔10min摇混1次。为检验淀粉是否水解完全可加入2滴约0.1mol/L的碘溶液（称取碘12.7g和碘化钾25g于水中溶解并定容至1L），如无蓝色出现说明水解完全，否则将抽脂瓶重新置于水浴中，直至无蓝色产生。抽脂瓶冷却至室温。冷却后加入氨水进行碱水解，操作同①。

③炼乳、脱脂炼乳、全脂炼乳和部分脱脂炼乳：称取3~5g、高脂炼乳称取约1.5g（精确至0.0001g），用10mL水，分次洗入抽脂瓶小球中，充分混合均匀。其余操作同①。

④奶油、稀奶油：先将奶油试样放入温水浴中溶解并混合均匀后，称取试样约0.5g（精确至0.0001g），稀奶油称取约1g于抽脂瓶中，加入8~10mL约45℃的水。再加2mL氨

水充分混匀。其余操作同①。

⑤干酪：称取约 2g 研碎的试样（精确至 0.0001g）于抽脂瓶中，加 10mL、6mol/L 盐酸，混匀，盖上瓶塞，于沸水中加热 20~30min，取出冷却至室温，静置 30 s。

（2）抽提

①样品经水解后，加入 10mL 乙醇（体积分数至少为 95%）进行混合，避免液体太接近瓶颈。如有需要，可加入 2 滴 0.01g/mL 刚果红溶液。

②加入 25mL 无水乙醚（不含过氧化物），塞上瓶塞，将抽脂瓶保持在水平位置，小球的延伸部分朝上夹到摇混器上，按约 100 次/min 振荡 1min，也可采用手动振摇方式。但均应注意避免形成持久乳化液。抽脂瓶冷却后小心地打开塞子，用少量的乙醚、石油醚（沸程为 30~60℃）混合溶剂（乙醚和石油醚等体积混合，现配现用，下同）冲洗塞子和瓶颈，使冲洗液流入抽脂瓶。

③加入 25mL 石油醚，塞上重新润湿的塞子，按步骤②所述，轻轻振荡 30s。

④将加塞的抽脂瓶放入离心机中，在 500~600r/min 下离心 5min，否则将抽脂瓶静置至少 30min，直到上层液澄清，并明显与水相分离。

⑤小心地打开瓶塞，用少量的等体积混合溶剂冲洗塞子和瓶颈内壁，使冲洗液流入抽脂瓶。如果两相界面低于小球与瓶身相接处，则沿瓶壁边缘慢慢地加入水，使液面高于小球和瓶身相接处，以便于倾倒。

⑥将上层液尽可能地倒入已准备好的加入沸石的脂肪收集瓶中，避免倒出水层。

⑦用少量混合溶剂冲洗瓶颈外部，冲洗液收集在脂肪收集瓶中。应防止溶剂溅到抽脂瓶的外面。

⑧向抽脂瓶中加入 5mL 乙醇，用乙醇冲洗瓶颈内壁，按步骤①所述进行混合，重复步骤②~⑦操作，用 15mL 无水乙醚和 15mL 石油醚进行第 2 次抽提。

⑨重复步骤②~⑦操作，再次用 15mL 无水乙醚和 15mL 石油醚进行第 3 次抽提。

⑩空白试验与样品检验同时进行，采用 10mL 水代替试样，使用相同步骤和相同试剂。

（3）称量　合并所有提取物，采用蒸馏的方法除去脂肪收集瓶中的溶剂或于沸水浴上蒸发至干来除掉溶剂。蒸馏前用少量混合溶剂冲洗瓶颈内部。将脂肪收集瓶放入（100±5）℃的烘箱中干燥 1h，取出后置于干燥器内冷却 0.5h 后称量。重复以上操作直至恒重（直至两次称量的差不超过 2mg）。

5. 结果计算

试样中脂肪的含量按式（9-3）计算，结果保留 3 位有效数字。

$$X = \frac{(m_1 - m_2) - (m_3 - m_4)}{m} \tag{9-3}$$

式中　X——试样中脂肪的含量，g/100g；

m_1——恒重后脂肪收集瓶和脂肪的质量，g；

m_2——脂肪收集瓶的质量，g；

m_3——空白试样中，恒重后脂肪收集瓶和抽提物的质量，g；

m_4——空白试样中，恒重后脂肪收集瓶的质量，g；

m——样品的质量，g；

100——换算系数。

6. 注意事项

（1）本法适用于乳及乳制品、婴幼儿配方食品中脂肪的测定，是国标食品中脂肪的测定的第三法。

（2）乳类脂肪虽然也属游离态脂肪，但因脂肪球被乳中酪蛋白钙盐包裹，又处于高度分散的胶体分散系中，故不能直接被乙醚、石油醚提取，需预先用氨水处理，使酪蛋白钙盐成为可溶性的钙盐，才能被乙醚、石油醚提取。

（3）若无抽脂瓶时，也可使用带虹吸管或洗瓶的抽脂管（或烧瓶），但操作步骤有所不同，接头的内部长支管下端可成勺状。

（4）加氨水后，要充分混匀，否则会影响下一步醚对脂肪的提取。

（5）操作时加入乙醇的作用是沉淀蛋白质以防止乳化，并溶解醇溶性物质，使其留在水中，避免进入醚层，影响结果。

（6）加入石油醚的作用是降低乙醚极性，使乙醚与水、乙醇不混溶，只抽提出脂肪，并可使分层清晰。

（7）对已结块的乳粉，用本法测定脂肪，其结果往往偏低。

（8）刚果红溶液可选择性地使用。刚果红溶液可使溶剂和水相界面清晰，也可使用其他能使水相染色而不影响测定结果的溶液。

（9）所用乙醚不能含有过氧化物，含过氧化物的检验方法同索氏抽提法。

（10）在重复性条件下获得的两次独立测定结果之差应符合：当样品中脂肪含量≥15%时，两次独立测定结果之差≤0.3g/100g；当样品中脂肪含量在5%~15%时，两次独立测定结果之差≤0.2g/100g；当样品中脂肪含量≤5%时，两次独立测定结果之差≤0.1g/100g。

四、盖勃法

1. 原理

用浓硫酸溶解乳中的乳糖和蛋白质等非脂成分，使牛乳中不溶的酪蛋白钙盐转变成可溶性的重硫酸酪蛋白，从而破坏脂肪球膜，使脂肪游离出来，再利用加热离心，使脂肪完全迅速分离，直接读取脂肪层体积便可知被测乳的含脂率。

2. 主要仪器

乳脂离心机；10.75mL单标乳吸管；盖勃氏乳脂计：最小刻度值为0.1%。

3. 分析步骤

先在盖勃氏乳脂瓶中加入 10mL 硫酸（相对密度 1.820~1.825，20℃），注意颈口勿沾湿硫酸，再沿管壁小心加入 10.75mL 试样，使样品和硫酸不要混合，然后加 1mL 异戊醇，塞上橡皮塞，使瓶口向下，同时用布包裹以防冲出，用力振摇使呈均匀棕色液体，静置数分钟（瓶口向下），65~70℃水浴中 5min，取出擦干后置于乳脂离心机中以 1100r/min 的转速离心 5min，再置于 65~70℃水浴中保温 5min（注意水浴水面应高于乳脂计脂肪层），取出，立即读数，脂肪层上下弯月形下缘数字之差，即为脂肪的百分数。

4. 注意事项

（1）盖勃法适用于乳及乳制品、婴幼儿配方食品中脂肪的测定。但不适用于测定含糖多的乳品，如甜炼乳、加糖乳粉等，因为硫酸可使糖发生炭化，使结果误差较大。

（2）盖勃法是 GB 5009.6—2016 中脂肪的测定第四法，该法为无溶剂湿法萃取，样品无需预先烘干，因此操作简便、迅速。对大多数样品来说测定精度可满足要求，但测定准确度均不如碱水解法。

（3）加入硫酸的作用，一是和酪蛋白钙盐作用，形成可溶性的重硫酸酪蛋白化合物和硫酸钙沉淀；二是破坏脂肪球膜，促进脂肪生成油层从水相中分离出来；三是硫酸还可增加液体的相对密度，使脂肪容易游离浮出。

（4）硫酸的浓度要严格遵守规定的要求，如过浓会使乳炭化成黑色溶液而影响读数；过稀则不能使酪蛋白完全溶解，会使测定值偏低或使脂肪层混浊。

（5）添加异戊醇的目的，一是因为异戊醇有很强的吸附作用，可促进硫酸对脂肪球膜的破坏作用，促使脂肪从蛋白质中游离出来；二是异戊醇与硫酸反应生成异戊醇硫酸酯，能降低脂肪球的表面张力，促进脂肪球的离析，有利于形成连续的脂肪层；此外，异戊醇还具有消泡作用，有利于脂肪层体积的读数。

（6）所加 1mL 异戊醇应能完全溶于酸中，但如质量不纯，可能有部分析出掺入到油层，而使结果偏高。因此在使用未知规格的异戊醇之前，应先做试验确保质量，方可采用。检验异戊醇纯度的方法如下：将硫酸、水（代替牛乳）及异戊醇按测定样品时的数量注入乳脂计中，振摇后静置 24h 澄清，如在乳脂计的上部狭长部分无油层析出，认为适用，否则表明异戊醇质量不佳，不能采用。

（7）65~70℃水浴中加热和离心的目的是促使脂肪离析，读取脂肪层体积时，温度也应控制 65~70℃。水浴时水面应高于乳脂计脂肪层。

五、巴布科克法

1. 原理

用浓硫酸溶解乳中的乳糖和蛋白质等非脂成分，使牛乳中不溶的酪蛋白钙盐转变成可溶性的重硫酸酪蛋白，从而破坏脂肪球膜，使脂肪游离出来，再利用加热离心，使脂肪完全迅速分离，直接读取脂肪层体积便可知被测乳的含脂率。

2. 主要仪器

巴布科克乳脂瓶：颈部刻度有 0~8.0%，0~10.0%两种，最小刻度值为 0.1%；乳脂离心机；17.6mL 单标乳吸管。

3. 分析步骤

用标准乳吸管准确吸取 20℃均匀鲜乳 17.6mL 于巴布科克乳脂瓶中，再量取硫酸（相对密度 1.820~1.825，20℃）17.5mL，沿瓶颈壁缓缓注入瓶中，将瓶颈回旋，使液体充分混合，至无凝块并呈均匀的棕色。将巴布科克乳脂瓶置于乳脂离心机上，以约 1000r/min 的速度离心 5min，加入 60℃以上热水使脂肪上浮到瓶颈基部，再置于离心机中离心 2min。取出后置于 60℃水浴中，再加入 60℃以上热水使脂肪上浮到 2~3 刻度处，再置于离心机上离心 1min。取出后置于 55~60℃水浴中 5min，立即读取脂肪层最高点与最低点所占的格数（读数时以上端凹面最高点为准），即为样品含脂肪的百分含量。

4. 注意事项

（1）巴布科克法和盖勃法均为测定乳脂肪的标准方法，适用于乳及乳制品脂肪的测定，但不适用于测定含糖多的乳品，因为硫酸可使糖发生炭化，使结果误差较大。该法操作简便、迅速，是乳脂肪含量测定的简易法，但测定准确度不如碱水解法。巴布科克法的准确度比盖勃法稍高些，两者差异显著。进行严格的定量分析时，应采用碱水解法。

（2）巴布科克法中采用 17.6mL 标准吸管取样，实际上注入巴布科克乳脂瓶中的样品只有 17.5mL，牛乳的平均相对密度为 1.032，故取样质量为 17.5×1.032=18（g）。巴布科克乳脂瓶（0~10%）共 10 个大格，每一大格体积为 0.2mL，在 60℃左右，脂肪的平均相对密度为 0.9，故每一大格乳脂肪的质量为 0.2×0.9=0.18（g），故巴布科克乳脂瓶一大格为牛乳含脂肪 1%，最小刻度为 0.1%，当整个刻度部分充满脂肪时，其脂肪质量为 0.2×10×0.9=1.8（g），即脂肪含量 10%。

（3）硫酸的浓度和用量必须严格按照规定，沿瓶壁缓慢加入，回旋摇动，使充分混合，否则易使脂肪层产生黑色块粒。

六、氯仿-甲醇提取法

索氏抽提法只能提取游离态的脂肪，而对脂蛋白、磷脂等结合态的脂类则不能完全提取出来，酸水解法常使磷脂分解而损失。而在一定的水分存在下，极性的甲醇及非极性的氯仿混合溶液（简称 CM 混合液）却能有效地提取结合态脂类，如脂蛋白等级磷脂。因此氯仿-甲醇法适合于结合态脂类含量较高，特别是磷脂含量高的样品，如高水分生物试样（鱼、贝类、肉、禽蛋等）脂类的测定更为有效。

1. 原理

将试样分散于氯仿-甲醇混合液（简称 CM 溶液）中，于水浴上轻微沸腾，氯仿-甲醇混合液与一定的水分形成提取脂类的有效溶剂，在使试样组织中结合态脂类游离出来的同时与磷脂等极性脂类的亲合性增大，从而有效地提取出全部脂类。经过滤除去非脂成分，回收溶剂，残留的脂类用石油醚提取，蒸馏除去石油醚后即得脂肪。

2. 适用范围

索氏抽提法对结合或包藏在组织内的脂肪等不能完全提取出来，酸水解法常使磷脂分解而损失。在存在一定的水分时，极性的甲醇及非极性的氯仿混合溶液却能有效地提取结合态脂类，如脂蛋白、磷脂等，此法对于高水分生物试样（如鱼、禽蛋等）脂类的测定更为有效，对于干燥的食品可先在试样中加入一定量的水分，使组织膨润后再提取测定。

3. 主要仪器

具塞三角瓶；布氏漏斗；离心机等。

4. 分析步骤

（1）提取　准确称取样品 5.00g 于 200mL 具塞三角瓶内（高水分食品可加适量硅藻土使其分散，干燥食品加 2～3mL 水），加入 60mL 氯仿-甲醇（2+1）混合溶液，连接提取装置，于 65℃水浴中加热，从微沸开始计时提取 1h。

（2）回收溶剂　提取结束后，取下三角烧瓶，用布氏漏斗过滤，用另一具塞三角烧瓶收集滤液。用氯仿-甲醇混合溶液洗涤原三角烧瓶、滤器及滤器中试样残渣，洗涤液并入滤液中，把烧瓶置于 65～70℃水浴中蒸发回收溶剂，至烧瓶内物料呈浓稠态，但不能使其干涸、冷却。

（3）石油醚萃取、定量　冷却后，用移液管加入 25mL 石油醚（沸程 30～60℃）溶解内容物，再加 15g 无水硫酸钠，立即加塞振荡 1min，将醚层移入具塞离心管中，以 3000r/min 离心 5min。用移液管迅速吸取离心管中澄清的醚层 10mL，置于已恒重的称量瓶内，蒸发去除石油醚后，于（100±5）℃烘箱中干燥 30min，取出放入干燥器中冷却至室温后称重，重复操作直至恒重。

5. 结果计算

试样的脂肪的含量按式（9-4）计算，结果保留 3 位有效数字。

$$X = \frac{(m_1 - m_0) \times 2.5}{m_2} \times 100 \tag{9-4}$$

式中　X——试样中脂肪的含量，g/100g；

m_2——恒重后称量瓶和脂肪的质量，g；

m_1——称量瓶的质量，g；

m_0——试样质量，g；

2.5——从 25mL 石油醚中取 10mL 进行干燥，故乘以系数 2.5。

6. 注意事项

（1）本法适合于结合态脂类，特别是磷脂含量高的样品，如鱼、贝类、肉、禽蛋及其制品、大豆及其制品（发酵大豆类制品除外）等。对这类样品，用索氏提取法测定时，脂蛋白、磷脂等结合态脂类不能被完全提取出来；用酸水解法测定时，又会使磷脂分解而损失。但在有一定水分存在下，CM 混合液却能有效地提取结合态脂类。

（2）本法对高水分试样的测定更为有效，对于干燥试样，可先在试样中加入一定量的水，使组织膨润，再用 CM 混合液提取。

（3）提取结束后，用玻璃过滤器过滤，用溶剂洗涤烧瓶，每 5mL 洗 3 次，然后用 30mL 溶液洗涤试样残渣及滤器。洗涤残渣时一边用玻璃棒搅拌残渣，一边用溶液洗涤。

（4）溶剂回收到残留物尚具有一定流动性，不能完全干涸，否则脂类难以溶解于石油醚，使测定值偏低。因此，最好在残留有适量的水时停止蒸发。

（5）萃取时，无水硫酸钠必须在石油醚之后加入，以免影响石油醚对脂类的溶解。加入量可根据残留物中水分的多少来确定，一般为 5~15g。

（6）过滤时不能使用滤纸，因为滤纸能够吸附磷脂。

（7）从加入石油醚至用移液管吸取部分醚层的操作中，应注意避免石油醚挥发。

第三节　食用油脂常见理化指标的测定

一、酸价的测定

油脂酸价，又称酸值，是指中和 1g 油脂中游离脂肪酸所需氢氧化钾的质量（mg）。油脂酸价是反映油脂酸败的主要指标。精制的新鲜油脂一般是中性，含有少量脂肪酸，酸价较小；未经精炼的粗制油脂酸价往往较高。此外，油脂在储存、运输期间，由于含有水分和杂质，水解而产生游离脂肪酸，致使油脂酸价升高。因此，油脂中游离脂肪酸含量的多少，是油脂品质好坏的重要指标之一。测定油脂酸价，可以反映油脂的酸败程度，评价油脂品质的好坏和贮藏方法是否恰当，还能为油脂碱炼工艺提供需要的加碱量。

1. 原理

用有机溶剂将油脂试样溶解成样品溶液，然后用氢氧化钾或氢氧化钠标准溶液中和滴定样品溶液中的游离脂肪酸，根据油样质量和碱液消耗量计算出油脂酸价。

2. 主要仪器

10mL 微量滴定管，最小刻度为 0.05mL。

3. 分析步骤

（1）试样制备

①液态、澄清油脂试样：若食用油脂样品在常温下呈液态，且为澄清液体，则充分混匀后直接取样。

②有沉淀、含有水分的油脂试样：如果样品不澄清、有沉淀或含有水分，则应分别经过以下除杂和脱水干燥处理。

对于不澄清、有沉淀的试样，除杂的具体方法为将油脂置于50℃的水浴或恒温干燥箱内，将油脂的温度加热至50℃并充分振摇以熔化可能的油脂结晶，若此时油脂样品变为澄清、无沉淀，则可作为试样，否则应将油脂置于50℃的恒温干爆箱内，用滤纸过滤不溶性的杂质，取过滤后的澄清液体油脂作为试样，过滤过程应尽快完成。若油脂样品中的杂质含量较高，且颗粒细小难以过滤干净，可先将油脂样品用离心机以8000~10000r/min的转速离心10~20min，沉淀杂质。对于凝固点高于50℃或含有凝固点高于50℃油脂成分的样品，则应将油脂置于比其凝固点高10℃左右的水浴或恒温干燥箱内，将油脂加热并充分振摇以熔化可能的油脂结晶。若还需过滤，则将油脂置于比其凝固点高10℃左右的恒温干燥箱内，用滤纸过滤不溶性的杂质，取过滤后的澄清液体油脂作为试样，过滤过程应尽快完成。

若油脂中含有水分，可通过如上除杂处理，如经过如上处理后仍旧无法达到澄清，应进行干燥脱水。对于无结晶或凝固现象的油脂，以及经过除杂处理并冷却至室温后无结晶或凝固现象的油脂，可按每10g油脂加入1~2g的比例加入无水硫酸钠，并充分搅拌混合吸附脱水，然后用滤纸过滤，取过滤后的澄清液体油脂作为试样。若油脂样品中的水分含量较高，可先将油脂样品用离心机以8000~10000r/min的转速离心10~20min，分层后，取上层的油脂样品再用无水硫酸钠吸附脱水。

③常温下呈固态的油脂试样：对于室温下有结晶或凝固现象的油脂，以及经过除杂处理并冷却至室温后有明显结晶或凝固现象的油脂，可将油脂样品用适量的石油醚（30~60℃沸程）于40~55℃水浴内完全溶解后，加入适量无水硫酸钠，在维持加热条件下充分搅拌混合吸附脱水，并静置沉淀硫酸钠，使溶液澄清，然后收集上清液，将上清液置于水浴温度不高于45℃的旋转蒸发仪内，0.08~0.1MPa负压条件下，将其中的石油醚彻底旋转蒸干，取残留的液体油脂作为试样。若残留油脂有混浊显现，可将油脂样品按除杂要求再进行一次过滤除杂，便可获得澄清油脂样品。

对于由于凝固点过高而无法溶解于石油醚的油脂样品，则将油脂置于比其凝固点高10℃左右的水浴或恒温干燥箱内，将油脂加热并充分振摇以熔化可能的油脂结晶或凝固物，然后加入适量的无水硫酸钠，在同样的温度环境下，充分搅拌混合吸附脱水，并静置沉淀硫酸钠，然后仍在相同的加热条件下过滤上层的液态油脂样品，获得澄清的油脂样品，过滤过程应尽快完成。

若食用油脂样品常温下为固态，可按要求称取固态油脂样品，置于比其熔点高10℃左右的水浴或恒温干燥箱内，加热完全熔化固态油脂试样，若熔化后的油脂试样完全澄清，则可混匀后直接取样。若熔化后的油脂样品混浊或有沉淀，则应进行如上所述的除杂和脱水处理。

④乳化加工的油脂试样：若样品为经乳化加工的食用油脂，称取适量乳化油脂样品，

加入试样体积5~10倍的石油醚，然后搅拌直至样品完全溶解于石油醚中（若油脂样品凝固点过高，可置于40~55℃水浴内搅拌至完全溶解），然后充分静置并分层后，取上层有机相提取液，置于水浴温度不高于45℃的旋转蒸发仪内，0.08~0.1MPa负压条件下，将其中的石油醚彻底旋转蒸干，取残留的液体油脂作为试样。若残留的油脂混浊、乳化、分层或有沉淀，则应进行如上所述的除杂和脱水干燥处理。

对于难溶解的油脂可采用石油醚-甲基叔丁基醚（体积比1∶3），250mL的石油醚与750mL的甲基叔丁基醚充分互溶混合后的溶剂为浸提液。

若油脂样品能完全溶解于石油醚等溶剂中，成为澄清的溶液或者只是成为悬浮液而不分层，则直接加入适量的无水硫酸钠，在同样的温度条件下，充分搅拌混合吸附脱水并静置沉淀硫酸钠，然后取上层清液置于水浴温度不高于45℃的旋转蒸发仪内，0.08~0.1MPa负压条件下，将其中的石油醚彻底旋转蒸干，取残留的液体油脂作为试样。若残留的油脂混浊、乳化、分层或有沉淀，则应按照如上要求进行除杂和脱水干燥处理。

（2）试样称量　根据制备试样的颜色和估计的酸价，按照表9-1规定称量试样。

表9-1　试样称样表

预估酸价/（mg/g）	最小称样量/g	滴定液浓度/（mol/L）	称重精确度/g
0~1	20	0.1	0.05
1~4	10	0.1	0.02
4~15	2.5	0.1	0.01
15~75	0.5~3.0	0.1或0.5	0.001
>75	0.2~1.0	0.5	0.001

试样称样量和滴定液浓度应使滴定液用量为0.2~10mL（扣除空白后）。若检测后，发现样品的实际称样量与该样品酸价所对应的应有称样量不符，应按照表3-1要求，调整称样量后重新检测。

（3）试样测定　称取制备的油脂试样，加入乙醚-异丙醇（体积比1∶1）混合液50~100mL和3~4滴的1%酚酞指示剂于锥形瓶中，充分振荡混匀。再用装有氢氧化钾标准滴定水溶液（0.1mol/L或0.5mol/L）的刻度滴定管，对试样溶液进行手工滴定，当试样溶液初现微红色，且15s内无明显褪色时，为滴定的终点。立刻停止滴定，记录下此滴定所消耗的标准滴定溶液的体积。

（4）空白试验　准确加入与试样测定时相同体积、相同种类的有机溶剂混合液和指示剂于锥形瓶中，充分振荡混匀。用装有氢氧化钾标准滴定溶液的滴定管进行手工滴定，方法同试样测定。记录滴定所消耗的标准滴定溶液的体积。

4. 结果计算

油脂酸价按式（9-5）进行计算，如酸价<1mg/g，计算结果保留2位小数；1mg/g<酸

价≤100mg/g，计算结果保留 1 位小数；酸价>100mg/g，计算结果保留至整数位。

$$X_{AV} = \frac{(V - V_0) \times c \times 56.11}{m} \quad (9-5)$$

式中 X_{AV}——油脂的酸价，mg/g；

V——试样测定所消耗的标准滴定溶液的体积，mL；

V_0——相应的空白测定所消耗的标准滴定溶液的体积，mL；

c——标准滴定溶液的浓度，mol/L；

m——油脂样品的称样量，g；

56.11——氢氧化钾的摩尔质量，g/mol。

5. 注意事项

（1）本法为冷溶剂指示剂滴定法，是《食品安全国家标准　食品中酸价的测定》（GB 5009.229—2016）第一法，适用于常温下能够被冷溶剂完全溶解成澄清溶液的食用油脂样品，适用范围包括食用油（辣椒油除外）、食用动物油、食用氢化油、起酥油、人造奶油、植脂奶油、植物油料等。

（2）当样液颜色较深时，可减少试样用量或适当增加混合溶剂的用量，使终点变明显。

（3）对于深色泽的油脂样品，为便于观察终点，也可用 2%百里香酚酞乙醇溶液指示剂或 2%碱性蓝 6B 乙醇溶液指示剂取代酚酞指示剂。百里香酚酞指示剂的变色范围为 pH 9.3~10.5，滴定时，当颜色由无色变为蓝色时为百里香酚酞的滴定终点；碱性蓝 6B 指示剂的变色范围为 pH 9.4~14，滴定终点为由蓝色变红色。

（4）测定米糠油（稻米油）的酸价时，需选用碱性蓝 6B 为指示剂。

（5）当酸价<1mg/g 时，在重复条件下获得的两次独立测定结果的绝对差值不得超过算术平均值 15%；当酸价>1mg/g 时在重复条件下获得的两次独立测定结果的绝对差值不得超过算术平均值 12%。

二、油脂过氧化值的测定

拓展视频

油脂在贮藏期间，由于光、热、空气中的氧以及油脂自身水分和酶的作用，常会发生各类复杂的化学变化而引起油脂性质的变化，一般称作酸败。油脂酸败过程中的中间产物过氧化物，是油脂与空气中的氧气发生氧化作用产生的。

过氧化值是反映油脂氧化程度的指标之一。油脂在氧化的初期阶段，氢过氧化物的量逐渐增多，随着氧化程度的加深，氢过氧化物分解、聚合。过氧化值高的油脂出现不快的辛辣味，甚至引起呕吐、腹泻等中毒症状。因此过氧化值高的油脂不能食用。

1. 原理

制备的油脂试样在三氯甲烷-乙酸溶液中溶解，其中的过氧化物与碘化钾反应生成碘，用硫代硫酸钠标准溶液滴定析出的碘。用过氧化物相当于碘的质量分数或 1kg 样品中活性氧的物质的量表示过氧化值的量。该方法适用于食品中过氧化值的测定。

2. 主要仪器

天平：感量分别为0.01、0.001、0.0001g；电热恒温干燥箱；旋转蒸发仪：配棕色旋转瓶；恒温水浴振荡器；高速冷冻离心机：转速≥ 5000 r/min；定置搅拌器；滴定管：容量10 mL，最小刻度0.05 mL；滴定管：容量25 mL，最小刻度0.1 mL。

测定中所使用的所有器皿不得含有还原性或氧化性物质。磨砂玻璃表面不得涂油。

3. 分析步骤

（1）试样制备　对液态的样品，振荡装有试样的密闭容器，充分均匀后直接取样；对固态样品，选取有代表性的试样置于密闭容器中混匀后取样。

（2）试样测定　根据不同样品的过氧化值范围，称取制备好的试样2~3g（精确至0.001g），置于250mL碘量瓶中，加入30mL三氯甲烷-乙酸混合液（体积比2∶3）轻轻振荡使试样完全溶解。准确加入1.00mL饱和碘化钾溶液，塞紧瓶盖，轻轻振摇0.5min，在暗处放置3min。取出加100mL水。摇匀后立即用硫代硫酸钠标准溶液（氧化值估计值在0.15g/100g及以下时，用0.002mol/L标准溶液；过氧化值估计值大于0.15g/100g时，用0.01mol/L标准溶液）滴定析出的碘，滴定至淡黄色时，加1mL、1%淀粉指示剂，继续滴定并强烈振荡至溶液蓝色消失为终点。同时进行空白试验。

4. 结果计算

用过氧化物相当于碘的质量分数表示过氧化值时，按式（9-6）计算，计算结果以重复性条件下获得的两次独立测定结果的算术平均值表示，结果保留两位有效数字。

$$X_1 = \frac{(V - V_0) \times c \times 0.1269}{m} \times 100 \tag{9-6}$$

式中　X_1——油脂的过氧化值，g/100g；

V——试样消耗的硫代硫酸钠标准溶液体积，mL；

V_0——空白试验消耗的硫代硫酸钠标准溶液体积，mL；

c——硫代硫酸钠标准溶液的浓度，mol/L；

m——试样质量，g；

0.1269——与1.00mL硫代硫酸钠标准滴定溶液相当的碘的质量；

100——换算系数。

用1 kg样品中活性氧的物质的量表示过氧化值时，按式（9-7）计算，计算结果以重复性条件下获得的两次独立测定结果的算术平均值表示，结果保留两位有效数字。

$$X_2 = \frac{(V - V_0) \times c}{2m} \times 1000 \tag{9-7}$$

式中　X_2——油脂的过氧化值，mmol/kg；

1000——换算系数。

5. 注意事项

（1）本法为《食品安全国家标准　食品中过氧化值的测定》（GB 5009.227—2023）的第一法，即指示剂滴定法，适用于食品中过氧化值的测定。过氧化值的测定也可采用电位滴定法，制备时将油脂试样溶解在异戊烷-乙酸溶液中，用电位滴定仪来确定滴定终点。

（2）光线会促进空气对试剂的氧化，样品制备过程应避免强光，并尽可能避免带入空气，测定时也应避免阳光直射，可在人工照明或散射日光下进行。

（3）饱和碘化钾溶液中不可存在游离碘和碘酸盐。其配制方法为称取 20g 碘化钾加入 10mL 新煮沸冷却的水，摇匀后贮藏于棕色瓶中，存放于避光处备用。要确保溶液中有饱和碘化钾结晶存在，使用前进行检查。在 30mL 三氯甲烷-乙酸混合液中添加 1.00mL 碘化钾饱和溶液和 2 滴 1%淀粉指示剂，若出现蓝色，需用 1 滴以上的 0.01mol/L 硫代硫酸钠溶液才能消除，此碘化钾溶液不能使用，应重新配制。

（4）在油脂测定过程中，振荡的次数和力度大小都会影响测定结果。在油脂中加入饱和碘化钾溶液后，在反应时间内，如果剧烈且频繁地振荡碘量瓶，会使测定结果偏高，因此不能剧烈也不能频繁地振荡碘量瓶。

（5）在用硫代硫酸钠溶液滴定的过程中，溶剂和滴定液需要时间充分混合，因此需要用力振荡，且在蓝色将要消失时更加要剧烈振荡碘量瓶，振荡后再滴 1~2 滴滴定液至蓝色消失，即为终点。在滴定过程中如果振动幅度太小，就有可能造成硫代硫酸钠溶液与油脂中游离的碘反应不充分，在观察到蓝色将要消失时剧烈振荡碘量瓶蓝色就消失了这时的滴定液可能已经滴过量了，从而使测定结果偏高。

（6）三氯甲烷和乙酸混合溶液的比例，加入碘化钾后静置时间的长短以及加水量多少，对测定结果均有影响，操作过程中应注意条件一致。

（7）用硫代硫酸钠标准溶液滴定被测样品溶液，必须在溶液呈淡黄色时，才能加入淀粉指示剂。否则淀粉能包裹和吸附碘而影响测定结果。此外，溶液 pH 和淀粉种类均会影响指示剂的颜色。

（8）本方法中使用的所有器皿不得含有还原性或氧化性物质。磨砂玻璃表面不得涂油。

（9）滴定必须进行空白试验，空白试验所消耗 0.01mol/L 硫代硫酸钠溶液体积不超过 0.1mL。若超过 0.1mL，应更换试剂，重新对样品进行测定。

（10）在重复性条件下获得的两次独立测定结果的绝对差值不得超过算术平均值的 10%。

三、油脂碘值的测定

碘值，又称碘价，是指一定质量的油脂样品在规定的操作条件下吸收卤素的质量，一般用 100g 油脂吸收氯化碘或溴化碘换算成碘的质量（g）表示。碘价的高低反映了油脂的不饱和程度。碘价越高，说明油脂中脂肪酸的双键越多，油脂越不稳定。但从另一方面来讲，不饱和脂肪酸含量是评价油脂营养价值的重要指标。各种油脂都有一定的碘价范围，因此测定碘价可以了解油脂脂肪酸的组成是否正常，有无掺杂等。在油脂加工过程中，可由碘价计算出氢化油脂的加氢量以及油脂的氢化程度。碘价降低说明油脂已发生氧化，所以有时用这种方法监测油脂自动氧化过程中二烯酸含量下降的趋势。

1. 原理

在溶剂中溶解试样并加入韦氏试剂（Wijs 碘液，为含一氯化碘的乙酸溶液），反应一定时间后，氯化碘则与油脂中的不饱和脂肪酸发生加成反应，再加入过量的碘化钾和水，使其与剩余的氯化碘作用并析出碘，用硫代硫酸钠标准溶液滴定析出的碘从而计算出试样加成的氯化碘（以碘计）的量。

2. 主要仪器

玻璃称量皿；500mL 干燥具塞锥形瓶。

3. 分析步骤

（1）称取样品　根据样品预估的碘值，称取适量样品（碘价高，油样少；碘价低，油样多），一般在 0.1~1.0g。推荐的称样量如表 9-2 所示。

表 9-2　试样称取质量

预估碘值/（g/100g）	试样质量/g	溶剂体积/mL	预估碘值/（g/100g）	试样质量/g	溶剂体积/mL
<1.5	15.00	25	20~50	0.40	20
1.5~2.5	10.00	25	50~100	0.20	20
2.5~5	3.00	20	100~150	0.13	20
5~20	1.00	20	150~200	0.10	20

（2）测定　将盛有试样的称量皿放入 500mL 锥形瓶中，根据称样量加入 20~25mL（加入量可参考表 9-2）环己烷和乙酸等体积混合液溶解试样，用移液管准确加入 25mL 韦氏试剂，盖好塞子，摇匀后将锥形瓶置于暗处。对碘值低于 150g/100g 的样品，锥形瓶应在暗处放置 1h；碘值高于 150g/100g 的、已聚合的、含有共轭脂肪酸的（如桐油、脱水蓖麻油）、含有任何一种酮类脂肪酸（如不同程度的氢化蓖麻油）的，以及氧化到相当程度的样品，应置于暗处 2h。反应结束后，加 20mL、100g/L 碘化钾溶液和 150mL 水。用标定过的 0.1mol/L 硫代硫酸钠标准溶液（标定后 7 天内使用）滴定至碘的黄色接近消失（浅黄色），加几滴淀粉指示剂（将 5g 可溶性淀粉在 30mL 水中混匀，加入 1000mL 沸水煮沸 2min，冷却后使用）继续滴定，一边滴定一边用力摇动锥形瓶，直到蓝色刚好消失为止，记录消耗的硫代硫酸钠标准溶液的体积。也可采用电位滴定法确定重点。在相同条件下同时做空白试验。空白试验除不加试样外，其他同样品测定。

4. 结果计算

油脂的碘值按式（9-8）计算。如测定结果<20g/100g，则结果取值到 0.1；如测定结

果为 20g/100g~60g/100g，则结果取值到 0.5；如测定结果 W>60g/100g，则结果取值到 1。

$$W=\frac{(V_1-V_2)\times c\times 12.69}{m} \tag{9-8}$$

式中 W——油脂的碘值，g/100g；

V_1——空白溶液消耗硫代硫酸钠标准溶液的体积，mL；

V_2——样品溶液消耗硫代硫酸钠标准溶液的体积，mL；

c——硫代硫酸钠标准溶液的浓度，mol/L；

m——试样质量，g。

5. 注意事项

（1）韦氏试剂稳定性较差，为使测定结果准确，应做空白样的对照测定。

（2）韦氏试剂的配制方法可按 25g 氯化碘溶于 1500mL 乙酸中的比例配置。韦氏试剂中 I/Cl 应控制在 1.1±0.1。此外，配制韦氏试剂的乙酸应符合质量要求，不得含有还原物质。鉴定方法如下，取乙酸 2mL，加 10mL 蒸馏水稀释，加入 1mol/L 高锰酸钾 0.1mL，所呈现的颜色应在 2h 内保持不变。如果红色褪去，说明有还原物质存在。可用如下方法精制，取乙酸 800mL 放入圆底烧瓶内，加入 8~10g 高锰酸钾，接上回流冷凝器，加热回流约 1h，移入蒸馏瓶中进行蒸馏，收集 118~119℃的馏出物。

（3）称取试样时，试样的质量必须能保证所加入的韦氏试剂过量 50%~60%，即吸收量的 100%~150%。

（4）测定碘价时，不能用游离的卤素、常用卤化物（氯化碘、溴化碘、次碘酸等）作为试剂。因为卤化物在一定的反应条件下，能迅速地定量饱和双键，而不发生取代反应。最常用的是氯化碘-乙酸溶液法。

（5）碘化钾溶液中不能含有碘酸盐或游离碘。

（6）光线和水分对氯化碘的影响很大，因此要求所用仪器必须清洁、干燥，碘液试剂必须用棕色瓶盛装且放于暗处。

（7）加入碘液的速度、放置作用时间和温度要与空白试验相一致。

四、油脂皂化值的测定

皂化值又称皂化价，是指在规定条件下，皂化 1g 油脂所需氢氧化钾的质量，即中和 1g 油脂中所含全部游离脂肪酸和结合脂肪酸（甘油酯）所需氢氧化钾的质量（mg）。皂化值的大小与油脂中甘油酯的平均相对分子质量有关，平均相对分子质量越大，皂化值越小。另外油脂中非甘油三酯物质的存在对皂化值也有影响。由于各种植物油的脂肪酸组成不同，故其皂化值也不相同。因此，测定油脂皂化值结合其他检验项目，可对油脂的种类和纯度等进行鉴定。

1. 原理

在回流条件下，将样品和过量的氢氧化钾-乙醇溶液一起煮沸皂化，待皂化完全后，用标定过的盐酸标准溶液滴定过量的氢氧化钾，同时做空白试验，由所消耗碱液量计算出皂化值。

2. 主要仪器

锥形瓶容量250mL，耐碱玻璃制成，带有磨口；50mL滴定管：最小刻度为0.1mL，或者自动滴定管；回流冷凝管，带有连接锥形瓶的磨砂玻璃接头。

3. 分析步骤

（1）称取样品　称取混匀试样2g（精确至0.005g）于锥形瓶中。以皂化值（以KOH计）170~200mg/g、称样量2g为基础，对于不同范围皂化值样品，以称样量约为一半的氢氧化钾-乙醇溶液被中和为依据进行改变。推荐的取样量的确定依据为当估计的皂化值（以KOH计）为150~200mg/g时，取样量2.2~1.8g；当估计的皂化值（以KOH计）为200~250mg/g时，取样量1.7~1.4g；当估计的皂化值（以KOH计）为250~300mg/g时，取样量1.3~1.2g；当估计的皂化值（以KOH计）>300mg/g时，取样量1.1~1.0g。

（2）测定　用移液管量取0.5mol/L氢氧化钾-乙醇溶液25mL，加到试样中，并加入一些助沸物，连接回流冷凝管与锥形瓶，并将锥形瓶放在加热装置上慢慢煮沸，不时摇动，维持沸腾1h。对于高熔点油脂和难于皂化的样品需煮沸2h。加0.5~1mL酚酞指示剂（ρ=0.1g/100mL，溶于体积分数为95%乙醇）于热溶液中，趁热用0.5mol/L盐酸标准溶液滴定至红色消失。同时不加样品进行空白试验。

4. 结果计算

油脂的皂化值按式（9-9）计算，取两次测定的算术平均值作为测定结果。

$$I_s = \frac{(V_0 - V_1) \times c \times 56.1}{m} \tag{9-9}$$

式中　I_s——样品的皂化值（以KOH计），mg/g；

V_0——滴定空白用去的盐酸标准溶液体积，mL；

V_1——滴定试样用去的盐酸标准溶液体积，mL；

c——盐酸标准溶液的实际浓度，mol/L；

m——试样质量，g；

56.1——氢氧化钾的摩尔质量，g/mol。

5. 注意事项

（1）本方法适用于精炼动植物油脂和动植物油脂原油，不适用于含无机酸的产品，除非无机酸能够另行测定。

（2）用氢氧化钾-乙醇溶液既能溶解油脂，也能使油脂的水解反应变成不可逆。

（3）由于回流加热的溶液为易燃的乙醇溶液，应采用不见明火的水浴锅、电热板或其他适合加热的装置。

（4）若油脂皂化液颜色较深，可用碱性蓝6B乙醇溶液（碱性蓝6B 20g/L溶于体积分数为95%乙醇）作为指示剂。

（5）皂化后剩余的碱用盐酸滴定，不能用硫酸。因为生成的硫酸钾不溶于乙醇，易生成沉淀影响结果。

五、油脂羰基价的测定

油脂氧化所生成的过氧化物，进一步会分解为含羰基的化合物，由此产生的化合物的量或相当数值为羰基价。油脂随贮藏时间的延长和不良条件的影响，其羰基价数值呈不断增高的趋势。因此，用羰基价来评价油脂中氧化产物的含量和酸败劣变的程度，具有较好的灵敏度和准确性。

1. 原理

油脂中的羰基化合物和2,4-二硝基苯肼反应生成腙，在碱性条件下形成酒红色或褐红色的醌离子，在波长440nm处测定吸光度，可计算出油脂的羰基价。

2. 主要仪器

分光光度计，涡旋混合器。

3. 分析步骤

称取0.025~0.50g样品（精确至0.001g），置于25mL具塞试管中加5mL苯（光谱纯或色谱纯）溶解油样，继续加入3mL的三氯乙酸溶液（称取4.3g的固体三氯乙酸溶于100mL的苯溶液中）及5mL的2,4-二硝基苯肼的苯溶液（称取50mg的2,4-二硝基苯肼溶于100mL苯中），振荡混匀后。在60℃水浴中加热30min，反应后取出用流水冷却至室温，沿试管壁慢慢加入10mL氢氧化钾-乙醇溶液（称取4g氢氧化钾溶于100mL的乙醇溶液中，置冷暗处过夜，取上部澄清液使用），使其成为二液层，涡旋振荡混匀后，放置10min。以1cm比色杯，用试剂空白调节零点，于波长440nm处测定吸光度A。油脂的羰基价按式（9-10）计算，计算结果保留三位有效数字。

$$X = \frac{A}{854m} \times 1000 \tag{9-10}$$

式中 X——试样的羰基价（以油脂计），meq/kg；

A——测定时样液吸光度；

m——油样质量，g；

854——各种醛的毫克当量吸光系数的平均值；

1000——换算系数。

4. 注意事项

（1）油样的羰基价高，取样量少；羰基价低，取样量多。如羰基价低于30 meq/kg的油样可称取0.1g；羰基价30~60 meq/kg的油样可称取0.05g；羰基价高于60 meq/kg的油样，可称取0.025g。

（2）所用容器必须洁净、干燥。

（3）乙醇中往往含有醇类的氧化产物，如醛类等，对测定有干扰，因此试验中所用试剂乙醇应经过精制。可利用铝的强还原性，除去羰基化合物。精制方法为取1L无水乙醇，置于2L圆底烧瓶中，加入5g铝粉、沸石和10g氢氧化钾，连接标准磨口的回流冷凝管，水浴加热回流1h，然后用全玻璃蒸馏装置蒸馏，收集馏出液。

（4）试验中所用苯试剂应为光谱纯或色谱纯，否则也应经过精制处理。精制方法为取500mL苯，置于1L分液漏斗中，加入50mL硫酸，振荡5min，开始振荡时注意放气，静置分层，弃除硫酸层。再加50mL硫酸重复处理一次，将苯层移入另一分液漏斗用水洗涤3次，然后用无水硫酸钠脱水，用全玻璃蒸馏装置蒸馏，收集馏出液。

（5）氢氧化钾-乙醇溶液极易变成褐色，并且新配的溶液往往混浊。试验要求溶液清澈透明才不影响比色，一般是配制后过夜，取上部澄清液使用。也可用玻璃纤维滤膜过滤。若溶液变黄褐色则应重新配制。

（6）2,4-二硝基苯肼较难溶于苯，配制溶液时应充分搅动，必要时过滤除去固形物。

（7）该方法的精密度良好，但显色后稳定性差，三氯乙酸溶液浓度、氢氧化钾溶液浓度、2,4-二硝基苯肼溶液浓度、水浴时间、水浴温度、精制乙醇浓度对羰基价测定均有影响，任何一个条件的波动都可能引起羰基价测定结果的偏差。因此，羰基价的测定应严格按照方法中规定的条件进行测定。

（8）在重复性条件下获得的两次独立测定结果的绝对差值不得超过算术平均值的10%。

六、丙二醛的测定

油脂受到光、热、空气中氧气的作用，发生酸败反应，分解出醛、酸之类的化合物，其中丙二醛为油脂过氧化物分解产物中一种。测定油脂的丙二醛含量是判断食用油酸败程度的重要指标。我国国家标准规定，食用动物油脂，包括食用猪油、牛油、羊油、鸡油和鸭油的丙二醛含量不得高于0.25mg/100g。

1. 原理

丙二醛经三氯乙酸溶液提取后，与硫代巴比妥酸（TBA）作用生成粉红色化合物，测定其在532nm波长处的吸光度值，与标准系列比较定量。

2. 主要仪器

分光光度计；恒温振荡器。

3. 分析步骤

（1）试样制备　称取样品5g（精确至0.01g）置入100mL具塞锥形瓶中，准确加入50mL三氯乙酸混合液（准确称取37.50g三氯乙酸及0.50g乙二胺四乙酸二钠，用水溶解，稀释至500mL），摇匀，加塞密封，置于恒温振荡器上50℃振摇30min，取出，冷却至室温，用双层定量慢速滤纸过滤，弃去初滤液，续滤液备用。

（2）测定　准确移取上述滤液和丙二醛标准系列溶液（该标准溶液系列浓度为0.01、0.05、0.10、0.15、0.25μg/mL，需现配现用）各5mL分别置于25mL具塞比色管内，另取 5mL 三氯乙酸混合液作为样品空白，分别加入 5mL、0.02mol/L 硫代巴比妥酸水溶液，混合均匀，置于 90℃水浴内反应 30min，冷却至室温。以样品空白调节零点，于 532nm 处测定样品溶液和标准系列溶液的吸光度值，以标准系列溶液的质量浓度为横坐标，吸光度值为纵坐标，绘制标准曲线。

4. 结果计算

油样的丙二醛含量按式（9-11）计算，计算结果以重复性条件下获得的两次独立测定结果的算术平均值表示，结果保留两位有效数字。

$$X = \frac{C \times V}{m} \tag{9-11}$$

式中 X——油样的丙二醛含量，mg/kg；

C——从标准系列曲线中得到的试样溶液中丙二醛的浓度，mg/mL；

V——试样溶液定容体积，mL；

m——最终试样溶液所代表的试样质量，g。

5. 注意事项

（1）丙二醛标准系列溶液的配制方法为：准确移取 0.315g（精确至 0.001g）1,1,3,3-四乙氧基丙烷至 1000mL 容量瓶中，用水溶解后稀释至 1000mL，配制成 100μg/mL 的储备液（置于冰箱 4℃储存，有效期 3 个月），移取丙二醛标准储备液 1.0mL，用三氯乙酸混合液稀释至 100mL，配制成 1.00μg/mL 的标准使用溶液（置于冰箱 4℃储存，有效期 2 周）。

（2）配制硫代巴比妥酸溶液时，如不易溶解，可加热超声至全部溶解，再冷却定容。

（3）样品中如含有甲醛、乙醛、戊二醛、糠醛、蔗糖、果糖等物质，则能与硫代巴比妥酸作用，生成有色复合物，干扰测定结果。

（4）用三氯乙酸提取丙二醛时，油样需保持熔化状态，可在恒温振荡器上 50℃振摇提取，但需注意熔化温度不能超过 70℃，以免样品继续氧化。

（5）样品振荡时要防止三氯乙酸混合液外溢，以免影响测定结果。

（6）在重复性条件下获得的两次独立测定结果的绝对差值不得超过算术平均值的 10%。该法的检出限为 0.05mg/kg，定量限为 0.10mg/kg。

上述方法能够满足不同测定要求中脂类物质含量以及油脂常见理化指标的测定，在测定过程中，除了上述的注意事项外，必须确保实验过程安全可控，必须采取必要的安全措施，防止实验中发生意外或事故。同时，脂类测定过程中，应当遵守科学诚信原则，不得篡改或操纵数据以达到预期的结果。

党的二十大对全面建设社会主义现代化国家、全面推进中华民族伟大复兴作出重要部署，提出“构建全国统一大市场”，明确将食品安全纳入国家安全、公共安全统筹部署。食品安全直接关系民生福祉、产业发展、公共安全和社会稳定。脂肪含量是食品品质的重要指标，测定食品中的脂肪含量，不仅可用来衡量食品营养价值高低、评价食品品质优劣，而且对食品生产过程中的工艺监督、质量管理，以及研究食品的贮藏方式是否恰当等方面都有重要的意义。食品的种类不同，其脂肪的含量及其存在形式不同，测定脂肪的方法也就不同。本章主要介绍了各种食品中脂肪测定的常用方法，包括索氏抽提法、酸水解法、碱水解法、盖勃法、巴布科克法、氯仿-甲醇提取法等。本章还介绍了油脂常见理化指标，包括酸价、过氧化值、碘值、皂化值、羰基价、丙二醛的测定原理与方法。此外，脂类物质测定的过程本身就是一种食品安全意识、可持续发展和社会责任感的培养过程。同时，对食品中脂类物质含量的测定需要使用一系列科学仪器和技术手段，要求学生具备严谨的操作技能和良好的思维能力，从而提高整个食品生产和检测环节的安全性和可靠性，培养学生全面发展的思维能力和社会责任感，使其不仅具备扎实的技术功底，更能够在科技发展和社会实践中发挥积极作用，为构建和谐社会做出贡献。

思考题

1. 常用的脂肪提取溶剂有哪些？各有何特点？

2. 为什么索氏抽提法测得的脂肪称为粗脂肪？索氏抽提法测定脂肪时，为确保结果的准确性应注意哪些事项？

3. 简述酸水解法的测定原理。

4. 哪些食品不适合用酸水解法测定其脂肪，为什么？

5. 索氏抽提法为什么不能用来测定牛乳的脂肪含量？牛乳的脂肪含量测定方法有哪些？

6. 简述油脂酸价、过氧化值、碘值、羰基价、丙二醛的测定意义和测定原理。

第十章
蛋白质和氨基酸的测定

【学习目标】

1. 了解测定食品中蛋白质含量的意义。

2. 掌握测定蛋白质总量的原理、方法与操作要点，能够独立完成食品中蛋白质总量的测定与结果分析。

3. 掌握氨基酸态氮的测定原理与方法，能够独立完成食品中氨基酸态氮的测定。

【学习重点与难点】

1. 重点是凯氏定氮法的原理及一般步骤。

2. 难点是各种蛋白质总量分析方法的依据与原理。

第一节 概述

一、蛋白质的组成及含量

1838 年，荷兰化学家 Gerardus Johannes Mulder 从植物组织和动物体液中分离出一种共同物质，他认为这种物质存在于一切有机物中，在其合作者瑞典化学家 Berzelius 的建议下，将其命名为蛋白质（protein）。蛋白质是一类结构复杂的含氮有机物，是由 20 种氨基酸通过酰胺键（肽键）连接形成的、具有一定空间结构的生物大分子。

蛋白质是生命的物质基础，是构成细胞组织的重要成分，是生物体发育及修补组织的原料。人体内的酸、碱及水分平衡、遗传信息传递、物质代谢与转运等都与蛋白质有关。蛋白质是人体重要的营养物质，也是食品中重要的营养成分，人与动物仅能通过摄取食物中的蛋白质及其分解产物合成自身的蛋白质。不同食品中蛋白质含量不同，通常，动物类及豆类食品是蛋白质的优质来源。部分食品中蛋白质含量如表 10-1 所示。

表 10-1 部分食品的蛋白质含量

食品种类	蛋白质含量（以湿基计）/%	食品种类	蛋白质含量（以湿基计）/%
谷类和面食		**豆类**	
大米（糙米、长粒、生）	7.9	大豆（成熟种子，生）	36.5
大米（白米、长粒、生、强化）	7.1	腰豆（成熟种子，生）	23.6
全谷小麦粉	13.7	豆腐（生，坚硬）	15.6
		豆腐（生，软嫩）	8.1
全谷玉米粉（黄色）	6.9	**肉、家禽、鱼**	
小麦挂面（干）	11.0	牛肉（颈肉、烤前腿）	18.5
乳制品		牛肉（腌制、干牛肉）	29.1
牛乳（液体，全脂）	3.2	鸡胸肉（生）	23.1
牛乳（脱脂，固体）	36.2	火腿（切片、普通）	17.6
切达干酪	24.9	鸡蛋（生、全蛋）	12.5
原味酸乳（全脂）	3.1	鳕鱼（生）	17.9
水果和蔬菜		金枪鱼罐头（油浸、滴干的固体）	26.5
苹果（生、带皮）	0.2		
芦笋（生）	2.3		
草莓（生）	0.6		
莴苣（冰、生）	1.0		
马铃薯（带皮）	2.1		

食品中蛋白质结构复杂，相对分子质量为 $5000 \sim 1 \times 10^6$。构成蛋白质的主要元素包括 C（50%~55%）、H（6%~8%）、O（20%~23%）、N（13%~19%），部分蛋白质还含有微量的 P、S、Cu、Fe 等元素。其中，含氮元素是蛋白质区别于其他生物大分子的主要标志。由于构成不同蛋白质的氨基酸的种类与比例不同，因此，其含氮量也各有不同。一般来说，蛋白质的平均含氮量为 16%，即 1 份氮元素相当于 6.25 份蛋白质，通常将 1 份氮元素相当

于的蛋白质的份数称为蛋白质系数。不同食品的蛋白质系数不同，表 10-2 列举了部分食品的蛋白质系数。对于原料复杂的加工或配方食品，通常按 6.25 计算。

表 10-2 部分食品的蛋白质系数

食物类型	蛋白质系数	食物类型	蛋白质系数
纯乳及乳制品	6.38	大豆及其制品	5.71
普通小麦、面粉	5.70	大豆蛋白制品	6.25
玉米、高粱	6.25	肉及肉制品	6.25
花生	5.46	大麦、小米、燕麦、裸麦	5.83
芝麻、葵花籽	5.30	复合配方食品	6.25

二、蛋白质分析的意义

蛋白质含量是食品营养标签强制标示内容之一，也是某些食品分级、定价的重要依据，如乳制品。食品工业中，某些蛋白质具有特有的功能性质，对食品加工具有重要意义，如小麦粉中的麦醇溶蛋白和麦谷蛋白是表征面筋蛋白质量的重要指标；鸡蛋蛋清蛋白的发泡性在烘焙食品、冰淇淋等具有广泛应用。此外，一些蛋白质与食品安全有密切关系，如乳制品中的酪蛋白是重要的过敏原之一，也是用于乳品掺假检验的常用指标。

对食品中蛋白质进行分析，主要包括：①蛋白质总量测定。②混合物中特定蛋白质含量的测定（如酪蛋白、乳清蛋白含量）。③蛋白质分离纯化过程中蛋白质含量的测定。④非蛋白氮测定（可能来源于核酸、卟啉、生物碱、尿素、铵离子等）。⑤构成蛋白质的氨基酸组成及含量测定。⑥蛋白质功能特性分析（如消化率、必需氨基酸指数、乳化性、起泡性等）。本章主要介绍蛋白质总量及氨基酸组成、含量的分析方法。

第二节 蛋白质总量的测定方法

根据分析原理，蛋白质总量的测定方法主要分为两大类：一类是基于蛋白质共性的检测方法，如含氮量、肽键和折射率等。其中，利用含氮量的测定方法，如凯氏定氮法、杜马斯燃烧法等，通过测定含氮量乘以相应的蛋白质系数得到蛋白质含量。另一类是基于蛋白质中特定氨基酸残基、酸性和碱性基团、芳香基团等的测定方法，如基于氨基酸芳香基团的紫外吸收光谱法、基于氨基酸残基所带电荷的考马斯亮蓝法等。《食品安全国家标准 食品中蛋白质的测定》（GB 5009.5—2016）规定了凯氏定氮法、杜马斯燃烧法和分光光度法为蛋白质总量测定的标准分析方法。本节内容将介绍基于含氮量的凯氏定氮法和杜马斯燃烧法，基于铜离子与肽键显色反应的双缩脲法、福林-酚比色法和 2,2-联喹啉-4,4′-二甲酸二钠盐（BCA）法，基于染料结合的考马斯亮蓝法和染料结合法，以及基于氨基酸芳香基团的紫外吸收分光光度法。

一、蛋白质的一般测定方法

根据食品安全国家标准，食品中蛋白质的测定方法主要包括凯氏定氮法、杜马斯燃烧法和分光光度法，这三种方法均是通过测定样品中的总含氮量乘以蛋白质系数得到蛋白质含量。由于食品中常含有非蛋白质含氮物质，如核酸、含氮类脂、含氮色素、卟啉、生物碱等，故测定结果被称为粗蛋白含量。本方法不适用于添加无机含氮物质、有机非蛋白质含氮物质的食品测定。

（一）凯氏定氮法

拓展视频

凯氏定氮法是由丹麦化学家 Johan Kjeldahl 于 1883 年首次提出的一种有机氮测定方法。经过长期改进，迄今已演变成常量法、微量法、半微量法及自动凯氏定氮仪法等多种，是我国食品安全国家标准、AOAC 标准等国内外普遍应用的蛋白质分析方法。

1. 原理

在催化剂的作用下，样品与浓硫酸共同加热消化，使蛋白质分解，其中碳和氢被氧化成二氧化碳和水逸出，样品中的有机氮转换为氨与硫酸反应生成硫酸铵。然后加碱蒸馏，使铵盐转化为氨，随水蒸气蒸馏出来，用硼酸溶液吸收后，以盐酸或硫酸标准溶液滴定。根据标准酸消耗量计算样品含氮量，乘以蛋白质系数得到蛋白质含量。

2. 分析步骤

凯氏定氮法测定食品中的蛋白质主要包括三个基本步骤：样品消化、蒸馏、滴定。

（1）样品消化　准确称取一定量样品放入凯氏烧瓶中，加入浓硫酸和催化剂，加热消化至所有有机物完全分解，溶液澄清透明。消化反应方程式如下

$$2NH_2(CH_2)_2COOH+13H_2SO_4 = (NH_4)_2SO_4+6CO_2\uparrow 12SO_2\uparrow+10H_2O \qquad (1)$$

其中，浓硫酸起到了脱水剂和氧化剂的作用。浓硫酸具有脱水性，使有机物脱水炭化为碳、氢、氧。同时，浓硫酸具有氧化性，将有机物炭化后的碳氧化成二氧化碳，硫酸被还原成二氧化硫。反应式如下

$$C+2H_2SO_4 \xlongequal{\triangle} 2SO_2\uparrow+2H_2O+CO_2\uparrow \qquad (2)$$

二氧化硫使氮还原为氨，自身被氧化为三氧化硫，氨与硫酸作用形成硫酸铵。

$$H_2SO_4+2NH_3 = (NH_4)_2SO_4 \qquad (3)$$

在消化反应中，为了加速蛋白质分解，缩短消化时间，常加入催化剂催化反应，如硫酸钾、硫酸铜等。

①硫酸钾：加入硫酸钾可以提高溶液沸点从而加快有机物分解。一般纯硫酸沸点在

340℃左右，加入硫酸钾后，可使反应温度提高至400℃以上，随着消化过程中硫酸不断地被分解，水分不断逸出、硫酸钾浓度不断增大，故沸点升高。其反应方程式如下

$$K_2SO_4+H_2SO_4 \xlongequal{} 2KHSO_4 \tag{4}$$

$$2KHSO_4 \xlongequal{\triangle} K_2SO_4+H_2O+SO_3\uparrow \tag{5}$$

但硫酸钾加入量不能太大，否则消化体系温度过高，会引起已生成的硫酸铵发生热分解释放出氨而造成损失。即

$$(NH_4)_2SO_4 \xrightarrow{\triangle} NH_3\uparrow+(NH_4)HSO_4 \tag{6}$$

$$(NH_4)HSO_4 \xrightarrow{\triangle} NH_3\uparrow+SO_3\uparrow+H_2O \tag{7}$$

除硫酸钾外，也可加入硫酸钠、氯化钾等盐类来提高沸点，但效果不如硫酸钾。

②硫酸铜：硫酸铜起到催化剂的作用。凯氏定氮法中可用的催化剂种类很多，除硫酸铜外，氧化汞、汞、硒粉、二氧化钛等均可作为催化剂，但考虑到效果、成本及环境污染等多种因素，应用最广泛的是硫酸铜。使用时常加入少量过氧化氢、次氯酸钾等氧化剂加速有机物氧化。硫酸铜的作用机理如下

$$2CuSO_4 \xrightarrow{\triangle} CuSO_4+SO_2\uparrow+O_2\uparrow \tag{8}$$

$$C+2CuSO_4 \xrightarrow{\triangle} Cu_2SO_4+SO_2\uparrow+O_2\uparrow \tag{9}$$

$$Cu_2SO_4+2H_2O_4 \xrightarrow{\triangle} 2CuSO_4+2H_2O+SO_3 \tag{10}$$

上述反应不断进行，待有机物完全被消化完后，不再生成硫酸亚铜（Cu_2SO_4），由于二价铜离子的存在，溶液呈现澄清的蓝绿色。因此，硫酸铜除了起催化剂的作用外，还可指示消化终点，以及作为下一步蒸馏时碱性反应的指示剂。

（2）蒸馏　在消化完全的样品溶液中加浓氢氧化钠使溶液呈碱性，加热蒸馏释放出氨气，用加入指示剂的硼酸溶液吸收。反应方程式如下

$$(NH_4)_2SO_4+2NaOH \xlongequal{\triangle} NH_3\uparrow+Na_2SO_4+2H_2O \tag{11}$$

$$2NH_3+4H_3BO_3 \xlongequal{} (NH_4)_2B_4O_7+5H_2O \tag{12}$$

（3）滴定　待蒸馏、吸收完全后，用盐酸或硫酸标准溶液滴定至指示终点。反应方程式如下

$$(NH_4)_2B_4O_7+5H_2O+2HCl \xlongequal{} 2NH_4Cl+4H_3BO_3 \tag{13}$$

3. 结果计算

样品粗蛋白含量按下式计算

$$\text{粗蛋白含量 g/100g} = \frac{(V_1-V_0)\times c\times\frac{M}{1000}}{m}\times F\times 100 \tag{10-1}$$

式中　c——盐酸或硫酸标准溶液的浓度，mol/L；

V_1——滴定样品吸收液时消耗盐酸或硫酸标准溶液的体积，mL；

V_0——滴定空白吸收液时消耗盐酸或硫酸标准溶液的体积，mL；

m——蒸馏用消化液中所含样品的质量，g；

M——氮的摩尔质量，即 14.01g/mol；

F——氮换算为蛋白质的系数，见表 10-2。

4. 仪器装置与操作方法

凯氏定氮法按照蒸馏样品量的大小分为常量和微量凯氏定氮法，蒸馏装置如图 10-1、10-2 所示。

（1）常量凯氏定氮法

①样品消化：准确称取充分混匀的固体试样 0.2～2g、半固体试样 2～5g 或液体试样 10～25g（相当于 30～40mg 氮），精确至 0.001g，移入干燥的 500mL 凯氏烧瓶中，加入 0.2g 硫酸铜、6g 硫酸钾及 20mL 浓硫酸，混匀后按图 10-1（1）安装消化装置。于凯氏烧瓶口放一小漏斗，将其以 45°角斜支于有小孔的石棉网上。小心加热，待试样全部炭化，泡沫完全消失后，加强火力，并保持瓶内液体微沸，至液体呈蓝绿色并澄清透明后，再继续加热 0.5～1h，完成样品消化。

②蒸馏：取下冷却，小心加入 200mL 蒸馏水。冷却后，加入数粒玻璃珠。按照图 10-1（2）安装好蒸馏装置，塞紧瓶口，吸收瓶中加入 50mL，40g/L 硼酸溶液及混合指示剂 2～3 滴，将冷凝管末端插入吸收瓶液面以下。通过漏斗加入 70～80mL，40g/L 氢氧化钠溶液，溶液变为深蓝色或产生黑色沉淀，加入少量蒸馏水冲洗漏斗数次，夹紧夹子，加热蒸馏，至氨全部蒸出（馏出液约 250mL），将冷凝管末端提离液面，用蒸馏水冲洗管口，继续蒸馏 1min，停止加热。

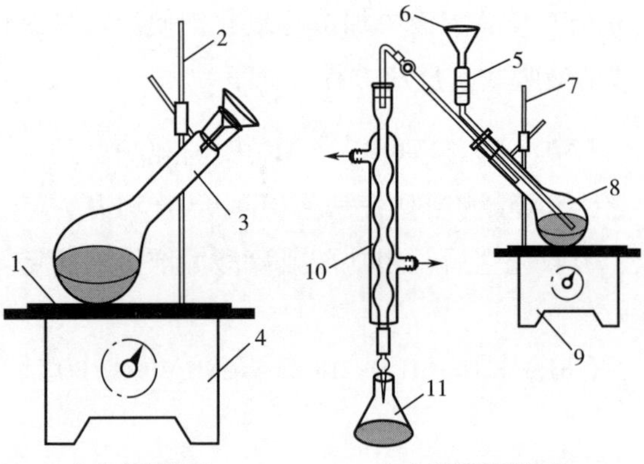

（1）消化装置　　（2）蒸馏吸收装置

1—石棉网　2、7—铁架台　3—凯氏烧瓶　4、9—电炉

5—玻璃珠　6—进样漏斗　8—蒸馏烧瓶　10—冷凝管　11—接收瓶

图 10-1　常量凯氏定氮的消化、蒸馏吸收装置

③滴定：将上述吸收液用 0.1000mol/L HCl 标准溶液滴定至微红色，到达滴定终点，

记录盐酸用量，同时做试剂空白试验（不加样品，其余步骤完全相同），并记录空白试样消耗盐酸标准溶液的体积。

（2）微量凯氏定氮法

①样品消化：步骤同常量凯氏定氮法。

②蒸馏：取下冷却，完全转入100mL容量瓶中，加蒸馏水定容，摇匀。按图10-2装好微量定氮装置，向水蒸气发生器内装蒸馏水至2/3处，加入数粒玻璃珠，加甲基红乙醇溶液数滴及数毫升硫酸，以保持水呈酸性，加热煮沸水蒸气发生器内的水并保持沸腾。向接收瓶内加入10.0mL硼酸溶液及1~2滴混合指示液，并使冷凝管的下端插入液面下，根据试样中氮含量，准确吸取2.0~10.0mL试样处理液由小玻杯注入反应室，以10mL水洗涤小玻杯并使之流入反应室内，随后塞紧棒状玻塞。将10.0mL氢氧化钠溶液倒入小玻杯，提起玻塞使其缓缓流入反应室，立即将玻塞盖紧，并加水于小玻杯以防漏气。夹紧螺旋夹，开始蒸馏。蒸馏10min后移动蒸馏液接收瓶，液面离开冷凝管下端，再蒸馏1min。然后用少量水冲洗冷凝管下端外部，取下蒸馏液接收瓶。

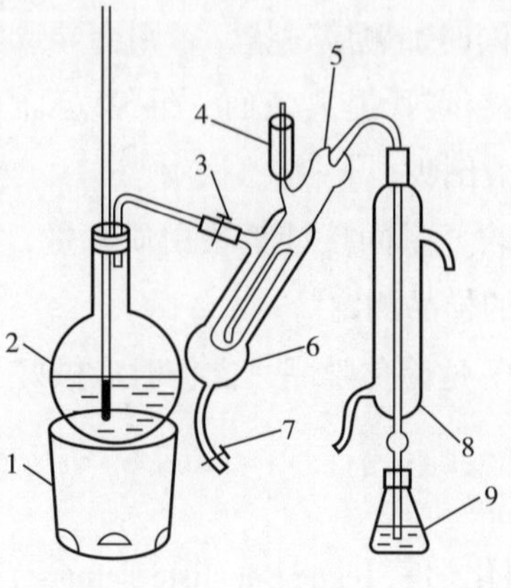

1—电炉 2—水蒸气发生器 3—螺旋夹 4—小玻杯及棒状玻塞
5—反应室 6—反应室外室 7—橡皮管和螺旋夹 8—冷凝管 9—接收瓶

图10-2 微量凯氏定氮蒸馏吸收装置

③滴定：以硫酸或盐酸标准滴定溶液滴定至终点，记录消耗酸体积。若采用2份甲基红乙醇溶液与1份亚甲基蓝乙醇溶液组成的混合指示剂，终点颜色为灰蓝色；1份甲基红乙醇溶液与5份溴甲酚绿乙醇溶液的混合指示剂，终点颜色为灰红色。同时作试剂空白。

（3）自动凯氏定氮法 自动凯氏定氮仪具有自动加碱蒸馏、自动吸收、自动滴定及结果计算与数字显示等功能，常配合自动消解炉使用。

准确称取充分混匀的固体试样0.2~2g、半固体试样2~5g或液体试样10~25g（相当于30~40mg氮），精确至0.001g，置于干燥洁净的消化管中，加入0.4g硫酸铜、6g硫酸钾、20mL浓硫酸，置于消化炉，在预设温度下可进行多个样品的同时消化。

消化结束后，将装有消化液的消化管转移至自动凯氏定氮仪，实现自动加水、加碱、吸收与滴定，最终数显装置即可给出样品的含氮量或蛋白质含量。

5. 注意事项

（1）所用试剂溶液应用无氨蒸馏水配制。

（2）消化过程不要用强火，应保持缓和沸腾，以免黏附在凯氏烧瓶内壁上的含氮样品未消化完全而造成损失。

（3）对于含脂肪或糖较多的样品，消化过程中易产生大量泡沫，为防止泡沫溢出瓶外，在消化初始应采用小火加热并不时振摇，或加入少量辛酸、液体石蜡或硅油消泡剂，同时注意控制热源强度。

（4）当样品消化液不易澄清透明时，可将凯氏烧瓶取下冷却，加入2~3mL 30%过氧化氢后再继续加热消化。

（5）一般样品消化至澄清透明后，继续消化30min即可，但对于含有特别难以氨化的氮化合物样品，如赖氨酸、组氨酸、色氨酸、酪氨酸或脯氨酸等时，需要适当延长消化时间。有机物如分解完全，消化液呈蓝绿色，但铁含量较多时，呈深绿色。

（6）蒸馏装置不能漏气，同时加碱应过量，否则会导致氨不能完全蒸出而造成损失。

（7）蒸馏完毕后，应先将冷凝管提离液面，继续蒸馏1min，并用少量蒸馏水冲洗管口，最后关闭热源，以防吸收液倒吸。

（8）本方法通过测定样品含氮量间接计算蛋白质含量，因此，不适用于添加无机含氮物质、有机非蛋白质含氮物质的样品测定。

（9）本实验需使用浓硫酸等危险化学品，操作时应做好个人防护。

（二）燃烧法

燃烧法是在1831年由法国化学家Jean-Bapstiste Dumas首创，又称杜马斯燃烧法。自此以后，该法不断改进并实现了自动化，得到了越来越多的应用。

1. 原理

拓展视频

样品在高温下（900~1200℃）燃烧，产生混合气体，其中碳、硫等干扰气体和盐类被吸收管吸收，所含有的有机氮和无机氮在燃烧过程中转化为氮气和氮氧化物，氮氧化物被还原柱还原成氮气。载气将产生的全部氮气携带至配有热导检测器（TCD）的气相色谱中并测定其含量。根据蛋白质换算系数，将氮含量换算为蛋白质含量。超高纯度乙酰苯胺和EDTA（乙二胺四乙酸）常被用作校准分析仪的标准品。

2. 分析步骤

称取0.1~1.0g充分混匀的样品（精确至0.0001g），用锡箔包裹并放置于样品盘上。试样进入燃烧反应器（900~1200℃）中，在高纯氧（≥99.99%）中充分燃烧。燃烧产物

（NO_X）被载气二氧化碳或氦气运送至还原炉（800℃）中，经还原生成氮气后，除去水分和其他干扰气体，通过TCD检测器含量。根据仪器的检测信号、样品质量，绘制标准曲线。通过峰面积计算样品含氮量，根据蛋白质系数换算为蛋白质含量。

3. 注意事项

（1）燃烧法前处理简单，固体样品粉碎后可直接进样。

（2）整个操作无须使用危险化学品，无废液、废气产生。

（3）操作步骤简单，检测快速，每个样品仅需3~5min即可完成测定，可自动进样。

（4）适用于蛋白质含量在10g/100g以上的粮食、豆类、乳粉、米粉、蛋白粉等固体样品的测定。

（5）与凯氏定氮法相同，测定结果为总含氮量，需要乘以蛋白质换算系数得到蛋白质含量，因此不适用于添加了无机含氮物质、有机非蛋白质含氮物质的食品测定。

（三）分光光度法

1. 原理

食品中的蛋白质在催化加热条件下被分解，分解产生的氨与硫酸结合生成硫酸铵，在pH 4.8的乙酸钠-乙酸缓冲溶液中与乙酰丙酮和甲醛反应生成黄色的3,5-二乙酰-2,6-二甲基-1,4-二氢化吡啶化合物。在波长400nm下测定吸光度值，与标准系列比较定量，结果乘以换算系数，即为蛋白质含量。

2. 分析步骤

（1）样品消化　称取充分混匀的固体试样0.1~0.5g（精确至0.001g）、半固体试样0.2~1g（精确至0.001g）或液体试样1~5g（精确至0.001g），移入干燥的100mL或250mL定氮瓶中，加入0.1g硫酸铜、1g硫酸钾及5mL浓硫酸，摇匀后于瓶口放一小漏斗，将定氮瓶以45°斜支于有小孔的石棉网上。缓慢加热，待内容物全部炭化，泡沫完全停止后，加强火力，并保持瓶内液体微沸，至液体呈蓝绿色澄清透明后，再继续加热半小时。取下放冷，慢慢加入20mL水，放冷后移入50mL或100mL容量瓶中，并用少量水洗定氮瓶，洗液并入容量瓶中，再加水至刻度，混匀备用。按同一方法做试剂空白试验。

（2）试样溶液的制备　吸取2.00~5.00mL试样或试剂空白消化液于50mL或100mL容量瓶内，加1~2滴对硝基苯酚指示剂溶液，摇匀后滴加氢氧化钠溶液中和至黄色，再滴加乙酸溶液至溶液无色，用水稀释至刻度，混匀。

（3）标准曲线的绘制　吸取0、0.05、0.10、0.20、0.40、0.60、0.80、1.00mL氨氮标准溶液，分别相当于0、5.0、10.0、20.0、40.0、80.0、100.0μg氮，分别置于10mL具塞比色管中。加4.0mL乙酸钠-乙酸缓冲液（pH=4.8）及4.0mL显色剂（乙酰丙酮-甲醇溶液），加水稀释至刻度，混匀。置于100℃水浴中加热15min。取出用水冷却至室温后，移入1cm比色皿中，以零管为参比，于波长400nm处测量吸光度值，绘制标准曲线。

(4) 试样测定　吸取 0.50~2.00mL（约相当于氮<100μg）试样溶液和等量的试剂空白溶液，分别于 10mL 比色管中。与显色剂发生显色反应后，测定 400nm 处吸光度值，根据标准曲线计算总氮含量。根据蛋白质换算系数计算蛋白质含量。

二、蛋白质的快速测定方法

为了满足生产厂家、检测部门等对工艺过程、产品质量的快速控制分析与筛查，陆续创立了多种蛋白质的快速定量与定性测定方法，如双缩脲法、福林-酚比色法、染料结合法等，现对常用的几种方法进行介绍。

（一）双缩脲法（Biuret 法）

1. 原理

双缩脲是由两分子尿素（脲）经 150~160℃高温加热，释放出一分子的氨缩合而成的化合物，反应式如下

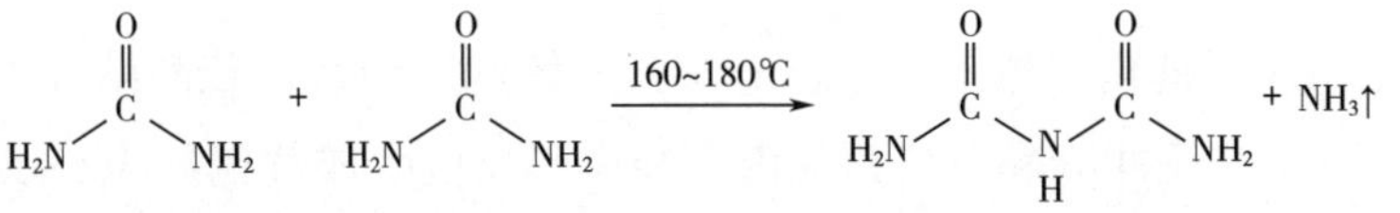

(14)

在碱性溶液中，双缩脲与二价铜离子反应生成紫红色络合物，称为双缩脲反应。反应式如下

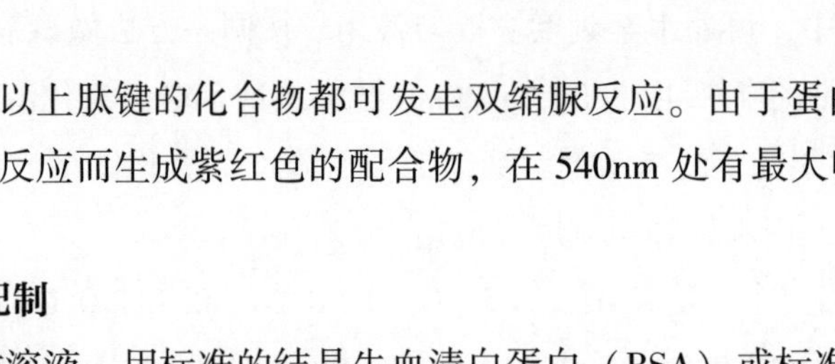

(15)

含有两个或两个以上肽键的化合物都可发生双缩脲反应。由于蛋白质分子中含有多个肽键，故也能发生此反应而生成紫红色的配合物，在 540nm 处有最大吸收峰，其吸光度与蛋白质含量成正比。

2. 主要试剂及配制

(1) 标准蛋白质溶液　用标准的结晶牛血清白蛋白（BSA）或标准酪蛋白作为标准品，配制 10mg/mL 的标准蛋白溶液，可用质量浓度 1mg/mL 的 BSA 在 280nm 处的吸光度值为 0.66 来校正其纯度。还可采用凯氏定氮法测出蛋白质含量的样品作为标准蛋白质。

(2) 双缩脲试剂　称取 1.50g 硫酸铜（$CuSO_4 \cdot 5H_2O$）和 6.0g 酒石酸钾钠

($KNaC_4H_4O_6 \cdot 4H_2O$)，用500mL蒸馏水溶解，在搅拌下加入300mL10% NaOH溶液，溶于水中稀释到1L，储存于塑料瓶中。此试剂可长期保存，若储存瓶中有黑色沉淀出现，则需重新配制。

3. 分析步骤

(1) 标准曲线的绘制　取12支试管分两组编号，分别加入0、0.2、0.4、0.6、0.8、1.0mL的标准蛋白质溶液，用水补足到1mL，加入4mL双缩脲试剂，充分混匀。在室温下反应30min，在560nm处测定吸光度，并做空白对照。取两组测定的平均值，以蛋白质浓度为横坐标、吸光度为纵坐标绘制标准曲线。

(2) 样品测定　准确吸取1.0mL样品消化液加入试管中，按上述测定步骤加入双缩脲试剂，室温反应30min后，测定560nm处的吸光度值，根据标准曲线计算蛋白质浓度。

4. 注意事项

(1) 双缩脲反应主要涉及肽键，与蛋白质的氨基酸组成和相对分子质量无关。

(2) 含脂肪高的样品应预先用乙醚除脂后测定。

(3) 干扰双缩脲法的物质主要包括氨基酸、肽、Tris缓冲液、硫酸铵等，均可与反应试剂发生显色反应。

(4) 当样品中含有脯氨酸时，若有大量糖类共存，则显色不好，测定结果偏低。

(5) 双缩脲法的测定范围为1~10mg/mL，灵敏度较差，但优点是反应快速，常用于精度要求不高的蛋白质含量分析，如动物饲料样品中的蛋白质含量，也可用于测定某种分离蛋白的蛋白质含量。

(二) 福林-酚比色法 (Lowry法)

福林-酚比色法是在双缩脲法的基础上改进而来，结合了双缩脲反应和蛋白质中酪氨酸和色氨酸还原福林酚试剂（磷钼酸-磷钨酸）的反应。

1. 原理

蛋白质与福林-酚试剂反应，生成蓝色复合物，在750nm波长（对低浓度蛋白质具有较高灵敏度）或500nm（对高浓度蛋白质具有较高灵敏度）处有吸收峰，吸光度值与蛋白质浓度成正比。

2. 主要试剂及配制

(1) 福林-酚试剂甲液　将溶液A和溶液B按50∶1的混合，现用现配。

溶液A：分别配制4% Na_2CO_3溶液、0.2mol/L NaOH溶液，等体积混合。

溶液B：分别配制1% $CuSO_4$溶液、20g/L酒石酸钾钠溶液，等体积混合。

(2) 福林-酚试剂乙液　称取100g钨酸钠（$Na_2WO_4 \cdot 2H_2O$）、25g钼酸钠（$Na_2MoO_4 \cdot 2H_2O$）于1500mL圆底回流烧瓶中，加入1500mL水、50mL85%磷酸溶液及100mL浓盐酸，充分混合。安装好回流冷却装置，小火加热回流10~12h。回流完毕，冷却后加入150g硫酸锂、50mL 水和数滴溴水，敞口继续煮沸 15min，以除去过量的溴。冷却后加水稀释至 1000mL，过滤，置于棕色瓶中 4℃保存。使用时用标准氢氧化钠溶液滴定，以酚酞作为指示剂，计算出酸浓度，使用前用水稀释至酸浓度为 1.0mol/L。

3. 分析步骤

（1）标准曲线的绘制　取 12 支试管分两组编号，分别加入 0、0.2、0.4、0.6、0.8、1.0mL 的标准蛋白质溶液（100μg/mL），用水补足到 1mL，加入 5mL 福林-酚试剂甲液，充分混匀，于 30℃下反应 10min；加 5mL 福林-酚试剂乙液，混匀后，在 30℃下反应 30min；以空白试剂调零，在 500nm 处测定吸光度。取两组测定的平均值，以蛋白质浓度为横坐标、吸光度为纵坐标绘制标准曲线。

（2）样品测定　准确吸取 1.0mL 样品溶液，按上述步骤分别加入福林-酚试剂甲液、乙液，测定反应液在 500nm 处的吸光度值，根据标准曲线计算样品中的蛋白质浓度。

4. 注意事项

（1）福林-酚比色法是在双缩脲反应的基础上，增加了一步显色反应，灵敏度比双缩脲法高约 100 倍。

（2）对双缩脲法有干扰的物质对福林-酚比色法的影响更大，酚类、柠檬酸等均会干扰反应。

（3）由于反应生成的呈色化合物组成不确定，在可见光红外光区呈现较宽吸收峰区。可选用 500、540、640、700 或 750nm 等。

（三）二喹啉甲酸法（BCA 法）

1. 原理

在碱性条件下，蛋白质和肽（至少是二肽）会将二价铜离子（Cu^{2+}）还原为一价铜离子（Cu^{+}），Cu^{+}与青绿色的二喹啉甲酸（BCA）反应可生成浅紫色的复合物，在 562nm 处有吸收峰，吸光度值与蛋白质浓度成正比，根据吸光度值计算蛋白质含量。

2. 分析步骤

（1）取一块微孔板，向各孔分别加入 0、1、2、4、8、12、16、20μL 蛋白质标准溶液（0.5mg/mL），加标准品稀释液补足至 20μL，相当于标准蛋白浓度分别为 0、0.025、0.05、0.1、0.2、0.3、0.4、0.5mg/mL；同时，取 20μL 样品于微孔板样品孔中。

（2）分别向上述各孔加入含有 BCA 钠盐、Na_2CO_3、NaOH、$CuSO_4$、pH 为 11.25 的 BCA 试剂 200μL，于 37℃反应 20~30min。

（3）用酶标仪测定各孔 562nm 处的吸光度值，绘制标准曲线，并计算样品中蛋白质浓度。

3. 注意事项

（1）BCA 法操作简便、反应迅速，灵敏度与福林-酚法接近，被广泛应用于分离、纯化后蛋白质浓度的测定中。

（2）反应产生的颜色不稳定，需要严格控制反应时间。

（3）非离子型表面活性剂和缓冲液对反应没有干扰，中等浓度变性剂（4mol/L 盐酸胍或 3mol/L 尿素）对反应没有干扰，但还原糖对反应干扰较福林-酚法更大。

（四）考马斯亮蓝法（Bradford 法）

1. 原理

考马斯亮蓝 G-250 是一种染料，在游离状态下呈红棕色，当与蛋白质结合后呈青蓝色，蛋白质-色素结合物在 595nm 波长下有最大吸收峰，在一定范围内，吸光度与蛋白质浓度呈正比。

2. 分析步骤

（1）分别取 0.0、0.1、0.2、0.3、0.4、0.5、0.6mL 的标准蛋白质溶液（100μg/mL）于 EP 管中，加稀释液补足至 1mL，混匀后，得到标准蛋白质浓度分别为 0、10、20、30、40、50、60μg/mL。加入考马斯亮蓝溶液 5mL，混匀后，以零管为空白，测定 595nm 处的吸光度值，绘制标准曲线。

（2）取样品溶液 1mL，加染料溶液 5mL，混匀后，测定 595nm 处的吸光度值，根据标准曲线计算蛋白质浓度。

3. 注意事项

（1）考马斯亮蓝法操作简单快速，灵敏度比福林-酚法略高，反应颜色可在 1h 内保持稳定。

（2）干扰福林-酚比色法的 Tris 缓冲液、硫酸铵、还原糖、巯基乙醇、EDTA 等对此法均无干扰，去污剂、Triton X-100、十二烷基磺酸钠（SDS）对此法有干扰。

（3）蛋白-染料复合物能够与石英比色皿结合，需选用塑料或玻璃比色皿。

（4）由于不同蛋白质的精氨酸和芳香族氨基酸的含量不同，因此，考马斯亮蓝法用于不同种类蛋白质测定时有较大偏差。

（五）紫外分光光度法

1. 原理

蛋白质及其降解产物（脲、胨、肽和氨基酸）中存在的芳香环残基［—NH—CH（R）—CO—］在紫外区对一定波长的光具有选择性吸收。在 280nm 波长下，吸光度与蛋白质浓度呈线性关系，因此通过测定蛋白质溶液 280nm 处的吸光度值，即可计算出样品中的蛋白质含量。

2. 分析步骤

（1）标准曲线的绘制　准确称取样品 2.00g 置于 50mL 烧杯中，加入 0.1mol/L 柠檬酸溶液 30mL，不断搅拌 10min 使其充分溶解，用四层纱布过滤至离心管中，以 3000~5000r/min 的速度离心5~10min，转移上清液。分别吸取0.5、1.0、1.5、2.0、2.5、3.0mL于10mL容量瓶中，各加入含8mol/L尿素的NaOH溶液定容至刻度，充分振摇2min，若浑浊，再次离心至透明为止。将溶液置于比色皿中，以8mol/L尿素的NaOH溶液为参比，测定各溶液在280nm处的吸光度。以事先用凯氏定氮法测得的样品中蛋白质的质量为横坐标，吸光度值为纵坐标，绘制标准曲线。

（2）样品的测定　准确称取试样1.00g，按照上述方法处理，吸取的每毫升样品溶液中含有3~8mg的蛋白质，测定样品溶液在280nm处的吸光度，根据标准曲线计算蛋白质含量。

3. 注意事项

（1）本方法操作简便快速，常用于生物化学研究工作中；在食品分析中，由于许多非蛋白成分在紫外区也有吸收，加之光散射作用的干扰，故应用并不广泛；早期用于测定牛乳中蛋白质含量，也可用于测定小麦粉、糕点、豆类、蛋黄及肉制品中的蛋白质含量。

（2）在生化研究工作中，常采用A_{280nm}/A_{260nm}比值法测定蛋白质浓度，以消除核酸对测定结果的干扰。

三、非蛋白氮的测定方法

非蛋白氮含量指蛋白质以外的氮含量，包括食品中存在的核酸、含氮类脂、含氮色素、卟啉、生物碱等，也包括尿素、氨、三聚氰胺等掺假物。

1. 原理

用15%的三氯乙酸沉淀蛋白质，将蛋白质从含有非蛋白氮的样品中分离出去，滤液采用凯氏定氮法测定氮含量，即为样品中非蛋白氮的含量。

2. 分析步骤

（1）试样制备

①液体样品：准确称取试样10g，精确至0.0001g，置于预先称重的烧杯中，待测。

②固体样品：准确称取试样10g，精确至0.0001g，置于烧杯中。乳粉加入90mL温水，搅拌均匀；干酪加入40mL温水，均质机匀浆溶解；黄油温热熔化。吸取10mL于预先称重的烧杯中，称量，待测。

（2）沉淀过滤　量取40mL 15%的三氯乙酸溶液，加入至上述盛有试样的烧杯中，摇匀，准确称量。静置5min，采用中速滤纸过滤，收集滤液。

（3）测定　准确量取滤液20g，精确至0.0001g，用0.01mol/L盐酸标准溶液代替0.1mol/L盐酸标准溶液，采用凯氏定氮法进行测定。记录消耗盐酸标准溶液的体积。

（4）空白试验　准确称取0.1g蔗糖于烧杯中，加入16mL三氯乙酸溶液，按步骤（2）、（3）进行测定，记录消耗盐酸标准溶液的体积。

3. 结果计算

$$\text{非蛋白氮含量(\%)} = \frac{1.4007 \times c \times (V_1 - V_0) \times (m_2 - 0.065m_1)}{m_3 \times m_1} \tag{10-2}$$

式中　c——盐酸标准溶液的浓度，mol/L；

V_1——试样消耗盐酸标准溶液的体积，mL；

V_0——空白消耗盐酸标准溶液的体积，mL；

m_2——加入 40mL 三氯乙酸后的试样质量，g；

0.065——响应因子；

m_1——用于沉淀蛋白的试样质量，g；

m_3——用于消化滤液的试样质量，g。

4. 注意事项

本方法适用于乳及乳制品中非蛋白氮含量的测定。

第三节　氨基酸的测定方法

氨基酸是构成蛋白质的基本单位，目前各种氨基酸已达 300 种以上，构成蛋白质的氨基酸主要有 20 种。其中，亮氨酸、异亮氨酸、赖氨酸、苯丙氨酸、甲硫氨酸、苏氨酸、色氨酸和缬氨酸 8 种氨基酸在人体中不能合成（婴幼儿还包括组氨酸），必须依靠食品摄入，被称为必需氨基酸。必需氨基酸的含量和比例是评价食品中蛋白质的营养价值的重要指标之一。食品中氨基酸的测定主要包括两个方面：氨基酸总量的测定和氨基酸的组分分析。

一、氨基酸总量的测定

氨基酸总量通常以氨基酸态氮表示，指以氨基酸形式存在的氮元素的含量。氨基酸态氮是判定发酵产品发酵程度的特性指标，如酿造酱油、豆酱等。

（一）甲醇滴定法

1. 原理

氨基酸具有酸性的羧基（—COOH）和碱性的氨基（—NH_2），它们相互作用使氨基酸成为中性的内盐。加入甲醇溶液固定—NH_2 的碱性，使—COOH 显示出酸性，用 NaOH 标准溶液滴定—COOH，以酸度计测定终点，间接计算氨基酸总量。其反应式如下

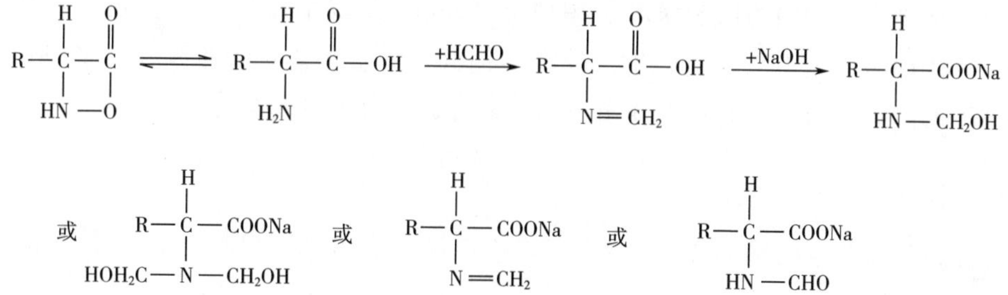

(16)

2. 分析步骤

（1）酱油试样　称取 5.0g 试样于 50mL 烧杯中，用水分数次洗烧杯，全部转移入 100mL 容量瓶中，加水至刻度，混匀后吸取 20.0mL 于 200mL 烧杯中，加 60mL 水，开动磁力搅拌器，用氢氧化钠标准溶液（0.050mol/L）滴定至酸度计指示 pH=8.2，记下消耗氢氧化钠标准滴定溶液的体积，可计算总酸含量。加入 10.0mL 甲醛溶液，混匀。再用氢氧化钠标准滴定溶液继续滴定至 pH=9.2，记下消耗氢氧化钠滴定溶液的体积。同时取 80mL 水，先用氢氧化钠标准滴定溶液调至 pH=8.2，再加入 10.0mL 甲醛溶液，用氢氧化钠标准滴定溶液滴定至 pH=9.2，做试剂空白。

（2）酱及黄豆酱样品　将样品搅拌均匀，放入研钵中，在 10min 内迅速研磨至无肉眼可见颗粒，装入磨口瓶中备用。用已知重量的称量瓶称取搅拌均匀的样品 5.0g，用 50mL 80℃的蒸馏水分数次洗入 100mL 烧杯中，冷却后，转入 100mL 容量瓶中，用少量水分数次洗涤烧杯，洗液并入容量瓶中，加水至刻度，混匀后过滤。吸取滤液 10.0mL，置于 200mL 烧杯中，加 60mL 水，开动磁力搅拌器，其余步骤同（1）。

3. 结果计算

试样中氨基酸态氮的含量按下式计算

$$\text{氨基酸态氮含量}(\%)=\frac{(V_1-V_2)\times c\times 0.014}{m\times\frac{V_3}{V_4}}\times 100 \qquad (10\text{-}3)$$

式中　V_1——样品稀释液在加入甲醛后消耗氢氧化钠标准溶液的体积，mL；

V_2——空白试验在加入甲醛后消耗氢氧化钠标准溶液的体积，mL；

c——氢氧化钠标准溶液的浓度，mol/L；

0.014——$\frac{1}{2}N_2$ 的毫摩尔质量，g/mmol；

m——称取试样的质量，g；

V_3——试样稀释液的取用量，mL；

V_4——试样稀释液的定容体积，mL。

4. 注意事项

此法简单易行、快速方便，在发酵工业中常用此法测定发酵液中氨基酸态氮含量的变化，了解可被微生物利用的氮源量及利用情况，并以此作为控制发酵生产的指标之一。脯氨酸与甲醛作用时产生不稳定化合物，使结果偏低；酪氨酸含有酚羧基，滴定时也会消耗碱致使结果偏高；溶液中若有铵存在也可与甲醛反应，导致结果偏高。

（二）比色法

1. 原理

在 pH=4.8 的乙酸钠-乙酸缓冲液中，氨基酸态氮与乙酰丙酮和甲醛反应生成黄色的

3,5-二乙酸-2,6-二甲基-1,4 二氢化吡啶氨基酸衍生物。在波长 400nm 处测定吸光度，根据标准曲线比较定量。

2. 主要试剂

（1）乙酸钠-乙酸缓冲液　量取 60mL 乙酸钠溶液（1mol/L）与 40mL 乙酸溶液（1mol/L），该溶液 pH＝4.8。

（2）显色剂　15mL 37% 甲醛与 7.8mL 乙酰丙酮混合，加水稀释至 100mL，剧烈振摇混匀。

3. 分析步骤

（1）标准曲线的绘制　精密吸取氨氮标准溶液（0.1g/L）0、0.05、0.1、0.2、0.4、0.6、0.8、1.0mL（分别相当于氨基酸态氮 0、5.0、10.0、20.0、40.0、60.0、80.0、100.0μg）于 10mL 比色管中。分别向各比色管加入 4mL 乙酸钠-乙酸缓冲液及 4mL 显色剂，用水稀释至刻度，混匀。置于 100℃ 水浴中加热 15min，取出，冷却至室温后，测定 400nm 处吸光度值，绘制标准曲线。

（2）试样的测定　称取 1.00g 试样于 50mL 容量瓶中，加水稀释至刻度，混匀。精密吸取 2mL 试样稀释液于 10mL 比色管中，按步骤（1）显色，于 400nm 处测量吸光度，根据标准曲线计算试样中氨基酸态氮的含量。

4. 注意事项

本法适用于酿造或配制的酱油中氨基酸态氮的测定。

二、氨基酸的组分分析

氨基酸的组分分析用于定量确定食品中蛋白质的氨基酸组成。主要包括三个步骤：首先，将蛋白质样品水解以释放氨基酸；其次，使用色谱技术分离氨基酸；最后，对分离出的氨基酸进行检测和定量。目前氨基酸的检测方法有氨基酸自动分析仪法、高效液相色谱法、气相色谱法、气相色谱-质谱联用法、高效液相色谱-质谱联用法、高效液相色谱-串联质谱法等。其中，氨基酸自动分析仪法是近年来测定氨基酸应用最为普遍的一种分析方法，它是由高效液相色谱柱后衍生技术发展而来。本部分将主要介绍氨基酸自动分析仪法。

1. 原理

食品中的蛋白质经盐酸水解成为游离氨基酸，经离子交换柱分离后，与茚三酮溶液发生显色反应，再通过可见光分光光度检测器测定氨基酸含量。

各种氨基酸的酸碱性、极性和相对分子质量不同，使用阳离子交换树脂在色谱柱上进行分离。当样液加入色谱柱顶端后，采用不同 pH 和离子浓度的缓冲溶液即可将它们依次洗脱下来，先是酸性氨基酸和极性较大的氨基酸，其次是非极性的芳香族氨基酸，最后是碱性氨基酸。相对分子质量小的比相对分子质量大的先被洗脱下来。

定量测定的依据是氨基酸和茚三酮反应生成蓝紫色化合物，颜色深浅与各氨基酸含量成正比。但脯氨酸和羟脯氨酸则生成黄棕色化合物，需在另外波长处定量测定。

2. 分析步骤

（1）样品制备　固体或半固体试样使用组织粉碎机或研磨机粉碎，液体试样用匀浆机打成匀浆密封冷冻保存，测定时将其解冻后使用。

（2）样品称量　对于均匀的样品（如乳粉等），准确称取一定量试样（精确至0.0001g），使试样中蛋白质含量在10~20mg。如样品蛋白质含量未知，可先测定样品中蛋白质含量。将称量好的样品置于水解管中。对于难以获得高均匀性的样品（如鲜肉等），为减小误差可适当增大称样量，测定前再做稀释。对于蛋白质含量低的样品（如蔬菜、水果等），固体或半固体样品称样量不大于2g，液体样品称样量不大于5g。

（3）样品水解　根据试样的蛋白质含量，在水解管内加10~15mL 6mol/L盐酸溶液。对于含水量高、蛋白质含量低的试样，如饮料、水果、蔬菜等，可先加入约相同体积的盐酸混匀后，再用6mol/L盐酸溶液补充至大约10mL。继续向水解管内加入苯酚3~4滴。将水解管放入冷冻剂中，冷冻3~5min，接到真空泵的抽气管上，抽真空（接近0 Pa），然后充入氮气，重复抽真空-充入氮气3次后，在充氮气状态下封口或拧紧螺丝盖。将已封口的水解管放在（110±1）℃的电热鼓风恒温箱或水解炉内，水解22h后，取出，冷却至室温。打开水解管，将水解液过滤至50mL容量瓶内，用少量水多次冲洗水解管，将洗液全部移入容量瓶内，最后用水定容至刻度，振荡混匀。

准确吸取1.0mL滤液至15mL或25mL试管内，用试管浓缩仪或平行蒸发仪在40~50℃加热环境下减压干燥，干燥后残留物用1~2mL水溶解，再减压干燥，最后蒸干。用1.0~2.0mL pH=2.2柠檬酸钠缓冲溶液加入到干燥后试管内溶解，振荡混匀后，经0.22μm滤膜过滤后，转移至仪器进样瓶，进行测定。

（4）样品测定　将混合氨基酸标准工作液和样品测定液分别注入氨基酸分析仪，以外标法通过峰面积计算样品测定液中各氨基酸的浓度。样品的氨基酸分离图谱如图10-3所示。

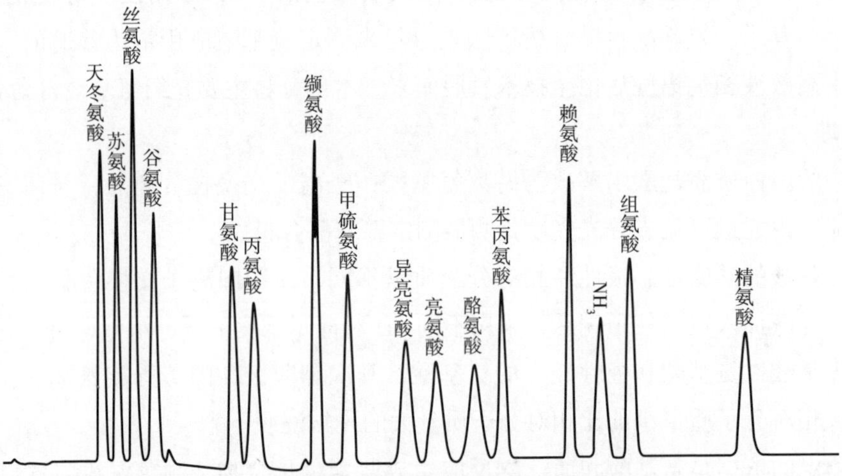

图10-3　氨基酸自动分析仪氨基酸分离色谱图

3. 结果计算

样品测定液中各氨基酸的含量按下式计算

$$c_i = \frac{c_s}{A_s} \times A_i \qquad (10-4)$$

式中　c_i——样品测定液氨基酸 i 的含量，nmol/mL；

A_i——样品测定液氨基酸 i 的峰面积；

A_s——氨基酸标准工作液氨基酸 i 的峰面积；

c_s——氨基酸标准工作液氨基酸 i 的含量，nmol/mL。

样品中各氨基酸的含量按下式计算

$$X_i = \frac{c_i \times F \times V \times M}{m \times 10^9} \times 100 \qquad (10-5)$$

式中　X_i——样品中氨基酸 i 的含量，g/100g；

F——稀释倍数；

V——样品水解液转移定容的体积，mL；

M——氨基酸 i 的摩尔质量，g/mol。

4. 注意事项

（1）采用茚三酮试剂发生显色反应，随着时间推移发色率会降低。因此，在较长时间的分析过程中，应随时用已知浓度的氨基酸标准溶液上柱测定，以检验其变化情况。

（2）基于反相色谱原理的氨基酸分析仪，可使蛋白质水解出的 17 种氨基酸在 12min 内完成分离，具有灵敏度高（最小检出量可达 1pmol）、重现性好以及一机多用等特点。

思考题

1. 采用凯氏定氮法测定蛋白质含量，消化步骤中用到了哪些试剂？每一种试剂作用是什么？

2. 采用凯氏定氮法测定蛋白质含量，蒸馏过程中出现了怎样的颜色变化？为什么？

3. 一些不法分子向生乳中违法添加三聚氰胺以提高蛋白质的检测值，为什么三聚氰胺有这样的作用？请设计实验，以测定牛乳中蛋白质的实际含量。

4. 请查阅文献，还有哪些方法可以测定食品中氨基酸的组成及含量？

第十一章
维生素的测定

【学习目标】

1. 了解维生素的性质，理解维生素测定的意义。
2. 掌握脂溶性维生素和水溶性维生素的测定原理。
3. 熟悉几种常见维生素的主要测定方法、测定步骤及注意事项。

【学习重点与难点】

1. 重点是熟悉不同类型维生素测定所需的样品预处理方法，理解并掌握不同维生素测定的基本原理。

2. 难点是对维生素测定的原理理解，特别是各种测定技术的原理和操作技巧；不同类型维生素测定方法的选择和适用范围；实验操作中的注意事项和细节处理等。

第一节 概述

维生素（vitamin）是一类对人体正常生长、发育和代谢至关重要的有机化合物。根据溶解性质，维生素可分为脂溶性和水溶性两大类。脂溶性维生素（如维生素 A、维生素 D、维生素 E、维生素 K）主要参与脂肪代谢、维持视力、促进钙磷吸收等功能；水溶性维生素（如 B 族维生素、维生素 C）则参与碳水化合物、脂肪和蛋白质的代谢，维持神经系统正常功能等。大多数维生素人体不能合成或合成量不足，必须经常通过食物获得。

食品中维生素含量的测定对评价食品营养价值、保障人体健康具有重要意义。维生素缺乏或过量均可能引发健康问题，如免疫力下降、生长发育迟缓等。因此，测定食品中维生素含量可确保人们从饮食中摄取足够维生素，预防相关疾病。此外，维生素含量测定也是食品安全监管和品质控制的重要指标，有助于防止虚假宣传和误导消费者，并监控食品生产过程中的质量变化。

目前，维生素的测定方法主要有分光光度法、荧光法、高效液相色谱法、液相色谱-质谱法及微生物法等。其中，高效液相色谱法因其操作简便、高效快速等特点，成为当前应用最广泛的维生素测定方法；液相色谱-质谱法则以其高灵敏度、高选择性和高准确性，成为多种维生素精确测定的优选技术。在实际应用中，应根据具体需求和条件选择合适的测定方法，以确保结果的准确性和可靠性。

第二节 脂溶性维生素的测定

脂溶性维生素是指能够溶于脂肪和有机溶剂的维生素，主要包括维生素 A（视黄醇）、维生素 D（钙化醇）、维生素 E（生育酚）和维生素 K（凝血维生素）等。这些维生素因其良好的脂溶性而能够通过脂肪来吸收和转运，并且在体内储存能力较强。然而，正因其良好的储存能力，过量摄入脂溶性维生素可能会导致中毒。因此，对其含量的准确测定显得尤为重要。

脂溶性维生素大多稳定性较强，但易受到温度、光照、氧气和 pH 等因素的影响。因此，在测定过程中，我们应注意以下几点：控制温度，尽量避免光照，采取措施防止氧化，并注意 pH 的控制。例如，皂化完成后应迅速冷却至室温，以减轻高温对样品的影响；萃取后，按要求在 40℃或 45℃的条件下旋蒸至近干，避免过高温度导致样品损失。同时，样品处理需避免紫外光照，分析操作一般需在避光条件下进行。在皂化和浓缩过程中，可加入抗氧化剂（如焦性没食子酸、抗坏血酸等）来保护样品，防止其氧化分解。萃取时为确保有机相（如醚层）的 pH 接近中性，可通过洗涤去除其中的酸性或碱性物质。

在样品前处理阶段，还需注意样品的溶解性和均匀性。不同类型的样品前处理方法各异，脂肪含量高的样品应减少取样量以避免皂化不完全；含淀粉的样品需先进行酶解；不溶于水的样品可采取振荡或超声溶解的方法；对于含有多种脂溶性维生素或杂质含量高的样品，皂化提取后可能需进行层析分离，以去除干扰物质，保证测定结果的准确性。

此外，标准储备液和工作液的储存同样重要。例如，维生素 A、维生素 D、维生素 E、维生素 K 的标准储备液应避光保存在-18℃或-20℃下，使用前需根据需要进行浓度校正；标准工作液需临用前配制，以保持其活性。同时，所有使用的器皿应确保不含氧化性物质；分液漏斗活塞玻璃表面不得涂油，提取过程应在通风柜中操作。

一、维生素 A 的测定

维生素 A，又被称为视黄醇，在人体的正常生长、发育、免疫力和视力等方面起着关键作用。该维生素主要存在于动物性食品，如肝脏、鱼肝油、乳制品和蛋类；同时，也在一些植物性食品中以胡萝卜素的形式存在，如胡萝卜、南瓜和甜红椒等。

目前，维生素 A 的测定方法主要有分光光度法、气相色谱法、高效液相色谱法等。下面我们将介绍最常用的高效液相色谱法，具体参照《食品安全国家标准　食品中维生素 A、D、E 的测定》（GB 5009. 82—2016）中的第一法（反相高效液相色谱法）。该方法不仅适用于维生素 A 的测定，也适用于维生素 A 和维生素 E 的同时测定。

1. 原理

试样中的维生素 A 及维生素 E 经皂化（含淀粉先用淀粉酶酶解）、提取、净化、浓缩后，C_{30} 或 PFP 反相液相色谱柱分离，紫外检测器或荧光检测器检测，外标法定量。

2. 样品制备与处理

（1）制备　将一定数量的样品按要求经过缩分、粉碎均质后，储存于样品瓶中，避光冷藏，尽快测定。

（2）皂化　称取 2~5g（精确至 0. 01g）经均质处理的固体试样或 50g（精确至 0. 01g）液体试样于 150mL 平底烧瓶中，固体试样需加入约 20mL 温水，混匀（如样品含淀粉，需加入 0. 5~1g 淀粉酶，放入 60℃水浴避光恒温振荡 30min），再加入 1. 0g 抗坏血酸和 0. 1g BHT，混匀，加入 30mL 无水乙醇，加入 10~20mL 氢氧化钾溶液，边加边振摇，混匀后于 80℃恒温水浴振荡皂化 30min，皂化后立即用冷水冷却至室温。

注：皂化时间一般为 30min，如皂化液冷却后，液面有浮油，需要加入适量氢氧化钾溶液，并适当延长皂化时间。

（3）提取　将皂化液用 30mL 水转入 250mL 的分液漏斗中，加入 50mL 石油醚-乙醚混合液（如只测维生素 A 与 α-生育酚，可用石油醚作提取剂），振荡萃取 5min，将下层溶液转移至另一 250mL 的分液漏斗中，加入 50mL 的混合醚液再次萃取，合并醚层。

（4）洗涤　用约 100mL 水洗涤醚层，需重复约 3 次，直至将醚层洗至中性（可用 pH 试纸检测下层溶液 pH），去除下层水相。

（5）浓缩　将洗涤后的醚层经无水硫酸钠（约 3g）滤入 250mL 旋转蒸发瓶或氮气浓缩管中，用约 15mL 石油醚冲洗分液漏斗及无水硫酸钠 2 次，并入蒸发瓶内，并将其接在旋转蒸发仪或气体浓缩仪上，于 40℃水浴中减压蒸馏或气流浓缩，待瓶中醚液剩下约 2mL 时，取下蒸发瓶，立即用氮气吹至近干。用甲醇分次将蒸发瓶中残留物溶解并转移至 10mL 容量瓶中，定容至刻度。溶液过 0. 22μm 有机系滤膜后供高效液相色谱测定。

3. 色谱参考条件

色谱柱：C30 柱（柱长 250mm，内径 4. 6mm，粒径 3μm），或相当者；柱温：20℃；

流动相 A：水；流动相 B：甲醇，洗脱梯度见表 11-1；流速：0.8mL/min；紫外检测波长：维生素 A 为 325nm；维生素 E 为 294nm；进样量：10μL。标准色谱图见图 11-1 和图 11-2。

表 11-1 C30 色谱柱-反相高效液相色谱法洗脱梯度参考条件

时间/min	流动相 A/%	流动相 B/%	流速/(mL/min)
0.0	4	96	0.8
13.0	4	96	0.8
20.0	0	100	0.8
24.0	0	100	0.8
24.5	4	96	0.8
30.0	4	96	0.8

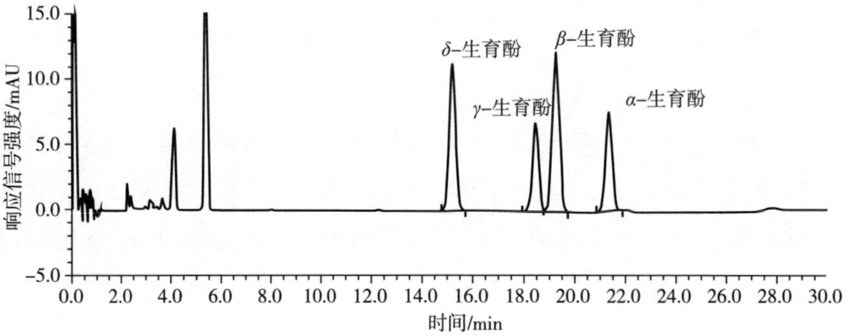

图 11-1 维生素 E 标准溶液 C30 柱反相色谱图

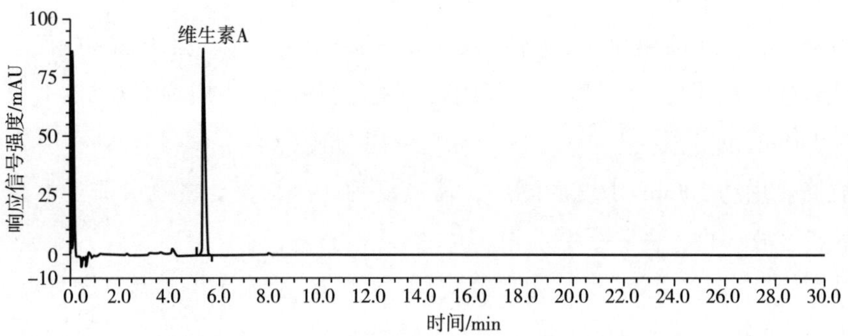

图 11-2 维生素 A 标准溶液 C30 柱反相色谱图

4. 分析步骤

(1) 标准曲线的制作 采用外标法定量。将维生素 A 和维生素 E 标准系列工作溶液分别注入高效液相色谱仪中，测定相应的峰面积，以峰面积为纵坐标，以标准测定液浓度为横坐标绘制标准曲线，计算直线回归方程。

（2）样品测定　试样液经高效液相色谱仪分析，测得峰面积，采用外标法通过上述标准曲线计算其浓度。在测定过程中，建议每测定 10 个样品用同一份标准溶液或标准物质检查仪器的稳定性。

5. 结果计算

试样中维生素 A 或维生素 E 的含量按式（11-1）计算

$$X = \frac{\rho \times V \times f \times 100}{m} \tag{11-1}$$

式中　X——试样中维生素 A 或维生素 E 的含量，维生素 A 单位为 μg/100g，维生素 E 单位为 mg/100g；

ρ——根据标准曲线计算得到的试样中维生素 A 或维生素 E 的浓度，μg/mL；

V——定容体积，mL；

f——换算因子（维生素 A：f=1；维生素 E：f=0.001）；

100——试样量以每百克计算的换算系数；

m——试样的称样量，g。

6. 注意事项

（1）如难以将柱温控制在（20±2）℃，可改用 PFP 柱分离异构体，流动相为水和甲醇梯度洗脱。

（2）如样品中只含 α-生育酚，不需分离 β-生育酚和 γ-生育酚，可选用 C18 柱，流动相为甲醇。

（3）如有荧光检测器，可选用荧光检测器检测，对生育酚的检测有更高的灵敏度和选择性，可按以下检测波长检测：维生素 A 激发波长 328nm，发射波长 440nm；维生素 E 激发波长 294nm，发射波长 328nm。

二、维生素 D 的测定

维生素 D 作为脂溶性维生素家族的重要成员，对人体健康至关重要。它在人体内的主要功能包括促进钙和磷的吸收，维护骨骼健康；参与免疫调节，增强身体抵抗力；参与神经肌肉功能和利于心血管健康等。维生素 D 主要有维生素 D_2（骨化醇）和维生素 D_3（胆骨化醇、胆钙化醇）两种形式。人体维生素 D 的来源主要有两个途径，一是通过皮肤在阳光照射下合成维生素 D_3；二是通过食物摄入，如脂类鱼类、蛋黄、乳制品等。

维生素 D 的测定方法主要有高效液相色谱法、在线柱切换-反相液相色谱法及液相色谱-质谱法等。下面我们将介绍液相色谱-质谱联用法在食品中维生素 D_2 和维生素 D_3 测定方面的应用。具体操作可参照《食品安全国家标准　食品中维生素 D 的测定》（GB 5009.296—2023）中的第三法（液相色谱-质谱法）。

1. 原理

试样加入维生素 D_2 和维生素 D_3 的同位素内标后，经氢氧化钾乙醇溶液皂化（含淀粉试样先用淀粉酶酶解），正己烷提取，固相萃取柱净化、浓缩后，通过 C18 柱将维生素 D_2、维生素 D_3 与其他杂质分离，串联质谱检测，内标法定量。

2. 样品制备与处理

（1）试样制备　将一定数量的样品按要求经过缩分、粉碎、均质后，储存于样品袋中，避光冷藏，尽快测定。

①婴幼儿配方食品、特殊医学用途配方食品、乳及乳制品、冷冻饮品和饮料：固体试样处理时，均质后称取约 25g（m_1，精确至 0.01g）至 250mL 干燥玻璃瓶中，加入约 200mL 温水（40~45℃），记录加水后的溶液质量（m_2，精确至 0.01g），充分混匀溶解，室温避光放置 15min，每隔 5min 振摇 30s。称取制备后的溶液 10g（m_3，精确至 0.01g）至 50mL 带螺旋盖的离心管中。并按式（11-2）计算粉末样品质量（m）。

$$m = \frac{m_1 \times m_3}{m_2} \tag{11-2}$$

液体试样处理时，摇匀后称取 10g（m，精确至 0.01g）至 50mL 带螺旋盖的离心管中。

②谷物及其制品、焙烤食品、婴幼儿谷类辅助食品及其他含淀粉试样：称取均质后的试样 5~10g（m，精确至 0.01g）至 150mL 平底烧瓶中，加入约 20mL 温水（40~45℃），置于磁力搅拌器中搅拌 10min，混匀。婴幼儿谷类辅助食品等难均质的试样，可先按上述“婴幼儿配方食品、特殊医学用途配方食品、乳及乳制品、冷冻饮品和饮料”固体试样的制备制成浆液，再称取制备后的浆液 20~50g（m_3，精确至 0.01g）至 150mL 平底烧瓶中。

③油脂及其制品、肉及肉制品、水产及其制品、蛋及蛋制品：称取均质后的试样 0.5~2g（m，精确至 0.001g）至 50mL 带螺旋盖的离心管，加入 8~9.5mL 的温水（40~45℃），混匀。对于难均质的试样，可先按上述“婴幼儿配方食品、特殊医学用途配方食品、乳及乳制品、冷冻饮品和饮料”固体试样的制备制成浆液，再称取制备后的溶液 10g（m_3，精确至 0.01g）至 50mL 带螺旋盖的离心管中。

④水果、蔬菜、豆类、食用菌、坚果和籽类：称取均质后的试样 10g（m，精确至 0.01g）至 50mL 带螺旋盖的离心管中。干制品称取均质后的试样 0.5~2g（精确至 0.001g）至 50mL 带螺旋盖的离心管，加入 8~9.5mL 的温水（40~45℃），置于涡旋振荡器中振荡 10min，混匀。

⑤含蜂蜡等黏稠胶质试样和其他食品：称取均质后的试样 2~20g（m，精确至 0.01g）至 150mL 平底烧瓶。

（2）试样皂化

①婴幼儿配方食品、特殊医学用途配方食品、乳及乳制品、冷冻饮品和饮料、油脂及

其制品、肉及肉制品、水产及其制品、蛋及蛋制品、水果、蔬菜、豆类、食用菌、坚果和籽类：称取适量试样于 50mL 离心管中，加入 100μL 维生素 D_2-d_3 和维生素 D_3-d_3 混合内标使用液，再加入 0.4g 抗坏血酸，涡旋 1min，加入 10mL BHT-乙醇溶液（0.2g/100mL），涡旋 30s，再加入 5mL 氢氧化钾溶液（50%，质量分数），涡旋混匀后于恒温振荡器中皂化，温度（80±2）℃，时间 30min［或温度（25±5）℃，时间（16±2）h］，皂化后立即用冷水冷却至室温。

②谷物及其制品、焙烤食品、婴幼儿谷类辅助食品及其他含淀粉试样：在装有试样的 150mL 平底烧瓶中，加入 400μL 维生素 D_2-d_3 和维生素 D_3-d_3 混合内标使用液以及 1.0gα-淀粉酶，放入 1 颗磁力搅拌子，加上瓶塞，放入 60℃ 磁力搅拌器中酶解 30min，立即冷却至室温，向酶解液中加入 1.0g 抗坏血酸和 30mL BHT-乙醇溶液（0.2g/100mL），混匀。再加入 10~20mL 氢氧化钾溶液（50%，质量分数），边加边振摇，混匀后于磁力搅拌器或恒温振荡器中皂化，温度（80±2）℃，时间 30min［或温度（25±5）℃，时间（16±2）h］，皂化后立即用冷水冷却至室温。用乙醇-水溶液（2+3）将皂化液转移至 100mL 的容量瓶中，定容至刻度，摇匀，准确移取 25mL 皂化液于 50mL 的离心管中。

③含蜂蜡等胶质样品和其他食品：在装有试样的 150mL 平底烧瓶中，加入 400μL 维生素 D_2-d_3 和维生素 D_3-d_3 混合内标溶液，加入 1.0g 抗坏血酸和 30mL BHT-乙醇溶液（0.2g/100mL），放入 1 颗磁力搅拌子，将平底烧瓶置于磁力搅拌器中搅拌 10min，混匀，再加入约 20mL 温水（40~45℃），混匀。再加入 10~20mL 氢氧化钾溶液（50%，质量分数），边加边振摇，混匀后于磁力搅拌器或恒温振荡器中皂化，温度（80±2）℃，时间 30min［或温度（25±5）℃，时间（16±2）h］，皂化后立即用冷水冷却至室温。用乙醇-水溶液（2+3）将皂化液转移至 100mL 容量瓶中，摇匀，准确移取 25mL 皂化液于 50mL 离心管中。

（3）试样提取　向上述离心管中加入 20mL 正己烷，振荡提取 3min，8000r/min 离心 3min。转移上层清液到另一个 50mL 离心管，加入 25mL 水，振荡 30s，在 8000r/min 条件下离心 3min，待净化。

（4）试样净化　将固相萃取柱依次用 8mL 乙酸乙酯、8mL 正己烷活化平衡，将上层提取液转移至固相萃取柱净化。用 6mL 乙酸乙酯正己烷混合溶液（1+19）淋洗，6mL 乙酸乙酯-正己烷混合溶液（3+17）洗脱。洗脱液置于 40℃ 下氮吹浓缩装置吹至近干，加入 1.0mL 甲醇，超声 30s，涡旋 30s，过 0.22μm 微孔滤膜供仪器测定。为防止将水带入固相萃取柱，上层提取液可留少许正己烷有机相。

3. 仪器参考条件

（1）色谱参考条件　色谱柱：多环芳烃（PAH）C18 柱，柱长 100mm，内径 2.1mm，粒径 1.8μm，或相当者；柱温：35℃；流动相：A 相，0.05%甲酸-5mmol/L 甲酸铵水溶液；B 相，0.05%甲酸-5mmol/L 甲酸铵甲醇溶液，流动相洗脱梯度见表 11-2；流速：

0.4mL/min；进样量：10μL。

表 11-2 流动相洗脱梯度

时间/min	流动相 A/%	流动相 B/%
0.0	10	90
1.0	10	90
4.0	6	94
6.0	6	94
6.1	0	100
10.0	0	100
10.1	10	90
12.0	10	90

（2）质谱参考条件 电离方式：ESI^+；毛细管电压：3 kV；干燥气温度：375℃；多反应监测（multiple reaction monitoring，MRM）模式。监测离子对和碰撞能量见表 11-3，质谱图见图 11-3。

表 11-3 维生素 D_2 和维生素 D_3 监测离子对和碰撞能量

化合物	保留时间/min	母离子/（m/z）	定性子离子		定量子离子	
			m/z	碰撞能量/eV	m/z	碰撞能量/eV
维生素 D_2	6.04	397	379 147	5 25	107	29
维生素 D_2-d_3	6.04	400	382 271	4 6	110	22
维生素 D_3	6.33	385	367 259	7 8	107	25
维生素 D_3-d_3	6.33	388	370 259	3 6	110	19

注：定性离子和定量离子可根据仪器进行调整。

4. 分析步骤

（1）标准曲线的制作 将标准系列工作溶液分别注入液相色谱串联质谱仪中，以标准系列工作溶液中维生素 D_2 或维生素 D_3 的浓度与相应同位素内标的浓度比值为横坐标，以维生素 D_2 或维生素 D_3 与相应同位素内标的峰面积比值为纵坐标，分别绘制维生素 D_2、维生素 D_3 标准曲线。维生素 D_2 和维生素 D_3 标准溶液的色谱图参见图 11-4。

（2）试样溶液的测定 将试样溶液注入液相色谱-质谱仪中进行测定。

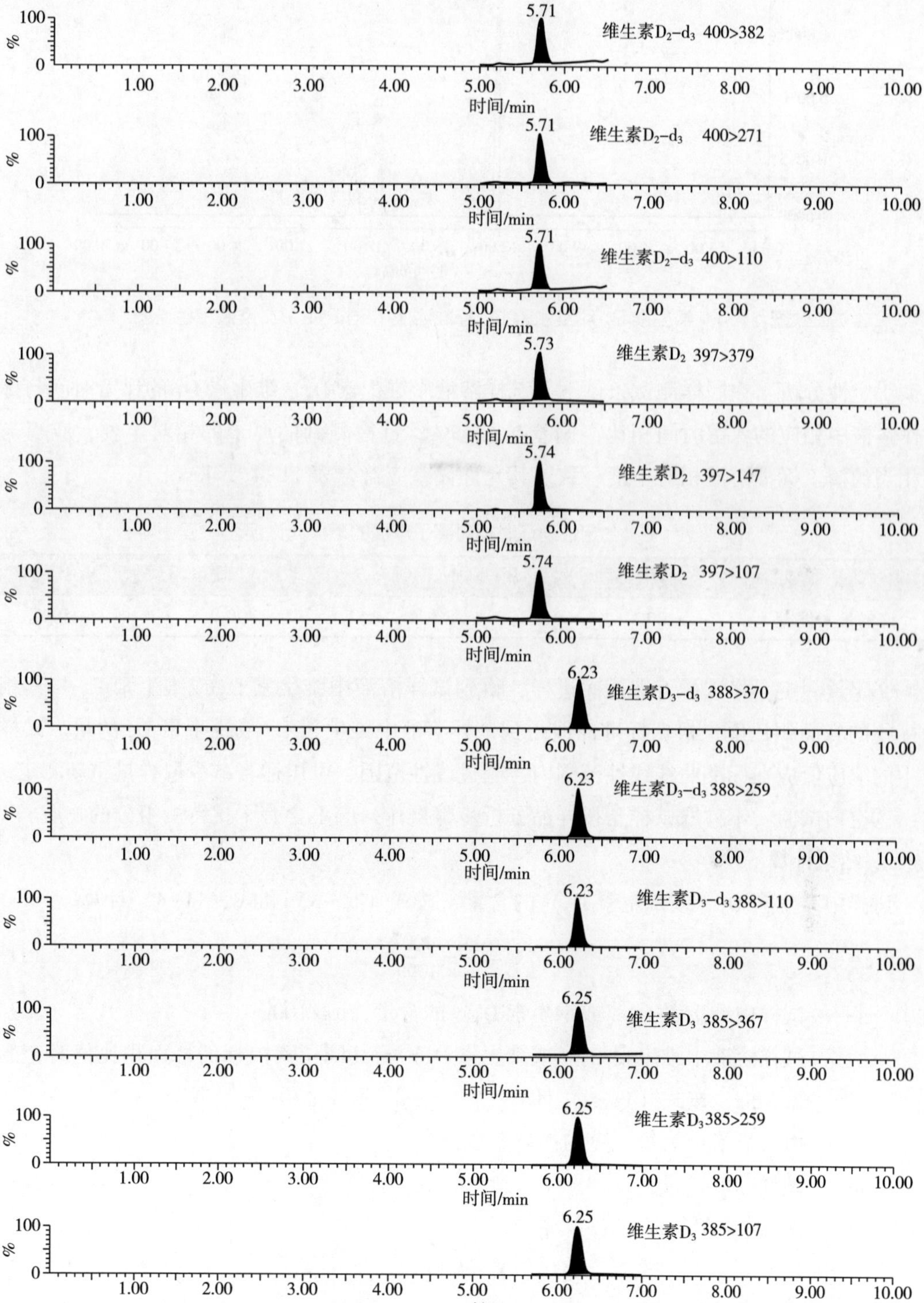

图 11-3　维生素 D 和维生素 D-d_3 混合标准溶液（100μg/L）的液相色谱-质谱 MRM 图

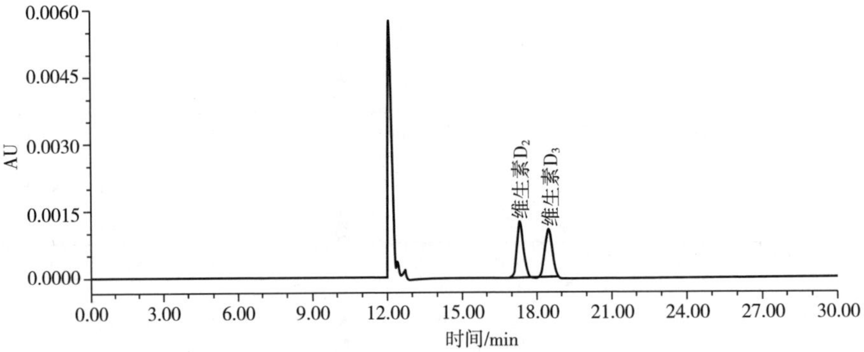

图 11-4 维生素 D_2 和维生素 D_3 标准溶液（50μg/L）二维液相色谱图

①定性分析：在同样测试条件下，试样溶液中维生素 D_2、维生素 D_3 的保留时间与标准工作溶液中相应的保留时间相比，偏差在±2.5%，且检测到的离子的相对丰度，应当与浓度相当的校正标准溶液相对丰度一致。其允许偏差应符合表 11-4 要求。

表 11-4 定性确证时相对离子丰度的最大允许误差

相对离子丰度	>50%	20%%~50%	10%~20%	≤10%
允许的最大偏差	± 20%	± 25%	± 30%	± 50%

②定量测定：将试样溶液依次进样，得到试样溶液中维生素 D_2 或维生素 D_3 与其相应内标物的峰面积比值，根据标准曲线得到试样溶液中维生素 D_2 或维生素 D_3 的量。试样溶液中的响应值应在标准曲线线性范围内，超过线性范围，可以适当减少取样量重新测定。

③空白试验：不称取试样，按样品分析步骤操作，应不含有干扰待测组分的物质。

5. 结果计算

试样中维生素 D_2（或维生素 D_3）的含量，按式（11-3）和式（11-4）计算。

$$X = \frac{N \times 100}{m \times 1000} \tag{11-3}$$

式中 X——试样中维生素 D_2（或维生素 D_3）的含量，μg/100g；

N——试样溶液中维生素 D_2（或维生素 D_3）与其同位素内标的峰面积比值对应的质量，ng，按式（11-4）计算；

100——由每克换算为每百克的换算系数；

m——试样的取样量，g；

1000——由 ng 换算为 μg 的换算系数。

$$N = K \times N_{is} \tag{11-4}$$

式中 K——从标准曲线查得的质量比；

N_{is}——试样中加入的内标的质量，ng。

如试样中同时含有维生素 D_2 和维生素 D_3，维生素 D 的测定结果以维生素 D_2 和维生素 D_3

的含量之和计算。

三、维生素 E 的测定

维生素 E，又称生育酚，为 α-生育酚、β-生育酚、γ-生育酚和 δ-生育酚以及 α-生育三烯酚、β-生育三烯酚、γ-生育三烯酚和 δ-生育三烯酚等脂溶性维生素的总称。它具有抗氧化、延缓衰老、保护心血管等多种生理功能。在食品中，维生素 E 主要存在于植物油、坚果、种子和某些蔬菜中。维生素 E 的测定方法主要有高效液相色谱法、气相色谱法及荧光法等。前面我们已经介绍了维生素 A 和维生素 E 同时测定的方法，现在将介绍单独测定维生素 E 的方法，该方法适用于食用油、坚果、豆类和辣椒粉等食物中维生素 E 的测定。具体参照 GB 5009. 82—2016 中的第二法（正相高效液相色谱法）。

1. 原理

试样中的维生素 E 经有机溶剂提取、浓缩后，用高效液相色谱酰氨基柱或硅胶柱分离，经荧光检测器检测，外标法定量。

2. 样品制备与处理

（1）试样制备　将一定数量的样品按要求经过缩分、粉碎、均质后，储存于样品瓶中，避光冷藏，尽快测定。

（2）试样处理

①植物油脂：称取 0. 5~2g 油样（精确至 0. 01g）于 25mL 的棕色容量瓶中，加入 0. 1g BHT，加入 10mL 流动相超声或涡旋振荡溶解后，用流动相定容至刻度，摇匀。过孔径为 0. 22μm 有机系滤头于棕色进样瓶中，待进样。

②奶油、黄油：称取 2~5g 样品（精确至 0. 01g）于 50mL 的离心管中，加入 0. 1g BHT，45℃水浴熔化，加入 5g 无水硫酸钠，涡旋 1min，混匀，加入 25mL 流动相超声或涡旋振荡提取，离心，将上清液转移至浓缩瓶中，再用 20mL 流动相重复提取 1 次，合并上清液至浓缩瓶，在旋转蒸发器或气体浓缩仪上，于 45℃水浴中减压蒸馏或气流浓缩，待瓶中醚剩下约 2mL 时，取下蒸发瓶，立即用氮气吹干。用流动相将浓缩瓶中残留物溶解并转移至 10mL 容量瓶中，定容至刻度，摇匀。溶液过 0. 22μm 有机系滤膜后供高效液相色谱测定。

③坚果、豆类、辣椒粉等干基植物样品：称取 2~5g 样品（精确至 0. 01g），用索氏提取仪或加速溶剂萃取仪提取其中的植物油脂，将含油脂的提取溶剂转移至 250mL 蒸发瓶内，于 40℃水浴中减压蒸馏或气流浓缩至干，取下蒸发瓶，用 10mL 流动相将油脂转移至 25mL 容量瓶中，加入 0. 1g BHT，超声或涡旋振荡溶解后，用流动相定容至刻度，摇匀。过孔径为 0. 22μm 有机系滤头于棕色进样瓶中，待进样。

3. 色谱参考条件

色谱柱：酰氨基柱（柱长 150mm，内径 3. 0mm，粒径 1. 7μm）或相当者；柱温：30℃；流动相：正己烷+［叔丁基甲基醚-四氢呋喃-甲醇混合液（20+1+0. 1）］=90+10；

流速：0.8mL/min；荧光检测波长：激发波长：294nm，发射波长：28nm；进样量：10μL。标准溶液色谱图参见图 11-5。

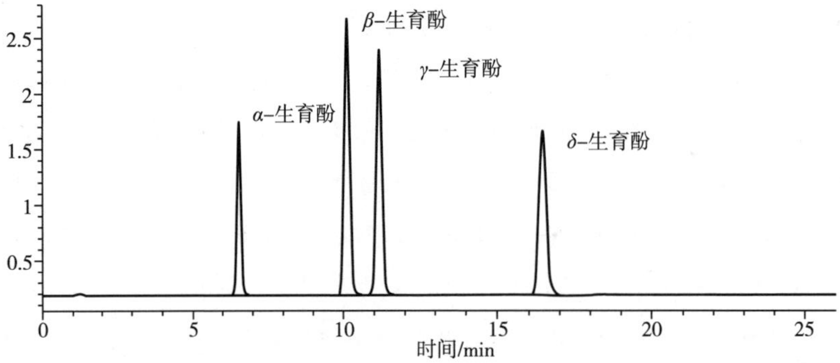

图 11-5 维生素 E 标准溶液酰氨基柱色谱图

4. 分析步骤

（1）标准曲线的制作 本法采用外标法定量。将维生素 E 标准系列工作溶液从低浓度到高浓度分别注入高效液相色谱仪中，测定相应的峰面积。以峰面积为纵坐标，标准溶液浓度为横坐标绘制标准曲线，计算直线回归方程。

（2）样品测定 试样液经高效液相色谱仪分析，测得峰面积，采用外标法通过上述标准曲线计算其浓度。在测定过程中，建议每测定 10 个样品用同一份标准溶液或标准物质检查仪器的稳定性。

5. 结果计算

试样中 α-生育酚、β-生育酚、γ-生育酚或 δ-生育酚的含量按式（11-5）计算

$$X = \frac{\rho \times V \times f \times 100}{m} \tag{11-5}$$

式中 X——试样中 α-生育酚、β-生育酚、γ-生育酚或 δ-生育酚的含量，mg/100g；

ρ——根据标准曲线计算得到的试样中 α-生育酚、β-生育酚、γ-生育酚或 δ-生育酚的浓度，μg/mL；

V——定容体积，mL；

f——换算因子（f=0.001）；

100——试样中量以每百克计算的换算系数；

m——试样的称样量，g。

四、维生素 K 的测定

维生素 K，又被称为抗出血维生素，在血液凝固过程中起着至关重要的作用，能有效预防出血性疾病。维生素 K 主要包括维生素 K_1（叶绿醌）和维生素 K_2（甲基萘醌类）两种形式。其

中，维生素 K_2 是一系列具有特定结构的化合物，包括四烯甲萘醌、七烯甲萘醌和九烯甲萘醌等。维生素 K_1 主要来源于植物性食物，如绿叶蔬菜和植物油等；维生素 K_2 则主要来源于动物性食物和微生物发酵食品。维生素 K 的测定方法主要有高效液相色谱法、液相色谱-质谱法及荧光法等。下面将分别介绍使用高效液相色谱法测定食品中维生素 K_1 和维生素 K_2 的方法，具体参照《食品安全国家标准　食品中维生素 K_1 的测定》（GB 5009.158—2016）第一法（高效液相色谱-荧光检测法）和《食品安全国家标准　食品中维生素 K_2 的测定》（GB 5009.290—2023）。

（一）食品中维生素 K_1 的测定

1. 原理

婴幼儿食品和乳品、植物油等样品经脂肪酶和淀粉酶酶解，正己烷提取样品中的维生素 K_1 后，用 C18 液相色谱柱将维生素 K_1 与其他杂质分离，锌柱柱后还原，荧光检测器检测，外标法定量。

水果、蔬菜等低脂性植物样品，用异丙醇和正己烷提取其中的维生素 K_1，经中性氧化铝柱净化，去除叶绿素等干扰物质。用 C18 液相色谱柱将维生素 K_1 与其他杂质分离，锌柱柱后还原，荧光检测器检测，外标法定量。

2. 样品制备与处理

（1）试样制备　米粉、乳粉等粉状样品经混匀后，直接取样；片状、颗粒状样品，经样本粉碎机磨成粉，储存于样品袋中备用；液态乳、植物油等液态样品摇匀后，直接取样；水果、蔬菜等取可食部分，水洗干净，用纱布擦去表面水分，经匀浆器匀浆，储存于样品瓶中备用。制样后，需尽快测定。

（2）试样处理

①婴幼儿食品和乳品、植物油

a. 酶解：准确称取经均质的试样 1~5g（精确至 0.01g，维生素 K_1 含量不低于 0.05μg）于 50mL 离心管中，加入 5mL 温水溶解（液体样品直接吸取 5mL，植物油不需加水稀释），加入磷酸盐缓冲液（pH 8.0）5mL，混匀，加入 0.2g 脂肪酶和 0.2g 淀粉酶（不含淀粉的样品可以不加淀粉酶），加盖，涡旋 2~3min，混匀后，置于（37±2）℃恒温水浴振荡器中振荡 2h 以上，使其充分酶解。

b. 提取：取出酶解好的试样，分别加入 10mL 乙醇及 1g 碳酸钾，混匀后加入 10mL 正己烷和 10mL 水，涡旋或振荡提取 10min，6000r/min 离心 5min，或将酶解液转移至 150mL 的分液漏斗中萃取提取，静置分层（如发生乳化现象，可适当增加正己烷或水的加入量，以排除乳化现象），转移上清液至 100mL 旋蒸瓶中，向下层液再加入 10mL 正己烷，重复操作 1 次，合并上清液至上述旋蒸瓶中。

c. 浓缩：将上述正己烷提取液旋蒸至干（如有残液，可用氮气轻吹至干），用甲醇转移并定容至 5mL 容量瓶中，摇匀，0.22μm 滤膜过滤，滤液待进样。

不加试样，按同一操作方法做空白试验。

②水果、蔬菜样品

a. 提取：准确称取 1~5g（精确至 0.01g，维生素 K_1 含量不低于 0.05μg）经均质匀浆的样品于 50mL 离心管中，加入 5mL 异丙醇，涡旋 1min，超声 5min，再加入 10mL 正己烷，涡旋振荡提取 3min，6000r/min 离心 5min，移取上清液于 25mL 棕色容量瓶中，向下层溶液中加入 10mL 正己烷，重复提取 1 次，合并上清液于上述容量瓶中，正己烷定容至刻度，用移液管准确分取上清液 1~5mL（视样品中维生素 K_1 含量而定）至 10mL 试管中，氮气轻吹至干，加入 1mL 正己烷溶解，待净化。

b. 净化、浓缩：将上述 1mL 提取液用少量正己烷转移至预先用 5mL 正己烷活化的中性氧化铝柱中，待提取液流至近干时，5mL 正己烷淋洗，6mL 正己烷-乙酸乙酯混合液洗脱至 10mL 试管中，氮气吹干后，用甲醇定容至 5mL，过 0.22μm 滤膜，滤液供分析测定。

不加试样，按同一操作方法做空白试验。

3. 色谱参考条件

色谱柱：C18 柱，柱长 250mm，内径 4.6mm，粒径 5μm，或具同等性能的色谱柱；锌还原柱：柱长 50mm，内径 4.6mm；流动相：量取甲醇 900mL，四氢呋喃 100mL，乙酸 0.3mL，混匀后，加入氯化锌 1.5g，无水乙酸钠 0.5g，超声溶解后，用 0.22μm 有机滤膜过滤；流速：1mL/min；检测波长：激发波长为 243nm，发射波长为 430nm；进样量：10μL；标准溶液的色谱图见图 11-6。

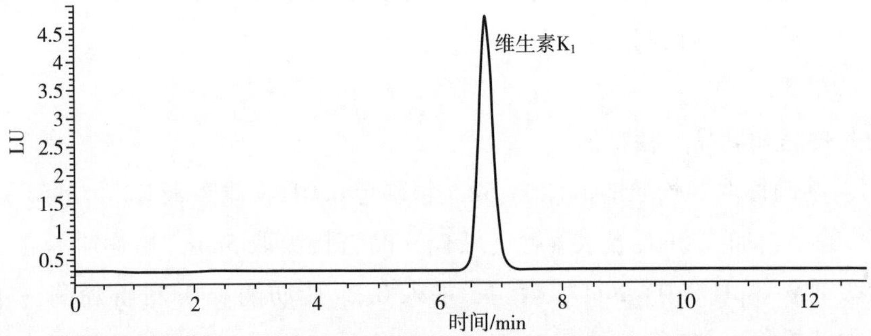

图 11-6　100ng/mL 标准溶液中维生素 K_1 色谱图

4. 分析步骤

（1）标准曲线的绘制　采用外标标准曲线法进行定量。将维生素 K_1 标准系列工作液分别注入高效液相色谱仪中，测定相应的峰面积，以峰面积为纵坐标，以标准系列工作液浓度为横坐标绘制标准曲线，计算线性回归方程。

（2）试样溶液的测定　在相同色谱条件下，将制备的空白溶液和试样溶液分别进样，进行高效液相色谱分析。以保留时间定性，峰面积外标法定量，根据线性回归方程计算出试样溶液中维生素 K_1 的浓度。

5. 结果计算

试样中维生素 K_1 的含量按式（11-6）计算

$$X = \frac{\rho \times V_1 \times V_3 \times 100}{m \times V_2 \times 1000} \tag{11-6}$$

式中 X——试样中维生素 K_1 的含量，μg/100g；

ρ——由标准曲线得到的试样溶液中维生素 K_1 的浓度，ng/mL；

V_1——提取液总体积，mL；

V_3——定容液的体积，mL；

100——将结果单位由微克每克换算为微克每百克样品中含量的换算系数；

m——试样的称样量，g；

V_2——分取的提取液体积（婴幼儿食品和乳品、植物油 $V_1 = V_2$），mL；

1000——将浓度单位由 ng/mL 换算为 μg/mL 的换算系数。

（二）食品中维生素 K_2 的测定

1. 原理

试样经脂肪酶、淀粉酶或蛋白酶酶解，采用正己烷提取四烯甲萘醌、七烯甲萘醌、九烯甲萘醌，提取液浓缩后经反相液相色谱分离，锌还原柱柱后衍生，荧光检测器检测，外标法定量。

2. 样品制备与处理

（1）试样制备　质地均匀的粉末类样品测定前充分混匀；肉与肉制品取可食部分粉碎均质；其他固体、半固体样品粉碎均质。液态样品测定前混匀。

（2）试样处理

酶解

a. 乳及乳制品和特殊膳食用食品：对固体样品而言称取混匀后的粉末试样 50g（精确至 0.1g）至 250mL 烧杯中，加入 100mL 水，记录加水后的溶液质量，充分混匀溶解；准确称取制备后的溶液 6g（精确至 0.001g）于 50mL 离心管中，加入水 11mL，再加入磷酸盐缓冲液 5mL，混匀，于（50±2）℃水浴超声 15min，冷却至室温后，加入脂肪酶 0.5g，再加淀粉酶 0.2g，加盖，涡旋 2～3min，混匀后，置于（37±2）℃恒温水浴锅中酶解 2h 以上（每 30min 涡旋 1min），使其充分酶解。

对液体样品而言称取混匀样品 1～10g（精确至 0.001g）于 50mL 离心管中，加水至 15mL；提取液加入磷酸盐缓冲液 5mL，混匀，于（50±2）℃水浴超声 15min，冷却至室温后，加入脂肪酶 0.5g，再加淀粉酶 0.2g，加盖，涡旋 2～3min，混匀后，置于（37±2）℃恒温水浴锅中酶解 2h 以上（每 30min 涡旋 1min），使其充分酶解。

b. 发酵豆制品：称取均质后的试样 50g（精确至 0.1g）至 250mL 烧杯中，加入 100mL

水，记录加水后的溶液质量，匀浆器匀浆后，立即准确称取匀浆试样 3g（精确至 0.001g）于 50mL 离心管中，加入水 13mL，加入磷酸盐缓冲液 5mL，混匀，于（50±2）℃水浴超声 15min，冷却至室温后，加入脂肪酶 0.2g，加入蛋白酶 0.1g，加盖，涡旋 2~3min，混匀后，置于（37±2）℃恒温水浴锅中酶解 4h 以上（每 30min 涡旋 1min），使其充分酶解。

c. 肉及肉制品：称取均质后的试样 50g（精确至 0.1g）至 250mL 烧杯中，加入 100mL 水，记录加水后的溶液质量，匀浆器匀浆后，立即准确称取匀浆试样 15g（精确至 0.001g）于 50mL 离心管中，加入水 5mL，加入磷酸盐缓冲液 5mL，混匀，于（50±2）℃水浴超声 15min，冷却至室温后，加入脂肪酶 0.2g，加入蛋白酶 0.1g，加盖，涡旋 2~3min，混匀后，置于（37±2）℃恒温水浴锅中酶解 4h 以上（每 30min 涡旋 1min），使其充分酶解。

取出酶解好的试样，分别加入 10mL 无水乙醇及 1.0g 碳酸钾，混匀后加入 10mL 正己烷，3000r/min 涡旋 2~3min 或≥250r/min 振荡提取 10min，以 6000r/min 离心 5min，转移上清液至 100mL 旋蒸瓶中。为保证提取完全，必要时可向下层溶液中再加入 10mL 正己烷，重复操作 1 次，合并上清液至上述旋蒸瓶中。

将上述正己烷提取液于（40±2）℃水浴旋蒸至干（如有残液，可用氮气轻吹至干），用 5.0mL 流动相充分溶解浓缩物，将此溶解液用 0.22μm 滤膜过滤，此滤液为制备的试样溶液。浓缩氮吹后，如果样品浓缩物常温不易溶解，可提高溶解温度至（40±2）℃，至完全溶解，纳豆等 MK-7 含量高的样品，可适当加大定容体积，使制备的试样溶液浓度在标准曲线范围内。

3. 仪器参考条件

色谱柱：C18（5μm，4.6mm×150mm）或具有同等性能的色谱柱；锌粉还原柱：4.6mm×50mm（填料：锌粉，锌粉平均粒径 70μm。锌粉还原柱可直接购买商品柱，此锌粉还原柱连接于色谱柱后）；荧光检测器：激发波长为 326nm，发射波长为 410nm；流动相：等度洗脱；流速：0.8mL/min；进样量：20μL。标准溶液的色谱图见图 11-7。

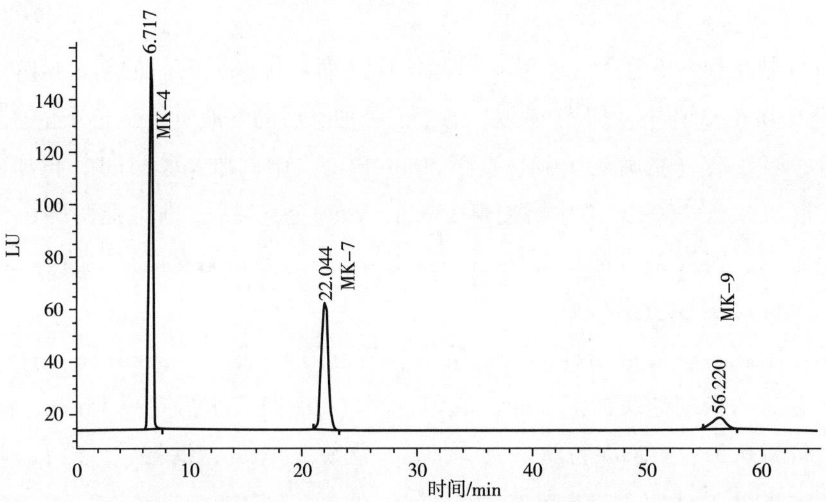

图 11-7 四烯甲萘醌（MK-4）（1.0μg/mL）、七烯甲萘醌（MK-7）（1.0μg/mL）、九烯甲萘醌（MK-9）（1.0μg/mL）标准溶液色谱图

4. 分析步骤

（1）标准曲线的制作　分别将 MK-4、MK-7、MK-9 标准系列溶液按照浓度由低到高的顺序注入液相色谱仪中，以测得的峰面积为纵坐标，以 MK-4、MK-7、MK-9 各组分含量（μg/mL）为横坐标，制作标准曲线。

（2）试样溶液的测定　试样溶液的测定将制备的试样溶液注入液相色谱仪中，得到峰面积，根据标准曲线得到制备的试样溶液中 MK-4、MK-7、MK-9 各组分的含量（μg/mL）。

5. 结果计算

固体、半固体试样的质量按式（11-7）计算

$$m_s = \frac{m_1 \times m_3}{m_2} \tag{11-7}$$

式中　m_s——试样的质量，g；

m_1——均质样品的质量，g；

m_3——称取的匀浆混合样品的质量，g；

m_2——均质加水后的溶液的质量，g。

试样中维生素 K_2 各组分的含量 X（MK-4、MK-7、MK-9）按式（11-8）计算

拓展阅读

$$X_i = \frac{c \times V \times f}{m_s} \times 1000 \tag{11-8}$$

式中　X_i——试样中维生素 K_2 各组分的含量（分别是 X_{MK-4}、X_{MK-7}、X_{MK-9}），μg/kg；

c——试样溶液中维生素 K_2 各组分的浓度，μg/mL；

V——试样溶液的体积，mL；

f——试样的稀释倍数；

1000——换算系数。

第三节　水溶性维生素的测定

水溶性维生素是可溶于水而不溶于非极性有机溶剂的一类维生素，主要包括 B 族维生素（如维生素 B_1、维生素 B_2、维生素 B_6、维生素 B_{12} 等）和维生素 C。它们主要参与生物体的能量代谢、神经传导、免疫功能等重要生理过程。与脂溶性维生素不同，水溶性维生素在人体内储存较少，从肠道吸收后进入人体的多余的水溶性维生素大多从尿中排出。摄入量偏高一般不会引起中毒现象，若摄入量过少则较快出现缺乏症状。在食品分析中，准确测定水溶性维生素的含量对于评价食品的营养价值和质量控制具有重要意义。

水溶性维生素易溶于水，在酸性介质中稳定，不易被破坏，但在碱性介质中不稳定，且加热易被破坏。易受空气、光、热等因素的影响，导致降解或转化。因此，在测定水溶性维生素时，应注意控制溶液的酸碱性，避免强光照射和加热，使用棕色或深色玻璃瓶保存样品，整个测定过程应尽可能快速进行，以防维生素被破坏。

一、维生素 B_1 的测定

维生素 B_1，也称为硫胺素或抗神经炎素，在维持人体正常的新陈代谢和神经系统健康方面发挥着重要作用。当人体缺乏维生素 B_1 时，会出现一系列症状，如疲劳、厌食、肌肉酸痛、记忆力减退以及脚气病等。维生素 B_1 广泛存在于天然食物中，尤其是谷类、水果、动物内脏、瘦肉、豆类和蔬菜等。维生素 B_1 的测定方法主要有荧光光度法和高效液相色谱法等。下面将介绍高效液相色谱法在测定食品中维生素 B_1 的应用，具体参考《食品安全国家标准　食品中维生素 B_1》（GB 5009. 84—2016）中的第一法（高效液相色谱法）。

1. 原理

样品在稀盐酸介质中恒温水解、中和，再酶解，水解液用碱性铁氰化钾溶液衍生，正丁醇萃取后，经 C18 反相色谱柱分离，用高效液相色谱-荧光检测器检测，外标法定量。

2. 样品制备与处理

（1）试样的制备

①液体或固体粉末样品：将样品混合均匀后，立即测定或于冰箱中冷藏。

②新鲜水果、蔬菜和肉类：取 500g 左右样品（肉类取 250g），用匀浆机或者粉碎机将样品均质后制得均匀性一致的匀浆，立即测定或者于冰箱中冷冻保存。

③其他含水量较低的固体样品：如含水量在 15%左右的谷物，取 100g 左右样品，用粉碎机将样品粉碎后，制得均匀性一致的粉末，立即测定或者于冰箱中冷藏保存。

（2）试液提取　称取 3~5g（精确至 0. 01g）固体试样或者 10~20g 液体试样于 100mL 锥形瓶中（带有软质塞子），加 60mL 0. 1mol/L 盐酸溶液，充分摇匀，塞上软质塞子，高压灭菌锅中 121℃保持 30min。水解结束待冷却至 40℃以下取出，轻摇数次；用 pH 计指示，用 2. 0mol/L 乙酸钠溶液调节 pH 至 4. 0 左右，加入 2. 0mL（可根据酶活力不同适当调整用量）混合酶溶液，摇匀后，置于培养箱中 37℃过夜（约 16h）；将酶解液全部转移至 100mL 容量瓶中，用水定容至刻度，摇匀，离心或者过滤，取上清液备用。

（3）试液衍生化　准确移取上述上清液或者滤液 2. 0mL 于 10mL 试管中，加入 1. 0mL 碱性铁氰化钾溶液，涡旋混匀后，准确加入 2. 0mL 正丁醇，再次涡旋混匀 1. 5min 后静置约 10min 或者离心，待充分分层后，吸取正丁醇相（上层）经 0. 45μm 有机微孔滤膜过滤，取滤液于 2mL 棕色进样瓶中，供分析用。若试液中维生素 B_1 浓度超出线性范围的最高浓度值，应取上清液稀释适宜倍数后，重新衍生后进样。另取 2. 0mL 标准系列工作液，与试液同步进行衍生化。

3. 色谱参考条件

色谱柱：C18 反相色谱柱（粒径 5μm，250mm ×4.6mm）或相当者；流动相：0.05mol/L 乙酸钠溶液-甲醇（65+35）；流速：0.8mL/min；检测波长：激发波长为 375nm，发射波长为 435nm；进样量：20μL。维生素 B_1 标准衍生物的色谱图参见图 11-8。

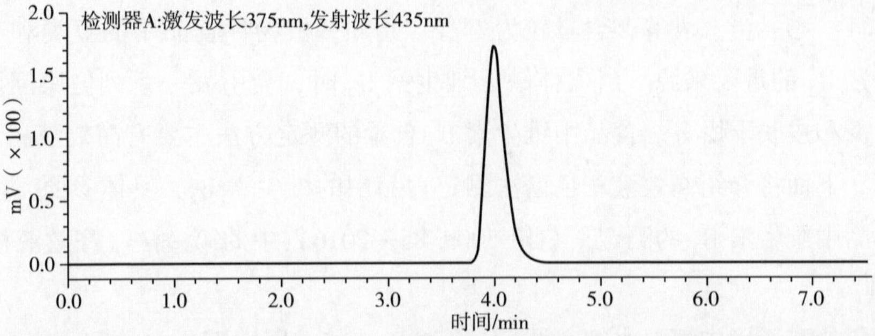

图 11-8　维生素 B_1 标准衍生物的高效液相色谱图

4. 分析步骤

（1）标准曲线的制作　将标准系列工作液衍生物注入高效液相色谱仪中，测定相应的维生素 B_1 峰面积，以标准工作液的浓度（μg/mL）为横坐标，以峰面积为纵坐标，绘制标准曲线。

（2）试样溶液的测定　按照色谱参考条件，将试样衍生物溶液注入高效液相色谱仪中，得到维生素 B_1 的峰面积，根据标准曲线计算得到待测液中维生素 B_1 的浓度。

5. 结果计算

试样中维生素 B_1（以硫胺素计）含量按式（11-9）计算

$$X = \frac{c \times V \times f}{m \times 1000} \times 100 \tag{11-9}$$

式中　X——试样中维生素 B_1（以硫胺素计）的含量，mg/100g；

c——由标准曲线计算得到的试液（提取液）中维生素 B_1 的浓度，μg/mL；

V——试液（提取液）的定容体积，mL；

f——试液（上清液）衍生前的稀释倍数；

m——试样的质量，g。

6. 注意事项

（1）室温条件下衍生产物在 4h 内稳定。

（2）试样溶液的制备操作过程应在避免强光照射的环境下进行。

（3）辣椒干等样品，提取液直接衍生后测定时，维生素 B_1 的回收率偏低。提取液经人造沸石净化后，再衍生时维生素 B_1 的回收率满足要求。故对于个别特殊样品，当回收率偏低时，样品提取液应净化后再衍生。

二、维生素 B_2 的测定

维生素 B_2，又称核黄素，参与体内的能量代谢过程，是多种重要酶类的辅基，对于维持皮肤、黏膜的正常功能，促进生长发育，以及预防缺铁性贫血等方面都具有重要作用。在食品中，维生素 B_2 以游离形式或磷酸酯等结合形式存在。其主要膳食来源为动物性食品，如肝、肾、心、蛋、乳等，含量较为丰富。此外，植物性食品中的豆类和新鲜绿叶蔬菜也是维生素 B_2 的重要来源。当人体缺乏维生素 B_2 时，会引发一系列健康问题，如口腔溃疡、口角炎和皮肤干燥等。食品中维生素 B_2 含量的测定方法主要有高效液相色谱法和荧光光度法等。下面将介绍高效液相色谱法测定食品中的维生素 B_2，具体参照《食品安全国家标准　食品中维生素 B_2 的测定》（GB 5009.85—2016）中的第一法（高效液相色谱法）。

1. 原理

试样在稀盐酸环境中恒温水解，调 pH 至 6.0~6.5，用木瓜蛋白酶和高峰淀粉酶酶解，定容过滤后，滤液经反相色谱柱分离，高效液相色谱荧光检测器检测，外标法定量。

2. 样品制备与处理

取样品约 500g，用组织捣碎机充分打匀均质，分装入洁净棕色磨口瓶中，密封，并做好标记，避光存放备用。称取 2~10g（精确至 0.01g）均质后的试样（试样中维生素 B_2 的含量大于 5μg）于 100mL 具塞锥形瓶中，加入 60mL 的 0.1mol/L 盐酸溶液，充分摇匀，塞好瓶塞。将锥形瓶放入高压灭菌锅内，在 121℃下保持 30min，冷却至室温后取出。用 1mol/L 氢氧化钠溶液调 pH 至 6.0~6.5，加入 2mL 混合酶溶液，摇匀后，置于 37℃培养箱或恒温水浴锅中过夜酶解。将酶解液转移至 100mL 容量瓶中，加水定容至刻度，用滤纸过滤或离心，取滤液或上清液，过 0.45μm 水相滤膜作为待测液。不加试样，按同一操作方法做空白试验。

3. 仪器参考条件

色谱柱：C18 柱，柱长 150mm，内径 4.6mm，填料粒径 5μm，或相当者；流动相：乙酸钠溶液（0.05mol/L）-甲醇（65∶35）；流速：1mL/min；柱温：30℃；检测波长：激发波长为 462nm，发射波长为 522nm；进样体积：20μL。标准溶液的色谱图参见图 11-9。

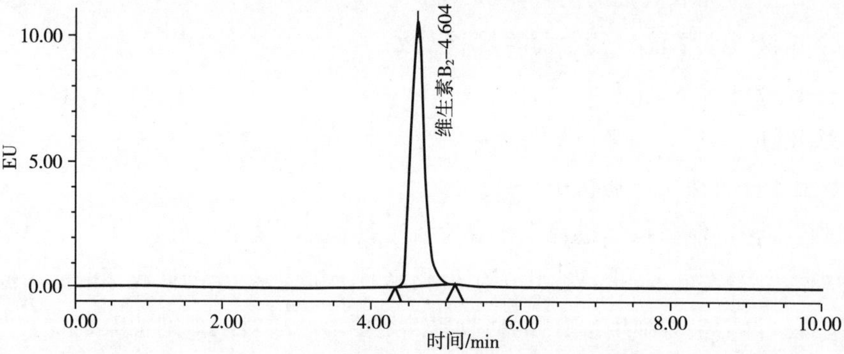

图 11-9　维生素 B_2 标准溶液的液相色谱图

4. 分析步骤

（1）标准曲线的绘制　将标准系列工作液分别注入高效液相色谱仪中，测定相应的峰面积，以标准工作液的浓度为横坐标，以峰面积为纵坐标，绘制标准曲线。

（2）试样溶液的测定　将试样溶液注入高效液相色谱仪中，得到相应的峰面积，根据标准曲线得到待测液中维生素 B_2 的浓度。

5. 结果计算

试样中维生素 B_2 的含量按式（11-10）计算

$$X = \frac{\rho \times V}{m} \times \frac{100}{1000} \tag{11-10}$$

式中　X——试样中维生素 B_2（以核黄素计）的含量，mg/100g；

ρ——根据标准曲线计算得到的试样中维生素 B_2 的浓度，μg/mL；

V——试样溶液的最终定容体积，mL；

m——试样质量，g；

100——换算为 100g 样品中含量的换算系数；

1000——将浓度单位 μg/mL 换算为 mg/mL 的换算系数。

三、维生素 B_6 的测定

维生素 B_6，又称吡哆醇或吡哆醛，包含吡哆醇、吡哆醛和吡哆胺三种活性形式。维生素 B_6 在人体内的生物学功能极为广泛，包括但不限于参与氨基酸的代谢、神经递质的合成、血红蛋白的生成以及免疫系统的调节等。其缺乏或过量都会对人体健康产生不良影响。例如，缺乏可能导致贫血、神经系统功能障碍以及免疫力下降等问题；而过量摄入则可能增加患心血管疾病的风险。维生素 B_6 含量的测定方法主要有高效液相色谱法、液相色谱-质谱法及微生物法等。下面将分别介绍液相色谱-质谱法、微生物法在测定食品中维生素 B_6 的应用，具体参考《食品安全国家标准　食品中维生素 B_6 的测定》(GB 5009.154—2023）中的第一法（液相色谱-质谱法）和第四法（微生物法）。

（一）液相色谱-质谱法

1. 原理

食品中的维生素 B_6（吡哆醇、吡哆醛、吡哆胺），先经酸水解处理，再经酶解为吡哆胺、吡哆醛和吡哆醇，稀释、过滤后，反相液相色谱分离，串联质谱检测，同位素内标法定量，以吡哆醇计的方式计算维生素 B_6 总含量。

2. 样品制备与处理

（1）试样制备　肉类、蔬菜、水果等取可食部分，水洗干净，用干纱布擦去表面水分，经匀浆机匀浆，储存于样品瓶中备用；粉状样品（乳粉、米粉等）经混匀后，直接取样；液体样品摇匀后备用；有颗粒液体样品，如大颗粒酸乳等经匀浆机匀浆后备用；片状、颗粒状样品，经高速粉碎机磨成粉状，封存备用。所制试样应避光冷藏。尽快测定。

（2）试样处理　准确称取混合均匀的固体试样 1~5g 或液体试样 5~20g（精确至 0.01g）于 150mL 具塞锥形瓶中（带有软质塞子），加 500μL 维生素 B_6 同位素内标混合工作液（10.0μg/mL），加入 50mL 0.1mol/L HCl 溶液，使得样品分散开，塞上软质塞子，置于 100℃ 水浴或 121℃ 灭菌锅中水解 30min，冷却至室温，取出。用氢氧化钠溶液（0.1mol/L）调 pH 至 4.2~4.8 后，准确加入 20mg 酸性磷酸酶、100mg 木瓜蛋白酶、10mg a-淀粉酶（含淀粉试样添加），向锥形瓶中充氮，盖上瓶塞充分混匀，于 37℃ 恒温箱中酶解 18h 以上，待溶液冷却至室温后，转移至 100mL 棕色容量瓶中，用水稀释至刻度，混匀。

（3）待测液的制备　另取 50mL 锥形瓶，放入漏斗和滤纸，把稀释样液混匀后倒入其中，自然过滤，得过滤液 20mL 以上。准确吸取 1.00mL 过滤液于 10mL 棕色容量瓶中，用流动相 A 稀释至刻度，涡旋混匀后用 0.22μm 微孔滤膜过滤，转移至棕色进样瓶中待测。

3. 仪器参考条件

（1）色谱参考条件　色谱柱：硅胶基质五氟苯基柱（粒径 1.8μm，3.0mm ×150mm），或相当者；流动相 A：10mmol/L 甲酸铵 2% 甲酸的水溶液，流动相 B：0.1% 甲酸-甲醇溶液；流速：0.4mL/min；柱温：30℃；进样体积：10μL。流动相洗脱梯度见表 11-5。

表 11-5　流动相及梯度洗脱条件

时间/min	流动相 A/%	流动相 B/%	流速/（mL/min）
0.00	99	1	0.4
0.50	99	1	0.4
2.00	95	5	0.4
2.20	90	10	0.4
4.80	87	13	0.4
5.00	0	100	0.4
8.00	0	100	0.4
8.20	99	1	0.4
12.00	99	1	0.4

（2）质谱参考条件　电离方式：ESI^+；监测方式：多反应监测（MRM）；毛细管电压：3.10kV；锥孔电压：30V；离子源温度：150℃；锥孔反吹气流量：150L/h；脱溶剂气温度：350℃；脱溶剂气流量：600L/h；锥孔电压和碰撞能量见表 11-6，定量离子质谱图参见图 11-10。

表 11-6　维生素 B_6 各组分和它们各自对应的同位素内标的 MRM 质谱参数

化合物名称	母离子/（m/z）	锥孔电压/V	子离子/（m/z）	碰撞能量/eV
吡哆醇	170.0	20	134.0[a]	18
			152.0	12
$^{13}C_4$-吡哆醇	174.0	25	138.0[a]	20
			156.0	10
吡哆醛	168.0	18	94.0	22
			150.0[a]	10
D_3-吡哆醛	171.0	20	97.0	22
			153.0[a]	10
吡哆胺	169.0	20	134.0[a]	18
			152.0	10
D_3-吡哆胺	172.0	18	136.0[a]	22
			155.0	12

注：[a] 定量离子。

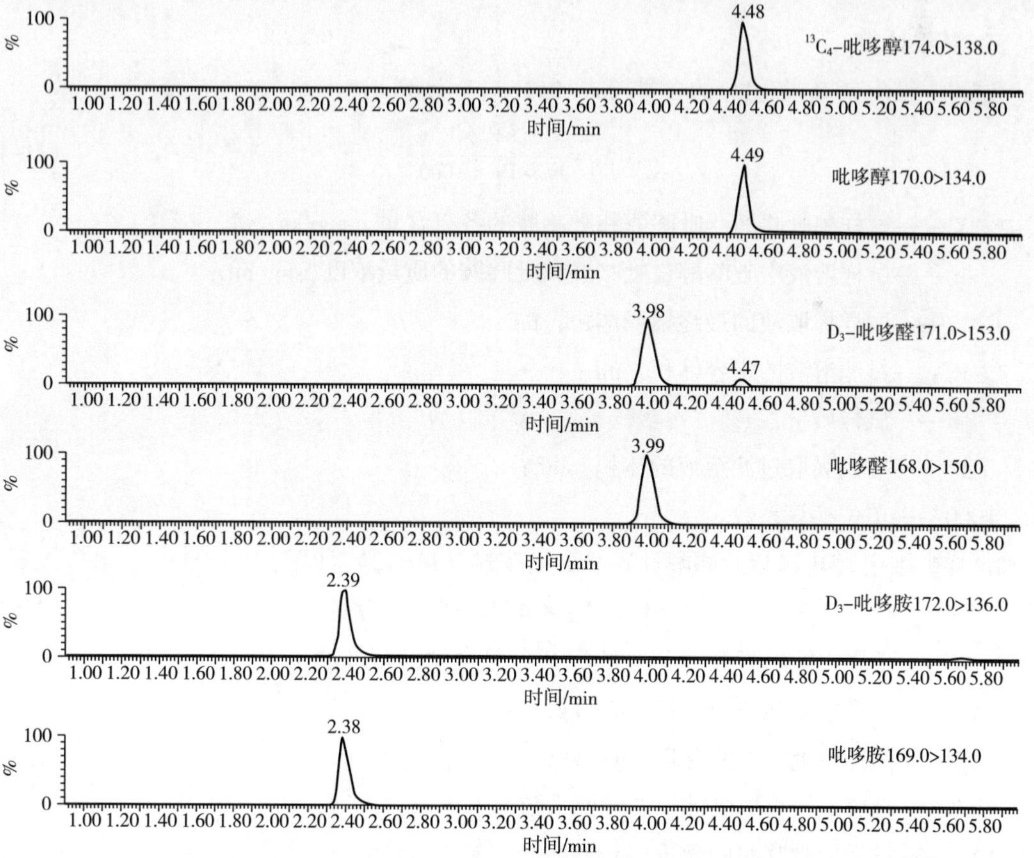

图 11-10　5ng/mL 混合标准工作液中维生素 B_6 和它们各自对应的同位素内标的 MRM 色谱

4. 分析步骤

（1）标准曲线的制作　将维生素 B_6 混合标准系列工作液浓度由低到高分别注入液相色谱-质谱仪中，以吡哆醇、吡哆醛、吡哆胺的工作液浓度为横坐标，以吡哆醇、吡哆醛、吡哆胺与它们各自对应的同位素内标的峰面积比值为纵坐标，分别绘制吡哆胺、吡哆醛、吡哆醇的标准曲线。

（2）试样溶液的测定　将待测溶液进样，根据上述绘制的 3 条标准曲线，内标法计算待测试样溶液中吡哆醇、吡哆醛、吡哆胺的浓度。

（3）定性测定　试样中目标化合物色谱峰的保留时间与相应标准色谱峰的保留时间相比较，变化范围应在±2.5%。每种化合物的质谱定性离子必须出现，至少应包括一个母离子和两个子离子，而且同一检测批次对同一化合物试样溶液中的离子相对丰度与标准溶液的离子相对丰度比符合表 11-7 的要求。

表 11-7　试样溶液中离子相对丰度的允许偏差范围

相对离子丰度/%	> 50	> 20~50	> 10~20	≤ 10
允许相对偏差/%	± 20	± 25	± 30	± 50

5. 结果计算

试样中维生素 B_6 各组分的含量按式（11-11）计算

$$X_i = \frac{c_i \times V_1 \times V_2}{m \times V_3 \times 1000} \tag{11-11}$$

式中　X_i——试样中吡哆醇、吡哆醛和吡哆胺的各自含量，mg/kg；

c_i——试样溶液中吡哆醇、吡哆醛和吡哆胺的质量浓度，ng/mL；

V_1——试样提取液的最终稀释体积，mL；

V_2——过滤溶液的定容体积，mL；

m——试样质量，g；

V_3——准确吸取过滤溶液的体积，mL；

1000——单位换算系数。

试样中维生素 B_6（以吡哆醇计）总含量按式（11-12）计算

$$X = X_{醇} + X_{醛} \times 1.012 + X_{胺} \times 1.006 \tag{11-12}$$

式中　X——试样中维生素 B_6（以吡哆醇计）总含量，mg/kg；

$X_{醇}$——试样中吡哆醇的含量，mg/kg；

$X_{醛}$——试样中吡哆醛的含量，mg/kg；

1.012——吡哆醛换算成吡哆醇的转换系数；

$X_{胺}$——试样中吡哆胺的含量，mg/kg；

1.006——吡哆胺换算成吡哆醇的转换系数。

（二）微生物法

1. 原理

维生素 B_6 是酿酒酵母（*Saccharomyces cerevisiae*）生长所必需的营养素，在一定条件下维生素 B_6 的量与酿酒酵母生长呈正比关系。用比浊法测定该菌在试样液中生长的浑浊度，与标准曲线相比较得出试样中维生素 B_6 的含量。

2. 样品制备与处理

（1）菌种的制备及保存

①菌种复苏：在酿酒酵母（*Saccharomyces cerevisiae*）ATCC 9080 菌种或等效菌种冻干粉中加入约 0.3mL YM 肉汤培养基或无菌生理盐水复溶，然后取复溶液分别接种于 2 支装有 10mL YM 肉汤培养基试管中，(30±1)℃振荡培养 20~24h。

②储备菌种制备：将菌株复苏培养液接种于 YM 琼脂培养基平板上，传种 2~3 代来增强活力。取单菌落接种于 YM 琼脂培养基斜面上，30℃培养 20~24h 后，放入 2~8℃冰箱内保存备用。每半月至少传种 1 次，作为储备菌株保存，传代次数不能超过 15 次。

③接种液制备：在试验前一天，将储备菌种转接于 10mL YM 肉汤培养基（种子培养液）中，可同时制备 2 管，于（30±1)℃振荡（振荡频率为 200~250r/min）培养 20~24h，得到测定用的种子培养液。将种子培养液于 3000r/min 下离心 10min，倾去上清液。用 10mL 生理盐水洗涤，3000r/min 离心，倾去上清液，用生理盐水重复洗涤 2 次。再加 10mL 无菌生理盐水，振荡混合均匀，使菌种成为混悬液，立即使用。

（2）试样处理　称取均质后的试样 0.5~10.0g（精确至 0.01g，样品中维生素 B_6 总量不超过 4μg）放入 100mL 锥形瓶中，加入 72mL 0.22mol/L 硫酸溶液。放置于高压灭菌锅中 121℃下水解 2~5h，取出冷却，用 10.0mol/L 氢氧化钠溶液和 0.5mol/L 硫酸溶液调 pH 至 4.5±0.2，将锥形瓶内的溶液转移到 100mL 容量瓶中，用蒸馏水稀释至 100mL，中速玻璃纤维滤纸过滤。准确吸取 10mL 滤液于 100mL 容量瓶中，以超纯水稀释。保存稀释液于 4℃冰箱内备用（有效期不超过 36h）。

3. 试管培养法测定

（1）试管标准曲线系列试管的制备　按表 11-8 顺序准确加入水、标准工作液和维生素 B_6 测定用培养基于试管中。未接种空白试管（UN）、接种空白试管（IN）、S1~S5 中，维生素 B_6 的含量分别为 0、0、2、4、8、12 和 16。混匀，加棉塞，每个梯度 3 个平行，线性拟合绘制标准曲线时，以每点均值计算。

表 11-8　标准曲线系列试管

试管号	UN	IN	S1	S2	S3	S4	S5
水/mL	5	5	4.6	4.2	3.4	2.6	1.8

续表

试管号	UN	IN	S1	S2	S3	S4	S5
5ng/mL 标准工作液/mL	0	0	0.4	0.8	1.6	2.4	3.2
培养基/mL	5	5	5	5	5	5	5

（2）试样系列试管的制备　按表 11-9 顺序准确加入水、试样处理液和维生素 B_6 测定用培养基于试管中，用棉塞塞住试管，每个样液 3 个平行。

表 11-9　试样系列试管

试管号	1	2	3
水/mL	4	3	1
试样处理液/mL	1	2	4
培养基/mL	5	5	5

（3）灭菌　将制备好的用于标准曲线制定和试样测定的试管放入高压灭菌锅中 121℃ 下高压灭菌 10min，冷至室温备用。

（4）接种和培养　除未接种空白试管（UN）外，每管加入 50μL 接种液，混匀，于 (30±1)℃恒温箱中培养 18~24h。

（5）测定　将培养后的接种空白管和试样系列试管从恒温箱中取出后混匀，用厚度为 1cm 的比色杯，在 550nm 波长处，以接种空白管调节吸光度为零，测定各管的吸光度值。以标准系列试管维生素 B_6 所含的浓度为横坐标，吸光度值为纵坐标，以每点均值绘制维生素 B_6 标准工作曲线，用试样系列试管得到的吸光度值，在标准曲线上查到维生素 B_6 的含量。

4. 结果计算

如果每个试样的 3 个测试值中有 2 个符合要求，且每个测试管吸光值与平均值相比偏差小于 15%，试样中维生素 B_6 的含量按式（11-13）计算。

$$X = \frac{\rho \times V}{m \times 10^6 \times 1000} \tag{11-13}$$

式中　X——试样中维生素 B_6（以吡哆醇计）的含量，mg/kg；

ρ——有效试样提取液中维生素 B_6 的平均质量浓度，ng/mL；

V——试样提取液的稀释体积，mL；

m——试样质量，g；

1000——单位换算系数。

5. 注意事项

（1）冻干菌株不能立即用作接种液制备，需连续传种 2~3 代以保证菌活力。

（2）如果未接种空白试管出现浑浊，需重新做实验。

四、维生素 B_{12} 的测定

维生素 B_{12}，又称钴胺素，它在红细胞形成、神经系统正常功能维护以及 DNA 合成与修复等方面发挥重要作用。其主要食物来源为动物性食品，如肉类、内脏、蛋类和乳制品。缺乏维生素 B_{12} 可能导致贫血、神经系统问题、皮肤病变等。食品中维生素 B_{12} 的测定方法主要有液相色谱法、液相色谱-质谱法（液相色谱-质谱联用技术）和微生物法等。下面将介绍液相色谱法在食品中的维生素 B_{12} 测定中的应用，具体参考《食品安全国家标准　食品中维生素 B_{12} 的测定》（GB 5009. 285—2022）中的第一法（液相色谱法）。

1. 原理

试样经酶解后，用氰化钾（或氰化钠）溶液将钴胺素异构体（羟钴胺素、甲钴胺素和 5-脱氧腺苷钴胺素等）转化为氰钴胺素。样液通过免疫亲和柱净化、浓缩后，反相液相色谱柱分离，紫外检测器检测，外标法定量。

2. 样品制备与处理

（1）试样制备　固体样品粉碎、研磨，或用绞肉机制成食糜，均质混匀。液体样品试验前振摇混匀。

（2）样品提取　称取 5~10g 试样（精确至 0. 01g）于 150mL 具塞锥形瓶中，依次加入 30mL 乙酸钠缓冲液、0. 2g 胃蛋白酶、0. 05g 淀粉酶和 2mL 氰化钾（或氰化钠）溶液，充分混合。将样品溶液放入水浴恒温振荡器，在 37℃，酶解 30min（肉类样品酶解 10~16h），酶解后转入 100℃ 水浴中，保持 30min，取出冷却至室温。将样品溶液转移至 100mL 容量瓶中，用水定容至刻度，摇匀。移取上述溶液 40~50mL 离心管中，在 10000r/min 下离心 10min，取上清液用玻璃纤维滤纸过滤后备用。

（3）净化　将免疫亲和柱连接至固相萃取装置上，弃去免疫亲和柱内的缓冲液后，移取适量上述滤液（其中含维生素 B_{12} 为 10~500ng）过柱，调节过柱速度为 2~3mL/min。待样液完全过柱后，用 10mL 水以稳定流速淋洗免疫亲和柱，抽干。在免疫亲和柱下放置 10mL 玻璃试管，用 3mL 甲醇分 3 次洗脱，收集全部洗脱液，在 60℃ 以下用氮气流缓缓吹至近干，用 0. 04%三氟乙酸溶液定容至 1. 0mL，涡旋 30s 溶解残留物，0. 22μm 滤膜过滤，待测。

3. 色谱参考条件

色谱柱：C18 柱（柱长 150mm，柱内径 4. 6mm，填料粒径 2. 5μm），或相当者。流动相 A ：0. 04%三氟乙酸溶液；流动相 B：乙腈。梯度洗脱：0~6. 0min，90% A；6. 0~8. 5min，0~90% A；8. 5~14. 0min，90% A。流速：0. 8mL/min。柱温：40℃。进样体积：100μL。检测波长：361nm。

4. 分析步骤

（1）标准曲线的制作　将标准系列溶液由低浓度到高浓度依次注入液相色谱仪中，测

定相应的色谱峰面积，以维生素 B_{12} 的峰面积为纵坐标，以维生素 B_{12} 的浓度为横坐标绘制标准曲线。液相色谱图见图 11-11。

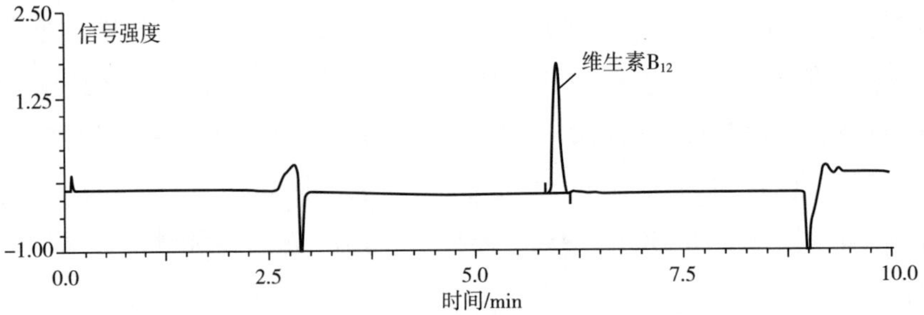

图 11-11　维生素 B_{12} 标准的液相色谱图

（2）样品测定　将待测样液注入液相色谱仪中，得到待测溶液中维生素 B_{12} 的峰面积，根据标准曲线得到测定溶液中维生素 B_{12} 的浓度。待测样液中维生素 B_{12} 的响应值应在标准曲线的线性范围内，超过线性范围则应稀释上机溶液，或调整取样量重新按样品分析步骤处理后再进样分析。同时做空白试验。

5. 结果计算

试样中维生素 B_{12}（以氰钴胺素计）的含量按式（11-14）计算

$$X = \frac{\rho \times V_1 \times V_3 \times 100}{m \times V_2 \times 1000} \tag{11-14}$$

式中　X——试样中维生素 B_{12} 的含量，μg/100g；

ρ——由标准曲线得到的试样溶液中维生素 B_{12} 的浓度，ng/mL；

V_1——样品提取液的定容体积，mL；

V_3——试样过柱洗脱液的最终定容体积，mL；

100——换算系数；

m——试样的取样量，g；

V_2——上柱溶液的体积，mL；

1000——换算系数。

6. 注意事项

（1）对于以氰钴胺素为营养强化剂，且本底中不含有其他形式钴胺素的样品，在样品提取时可不使用氰化钾（或氰化钠）。

（2）氰化钾（或氰化钠）废液严禁与酸混合，可加入氢氧化钠调节 pH>10，再加入高锰酸钾粉末（按废液质量的 3%加入），使氰化物分解，放置 24h 后排放。

五、维生素 C 的测定

维生素 C，又称抗坏血酸，是一种重要的抗氧化剂，还能促进铁的吸收，参与胶原蛋白的合成，维护血管、肌肉和骨骼的正常功能。自然界存在的维生素 C 有 L 型和 D 型两种，D 型的生物活性仅为 L 型的十分之一。其主要存在于水果、蔬菜等植物性食物中。维生素 C 缺乏可能会导致多种健康问题，如免疫力低下、皮肤黏膜出血等。维生素 C 的测定方法主要有高效液相色谱法、荧光法和 2,6-二氯靛酚滴定法等。下面将分别介绍以上三种方法在食品中抗坏血酸测定中的应用，具体参考《食品安全国家标准　食品中抗坏血酸的测定》（GB 5009.86—2016）。

（一）高效液相色谱法

1. 原理

试样中的抗坏血酸用偏磷酸溶解超声提取后，以离子对试剂为流动相，经反相色谱柱分离，其中 L(V+)-抗坏血酸和 D(+)-抗坏血酸直接用配有紫外检测器的液相色谱仪(波长 245nm）测定；试样中的 L(+)-脱氢抗坏血酸经 L-半胱氨酸溶液进行还原后,用紫外检测器（波长 245nm）测定 L(+)-抗坏血酸总量或减去原样品中测得的 L(+)-抗坏血酸含量而获得 L(+)-脱氢抗坏血酸的含量。以色谱峰的保留时间定性，外标法定量。

2. 样品制备与处理

（1）试样制备　液体或固体粉末样品混合均匀后，应立即用于检测；水果、蔬菜及其制品或其他固体样品取 100g 左右样品加入等质量 20g/L 的偏磷酸溶液，经均质机均质并混合均匀后，应立即测定。

（2）试样溶液的制备　称取 0.5～2g（精确至 0.001g）混合均匀的固体试样或匀浆试样或吸取 2～10mL 液体试样［使所取试样含 L(+)-抗坏血酸约0.03～6mg］于 50mL 烧杯中，用 20g/L 的偏磷酸溶液将试样转移至 50mL 容量瓶中，振摇溶解并定容。摇匀，全部转移至 50mL 离心管中，超声提取 5min 后，于 4000r/min 离心 5min，取上清液过 0.45μm 水相滤膜，滤液待测［由此试液可同时分别测定试样中 L(+)-抗坏血酸和 D(-)-抗坏血酸的含量］。

（3）试样溶液的还原　准确吸取 20mL 上述离心后的上清液于 50mL 离心管中，加入 10mL 40g/L 的 L-半胱氨酸溶液用 100g/L 磷酸三钠溶液调节 pH 至 7.0～7.2，以 200 次/min 振荡 5min，再用磷酸调节 pH 至 2.5～2.8，用水将试液全部转移至 50mL 容量瓶中，并定容至刻度。混匀后取此试液过 0.45μm 水相滤膜后待测［由此试液可测定试样中包括脱氢型的 L(+)-抗坏血酸总量］。

若试样含有增稠剂，可准确吸取 4mL 经 L-半胱氨酸溶液还原的试液，再准确加入 1mL 甲醇，混匀后过 0.45μm 滤膜后待测。

3. 色谱参考条件

色谱柱：C18 柱，柱长 250mm，内径 4.6mm，粒径 5μm，或同等性能的色谱柱。检测器：二极管阵列检测器或紫外检测器。流动相 A：6.8g 磷酸二氢钾和 0.91g 十六烷基三甲基溴化铵，用水溶解并定容至 1L（用磷酸调 pH 至 2.5~2.8）；流动相 B：100%甲醇。按 A：B=98：2 混合，过 0.45μm 滤膜，超声脱气。流速：0.7mL/min。检测波长：245nm。柱温：25℃。进样量：20μL。

4. 分析步骤

（1）标准曲线制作　分别对抗坏血酸混合标准系列工作溶液进行测定，以 L(+)-抗坏血酸[或 D(-)-抗坏血酸]标准溶液的质量浓度（μg/mL）为横坐标，L(+)-抗坏血酸[或 D(-)-抗坏血酸]的峰高或峰面积为纵坐标，绘制标准曲线或计算回归方程。L(+)-抗坏血酸、D(-)-抗坏血酸标准色谱图参见图11-12。

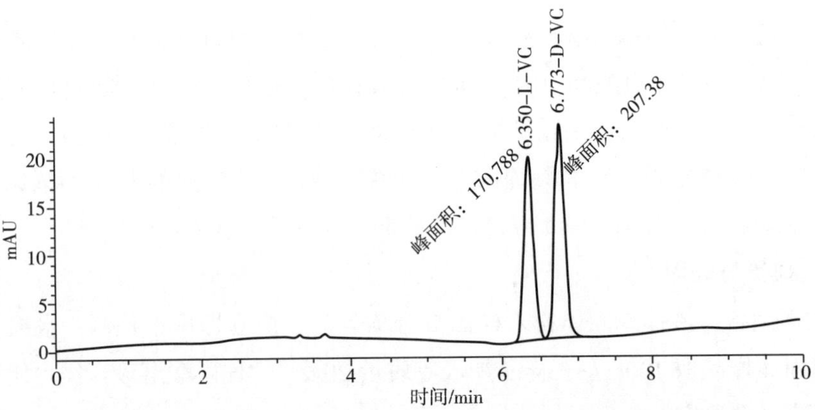

图 11-12　L（+）-抗坏血酸、D（-）-抗坏血酸标准色谱图

（2）试样溶液的测定　对试样溶液进行测定，根据标准曲线得到测定液中 L(+)-抗坏血酸[或 D(-)-抗坏血酸]的浓度（μg/mL）。同时做空白试验。

5. 结果计算

试样中 L(+)-抗坏血酸[或 D(-)-抗坏血酸]的含量和 L(+)-抗坏血酸总量以 mg/100g 表示，按式（11-15）计算

$$X = \frac{(c_1 - c_0) \times V}{m \times 1000} \times F \times K \times 100 \tag{11-15}$$

式中　X——试样中 L(+)-抗坏血酸[或 D(-)-抗坏血酸、L(+)-抗坏血酸总量]的含量，mg/100g；

c_1——样液中 L(+)-抗坏血酸[或 D(-)-抗坏血酸]的质量浓度，μg/mL；

c_0——样品空白液中 L(+)-抗坏血酸[或 D(-)-抗坏血酸]的质量浓度，μg/mL；

V——试样的最后定容体积，mL；

m——实际检测试样质量，g；

1000——换算系数（由 μg/mL 换算成 mg/mL 的换算因子）；

F——稀释倍数（若使用试样溶液的还原步骤时，即为 2.5）；

K——若使用甲醇沉淀步骤时，即为 1.25；

100——换算系数（由 mg/g 换算成 mg/100g 的换算因子）。

（二）荧光法

1. 原理

试样中 L(+)-抗坏血酸经活性炭氧化为 L(+)-脱氢抗坏血酸后，与邻苯二胺（OPDA）反应生成有荧光的喹喔啉，其荧光强度与 L(+)-抗坏血酸的浓度在一定条件下成正比，以此测定试样中 L(+)-抗坏血酸总量。

2. 样品制备与处理

（1）样品制备　称取约 100g（精确至 0.1g）试样，加 100g 偏磷酸-乙酸溶液，倒入捣碎机内打成匀浆，用百里酚蓝指示剂测试匀浆的酸碱度。如呈红色，即称取适量匀浆用偏磷酸-乙酸溶液稀释；若呈黄色或蓝色，则称取适量匀浆用偏磷酸-乙酸-硫酸溶液稀释，使其 pH=1.2。匀浆的取用量根据试样中抗坏血酸的含量而定。当试样液中抗坏血酸含量在 40~100μg/mL，一般称取 20g（精确至 0.01g）匀浆，用相应溶液稀释至 100mL，过滤，滤液备用。

（2）样液处理

①氧化处理：分别准确吸取 50mL 试样滤液及抗坏血酸标准工作液于 200mL 具塞锥形瓶中，加入 2g 活性炭，用力振摇 1min，过滤，弃去最初数毫升滤液，分别收集其余全部滤液，即为试样氧化液和标准氧化液，待测定。

②分别准确吸取 10mL 试样氧化液于两个 100mL 容量瓶中，作为"试样液"和"试样空白液"。分别准确吸取 10mL 标准氧化液于两个 100mL 容量瓶中，作为"标准液"和"标准空白液"。于"试样空白液"和"标准空白液"中各加 5mL 硼酸-乙酸钠溶液，混合摇动 15min，用水稀释至 100mL，在 4℃ 冰箱中放置 2~3h，取出待测。于"试样液"和"标准液"中各加 5mL 的 500g/L 乙酸钠溶液，用水稀释至 100mL，待测。

3. 分析步骤

（1）标准曲线的制备　准确吸取上述"标准液"［L(+)-抗坏血酸含量10μg/mL］0.5、1.0、1.5、2.0mL，分别置于 10mL 具塞刻度试管中，用水补充至 2.0mL。另准确吸取"标准空白液"2mL 于 10mL 带盖刻度试管中。在暗室迅速向各管中加入 5mL 邻苯二胺溶液，振摇混合，在室温下反应 35min，于激发波长 338nm、发射波长 420nm 处测定荧光强度。以"标准液"系列荧光强度分别减去"标准空白液"荧光强度的差值为纵坐标，对应的 L（+）-抗坏血酸含量为横坐标，绘制标准曲线或计算直线回归方程。

（2）试样测定　分别准确吸取 2mL"试样液"和"试样空白液"于 10mL 具塞刻度试管中，在暗室迅速向各管中加入 5mL 邻苯二胺溶液，振摇混合，在室温下反应 35min，于激发波长 338nm、发射波长 420nm 处测定荧光强度。以"试样液"荧光强度减去"试样空白液"的荧光强度的差值于标准曲线上查得或回归方程计算测定试样溶液中 L(+)-抗坏血酸总量。

(3) 结果计算

试样中 L(+)-抗坏血酸总量，结果以 mg/100g 表示，按式（11-16）计算

$$X = \frac{c \times V}{m} \times F \times \frac{100}{1000} \tag{11-16}$$

式中 X——试样中 L(+)-抗坏血酸的总量，mg/100g；

c——由标准曲线查得或回归方程计算的进样液中 L(+)-抗坏血酸的质量浓度，μg/mL；

V——荧光反应所用试样体积，mL；

m——实际检测试样质量，g；

F——试样溶液的稀释倍数；

100——换算系数；

1000——换算系数。

4. 注意事项

L(+)-脱氢抗坏血酸与硼酸可形成复合物而不与 OPDA 反应，以此排除试样中荧光杂质产生的干扰。

（三）2，6-二氯靛酚滴定法

1. 原理

用蓝色的碱性染料 2,6-二氯靛酚标准溶液对含 L(+)-抗坏血酸的试样酸性浸出液进行氧化还原滴定，2,6-二氯靛酚被还原为无色，当到达滴定终点时，多余的 2,6-二氯靛酚在酸性介质中显浅红色，由 2,6-二氯靛酚的消耗量计算样品中 L(+)-抗坏血酸的含量。

2. 分析步骤

(1) 试液制备　称取具有代表性样品的可食部分 100g，放入粉碎机中，加入 100g 偏磷酸溶液或草酸溶液，迅速捣成匀浆。准确称取 10～40g 匀浆样品（精确至 0.01g）于烧杯中，用偏磷酸溶液或草酸溶液将样品转移至 100mL 容量瓶，并稀释至刻度，摇匀后过滤。若滤液有颜色，可按每克样品加 0.4g 白陶土脱色后再过滤。

拓展视频

(2) 滴定　准确吸取 10mL 滤液于 50mL 锥形瓶中，用标定过的 2,6-二氯靛酚溶液滴定，直至溶液呈粉红色 15s 不褪色为止。同时做空白试验。

拓展阅读

3. 结果计算

试样中 L(+)-抗坏血酸含量按式(11-17) 计算

$$X = \frac{(V - V_0) \times T \times A}{m} \times 100 \tag{11-17}$$

式中　X——试样中 L(+)-抗坏血酸含量，mg/100g；

V——滴定试样所消耗 2,6-二氯靛酚溶液的体积，mL；

V_0——滴定空白所消耗 2,6-二氯靛酚溶液的体积，mL；

T——2,6-二氯靛酚溶液的滴定度，即每毫升 2,6-二氯靛酚溶液相当于抗坏血酸的毫克数，mg/mL；

A——稀释倍数；

m——试样质量，g。

思考题

1. 简述食品中维生素含量测定的意义。

2. 请列举至少三种用于维生素测定的常用方法，并简述各种方法的优缺点。

3. 脂溶性维生素和水溶性维生素在测定方法上可能存在的差异和需要注意的事项有哪些？

4. 讨论维生素测定在食品质量控制、营养标签制定等方面的应用及其重要性。

5. 随着科技的进步，新的维生素测定方法不断涌现。你认为未来维生素测定技术的发展方向是什么？

第十二章

食品添加剂的测定

【学习目标】

1. 了解食品添加剂的概念、分类和使用标准。
2. 掌握常用食品添加剂的测定原理、过程和操作关键。
3. 熟悉相关仪器设备在食品添加剂测定方面的操作技能。

【学习重点与难点】

1. 重点是各种食品添加剂的测定原理、基本过程和操作关键。
2. 难点是准确检测各种不同食品添加剂，并评价其是否合格。

第一节 概述

食品添加剂在现代食品工业中具有重要地位，其合理使用不仅能改善食品的品质和稳定性，还能满足消费者对食品色、香、味的高要求。人类使用食品添加剂的历史与人类文明史一样悠久，我国食品添加剂的使用历史可以追溯到6000多年前的大汶口文化时期，当时酿酒用的酵母中的转化酶（蔗糖酶）就是食品添加剂，属于食品用酶制剂。然而，通过科学地检测食品添加剂，严格管理和规范其使用，可更好地保障食品安全和公众健康，也能更好地推动食品工业的健康发展。

一、食品添加剂的定义与分类

食品添加剂是指为改善食品的品质和色、香、味，以及为防腐、保鲜和加工工艺的需要而加入食品中的人工合成或天然物质。根据来源，食品添加剂可分为天然食品添加剂和化学合成食品添加剂。天然食品添加剂利用动植物组织或分泌物及微生物的代谢产物为原料，经过提取和加工得到，如辣椒红色素和番茄红色素。化学合成食品添加剂则通过一系列化学手段合成有机或无机物质。

根据功能和用途，我国《食品安全国家标准　食品添加剂使用标准》（GB 2760—2024）将按功能类别分为 23 类，包括酸度调节剂、抗结剂、消泡剂、抗氧化剂、漂白剂、膨松剂、着色剂、护色剂、乳化剂、酶制剂、增味剂、面粉处理剂、被膜剂、水分保持剂、营养强化剂、防腐剂、稳定剂、凝固剂、甜味剂、增稠剂、食品用香料、胶姆糖基础剂、食品工业用加工助剂和其他等。目前，国际上使用的食品添加剂种类已达 14000 种，其中直接使用的约为 4000 种，常用的有 1000 多种，而我国 2024 年批准使用的食品添加剂在 2000 种以上。

二、食品添加剂的使用要求

食品添加剂的使用应符合以下基本要求：

（1）不应对人体产生任何健康损害。

（2）不应掩盖食品腐败变质。

（3）不应掩盖食品本身或加工过程中的质量缺陷或以掺杂、掺假、伪造为目的而使用食品添加剂。

（4）不应降低食品本身的营养价值。

（5）在达到预期的效果下，尽可能降低在食品中的用量。

尽管食品添加剂有严格的使用规范，但其仍存在超范围、超剂量使用，添加非食用物质以及管理不善等问题。这些问题严重影响了食品安全和公众健康。例如，亚硝酸钠被用作肉制品的发色剂和防腐剂，但其毒性较大（小鼠经口 LD_{50} 为 220mg/kg 体重），其超剂量使用会导致急性中毒，且可与仲胺类物质反应生成致癌物质亚硝胺。因此，当前我国食品添加剂使用标准对其品种、使用范围及最大使用量或残留量都作了明确规定。

三、食品添加剂的分析方法

食品添加剂可分为无机物质和有机物质，其测定方法和其他分析一样，首先，应设法将被分析物质从复杂的混合物中分离出来，达到分离与富集待测物质的目的，以利于下一步的测定。常用的分离手段有蒸馏法、溶剂萃取法、沉淀分离法、色层分离法、掩蔽法等。

样品分离后再针对待测物质的物理、化学性质选择适当的分析方法。常用的分析方法有容量法、分光光度法、薄层层析法和高效液相色谱法等。不同食品成分差别大，一种分析方法往往不能适合所有食品的检验，且即使同一种食品添加剂也有多种检测方法，以满足测定的需求。因此，随着消费者对食品安全质量的要求不断提升，且食品添加剂的种类和数量不断增加以及食品检验技术的发展，食品添加剂的测定方法也不断发展，未来，食品添加剂的检测将向更高效、更准确、更灵敏的方向发展。

第二节　甜味剂的测定

甜味剂是一类用于赋予食品甜味的物质，按照其来源和性质，可以分为天然甜味剂和人工合成甜味剂。随着人们健康意识的提升，无糖、低糖产品如今更受到青睐。《健康中国行动（2019—2030年）》中建议，居民蔗糖的摄入量每人每天不超过25g，倡导使用天然甜味物质和甜味剂取代蔗糖。甜味剂既能满足市民对甜味的渴求，又能做到低糖、无糖。

甜味剂的检测是食品安全监督的重要内容。由于甜味剂的种类繁多，且使用限量严格，准确的检测方法对保障食品安全至关重要。常用的检测方法包括高效液相色谱法、紫外分光光度法等，这些方法能准确测定食品中甜味剂的含量，确保其使用符合国家规定。

一、糖精钠的测定

糖精钠是一种常用的人工甜味剂，学名为邻-磺酰苯甲酰亚胺钠，分子式为 $C_7H_4NO_3SNa$，其结构式如图12-1所示。

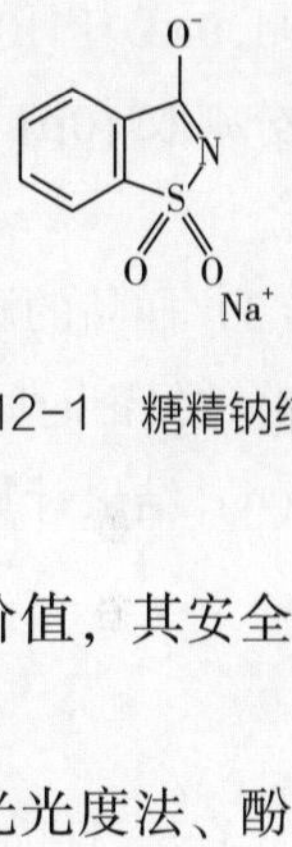

图12-1　糖精钠结构

糖精钠为无色结晶或稍带白色的结晶性粉末，无臭或微有香气，易溶于水，浓度低时呈甜味，浓度高时则有苦味。其甜度为蔗糖的200~700倍，但糖精本身不易溶于水，故常使用其钠盐——糖精钠。糖精钠在人体内不分解、不吸收，随尿液排出，不能供给热能，无营养价值，其安全性至今尚未有定论。

糖精钠的测定方法有多种，包括薄层色谱定性及半定量法、紫外分光光度法、酚磺酞比色法、高效液相色谱法、离子选择性电极法等。目前使用较多的是高效液相色谱法。

1. 原理

试样加温除去二氧化碳和乙醇，调pH至近中性，过滤后进高效液相色谱仪。经反相色谱分离后，根据其标准物质峰的保留时间进行定性，以其峰面积求样品中被测物质的含量。

2. 试剂

甲醇-氨水（1+1），乙酸铵溶液：0.02mol/L，糖精钠标准使用溶液：0.10mg/mL。

3. 仪器参考条件

高效液相色谱仪：附紫外检测器。色谱柱：C18柱，柱长250mm，内径4.6mm，粒径5μm，或等效色谱柱。流动相：甲醇-乙酸铵溶液（5+95）。流速：1mL/min。检测波长：230nm。

4. 分析步骤

（1）样品处理

①汽水类：称取5.00~10.00g，放入小烧杯中，微温搅拌除去二氧化碳，用氨水（1+1）调节其pH约为7。加水定容至适当的体积，经0.45μm滤膜过滤。

②果汁类：称取5.00~10.00g，用氨水（1+1）调节其pH约为7，加水定容至适当的体积，离心沉淀，上清液经0.45μm滤膜过滤。

③配制酒类：称取10.00g，放小烧杯中，水浴加热除去乙醇，用氨水（1+1）调节其pH约为7，加水定容至20mL，经0.45μm滤膜过滤。

④固体、半固体食品：准确称取25g样品于透析膜中，加0.08% NaOH 60mL，制成糊状，将透析膜袋口扎紧，放于盛有0.08% NaOH 200mL的烧杯中透析，过夜。在透析液烧杯中，加HCl（1+1）0.8mL，使呈中性，加0.2% $CuSO_4$15mL、4% NaOH 8mL，混匀，30min后过滤。取滤液100mL，用水定容至250mL分液漏斗中。加稀HCl（1+1），用无水乙醚30mL提取残渣两次，合并乙醚提取液于K-D浓缩器中，浓缩至干。加水溶解，再用氨水（1+1）调节其pH约为7，移入10mL容量瓶中，加水定容，经0.45μm滤膜过滤。

（2）绘制标准曲线　分别吸取0.10mg/mL糖精钠标准使用溶液0、0.2、0.4、0.6、0.8、1.0mL于10mL容量瓶中，用氨水（1+1）调节其pH约为7，加水定容至刻度，摇匀。分别取10μL注入高效液相色谱仪，以峰面积为纵坐标、浓度为横坐标，绘制标准曲线。

（3）样品的测定　吸取样品处理液10μL注入高效液相色谱仪中进行分离，以其标准溶液峰的保留时间为依据进行定性，以其峰面积求出样液中被测物质的含量。

（4）结果计算　样品中糖精钠的含量按下式计算

$$X(g/kg) = \frac{m_1}{m \times \frac{V_1}{V_2} \times 1000} \times 1000 \tag{12-1}$$

式中　X——样品中糖精钠含量，g/kg；

m_1——样品峰面积查标准曲线对应含量，mg；

m——样品质量，g；

V_1——进样液体积，mL；

V_2——样品处理液体积，mL。

（5）注意事项

①样品如为碳酸饮料类，应先水浴加温搅拌除去二氧化碳；如为配制酒类，应先水浴加热除去乙醇，再用氨水（1+1）调节其pH约为7。

②固体、半固体样品为蜜饯、糕点、酱菜、冷饮等。

③糖精易溶于乙醚，而糖精钠难溶于乙醚，为了便于乙醚提取，使糖精钠转换为糖精，

样品溶液需进行酸化处理。

④为防止用乙醚萃取时发生乳化，可在样品溶液中加入 $CuSO_4$ 和 NaOH，沉淀蛋白质；对于富含脂肪的样品，可先在碱性条件下用乙醚萃取脂肪，然后酸化，再用乙醚提取糖精。

⑤此方法可以同时测定苯甲酸、山梨酸和糖精钠（图 12-2）。

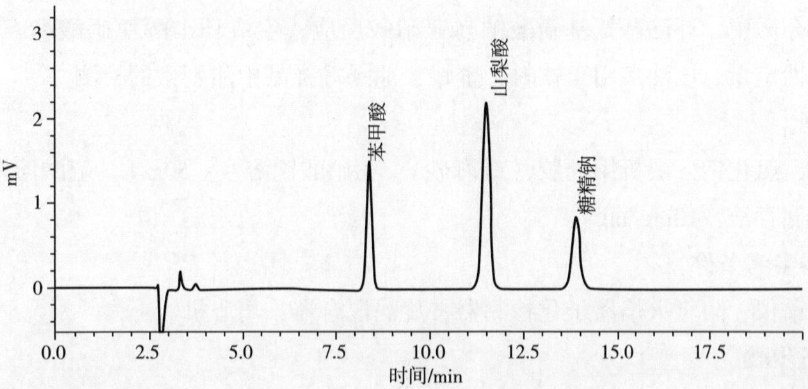

图 12-2　苯甲酸、山梨酸和糖精钠的色谱图

二、甜蜜素的测定

甜蜜素的化学名为环己基氨基磺酸钠，甜味好，后苦味比糖精低，但甜度不高，为蔗糖的 40~50 倍。由于其价格低廉、甜度高，在食品中多作为蔗糖的代用品。甜蜜素自面世以来对人体是否有害一直有争议。有研究表明，经常食用甜蜜素含量超标的食品，会对肝脏和神经系统造成伤害，特别是对代谢排毒能力较弱的老年人和儿童危害更明显，并且其代谢产物环己胺对心血管系统和睾丸有毒性作用。目前，加拿大、日本、东南亚等地已禁止其作为添加剂使用。我国将其列为限量使用的食品添加剂，国家绿色食品规定绿色食品包括饮料、果脯和冷冻饮品中不能检出甜蜜素；根据《食品安全国家标准　食品添加剂使用标准》(GB 2760—2024)，对一般食品中添加甜蜜素（又称环己基氨基磺酸钠）含量做了严格的规定，最大用量（以环己基氨基磺酸计，g/kg）为

（1）水果罐头、腌渍的蔬菜、腐乳类、面包、糕点、饼干等的最大用量为 0.65g/kg。

（2）果酱、蜜饯凉果类的最大用量为 1.0g/kg。

（3）脱壳熟制坚果与籽类的最大用量为 1.2g/kg。

（4）带壳熟制坚果与籽类的最大用量为 6.0g/kg。

（5）凉果类、话化类（甘草制品）、果丹（饼）类的最大用量为 8.0g/kg。

甜蜜素的测定方法有气相色谱法、分光光度计法、薄层层析法、气相色谱-质谱联用法、高效液相色谱法、离子色谱法等，其中前 3 种为国标方法，尤以气相色谱法研究最多。

（一）气相色谱法

在硫酸介质中环己基氨基磺酸钠与亚硝酸反应，生成环己醇亚硝酸酯，利用气相色谱法进行定性和定量。本法适用于饮料、凉果等食品中环己基氨基磺酸钠的测定。

1. 原理

在硫酸介质中，环己基氨基磺酸钠与亚硝酸反应，生成环己醇亚硝酸酯，利用气相色谱法进行定性定量。该法多用于饮料、蜜饯、凉果等样品中甜蜜素的检测。

2. 试剂

正己烷，氯化钠，层析用硅胶（或海砂），亚硝酸钠溶液：50g/L，硫酸溶液：100g/L，甜蜜素标准储存液：10mg/mL。

3. 仪器参考条件

气相色谱仪；附氢火焰离子化检测器；旋涡混合器；离心机。

4. 分析步骤

（1）样品处理

①液体样品：摇匀后直接称取。

②固体样品：凉果、蜜饯类试样需将其剪碎制成样品，置于研钵中，加入少许层析硅胶（或海砂）研磨至呈干粉状，经漏斗倒入容量瓶中，加水冲洗研钵，洗液一并移入容量瓶中，加水定容至刻度。不时摇匀，过滤，即得滤液，准确吸取试液于带寒比色管中，置冰浴中，环己基氨基磺酸钠与亚硝酸钠反应。

（2）样品制备　液体试样称取 20.0g 试样于 100mL 带塞比色管，置冰水浴中。固体试样称取 2.0g 已剪碎的试样于研钵中，加少许层析硅胶（或海砂）研磨至呈干粉状，经漏斗倒入 100mL 容量瓶中，加水冲洗研钵，并将洗液一并转移至容量瓶中。加水至刻度，不时摇动，1h 后过滤，即得试样，准确吸取 20mL 于 100mL 带塞比色管，置冰水浴中。

（3）测定

①绘制标准曲线：准确吸取 1.00mL 甜蜜素标准储存液（10mg/mL）于 100mL 带塞比色管中，加水 20mL，置冰浴中，加入 5mL 50g/L 亚硝酸钠溶液、10%硫酸溶液 5mL，混匀，冰浴中放置 30min，不断摇动，准确加入正己烷 10mL、氯化钠 5g，摇匀后置旋涡振荡混合器上振动 1min（或振摇 80 次），待静止分层后吸出正己烷层于 10mL，带塞离心管中进行离心分离，每毫升己烷提取液相当 1mg 环己基氨基磺酸钠，将标准提取液进样 1~5μL 于气相色谱仪中，根据响应值绘制标准曲线。

②样品的测定：试样管按标准溶液的操作方法，根据外标法测定试样中甜蜜素含量。

5. 结果计算

$$X(g/kg) = \frac{m_1}{m \times \frac{V_1}{V_2} \times 1000} \times 1000 \qquad (12-2)$$

式中　X——样品中甜蜜素的含量，g/kg；

m_1——从标准曲线上查得甜蜜素含量，mg；

m——称取样品的总质量，g；

V_1——进样体积，mL；

V_2——样品液的总体积，mL。

6. 注意事项

（1）如样品中含 CO_2，需先加热除去；如含有乙醇，加4%氢氧化钠溶液使其呈碱性，于沸水浴中加热除去后再称取。

（2）环己基氨基磺酸钠与亚硝酸钠的反应须在冰浴中进行。

（3）提取时也可采用超声提取法。

（二）分光光度法

1. 原理

在硫酸介质中环己基氨基磺酸钠与亚硝酸钠反应，生成环己醇亚硝酸酯，与磺胺重氮化后再与盐酸萘乙二胺耦合生成红色染料，在550nm波长测其吸光度，与标准比较定量。

2. 试剂

三氯甲烷，甲醇，透析剂：称取0.5g二氯化汞和12.5g氯化钠于烧杯中，以0.01mol/L盐酸溶液定容至100mL；亚硝酸钠溶液：10g/L；硫酸溶液：100g/L；尿素溶液：100g/L；盐酸溶液：100g/L，磺胺溶液：10g/L；盐酸萘乙二胺溶液：1g/L；环己基氨基磺酸钠标准溶液：0.1mg/mL。

3. 仪器参考条件

分光光度计，旋涡振荡混合器，离心机，透析纸。

4. 分析步骤

（1）样品处理

①液体样品：摇匀后直接称取。如样品中含 CO_2，应先加热除去，如含乙醇的样品，加40g/L的氢氧化钠溶液调至碱性，于沸水浴中加热除去，制成样品。

②固体样品：凉果、蜜饯类试样将其剪碎制成样品。

（2）提取

①液体试样：称取10.0g试样于透析纸中，加10mL透析剂，将透析纸袋口扎紧。放入盛有100mL水的200mL广口瓶内，加盖，透析20~24h得透析液。

②固体试样：称取2.0g已剪碎的试样于研钵中，加少许层析硅胶（或海砂）研磨至呈干粉状，经漏斗倒入100mL容量瓶中，加水冲洗研钵，并将洗液一并转移至容量瓶中。加水至刻度，不时摇动，1h后过滤，即得试样，准确吸取20mL于100mL带塞比色管，置冰水浴中。准确吸取10.0mL于透析纸中，加10mL透析剂，将透析纸口扎紧，放入盛有

100mL 水的 200mL 广口瓶内，加盖，透析 20~24h 得透析液。

（3）测定　取两支 50mL 带塞比色管，分别加入 10mL 透析液和 10mL 标准液，于 0~3℃冰水浴，加入 1mL 10g/L 亚硝酸钠溶液、1mL 100g/L 硫酸溶液，摇匀后放入冰水浴中不时摇动，放置 1h，取出后加 15mL 三氯甲烷，置旋涡振荡混合器上振动 1min。静置后吸去上层液。再加 15mL 水，振荡 1min，静止后吸去上层液，加 10mL 100g/L，尿素溶液，再振荡 5min，静置后吸去上清液，加 15mL 水，振动 1min，静置后吸去上层液，分别准确吸出 5mL 三氯甲烷于 2 支 25mL 比色管中。另取一支 25mL 比色管加入 5mL 三氯甲烷作参比管于各管中加入 15mL 甲醇、1mL 10g/L 磺胺，置于冰水中 15min，取出，恢复常温后加入 1mL 1g/L 盐酸萘乙二胺溶液，加甲醇至刻度，在 15~30℃下放置 20~30min，用 1cm 比色杯于波长 550nm 处测定吸光度，测得吸光度 A 及 A_S。

另取两支 50mL 带塞比色管，分别加入 10mL 水和 10mL 透析液，除不加 10g/L 亚硝酸钠外，其他按上述步骤进行，测得吸光度A_{S_0} 及 A_0。

5. 结果计算

样品中环己基氨基磺酸钠的含量计算如下式

$$X(g/kg) = \frac{c}{m} \times \frac{A - A_0}{A_S - A_{S_0}} \times \frac{100 + 10}{V} \times \frac{1}{1000} \times \frac{1000}{1000} \tag{12-3}$$

式中　X——试样中环己基氨基磺酸钠的含量，g/kg；

m——试样质量，g；

V——透析液用量，mL；

c——标准管浓度，μg/mL；

A_S——标准液吸光度；

A_{S_0}——水的吸光度；

A——试样透析液吸光度；

A_0——不加亚硝酸钠的试样透析液吸光度。

6. 注意事项

（1）本法多用于饮料、蜜饯、凉果等样品中甜蜜素的测定。

（2）两次独立测定结果的绝对差值不得超过算术平均值的 10%。

（三）薄层层析法

试样经酸化后，用乙醚提取，将试样提取液浓缩，点于聚酰胺薄层板上，展开，经显色后，根据薄层板上环己基氨基磺酸钠的比移值及显色斑深浅，与标准比较进行定性、定量。

不同样品处理方法如下，

（1）饮料、果酱　称取经混合均匀的试样（汽水需加热去除 CO_2），置于带塞量筒中，加氯化钠饱和，加盐酸酸化，用乙醚提取 2 次，振摇，静置分层，用滴管将上层乙醚提取液通过无水硫酸钠滤入容量瓶中，用少量乙醚洗无水硫酸钠，加乙醚至刻度，混匀。吸取乙醚提取液分 2 次置于带塞离心管中，在水浴上挥干，加入无水乙醇溶解残渣，备用。

（2）糕点　称取试样，研碎，置于带塞量筒中，用石油醚提取 3 次，振摇，弃去石油醚，试样挥干后（在通风橱中不断搅拌试样，以除去石油醚），加入盐酸酸化再加氯化钠，用乙醚提取 2 次，振摇，静置分层，用滴管将上层乙醚提取液通过无水硫酸钠滤入容量瓶中，用少量乙醚洗无水硫酸钠，加乙醚至刻度，混匀。吸取乙醚提取液，分 2 次置于带塞离心管中，在水浴上挥干，加入无水乙醇溶解残渣，备用。

本法适用于饮料、果汁、果酱、糕点中环已基氨基磺酸钠的含量测定，最低检出限为 4.0g。同时还可以测定山梨酸、苯甲酸、糖精等成分。

（四）几种方法的比较

分光光度法仪器普及度高，方法简便，灵敏度强，分析时间短，成本低；薄层色谱设备操作简单，展开时间快，检测灵敏度高。气相色谱法检出限低，快速、准确、稳定；但所需仪器设备投资大，对操作技术要求高。

目前，大多数检测方法主要适用于饮料、凉果、果酱、糕点等食品。但是，对含脂肪、蛋白质较高的食品，如含乳饮料、冰淇淋、饼干、面包以及其他含糖较高的食品中的甜蜜素，则因受到其复杂基质的影响，测定较困难，实际使用中还发现气相色谱法使用的填充柱法易造成峰形拖尾，未来的发展方向是建立方便、快速、准确、权威的适用于所有食品中环已基氨基磺酸钠检测的方法。

三、其他甜味剂的测定

（一）乙酰磺胺酸钾的检测［《食品安全国家标准　食品中乙酰磺胺酸钾的测定》（GB 5009.140—2023）］

乙酰磺胺酸钾又称安赛蜜，对光、热（225℃）均稳定，甜感持续时间长，味感优于糖精钠，经动物毒性试验证明其是安全的，1983 年被 FAO/WHO 食品添加剂联合专家委员会（Joint FAO/WHO Expert Committee on Food Additives，JECFA）列为 A 级食品添加剂，并推荐日均摄入量（acceptable daily intake，ADI）为 0～15mg/kg 体重。乙酰磺胺酸钾主要用于果脯、乳类饮品、水果类甜点、果酱、口香糖、浓缩果蔬饮料、酒类、蛋类甜食、减肥营养配方、酒和麦乳精饮料等。

1. 原理

样品中乙酰磺胺酸钾经高效液相反相柱分离后，以保留时间定性，峰高或峰面积定量。按下式计算

$$乙酰磺胺酸钾含量 = \frac{\rho \times 1000}{m \times \frac{V_2}{V_1} \times 1000}(g/kg 或 /L) \tag{12-4}$$

式中 ρ——由标准曲线上查得进样液中乙酰磺胺酸钾的含量，mg/mL；

m——样品质量，g；

V_1——样品稀释液总体积，mL；

V_2——HPLC 测定时进样的体积，mL。

2. 色谱参考条件

检测器：紫外检测器，波长为 214nm；分析柱：4.6mm×150mm，粒度 5μm，$Spherisorb_{18}$ 柱；流动相：0.02mol/L 硫酸铵（740~800mL）+甲醇（170~150mL）+乙腈（90~50mL）+10%H_2SO_4（1mL）；流速：0.7mL/min。

3. 注意事项

（1）本方法可同时测定乙酰磺胺酸钾、糖精钠、咖啡因、天冬酰苯丙氨酸甲酯，检出限为 0.004mg/mL。

（2）样品需温热，搅拌去除 CO_2 或超声脱气，通过微孔滤膜过滤。

（二）山梨糖醇的检测［《食品安全国家标准　食品添加剂　山梨糖醇和山梨糖醇液》（GB 1886.187—2016）］

山梨糖醇的甜度与蔗糖相近，其易溶于水，稳定性高，不易与氨基酸、蛋白质等发生褐变反应，FAO/WHO 对其 ADI 值均未作特殊规定，我国允许其在冷饮类、糕点、浓果汁、饼干、面包、酱菜类和糖果中按正常生产需要使用。

1. 原理

用水或乙醇溶液从样品中提取山梨糖醇，用减压浓缩方法将水分全部除去后，制备乙酰化山梨糖醇衍生物，然后进行气相色谱分析，以保留时间定性，峰高或峰面积定量。

2. 色谱条件

检测器：氢火焰电离检测器；色谱柱：玻璃柱，3mm×2m，内装涂以 XE-60（3%）的 60~80 目硅烷化处理过的硅藻土担体；温度：柱温从 150~220℃，以 6℃/min 速度升温，检测器为 250℃；载气：氮气，流速 40mL/min。

（三）甜菊糖苷的测定

经国内外药理实验证明，甜菊糖苷为非致癌性物质，无毒无副作用，食用安全。日本有关科学机构和科学家就甜菊糖苷的安全性问题进行过大量的研究和试验，结果是无致畸、致突变及致癌性，摄入以后以原形经粪便和尿中排除。其安全性已得到国际 FAO/WHO 等组织的认可，其 LD_{50}>15.0g/kg，ADI 无特殊规定。甜菊糖是目前世界已发现，并经中华人民共和国国家卫生健康委员会、中国轻工业联合会批准使用的最接近蔗糖口味的天然低热值甜味剂，是继甘蔗和甜菜糖之外第三种有开发价值和健康推崇的天然蔗糖替代品，被国际上誉为“世界第三糖源”，在《食品安全国家标准　食品添加剂使用标准》（GB 2760—2024）中允许按生产需要适量使用。

甜菊糖苷测定方法有多种，常用的有气相色谱法、蒽酮比色法，此外，国内外报道有高效液相色谱法、流动注射化学发光法、薄层色谱法等。

第三节　防腐剂的测定

食品防腐剂是指能抑制微生物活动，防止食品腐败变质的一类食品添加剂。食品防腐剂可以通过不同的机制起作用，例如抑制微生物的生长、阻止其与氧气和水的接触、改变食品的 pH 等。其主要具有以下 4 个特点：①在特定时间内，化学性质较为稳定，防腐作用不会失效。②本身无毒害作用，不影响食品风味。③添加在食品中不会对人体肠胃功能造成影响。④在添加较低浓度时亦能起到杀菌、抑菌的功效。

我国已批准允许添加的食品防腐剂共有 32 种，依据其来源不同，可分为天然食品防腐剂和人工合成防腐剂。随着社会的高速发展，人们对食品安全和自身健康的关注度日益提高。其中，天然防腐剂的发展越来越受到重视。天然食品防腐剂是指从动植物或微生物中提取纯化的一类防腐剂，主要分为微生物源性防腐剂、动物源性防腐剂、植物源性防腐剂 3 大类，因其具有天然、环保、防腐效果好等优势，是食品加工企业选择的主要食品防腐剂类型。人工合成防腐剂又分为有机类和无机类，其中有机类主要包括酸型食品防腐剂和酯型食品防腐剂，防腐原理主要是通过改变细胞膜通透性，抑制机体对蛋白质的识别，进而抑制细胞呼吸系统酶的活性，达到防腐目的；这类食品防腐剂的特点主要包括低毒广谱，对人体危害较弱，在较宽 pH 范围内使用都有一定防腐效果等。无机盐类食品防腐剂如亚硫酸盐等，其主要是利用亚硫酸盐可消耗食品中存在的氧气，使非厌氧性微生物因缺氧死亡的原理抑菌。

为了延长食品的保质期和确保食品品质，防腐剂成为食品加工中不可或缺的一部分。然而，随着食品产业的发展，食品安全问题备受关注，不当使用防腐剂可能对人体健康造成潜在风险，如引起过敏反应、损伤器官功能等。因此，在选择和使用食品防腐剂时，需要严格按照相关法规和标准的要求，确保其安全性和合规性。同时，消费者在购买产品时也应注意阅读产品标签，了解产品中是否含有防腐剂以及其安全性。2024 年 3 月，为贯彻落实党中央、国务院关于培育发展预制菜产业的决策部署，国家市场监督管理总局、教育部、工业和信息化部、农业农村部、商务部、国家卫生健康委员会联合印发《关于加强预制菜食品安全监管促进产业高质量发展的通知》，明确规定了预制菜范围并要求其不添加防腐剂。

一、防腐剂的检测方法

由于防腐剂的过量和不当使用可能引起过敏、致癌等健康问题，且不同国家和地区对防腐剂的使用限量和种类有严格规定，因此，检测防腐剂的含量和种类不仅是保障消费者安全的必要措施，也是确保产品符合相关法律法规的要求。

（一）高效液相色谱法

1. 原理

高效液相色谱法是一种基于样品中各组分在固定相和流动相之间不同分配系数的差异，通过固定相的选择性吸附和流动相的洗脱作用，使各组分得以分离并依次流出，从而进行定性和定量分析的方法。

2. 分析步骤

（1）样品制备　将样品进行适当的前处理，如提取、净化和浓缩。

（2）色谱分离　将处理好的样品注入高效液相色谱仪，通过选择合适的固定相（如C18柱）和流动相（如水-甲醇体系）进行分离。

（3）检测和分析　利用紫外检测器、荧光检测器或质谱检测器等进行检测，通过与标准品对比进行定性和定量分析。

3. 应用

HPLC广泛应用于检测苯甲酸、山梨酸及其盐类、酯类等，具有高灵敏度和高选择性的特点。

（二）气相色谱法

1. 原理

气相色谱法是利用样品中各组分在气相和固定相之间的分配系数差异，通过在色谱柱内的多次分配平衡实现分离的一种分析方法。通常结合GC-MS用于防腐剂的定性和定量分析。

2. 分析步骤

（1）样品制备　将样品进行前处理，如溶剂萃取、净化和浓缩。

（2）气相分离　将处理好的样品注入气相色谱仪，通过选择合适的色谱柱（如毛细管柱）和载气（如氦气），进行分离。

（3）检测分析　利用质谱检测器进行检测，通过质谱图中的特征离子进行定性和定量分析。

3. 应用

GC适用于检测易挥发和热稳定的防腐剂，如苯甲酸及其衍生物，对羟基苯甲酸酯类等，具有高灵敏度和高分辨率的特点。

（三）电化学分析法

1. 原理

电化学分析法是基于防腐剂在电极表面发生电化学反应，通过测量电流、电压或电阻的变化进行定性和定量分析的一种方法。

2. 分析步骤

（1）电极制备　选择合适的电极材料（如玻碳电极、金电极等），并对电极进行表面处理。

（2）样品处理　将样品进行简单处理，如溶解、稀释等。

（3）电化学测量　将处理好的样品加入电化学池，通过循环伏安法、差分脉冲伏安法等技术进行测量。

（4）数据分析　根据测量结果，通过与标准曲线对比进行定性和定量分析。

3. 应用

本法适用于检测苯甲酸、山梨酸等防腐剂，具有设备简单、成本低、灵敏度高等优点。

（四）分光光度法

1. 原理

分光光度法是利用防腐剂在特定波长的光照射下吸收光能，产生特征吸收峰，通过测量吸光度进行定性和定量分析的一种方法。

2. 分析步骤

（1）样品制备　将样品进行前处理，如溶解、过滤等。

（2）光谱测量　将处理好的样品置于分光光度计中，选择合适的波长进行测量。

（3）数据分析　根据吸光度和标准曲线进行定性和定量分析。

3. 应用

本法适用于检测苯甲酸、山梨酸及其盐类等，具有操作简单、快速、灵敏度高等特点。

（五）质谱法

1. 原理

质谱法是利用样品分子在高能电子轰击下离解成特征碎片离子，通过测量这些离子的质荷比（m/z）进行定性和定量分析的一种方法。

2. 分析步骤

（1）样品制备　将样品进行前处理，如提取、净化和浓缩。

（2）离子化　将处理好的样品注入质谱仪，通过电喷雾电离（electrospray ionization,

ESI）或化学电离（chemical ionization，CI）等方法使样品分子离子化。

（3）质谱测量　采用四极杆质谱仪、飞行时间质谱仪（time - of - flight mass spectrometer，TOF-MS）等测量得到质谱图。

（4）数据分析　根据质谱图中的特征峰进行定性和定量分析。

3. 应用

质谱法适用于检测各种防腐剂，尤其是复杂基质中微量防腐剂，具有高灵敏度、高分辨率和高准确性的特点。

防腐剂的检测方法多种多样，每种方法都有其独特的优势和适用范围。高效液相色谱法和气相色谱法因其高灵敏度和高选择性，广泛应用于各类防腐剂的检测。电化学分析法和分光光度法操作简单、快速，适用于常规检测。质谱法因其高分辨率和高准确性，适用于复杂基质中微量防腐剂的检测。

在实际应用中，往往需要根据具体检测需求、样品基质和防腐剂种类选择最合适的检测方法，并可能需要多种方法结合使用，以确保检测结果的准确性和可靠性。

二、常见防腐剂的检测

（一）苯甲酸钠的测定

苯甲酸钠（sodium benzoate），化学式为 $C_7H_5NaO_2$，是苯甲酸的钠盐，通常为白色颗粒或结晶性粉末，透明或半透明，一般无气味，具有微甜或微咸的味道。易溶于水，其溶解度在 20℃时约为 63g/100mL，且随着温度的升高而增加。在乙醇中的溶解度较低，在某些有机溶剂如丙酮中也有一定的溶解性。苯甲酸钠在水中解离形成苯甲酸根离子（$C_6H_5COO^-$）和钠离子（Na^+），呈弱碱性。在中性和弱酸性环境中稳定，但在强酸性环境下会转化为苯甲酸。苯甲酸钠在高温下会分解，其分解温度在 300℃以上。对光较为稳定，但长期暴露在强光下可能会降解。苯甲酸钠通过干扰微生物细胞膜的通透性和抑制其酶系统，阻止微生物的繁殖，特别对酵母、霉菌和部分细菌有显著的抑制作用，其防腐效果在 $pH<4$ 时最佳。

苯甲酸钠作为一种重要的防腐剂，具有良好的物理和化学性质，其高溶解性和良好的抗微生物性能确保了其在酸性环境中的有效性，使其在食品、饮料、药品和化妆品等领域得到了广泛应用。同时，苯甲酸钠的安全性和环境友好性也使其成为一种广受欢迎的防腐剂。然而，在使用过程中需要注意控制其浓度，以确保其在防腐效果和安全性之间的平衡。

1. 原理

酸碱中和滴定法是测定食品中苯甲酸钠含量的一种经典分析方法。该方法通过苯甲酸钠的水解生成苯甲酸，然后用标准酸溶液进行滴定，从而计算出苯甲酸钠的含量。

2. 主要设备和试剂

（1）设备 滴定管（50mL）、烧杯（250mL）、移液管、磁力搅拌器、pH 计或酚酞指示剂。

（2）试剂 苯甲酸钠标准品、标准盐酸溶液（0.1mol/L）、蒸馏水、酚酞指示剂、氢氧化钠溶液（0.1mol/L，用于校准）

3. 分析步骤

（1）样品制备 精确称取适量食品样品（约 1~5g），记录样品质量。将样品置于 250mL 烧杯中，加入适量蒸馏水（约 100mL），并搅拌至样品完全溶解。将烧杯中的溶液加热至接近沸腾，保持 5min 以确保苯甲酸钠完全转化为苯甲酸，冷却至室温。

（2）滴定 用移液管取 25mL 冷却后的样品溶液置于滴定烧杯，加入 2~3 滴酚酞指示剂。使用标准盐酸溶液（0.1mol/L）逐滴滴定样品溶液，同时搅拌溶液。滴定至溶液由粉红色变为无色，即达到终点。记录消耗的盐酸溶液体积。

4. 结果计算

$$\text{苯甲酸钠含量(mg/g)} = \frac{C \times V \times M}{m} \tag{12-5}$$

式中 C——盐酸溶液的浓度，mol/L；

V——消耗的盐酸溶液体积，mL；

M——苯甲酸钠的摩尔质量，144.11g/mol；

m——样品质量，g。

5. 注意事项

（1）确保盐酸溶液的浓度准确，并用已知浓度的氢氧化钠溶液进行标定。

（2）建议进行至少三次平行实验，取其平均值以提高结果的可靠性。

（3）样品溶解和滴定过程中的温度应尽量保持恒定，以确保结果准确。

酸碱中和滴定法是测定食品中苯甲酸钠含量的一种简便有效的方法。通过准确称量样品、标准化酸溶液以及精确控制滴定过程，可以获得可靠的测定结果。这种方法适用于实验室环境下对食品中苯甲酸钠含量的定量分析。

（二）山梨酸钾的测定

山梨酸钾（potassium sorbate），化学式为 $C_6H_7KO_2$，是山梨酸的钾盐，是一种广泛使用的食品防腐剂。山梨酸钾在食品、饮料、药品和化妆品等领域中应用广泛，具有较强的防腐性能和较低的毒性。山梨酸钾通常为白色或淡黄色的结晶性粉末或颗粒，无气味，味道稍具苦涩。易溶于水，20℃时的溶解度为 58.2g/100mL，在乙醇中也具有一定的溶解性，难溶于其他有机溶剂。山梨酸钾在水溶液中的 pH 为 7.0~8.0，在酸性条件下，山梨酸钾转化为山梨酸。在室温下稳定，270℃左右高温下熔化并分解，对光稳定，但长期暴露在强光下可能会降解。山梨酸钾通过抑制微生物细胞膜的功能和干扰其酶系统，阻止酵母、霉菌和部分细菌的生长。

在食品工业中，山梨酸钾被广泛用作防腐剂，特别适用于酸性食品，如果汁、碳酸饮料、果酱、腌制食品和乳制品。其防腐效果在 pH<6.5 时最佳，在 pH 较高时其抑菌效果显著下降。测定食品中山梨酸钾的含量对于食品安全和质量控制非常重要。高效液相色谱法测定食品中山梨酸钾的含量是一种常用方法。

1. 原理

样品经水提取，高脂肪样品经正己烷脱脂、高蛋白质样品经蛋白质沉淀剂沉淀蛋白质，采用液相色谱分离、紫外检测器检测，外标法定量。

2. 主要设备和试剂

(1) 设备　HPLC、紫外检测器（UV）、C18 反相色谱柱、超声波清洗器、0.45μm 滤膜、移液器及配套吸头。

(2) 试剂　山梨酸钾标准品、甲醇（HPLC 级）、蒸馏水、磷酸（用于调节 pH）、样品（待测食品）。

3. 分析步骤

(1) 样品前处理　精确称取待测食品（固体样品约 5g，液体样品约 5mL），置于 250mL 烧杯中，加入适量的甲醇（约 50mL）。在超声波清洗器中处理 10~15min，以确保山梨酸钾完全溶解。提取液通过 0.45μm 滤膜过滤，收集滤液。将滤液转移至 100mL 容量瓶中，并定容作为待测溶液。

(2) 标准溶液制备　准确称取一定量的山梨酸钾标准品，溶于甲醇中，定容至 100mL，配制成已知浓度的标准溶液。根据需要，稀释标准溶液，配制成不同浓度的系列标准溶液。

(3) 色谱条件设置　流动相：甲醇-水（70∶30，体积比），用磷酸调节 pH=3.0；流速：1.0mL/min；检测波长：235nm；柱温：30℃；进样量：20μL。

(4) 样品测定　将待测溶液和系列标准溶液分别注入高效液相色谱仪，记录色谱图。以标准溶液浓度为横坐标，峰面积为纵坐标，绘制标准曲线。根据待测溶液的峰面积，查标准曲线，计算样品中山梨酸钾的含量。

4. 结果计算

根据色谱图中的峰面积，通过标准曲线计算样品中山梨酸钾的含量。计算公式如下

$$\text{山梨酸钾含量(mg/g)} = \frac{C \times V}{m} \qquad (12-6)$$

式中　C——样品溶液中山梨酸钾的浓度，mg/L，从标准曲线查得；

V——样品溶液的体积，L；

m——样品质量，kg。

5. 注意事项

(1) 确保样品处理步骤中山梨酸钾完全溶解，并避免样品损失。

(2) 使用 0.45μm 滤膜进行过滤，以防止杂质干扰检测。

（3）在进行样品测定前，确保 HPLC 仪器经过校准，并确认检测器和色谱柱性能良好。

（4）建议进行重复实验多次，取平均值以提高结果的准确性。

采用 HPLC 测定食品中山梨酸钾具有高灵敏度、高选择性和准确性的优点。通过科学合理的样品前处理和仪器操作，可以准确测定食品中山梨酸钾的含量，确保食品安全和质量。

第四节　发色剂的测定

食品发色剂，又称护色剂，用于防止食品在加工、储存和运输过程中发生褪色或变色，从而保持其视觉吸引力和市场价值。发色剂广泛应用于果蔬、饮料、肉类制品、罐头等食品中。发色剂在现代食品工业中起着重要的作用，通过赋予食品美观的颜色，增强其市场吸引力和消费者的购买欲望。常见食品发色剂有抗氧化剂、亚硝酸盐、硫酸盐、柠檬酸及其盐类和螯合剂等。发色剂通过多种机制保持食品的颜色，包括抑制酶促褐变、防止非酶促氧化、螯合金属离子和酸化作用。

食品发色剂的安全性是食品安全管理的重要方面，各国食品安全监管机构如美国食品药品监督管理局（Food and Drug Administration，FDA）、欧洲食品安全局（European Food Safety Authority，EFSA）和国家药品监督管理局（China National Medical Products Administration，NMPA）对食品添加剂，包括发色剂的使用有严格的规定。

1. 最大允许使用量

不同发色剂在不同食品中的最大允许使用量由各国监管机构规定，确保在规定用量范围内对人体无害。例如，根据我国 GB 2760—2024 中规定，亚硝酸盐在腌制肉类中的最大使用量为 0.15g/kg，以亚硝酸钠计，残留量≤50mg/kg。

2. 毒理学研究

通过动物实验和人体试验评估发色剂的急性毒性、慢性毒性、致癌性、致畸性等，确保长期摄入不会对健康造成不良影响。例如，抗坏血酸作为一种天然维生素，其毒性较低，被认为是安全的发色剂。

3. 标签和标识

食品中使用的发色剂必须在产品标签上明确标示，消费者可以根据食品标签信息知晓所购买食品中的添加剂成分，这有助于消费者根据个人健康需求选择合适的食品。安全性是使用食品添加剂的首要考虑因素。在选择和使用食品发色剂时，生产商应根据具体的食品类型和加工工艺，选择适当的发色剂种类和用量。

总之，食品发色剂在现代食品工业中不可或缺，通过合理使用和严格监管，可以在保障食品安全的前提下，提升食品的感官品质和市场竞争力，但其安全性仍需得到严格监管和科学评估。党的二十大报告中指出："着力推动高质量发展""突出保障和改善民生"，食品安全是关乎社会稳定、关乎百姓健康的民生工程。通过合理使用和科学检测食品发色剂，可以确保发色剂在食品中的安全应用，保障消费者的健康。

一、发色剂的检测方法

食品发色剂的检测方法多种多样，具体选择取决于发色剂的化学性质、食品基质的复杂性以及检测目的。常见的检测方法包括光谱分析法、色谱分析法、质谱分析法、电化学分析法、电泳法和化学显色法等。以下将详细介绍这些检测方法的原理、步骤及其在食品发色剂检测中的应用。

（一）光谱分析法

光谱分析法是利用物质对光的吸收、发射或散射特性进行定性和定量分析。对于食品发色剂，常用的光谱分析法包括紫外-可见分光光度法和红外光谱法。

1. 紫外-可见分光光度法（UV-vis spectrophotometry）

（1）原理　紫外-可见分光光度法基于物质在紫外和可见光区域的特征吸收，通过测量吸光度进行定量分析。

（2）分析步骤

①样品制备：将食品样品提取或稀释，制备成适合测量的溶液。

②测量吸光度：使用分光光度计，在特定波长处测量样品的吸光度。

③标准曲线：配制已知浓度的发色剂标准溶液，测量其吸光度，绘制标准曲线。

④定量分析：将样品的吸光度代入标准曲线，计算发色剂的浓度。

⑤应用：常用于检测抗坏血酸、亚硝酸盐等发色剂。例如，抗坏血酸在245nm处有特征吸收峰，可以通过紫外-可见分光光度法进行定量分析。

2. 红外光谱法（iR spectroscopy）

（1）原理　红外光谱法通过测量分子在红外区域的吸收光谱，鉴定化合物的结构和功能团。

（2）分析步骤

①样品制备：将样品制备成薄膜或溶液形式。

②测量红外光谱：使用红外光谱仪测量样品的红外吸收光谱。

③谱图分析：比对标准谱图或数据库，鉴定发色剂的化学结构。

④应用：用于检测和鉴定复杂样品中的发色剂，特别是用于结构分析和功能团鉴定。例如，可以用于鉴定食品中的亚硝酸盐和亚硫酸盐。

（二）色谱分析法

色谱分析法是通过分离混合物中的各个成分，然后进行定性和定量分析的技术。常用的色谱分析法包括HPLC、GC。

1. HPLC

（1）原理　HPLC 利用样品在固定相和流动相之间的分配行为实现分离和检测。

（2）分析步骤

①样品制备：将样品进行预处理，制备成适合 HPLC 分析的溶液。

②进样：将样品注入 HPLC 系统。

③分离：样品通过色谱柱，各成分根据亲和力不同被分离。

④检测：使用检测器（如 UV 检测器）测量各成分的保留时间和峰面积。

⑤定量分析：通过标准曲线计算发色剂浓度。

⑥应用：广泛用于检测抗坏血酸、异抗坏血酸等发色剂。例如，可以通过 HPLC 检测果汁中的抗坏血酸含量。

2. GC

（1）原理　GC 利用样品在气相和液相或固相之间的分配行为，实现分离和检测，常与质谱联用以提高检测灵敏度和特异性。

（2）分析步骤

①样品制备：将样品进行预处理，使其适用于气相色谱分析。

②进样：将样品注入 GC 系统。

③分离：样品通过气相色谱柱，各成分因挥发性和亲和力不同被分离。

④检测：通过检测器（如火焰离子化检测器，FID）检测各组分。

⑤定量分析：通过标准曲线进行定量分析。

⑥应用：适用于检测挥发性或半挥发性发色剂。例如，可以通过 GC 检测香肠中的亚硝酸盐含量。

（三）其他分析法

1. 质谱分析法

质谱分析法是通过离子化样品分子并测量其 m/z 来进行定性和定量分析。质谱常与色谱技术联用，如 GC-MS 或 LC-MS。

（1）原理　质谱法通过电离样品分子，测量其 m/z，提供分子质量和结构信息。

（2）分析步骤

①样品制备：将样品前处理，制备成适合 MS 分析的形式。

②离子化：将样品注入质谱仪，通过 ESI 或 CI 等方式进行离子化。

③检测：测量离子在质谱中的 m/z。

④数据分析：比对质谱数据库或标准谱图，鉴定和定量发色剂。

⑤应用：质谱法具有高灵敏度和特异性，适用于复杂样品和低浓度发色剂的检测。例如，通过 LC-MS 可以精确检测果汁中的抗坏血酸和柠檬酸含量。

2. 电化学分析法

电化学分析法通过测量发色剂在电极表面的氧化还原反应进行定量检测。

(1) 原理　电化学法基于发色剂在电极上的氧化还原反应，测量电流变化来定量分析。

(2) 分析步骤

①样品制备：配制电解液和待测样品。

②电极系统：选择合适的电极系统（如工作电极、参比电极和辅助电极）。

③施加电位：施加电位，记录电流响应。

④定量分析：通过标准曲线定量分析发色剂浓度。

⑤应用：适用于某些特定的发色剂检测，如抗坏血酸。通过电化学法，可以快速、准确地测定食品中抗坏血酸的含量。

3. 电泳法

毛细管电泳（capillary electrophoresis，CE）是一种高分辨率的分离技术，利用发色剂在电场中的迁移速度差异进行分离和检测。

(1) 原理　毛细管电泳通过在电场中分离带电分子，基于不同分子的电泳迁移率实现分离和检测。

(2) 分析步骤

①样品制备：配制电泳缓冲液和待测样品。

②注样：将样品注入毛细管电泳系统。

③分离：施加电场，分离样品成分。

④检测：通过检测器（如紫外检测器）测量各成分的迁移时间。

⑤定量分析：通过标准曲线进行定量分析。

⑥应用：毛细管电泳具有高分辨率和快速分析的优点，适用于复杂样品中发色剂的分离和定量检测。例如，可以用于检测果汁中的抗坏血酸和柠檬酸。

4. 化学显色法

化学显色法通过发色剂与特定试剂发生化学反应，产生可见颜色变化，然后用比色法或其他光学方法进行定量检测。

(1) 原理　通过化学反应使发色剂产生特定颜色变化，然后测量颜色变化的强度进行定量分析。

(2) 分析步骤

①样品制备：配制待测样品和显色试剂。

②显色反应：将样品和试剂混合，发生显色反应。

③测量吸光度：使用比色计或分光光度计测量颜色变化的吸光度。

④定量分析：通过标准曲线定量分析发色剂浓度。

⑤应用：化学显色法简单易行，适合快速筛查和定量分析。常用于检测食品中的亚硝

酸盐和亚硫酸盐。例如，通过格里斯试剂法可以快速测定香肠中的亚硝酸盐含量。

食品发色剂的检测方法多种多样，每种方法都有其独特的优势和应用范围。光谱分析法和化学显色法适合快速筛查和定量分析；色谱分析法和质谱分析法适合高精度、高灵敏度的检测；电化学分析法和电泳法适合特定发色剂的快速检测。科学合理地选择和应用这些检测方法，可以确保食品中发色剂的安全性和质量，从而保障消费者的健康。

二、发色剂的检测实例——亚硝酸盐的测定

拓展视频

亚硝酸盐是一种常见的食品添加剂，特别是在腌制肉制品中，用于防止肉毒梭状芽孢杆菌生长并保持肉的鲜红色。然而，过量摄入亚硝酸盐对人体健康有害，因此，准确测定食品中的亚硝酸盐含量是非常重要的。

（一）格里斯试剂法（griess reagent method）

格里斯试剂法是一种经典且广泛应用的检测食品中亚硝酸盐的方法，其原理基于亚硝酸盐在酸性条件下与格里斯试剂发生显色反应，生成红色的偶氮化合物，通过测定其吸光度来进行定量分析。

1. 原理

亚硝酸盐（NO_2^-）在酸性条件下与格里斯试剂中的对氨基苯磺酸（sulfanilic acid）反应生成重氮盐，随后与 *N*-1-萘基乙二胺二盐酸盐［*N*-（1-naphthyl）ethylenediamine dihydrochloride］反应生成红色的偶氮化合物。该化合物在 540nm 处有最大吸收，可通过分光光度法测定其吸光度，从而进行定量分析。

2. 主要试剂

（1）格里斯试剂 A　配制 1%（质量体积比）的盐酸磺胺溶液。

（2）格里斯试剂 B　配制 0.1%（质量体积比）*N*-1-萘基乙二胺二盐酸盐溶液。

（3）标准亚硝酸盐溶液　配制一定浓度的标准亚硝酸钠溶液，逐级稀释得到一系列标准溶液（如 0.1、0.5、1.0、2.0、5.0mg/L）。

3. 分析步骤

（1）样品前处理　称取 10g 均质的食品样品，置于烧杯中。加入 100mL 蒸馏水，搅拌并超声提取 10min，以充分提取样品中的亚硝酸盐。将提取液通过滤纸或 0.45μm 滤膜过滤，收集滤液。

（2）绘制标准曲线　分别取 1mL 不同浓度的标准亚硝酸盐溶液，加入 1mL 格里斯试剂 A，1mL 格里斯试剂 B，混匀，室温下静置 10~15min，用分光光度计测定各标准溶液 540nm 处的吸光度，以标准溶液的浓度为横坐标，吸光度为纵坐标，绘制标准曲线。

（3）样品测定　取 1mL 滤液于比色管中，同步骤（2）进行显色反应，测定 540nm 处的吸光度，根据标准曲线计算亚硝酸盐浓度。

4. 注意事项

（1）格里斯试剂应新鲜配制，以保证反应灵敏度。

（2）显色反应需在适当的酸性条件下进行，使用盐酸调节 pH 至 1.5~2.0。

格里斯试剂法是一种经典且简便的检测食品中亚硝酸盐的方法，操作简单、成本低廉。通过合理的样品前处理、准确的试剂配制和严格的实验步骤控制，可以获得可靠的检测结果。掌握该方法的关键在于显色反应的条件控制和标准曲线的准确绘制。通过格里斯试剂法，可以有效监控食品中亚硝酸盐的含量，保障食品安全。

（二）离子色谱法（ion chromatography，IC）

离子色谱法是一种常用于分离和检测离子化合物的分析技术，广泛应用于环境、食品、医药等领域。它基于离子交换色谱的原理，利用离子在固定相（离子交换树脂）和流动相之间的分配行为，实现离子的分离和检测。

1. 原理

离子色谱法利用离子交换树脂对离子化合物的选择性吸附和解吸作用，分离样品中的不同离子。亚硝酸盐离子在流动相中与其他离子一起通过离子交换柱时，由于其与固定相的相互作用不同，会在不同时间被洗脱出来。检测器记录每种离子的出峰时间和强度，从而实现定性和定量分析。

2. 分析步骤

（1）样品制备　蔬菜、水果洗净晾干后，取可食部切碎混匀，制成匀浆，备用；粮食样品除去可见杂质后，粉碎过筛；液体乳制品充分混匀。

（2）提取　称取 2~10g 样品置于 150mL 具塞锥形瓶中，加入 80mL 水，超声提取 30min，每隔 5min 振摇 1 次，保持固相完全分散。于 75℃水浴 5min，冷却至室温后，转移至 100mL 容量瓶中，定容后混匀。经滤纸过滤后，取部分溶液于 10000r/min 离心 15min，上清液备用。充分搅拌并均质化。将混合液通过滤纸或 0.45μm 滤膜过滤，收集滤液。根据样品中亚硝酸盐的预期浓度，必要时对滤液进行稀释，以使其浓度适合离子色谱分析。

（3）仪器参考条件　色谱柱：氢氧化物选择性，可兼容梯度洗脱的二乙烯基苯乙烯共聚物基质，烷醇基季铵盐功能团的高容量阴离子交换柱。淋洗液：氢氧化钾溶液，浓度为 6~70mmol/L。电导检测器或紫外检测器，进样体积 50μL。

（4）标准曲线的绘制　将标准系列工作液分别注入离子色谱仪中，记录其保留时间和峰面积。以峰面积为纵坐标，标准溶液的浓度为横坐标，绘制标准曲线。

（5）样品分析　将空白和样品滤液注入离子色谱系统，根据标准曲线计算待测液中亚硝酸盐的浓度。

3. 注意事项

（1）样品前处理必须充分，以确保亚硝酸盐完全提取，避免样品中的杂质干扰检测。

（2）流动相必须纯净且脱气，以防止气泡干扰检测。

（3）色谱柱需定期清洗和维护，以保证分离效果和柱寿命。

离子色谱法是一种高效、灵敏的分析方法，适用于复杂基质中亚硝酸盐的检测。通过合理选择色谱条件、严格控制实验步骤，可以实现食品中亚硝酸盐的准确定量分析。掌握样品前处理、流动相配制、仪器校准和数据处理等关键环节，是确保检测结果准确可靠的基础。

第五节　漂白剂的测定

食品漂白剂是使食品保持特定的色泽、抑制食品褪色或褐变的食品添加剂。食品漂白剂在食品加工中可改善食品外观，提高其质量，同时对微生物也有显著的抑制作用，因此也常用作食品防腐剂。目前，人们对漂白剂的认识以及相关的新闻报道中普遍是偏负面的，这说明在漂白剂使用过程中存在多种隐患，是食品安全关注的重点话题。

漂白剂按其作用机理可分为还原型和氧化型两大类。食品护色主要是依靠漂白剂的氧化或还原能力，破坏食品的变色因子。氧化型漂白剂主要是通过氧化作用破坏着色物质或发色基团达到漂白的目的，常见的氧化型漂白剂有次氯酸钠（NaClO）、过氧化氢（H_2O_2）、过氧化苯甲酰（$C_{14}H_{10}O_4$）和过氧化钙（CaO_2）等。例如，在面粉生产中为了达到较好的外观品质，以前常常添加过氧化苯甲酰，使面粉中的胡萝卜素、黄色素褪色，起到增白作用。但2011年5月1日起，我国禁止在面粉生产中添加过氧化苯甲酰、过氧化钙。目前，我国在食品中使用的漂白剂主要是还原性漂白剂，常见的有亚硫酸钠（$NaSO_3$）、亚硫酸氢钠（$NaHSO_3$）、低亚硫酸钠（又称保险粉，$NaSO_4$）、焦亚硫酸钠（$NaSO_5$）和二氧化硫等。还原性漂白剂是通过二氧化硫的还原作用使食品中的色素成分分解或褪色，但其作用较为缓和，被漂白的色素物质有可能重新显色，且亚硫酸毒性较小，只有当一天摄取4~6g时，才会损害人体胃肠，造成剧烈腹泻。但在1981年澳大利亚和美国的科学家发现二氧化硫可诱发过敏性疾病和哮喘，导致很多国家对食品中二氧化硫残存提出了残留限量的规定，我国也不例外。因此，对二氧化硫残留量和亚硫酸盐的测定成为食品漂白剂检测的主要内容之一。从漂白剂的成分来看，漂白剂对食物、人体都存在一定的危害，这些危害主要来自漂白剂中带有腐蚀性的次氯酸钠。因此，需要加强对漂白剂的使用范围和使用量的管理。此外，天然食品漂白剂的研究，以及如何生产出高效、无毒的天然漂白剂，例如生大豆粉和脱脂大豆粉等的漂白效果研究，是当前我国食品安全领域的重要研究课题。

一、　SO_2及亚硫酸盐的测定

（一）酸碱滴定法

《食品安全国家标准　食品中二氧化硫的测定》（GB/T 5009.34—2022）第一法规定了

酸碱滴定法测定食品中的二氧化硫。

1. 原理

采用充氮蒸馏法处理样品，样品酸化后，在加热条件下亚硫酸盐等物质释放二氧化硫，用过氧化氢溶液吸收蒸馏物，二氧化硫溶于吸收液生成硫酸，用氢氧化钠标准溶液滴定，根据其消耗量计算样品中二氧化硫的含量。

2. 主要试剂和材料

（1）主要试剂　盐酸（1+1），过氧化氢溶液（3%），甲基红乙醇溶液指示剂（2.5g/L），氢氧化钠标准溶液（0.01mol/L）。

（2）主要仪器和设备　玻璃充氮蒸馏器，滴定管。

拓展视频

3. 分析步骤

（1）样品处理　固体试样用粉碎机粉碎后混匀，半固体试样用组织捣碎机捣碎混匀，液体样品直接混匀后备用。

（2）测定

①蒸馏：取固体或半液体样品 20~100g、液体样品 20~200mL，置于圆底烧瓶中（图 12-3），加入 200~500mL 水，装上冷凝装置，打开回流冷凝管开关给水，接收瓶内加入 3%过氧化氢溶液 50mL 作为吸收液，加入 3 滴甲基红指示剂。将 E 口处连接的玻璃管置于吸收液面以下。开通氮气，调节气体流量至 1.0~2.0L/min，打开分液漏斗的活塞，使盐酸溶液快速流入蒸馏瓶，立刻加热烧瓶内溶液至沸，保持微沸 1.5mL，停止加热，同时做空白试验。

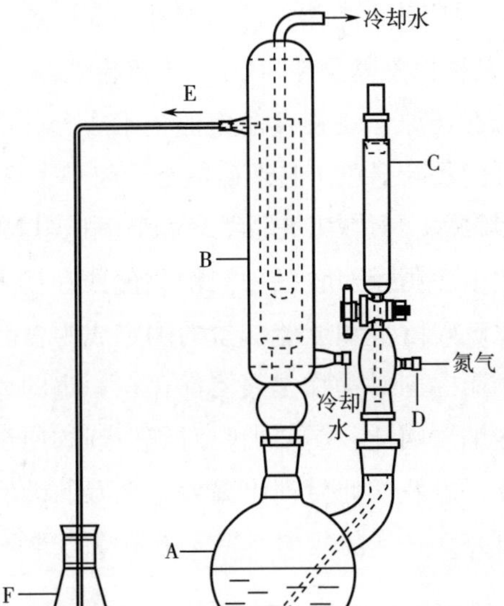

A—圆底烧瓶　B—回流冷凝管　C—带刻度分液漏斗　D—连接氮气流入口　E—SO_2 导气口　F—接收瓶

图 12-3　酸碱滴定法蒸馏装置

②滴定：取下的接收瓶冷却后用氢氧化钠标准溶液滴定至黄色，且 20s 内不褪色，同时滴定空白吸收液。

4. 结果计算

样品中二氧化硫总含量按式（12-7）计算

$$X(\mathrm{g/kg}) = \frac{c \times (V - V_0) \times 0.032 \times 1000}{m} \times 1000 \tag{12-7}$$

式中　X——样品中的二氧化硫含量，mg/kg 或 mg/L；

c——氢氧化钠标准溶液的浓度，mol/L；

V——试样溶液消耗氢氧化钠标准溶液的体积，mL；

V_0——空白溶液消耗氢氧化钠标准溶液的体积，mL；

m——样品质量或体积，g 或 mL；

0.032——1mL 氢氧化钠标准溶液相当于二氧化硫的量，g/mmol。

（二）分光光度法

GB/T 5009.34—2022 规定了分光光度法是测定食品中亚硫酸盐的第二法。适用于食品中游离型和结合型的亚硫酸盐残留量的测定，方法操作简单、快速、灵敏度高（检出限为 1mg/kg）、再现性好。

1. 原理

样品用甲醛缓冲吸收液浸泡或加酸充氮蒸馏，释放的 SO_2 被甲醛溶液吸收，生成稳定的羟甲基磺酸加成化合物，酸性条件下与盐酸副玫瑰苯胺作用生成聚玫瑰红甲基磺酸（紫红色络合物），该络合物的吸光度值与 SO_2 浓度成正比，可在 579nm 下比色测定。

2. 主要试剂和设备

（1）主要试剂　氢氧化钠溶液（1.5mol/L）、乙二胺四乙酸二钠溶液（0.05mol/L）、甲醛缓冲吸收液溶液、盐酸副玫瑰苯胺溶液、氨基磺酸氨溶液（3g/L）。

（2）仪器　分光光度计。

3. 分析步骤

（1）样品处理

①直接提取法　称取固体样品 10.0g，加甲醛缓冲吸收液 100mL，振荡浸泡 2h，过滤，收集滤液待测。同时做空白试验。

②充氮蒸馏法　称取固体或半液体试样 10~50g，或液体样品 50~100mL，置于圆底烧瓶中（图 12-3），加水 250~300mL，打开回流冷凝管开关给水，将冷凝管的上端 E 口处连接的玻璃导管置于 100mL 锥形瓶底部。锥形瓶内加甲醛缓冲吸收液 30mL。开通氮气，调节气体流量至 1.0~2.0L/min，打开分液漏斗的活塞，使 6mol/L 盐酸溶液 10mL 快速流入蒸馏瓶，立刻加热烧瓶内的溶液至沸，并保持微沸 1.5h，停止加热。取下吸收瓶，以少量水冲洗导管尖端，并放入吸收瓶。将瓶内吸收液转入 100mL 容量瓶中，甲醛缓冲吸收液定容。

（2）标准曲线的绘制　分别量取 0、0.20、0.50、1.00、2.00、3.00mL 二氧化硫标准使用液，置于 25mL 具塞试管中，加入甲醛缓冲液至 10mL，依次加入 0.5mL 氨基磺酸氨溶液、0.5mL 氢氧化钠溶液和 1.0mL 盐酸副玫瑰苯胺溶液，摇匀，静置 20min 后，测定 579nm 处的吸光度值。以质量为横坐标，吸光度值为纵坐标绘制标准曲线。

（3）样品分析　吸取试样溶液 0.5~10mL，按步骤（2）中的方法进行显色，同时做空白实验。

4. 结果计算

根据样品的吸光度，从标准曲线查得相应的二氧化硫含量。按式（12-8）计算样品中二氧化硫的含量

$$X(\mathrm{mg/kg}) = \frac{m_1 - m_0 \times V_1}{m_2 \times V_2 \times 1000} \times 1000 \tag{12-8}$$

式中　X——样品中二氧化硫的含量，mg/kg 或 mg/L；

m_1——由标准曲线查得的样液中二氧化硫的质量，μg；

m_0——由标准曲线查得的空白溶液中二氧化硫的质量，μg；

V_1——试样提取液/蒸馏液定容体积，mL；

m_2——试样的质量或体积，μg 或 mL；

V_2——测定用试样提取液/蒸馏液体积，mL。

二、有效氯的测定——碘量法

1. 原理

漂白剂与碘发生氧化还原反应。利用漂白粉在酸性介质中定量氧化 I^-，用标准 $Na_2S_2O_3$ 溶液滴定生成的 I_2，可间接测得漂白剂里有效氯的含量。通过测量反应前后碘的浓度变化，可以推算出漂白剂的浓度。其有关的反应如下

$$ClO^- + 2H^+ + 2I^- = I_2 + Cl^- + H_2O \tag{1}$$

$$ClO^{2-} + 4H^+ + 4I^- = 2I_2 + Cl^- + 2H_2O \tag{2}$$

$$ClO^{3-} + 6H^+ + 6I^- = 3I_2 + Cl^- + 3H_2O \tag{3}$$

$$2S_2O_3^{2-} + I_2 = S_4O_6^{2-} + 2I^- \tag{4}$$

2. 主要试剂

漂白剂样品，碘化钾，硫酸，$K_2Cr_2O_7$（固体），淀粉，Na_2CO_3（固体），$Na_2S_2O_3 \cdot 5H_2O$（固体）等。

3. 主要仪器设备

分析天平，滴定管，容量瓶，量筒，烧杯，玻璃棒，滤纸等。

4. 分析步骤

（1）$Na_2S_2O_3$ 溶液的配制及标定

（2）漂白粉试液（悬浮液）的配制 称取样品5.0~10.0g研磨均匀，转入烧杯，加入少许蒸馏水调成糊状，将上层清液定量转移至250mL容量瓶中，用水稀释至刻度，摇匀。

（3）有效氯含量的测定 准确移取20.00mL漂白粉试液于锥形瓶中，加入6mL 3mol/L的H_2SO_4溶液和10mL 10%的KI溶液，加盖摇匀，于暗处放置5min后取出，加20mL蒸馏水，立即用$Na_2S_2O_3$标准溶液滴定至溶液呈淡黄色后，再加入2.0mL淀粉溶液，继续用$Na_2S_2O_3$溶液滴定至溶液蓝色刚好消失，即为终点。平行测定三次，计算样品中有效氯的含量。

5. 结果计算

漂白粉中有效氯的含量以质量分数表示

$$W(CL) = \frac{C \times V \times 0.03545}{m \times \frac{25}{250.00}} \times 100\% \tag{12-9}$$

式中 W（CL）——漂白粉中有效氯的质量分数，%；

V——硫代硫酸钠标准溶液的体积，mL；

C——硫代硫酸钠标准溶液的浓度，mol/L；

m——试样质量，g；

0.03545——氯的毫摩尔质量，g/mmol。

三、过氧化氢的测定——钛盐比色法

1. 原理

过氧化氢在酸性溶液中，与钛离子生成稳定橙色络合物，颜色的深浅与样品中过氧化氢成正比，可以求出样品中过氧化氢的含量。反应式如下

$$Ti^{4+} + H_2O_2 + 2H_2O \longrightarrow H_2TiO_4 + 4H^+ \tag{5}$$

2. 主要试剂与仪器

（1）主要试剂

①钛溶液：称取二氧化钛（TiO_2）1.0g，移入250mL锥形瓶中，加入硫酸铵4g，浓硫酸100mL，置于150℃砂锅中加热15~16h，冷却后，将溶液倾入至4倍的水中，放冷，用磁板过滤，清夜备用。

②过氧化氢标准溶液：0.1mg/mL。

（2）仪器 分光光度计。

3. 分析步骤

（1）标准曲线的绘制 用移液管分别吸取每毫升相当于0.1mg的标准溶液0、0.5、1.0、2.0、4.0、6.0、8.0和10.0mL，分别移入25mL比色管中，加水至10mL。分别加入钛溶液7mL，用水稀释至25mL，摇匀后，在分光光度计波长430nm处测定吸光度，绘制标准曲线。

（2）样品测定 称取样品 5.0g，转移至 50mL 容量瓶中，加水至刻度，摇匀，浸提 30min 后，过滤，然后用移液管吸取溶液 10mL，置于 25mL 比色管中，加入钛溶液 7mL。以下按步骤（1）进行，测得吸光度，从标准曲线中查出样液中过氧化氢含量。

4. 结果计算

样品中过氧化氢含量按下式计算

$$X(\text{mg/kg}) = \frac{m_1}{m_2} \times 1000 \tag{12-10}$$

式中 X——样品中过氧化氢含量，mg/kg；

m_1——从标准曲线查的过氧化氢的质量，mg；

m_2——测定时所取样品溶液相当的样品质量，g。

5. 注意事项

（1）脱水蔬菜等样品应取样 50~100g，加水至 200g，泡软后用组织搅碎机搅碎，混匀后取样。

（2）如果样液有颜色，应以样液空白为参比液，即用稀硫酸（1∶4）7mL 代替 7mL 钛溶液，其他仍按方法进行。

（3）钡、铅、锶和钙等离子能与硫酸生成沉淀物，需过滤后再进行测定。

（4）用钒离子同时与过氧化氢生成黄至橙红色络合物，也可以用目视比较法求出样液中过氧化氢含量。

第六节 色素的测定

色、香、味是食品感官品质的主要内容和指标。然而，食品在保存及加工过程中，其色泽往往有不同程度的变化，为了改善食品色泽，除采取一定护色措施外，常添加一定量食用色素进行着色。红曲是我国传统天然色素的瑰宝，又称丹曲，已有 1000 多年生产和使用历史，是以红曲霉为主发酵生产的一种独特米曲，内含红曲色素，宋朝已将红曲应用于食药上，元朝也有红曲具有医疗功效的记载。李时珍《本草纲目》谷部第二十五卷记载，红曲“甘，温、无毒”，主治“消食活血，健脾燥胃”等，因此，红曲是中华民族的伟大发明创造和文化遗产。

食品色素，又称为食品着色剂，是以食品着色、改善食品色泽的食品添加剂。食品色素根据其来源和性质，可分为天然色素和人工合成色素两大类。天然色素主要从动植物组织中提取，如胡萝卜素、叶绿素等，具有安全性较高、着色色调比较自然等优点，但存在成本高、稳定性差、着色力弱、容易变质、难以调出理想色调等缺点。人工合成色素也称食品合成染料，是化学合成方法制得，如苋菜红、胭脂红、赤藓红、新红、柠檬黄、日落黄、靛黄、亮蓝，以及为增强上述水溶性酸性色素在油脂中分散性的各种色素的铝色淀等，国际上允许使用的合成色素有 30 余种，而我国批准使用的人工合成色素有 20 余种。人工合成色素一般色泽鲜艳，着色能力强，稳定性好，而且成本低廉，可以改善糖果、糕点、饮料等食品的色泽，提高食欲，在食品行业中被广泛使用。但是大部分人工合成色素都具有毒性，不当使用或滥用可能会对消费者的健康造成潜在风险。因此，对食品中的人工合成色素进行准确检测至关重要。

目前，食品色素的检测主要基于其特定的化学性质和光谱特性。常用的检测方法包括比色法、光谱法和色谱法等。下面以高效液相色谱法为例介绍多种合成色素的同时测定。

1. 原理

食品中人工合成色素用聚酰胺吸附法或用液-液分配法提取，制成水溶液，注入高效液相色谱仪，经反相色谱柱分离，根据保留时间定性和峰面积比较进行定量。

2. 主要试剂和仪器

（1）主要试剂　甲醇（色谱纯），乙酸胺溶液（0.02mol/L），2%氨水的 0.02mol/L 乙酸胺溶液，聚酰胺粉（尼龙、过 200 目筛），甲醇-甲酸溶液（6∶4），无水乙醇-氨-水溶液（7∶2∶1），5%三正辛胺-正丁醇溶液，pH=6 的水，合成着色剂标准溶液（1.00mg/mL 柠檬黄、日落黄、苋菜红、胭脂红、新红、赤藓红、亮蓝、靛蓝）。

（2）仪器　高效液相色谱仪（附紫外检测器）。

3. 分析步骤

（1）样品处理

①橘子水、果味水、果子露汽水等：称取 20.0~40.0g，放入 100mL 烧杯中。含 CO_2 样品需要加热以去除 CO_2。

②配制酒类：称取 20.0~40.0g，放在 100mL 烧杯中，加小碎瓷片数片，加热驱除乙醇。

③硬糖、蜜饯类、淀粉软糖等：称取 5.00~10.00g 粉碎样品，放入 100mL 烧杯中，加水 30mL，温热溶解，若样品溶液 pH 较高，用 200g/L 柠檬酸调 pH 至 6 左右。

④巧克力豆及着色糖衣制品：称取 5.00~10.00g，放入 100mL 烧杯中，用水反复洗涤色素，到样品无色素为止，合并色素漂洗液为样品溶液。

（2）色素提取

①聚酰胺吸附法：样品溶液加 200g/L 柠檬酸调 pH 为 6，加热至 60℃，将 1g 聚酰胺粉加少许水调成粥状，倒入样品溶液中，搅拌片刻，以 G3 垂融漏斗抽滤，用 60℃ pH=4 的水洗涤 3~5 次，然后用甲醇-甲酸混合溶液洗涤 3~5 次（含赤藓红的样品用液-液分配法处理），再用水洗至中性，用乙醇-氨水-水混合液解吸 3~5 次，每次 5mL，收集解吸液，加乙酸中和，蒸发至近干，加水溶解，定容至 5mL。经 0.45μm 滤膜过滤，取 10μL 进高效液

相色谱仪。

②液-液分配法（适用于含赤藓红的样品）：将制备好的样品溶液放入分液漏斗中，加 2mL 盐酸，三正辛胺-正丁醇溶液 10~20mL，充分振摇提取，静置分取有机相，重复提取至有机相无色，合并有机相，用饱和硫酸钠溶液洗 2 次，每次 10mL，分取有机相，放蒸发皿中，水浴加热浓缩至 10mL，转移到分液漏斗中，加 60mL 2%正己烷溶液，混匀，加氨水提取 2~3 次，每次 5mL，合并氨水溶液层（含水溶性酸性色素），用正己烷洗 2~3 次，氨水层加乙酸调成中性，水浴加热蒸发至近干，加水溶解，定容至 5mL。经 0. 45μm 滤膜过滤，取 10μL 进高效液相色谱仪。

4. 结果计算

样品中合成着色剂的含量按下式进行计算

$$X(g/kg) = \frac{m_1 \times 1000}{m \times \frac{V_2}{V_1} \times 1000 \times 1000} \quad (12-11)$$

拓展阅读

式中 X——样品中着色剂的含量，g/kg；

m_1——样品中着色剂的质量，μg；

m——样品质量，g；

V_2——样品进样体积，mL；

V_1——样品稀释液总体积，mL。

5. 注意事项

（1）本方法适用于各类食品中合成着色剂的测定。

（2）本方法的检出限为新红 5ng，柠檬黄 4ng，苋菜红 6ng，胭脂红 8ng，日落黄 7ng，亮蓝 26ng，赤藓红 1ng；当进样量相当 0. 025g 时，检出浓度分别为新红 0. 2mg/kg，柠檬黄 0. 16mg/kg，苋菜红 0. 24mg/kg，胭脂红 0. 32mg/kg，日落黄 0. 28mg/kg，亮蓝 1. 04mg/kg，赤藓红 0. 72mg/kg。

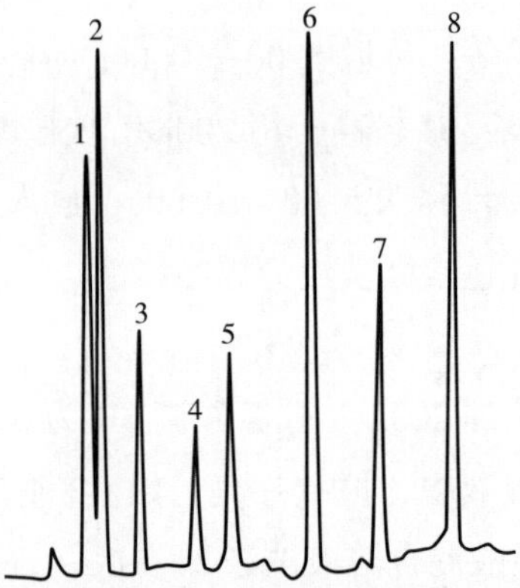

1—新红 2—柠檬黄 3—苋菜红 4—靛蓝 5—胭脂红 6—日落黄 7—亮蓝 8—赤藓红

图 12-4 8 种着色剂色谱图

思考题

1. 甜味剂测定的常用方法是什么？
2. 影响甜味剂测定结果的因素有哪些？
3. 何为防腐剂，防腐剂的种类有哪些？
4. 天然防腐剂和人工合成防腐剂有何不同？
5. 防腐剂的检测有哪些手段，各有什么特点？
6. 发色剂的检测手段有哪些，各有什么特点？
7. 格里斯试剂法检测亚硝酸盐的原理？
8. 我国经常使用的食品漂白剂有哪几种？各有何特点？
9. 简述漂白粉的性质、用途及作用原理？
10. 二氧化硫在食品中以何种方式存在？如何使食品中的二氧化硫被释放出来？
11. 当有效氯以 Cl%或 Cl_2%表示时，其计算公式分别如何表达？
12. 漂白液中有效氯的含量测定为什么要在碘量瓶中进行？
13. 高效液相色谱法测定食品合成色素的原理及要求是什么？
14. 测定食品中合成色素时，样品溶液为什么要用 20%柠檬酸调 pH=4？
15. 如何洗脱被聚酰胺粉吸附的色素，洗脱时应注意什么？

第十三章

食品中有毒有害物质的测定

【学习目标】

1. 掌握食品中常见有毒有害物质的来源和危害。
2. 掌握食品中常见有毒有害物质的测定原理、操作方法及注意事项。

【学习重点与难点】

1. 重点是有毒有害物质检测的操作方法。
2. 难点是有毒有害物质的测定原理。

第一节 概述

党的十八大以来，以习近平同志为核心的党中央坚持以人民为中心的发展思想，从党和国家事业发展全局、实现中华民族伟大复兴中国梦的战略高度，把食品安全工作放在“五位一体”总体布局和“四个全面”战略布局中统筹谋划部署，在体制机制、法律法规、产业规划、监督管理等方面采取了一系列重大举措。各地区各部门认真贯彻党中央、国务院决策部署，食品产业快速发展，安全标准体系逐步健全，检验检测能力不断提高，全过程监管体系基本建立，重大食品安全风险得到控制，人民群众饮食安全得到保障，食品安全形势不断好转。但是，我国食品安全工作仍面临不少困难和挑战，形势依然复杂严峻。通过摄食而进入人体的有毒有害物质等致病因子所造成的食源性疾病仍然是当今社会最关心的食品安全问题之一。根据中国疾病预防控制中心的数据，2020 年全国共报告了 7073 起食源性疾病暴发事件，导致 37454 人患病，143 人死亡。食品中有毒有害物质是指存在于食品或食品原料中对人体有毒的或者具有潜在危害性的物质，按照其性质，可以分为三大类。

一是化学性有毒有害物质，是指存在于食品中的化学物质，是食品中有毒有害物质的主要形式，主要包括生物代谢物或毒素，天然或人工合成的化学污染物质，可通过多种途径进入食品链，包括农业生产、加工和储存过程。

二是生物性有毒有害物质，是指通过生物途径产生的对人体健康有害的化学物质，主要包括霉菌毒素、细菌、病毒和寄生虫等。这些物质可以由微生物（如细菌、真菌和藻类）、植物或动物产生，通常在特定条件下大量积累并进入食物链，最终对人类健康造成威胁。

三是物理性有毒有害物质，是指食品生产加工储运过程中从外部来的物体或异物，包括在食品中非正常性出现的能引起疾病（包括心理性外伤）和对个人伤害的任何物理性物质，包括碎骨头、碎石头、铁屑、木屑、头发、蟑螂等昆虫的残体、碎玻璃及其他可见的异物。这些有毒有害物质有些来源于食品本身，有些受环境影响外源侵入，有些则产生于食品的贮藏与加工过程中，从而对消费者的健康构成风险。

随着公众对食品安全关注的日益增加，有毒有害物质残留检测技术也在不断创新和发展。未来，纳米技术、生物传感技术和智能化检测系统的应用将为有毒有害物质的残留检测提供更高效、更精准的解决方案。本章主要介绍食品中常见的有毒有害物质的测定方法及其原理，通过本章学习使学生基本掌握食品中有毒有害物质含量的检测方法和技能，并能根据不同的样品正确地进行样品处理、检测成分的提取和净化等操作过程，同时掌握相关仪器、设备的操作知识和技能。

第二节 农药残留的测定

一、农药残留概述

农药（pesticides）是指用于防治农作物病虫害和调控植物生长的化学物质，广泛应用于农业生产中。在过去几十年里，全球化学农药的年产量一直在稳步增长。根据最新数据，2022 年全球农药市场销售额已达到 787 亿美元。农药品种数目是一个动态变化的数字，根据国际植物保护公约（International Plant Protection Convention，IPPC）和联合国粮食及农业组织（Food and Agriculture Organization of the United Nations，FAO）的统计，全球登记和使用的农药品种有 1000~1200 种，具体数量会因新农药的开发和旧农药的淘汰而有所变化。按其用途可分为杀虫剂、除草剂、杀菌剂、杀螨剂、植物生长调节剂等。尽管农药对提高农作物产量和质量具有重要作用，但其在农作物及环境中的残留问题也引起了广泛关注。

随着人们对食品安全和环境保护意识的提高，以及农业生产模式的转变和科技的进步，农药发展的趋势将更加注重安全、绿色、精准和可持续。

农药残留（pesticides residues）是农药施用后一个时期内没有被分解而残留于农产品、食品、动物饲料、药材中的微量农药原体、有毒代谢物、降解物和杂质的总称。食品中农药残留对人体健康的危害主要表现为急性中毒、慢性中毒、致癌作用和内分泌干扰等。为保障食品安全和消费者健康，各国政府制定了严格的最大农药残留限量（maximum residue limit，MRL）标准，并定期监测和评估食品中的农药残留水平，确保食品符合安全标准。所谓最大残留限量（maximum residue limit，MRL）是指在农业生产过程中使用农药后，允许残留在农产品中的农药及其代谢产物的最大浓度，通常以毫克每千克（mg/kg）为单位表示。农药最大残留限量的制定和监管通常由各国的食品安全监管机构负责，例如美国的环境保护署（Environmental Protection Agency，EPA）以及 EFSA 等，这些机构会定期更新 MRL 标准，基于最新的科学研究和风险评估结果，确保食品的安全性和农药的有效性。我国的农药最大残留限量标准由国家食品安全风险评估中心和农业农村部共同制定，具体标准为《食品安全国家标准　食品中农药最大残留限量》（GB 2763—2021），该标准涵盖了多种农药在各种食品中的残留限量要求。

食品中农药残留超限量标准的原因主要有：第一，过量、过频地使用农药或缺乏对农药安全间隔期的认知，施用期不当；第二，违规使用。使用未批准或禁用的农药，或者混用多种农药；第三，环境因素。长期使用农药使得土壤和水源中积累了大量的农药残留，进而被作物吸收，转移到加工食品中。

二、食品中常见的农药残留

（一）有机磷农药

有机磷农药（organophosphorus pesticides，OPPs）是指含有磷酸酯、磷酸硫酯或磷酸酯结构的化合物。这类农药在 20 世纪 40 年代开始广泛应用，至今仍是世界上使用广泛的农药之一，主要用于防治植物病、虫、害。常见的有机磷农药有乳油、可湿性粉剂、水溶液、颗粒剂、悬浮剂、气雾剂等剂型，种类达到上百种，代表性的有机磷农药有乙酰甲胺磷、毒死蜱、乐果、敌百虫、敌敌畏、内吸磷、马拉硫磷、杀螟硫磷等。有机磷农药普遍具有较高的毒性，对人类和动物的主要毒性机制是抑制乙酰胆碱酯酶，导致神经传导紊乱。急性中毒可表现为头痛、恶心、呕吐、肌肉痉挛、呼吸困难等症状，严重时可致命；慢性接触可引发神经系统损伤和内分泌紊乱。有机磷不稳定，挥发性强，在自然环境容易分解，进入生物体内易被酶分解，故不污染环境，在食物中残留时间也短，因此慢性中毒少，急性中毒多。

（二）有机氯农药

有机氯农药（organochlorine pesticides，OCPs）是一类含氯有机化合物，广泛用于农业中的杀虫、防腐和除草。OCPs 主要分为以苯为原料和以环戊二烯为原料的两大类。前者包括使用较早但目前已禁止使用的杀虫剂 DDT、六六六和杀螨剂三氯杀螨醇等，以及使用范围受限的杀菌剂五氯硝基苯、百菌清等；后者则包括作为杀虫剂的氯丹（已禁止使用）、七氯、艾氏剂等。此外以松节油为原料的莰烯类杀虫剂、毒杀芬和以萜烯为原料的冰片基氯也属于有机氯农药。有机氯农药的特性包括：一是高稳定性，有机氯农药在环境中降解缓慢，持久性强，能在土壤和水中存留多年；二是脂溶性强，易溶于脂肪，容易在动植物体内蓄积，通过食物链传递；三是广谱性，对多种害虫有效，但也可能影响非目标生物。由于 OCPs 的高效能和长效性，并且生产方法简单、价格低廉，这类农药在二战后迅速发展，成为农药使用的主流。到 20 世纪 70 年代，由于发现有机氯农药具有高度的环境持久性、易于在生物体内富集以及对人类和野生动物的毒性，例如 DDT 在鸟类体内的积累导致蛋壳变薄，影响繁殖成功率，因此许多国家开始逐步禁止或限制其使用。1972 年，美国环保署禁止了 DDT 的使用，我国从 1983 年 3 月起停止生产六六六、DDT，1991 年停止生产杀虫脒、二溴氯丙烷等有机氯农药。但由于有机氯农药不易水解和降解，非常稳定，停用后自然环境要经 25~110 年才能复原，因此，在相当长的时间内会继续影响食品的安全性，危害人类健康。果蔬及粮、谷、薯、茶、烟草都可残留有机氯；禽、鱼、蛋、乳等动物性食物污染率高于植物性食物，而且不会因其贮藏、加工、烹调而减少，很容易进入人体蓄积。有机氯农药可致急性或慢性中毒。急性中毒引发中毒者中枢神经症状。因其积蓄在人体脂肪，故急性中毒性低、症状轻，一般为乏力、恶心、眩晕、失眠；慢性中毒可造成人的肝、肾和神经系统损伤，另外，DDT 还有致癌性。

（三）氨基甲酸酯类农药

氨基甲酸酯类农药是人类针对有机氯和有机磷农药的缺点而开发出的一种新型广谱杀虫、杀螨、除草剂，其基本结构是氨基甲酸酯基团（NH_2COO-），该基团与不同的有机基团结合，形成多种结构不同的氨基甲酸酯化合物。这些化合物根据其化学结构和功能可以分为多种不同类型：①*N*-甲基氨基甲酸酯（如西维因）。②*N*,*N*-二甲基氨基甲酸酯（如混灭威）。③氨基甲酸肟酯（如灭多威）。氨基甲酸酯类农药已有 1000 多种，其使用量已超过有机磷农药，销售额仅次于拟除虫菊酯类农药位居第二。使用量较大的氨基甲酸酯类农药有甲萘威、异丙威、仲丁威等。氨基甲酸酯类农药一般在酸性条件下较稳定，遇碱易分解，暴露在空气和阳光下易分解，在土壤中的半衰期为数天至数周。氨基甲酸酯类农药的毒性机理和有机磷类农药相似，都是哺乳动物 AchE 的阻断剂，主要是抑制胆碱酯酶活性，使酶活性中心丝氨酸的羟基被氨基甲酰化，因而失去酶对乙酰胆碱的水解能力，会造成组织内乙酰胆碱的蓄积而中毒。氨基甲酸酯类农药不需经代谢活化，即可直接与胆碱酯酶形成疏松的复合体。由于氨基甲酸酯类农药与胆碱酯酶结合是可逆的，且在机体内很快被水解，胆碱酯酶活性较易恢复，故其毒性作用较有机磷农药中毒为轻。虽然氨基甲酸酯类农药不是剧毒化合物，但具有致癌性。另外，氨基甲酸酯类可入药，但约50%的患者表现出恶心和呕吐，长时间使用会导致胃肠道出血。大鼠、小鼠和仓鼠的研究已经表明，把氨基甲酸酯类口服、注射或涂在皮肤上会导致癌症，因此，国际癌症研究机构在2007年把氨基甲酸酯类列为2A类致癌物。含酒精的农作物，特别是某些食材，如水果白酒和威士忌，往往含有低浓度的氨基甲酸酯类农药。

（四）拟除虫菊酯类农药

拟除虫菊酯（pyrethroids）是一类源于天然除虫菊酯的合成农药，其主要成分是从菊花中提取的除虫菊素衍生而来。天然除虫菊酯在20世纪早期被广泛应用于农业和公共卫生领域，但由于其光稳定性差、作用时间短等缺点，限制了其广泛使用。为了克服这些缺点，科学家在20世纪70年代开始研究并合成了拟除虫菊酯。目前，已合成的拟除虫菊酯类杀虫剂数以万计，迄今已商品化的有近40个品种，在全球的杀虫剂销售额中占比20%左右。拟除虫菊酯在化学结构上具有一个共同特点，分子结构中含有多个手性碳，有多个立体异构体。这些异构体具有不同的生物活性，即使同一种拟除虫菊酯，总酯含量相同，若包含的异构体比例不同，杀虫效果也大不相同。常见的拟除虫菊酯品种有醚菊酯、苄氯菊酯、溴氰菊酯、氯氰菊酯、高效氯氰菊酯、顺式氯氰菊酯、杀灭菊酯、戊酸氰醚酯、氟氰菊酯、氟菊酯、氟戊酸氰酯、百树菊酯、氟氯氰菊酯、戊菊酯、甲氰菊酯、氯氟氰菊酯、呋喃菊酯、苄呋菊酯、右旋丙烯菊酯等。拟除虫菊酯是一类能防治多种害虫的广谱杀虫剂，其杀虫毒力比老一代杀虫剂如有机氯、有机磷、氨基甲酸酯类提高10~100倍。拟除虫菊酯用于防治多种农作物害虫，如棉铃虫、菜青虫和稻飞虱等。同时，它们也在卫生领域被用作家居环境中的杀虫剂，用于防治蚊子、苍蝇、蟑螂等有害昆虫。这类农药对昆虫具有强烈的触杀作用，有些品种兼具胃毒或熏蒸作用，但都没有内吸作用，其作用机理是扰乱昆虫神经的正常生理，使之由兴奋、痉挛到麻痹而死亡。拟除虫菊酯因用量小、使用浓度低，对人类低毒，但有蓄积性，中毒表现症状为神经系统症状和皮肤刺激症状。尽管动物试验证明拟除虫菊酯类农药无致癌、致畸和致突变作用，但其蓄积性、生态毒性及残留风险仍需高度重视。国家对拟除虫菊酯类农药的使用范围具有限量要求，因此建立相应的检测方法非常重要。

三、食品中农药残留的检测方法

随着人们生活水平的提高，人们对食品安全问题愈加重视。农药残留污染是影响食品安全的重要原因之一，其残留会通过食物链和环境迁移，对人类和生物都造成危害。因此，确保食品中的农药残留在安全限度内，是保障公众健康和食品安全的重要任务。农药残留的检测是食品安全监管的重要内容，涉及农业生产、食品加工、流通和消费的各个环节。通过科学合理的检测方法，能够准确地监控食品中的农药残留情况，防止有害物质进入食物链，保护消费者的健康。

为了保证食品的安全性，控制农药残留超标的食品流入市场，各国都规定了食品中农药残留限量和检测方法的标准，譬如，国际食品法典委员会制定了许多食品中农药残留的最大残留限量标准 CAC/MRL 2-2009；美国环保署制定了 EPA Method 8081A 用于有机氯农药的检测。我国制定的 GB 2763—2021 规定了 500 多种农药的残留限量及大部分农药的检测方法指引；《食品安全国家标准　食品中 2,4-滴丁酸钠盐等 112 种农药最大残留限量》（GB 2763. 1—2022）增补了 112 中农药的最大残留限量规定。表 13-1 列举了我国部分农药残留检测的方法标准。

表 13-1　我国部分农药残留检测的方法标准

标准名称	标准号
食品安全国家标准　植物源性食品中 331 种农药及其代谢物残留量的测定　液相色谱-质谱联用法	GB 23200. 121—2021
食品安全国家标准　植物源性食品中 90 种有机磷类农药及其代谢物残留量的测定　气相色谱法	GB 23200. 116—2019
食品安全国家标准　植物源性食品中 9 种氨基甲酸酯类农药及其代谢物残留量的测定 液相色谱-柱后衍生法	GB 23200. 112—2018
食品安全国家标准　水果和蔬菜中 500 种农药及相关化学品残留量的测定 气相色谱-质谱法	GB 23200. 8—2016
食品安全国家标准　粮谷中 475 种农药及相关化学品残留量的测定 气相色谱-质谱法	GB 23200. 9—2016
食品安全国家标准　果蔬汁和果酒中 512 种农药及相关化学品残留量的测定　液相色谱-质谱法	GB 23200. 14—2016
食品安全国家标准　蜂蜜、果汁和果酒中 497 种农药及相关化学品残留量的测定 气相色谱-质谱法	GB 23200. 7—2016
食品安全国家标准　乳及乳制品中多种有机氯农药残留量的测定 气相色谱-质谱/质谱法	GB 23200. 86—2016
食品安全国家标准　可乐饮料中有机磷、有机氯 农药残留量的测定　气相色谱法	GB 23200. 40—2016
食品安全国家标准　水产品中多种有机氯农药残留量的检测方法	GB 23200. 88—2016

（一）农药残留检测技术的研究现状

农药残留检测是指对残留在复杂样品中的农药组分进行定量和定性分析的过程，需要高灵敏度的检测设备和精细的实验操作技术。农药残留检测分析一般分为样品前处理和样品上机检测。目的是最大限度地消除干扰成分，提高仪器的使用寿命，使检测方法的各项指标达到国家农药残留标准。

1. 农药残留分析前处理技术

农药残留分析是确保食品安全的重要环节，而前处理技术在农药残留分析中起着关键作用。农药残留在食品中的存在形式复杂，可能与脂肪、蛋白质、纤维素等成分结合，给检测带来误差。前处理技术的目的是将样品中的目标农药提取、净化并浓缩，以提高分析的准确性和灵敏度。简单、快速的样品前处理过程，可以大大地缩短实验所需时间，节省人力、物力以及财力的支出，而且能够起到很好的净化效果，减少样品的基质效应。农药残留分析前处理技术的选择取决于样品的基质类型、目标农药的性质以及后续分析方法的要求。未来，随着分析技术的不断进步和环保要求的提高，前处理技术也将不断发展，朝着高效、简便、绿色和自动化的方向迈进。以下是几种常用的样品提取方法。

（1）溶剂提取法　溶剂提取法是通过有机溶剂将样品中的农药残留溶解出来，常用的有机溶剂包括乙腈、乙醚、丙酮、甲醇等。溶剂的选择应考虑其对农药的溶解能力、挥发性、毒性和环保性。提取步骤一般包括样品均质化、溶剂加入、搅拌混合、离心分离等。

（2）固相萃取法　固相萃取（solid phase extraction，SPE）是一种利用固体吸附剂从液体样品中分离和富集目标化合物的方法。常用的吸附剂有 C18、硅胶、氧化铝、分子印迹聚合物等。SPE 的基本原理是样品通过固相萃取柱，目标农药被吸附在固定相上，随后用洗脱液将农药洗脱下来。其主要步骤包括固相萃取柱的活化、样品加载、柱洗涤、柱洗脱等。SPE 方法因其选择性好、操作简便、重复性高等优点，广泛应用于农药残留的提取和净化。

（3）QuEChERS 法　QuEChERS（quick，easy，cheap，effective，rugged and safe）法是采用乙腈对样品进行提取，后加入无水硫酸镁和氯化钠振荡分层，再加入净化剂吸附净化、离心，取上清液过有机滤膜后直接检测分析。QuEChERS 是一种现代化的样品前处理技术，具有操作简便、快速高效、成本低廉等优点，因而被广泛应用于食品中多种类型农药残留的提取分析。

（4）固相微萃取技术　固相微萃取（solid-phase microextraction，SPME）技术是加拿大 Waterloo 大学 Pawlinszyn 及其合作者 Arthur 等于 1989 年在固相萃取的基础上提出并发展的一种新型样品前处理技术。其原理是通过使用一根涂覆有萃取相（例如聚二甲基硅氧烷、碳分子筛等）的纤维，将其暴露于样品中，目标化合物在纤维上进行吸附。之后，纤维被转移到分析仪器（如气相色谱仪、液相色谱仪或质谱仪）中，通过热解吸或溶剂解吸将目标化合物释放并检测。固相微萃取克服了传统样品前处理技术的缺陷，集采样、萃取、浓缩、进样于一体，具有操作简便、无需溶剂、灵敏度高等特点，大大提高了前处理的分析效率。固相微萃取有三种基本的萃取模式，即顶空萃取、空气萃取和直接萃取。对于挥发性特别强的样品，可采用顶空或空气萃取；对于半挥发性或不挥发的样品，应采用直接萃取。影响 SPME 萃取效率的因素主要有纤维涂层材料、萃取时间、萃取温度、样品基质、样品搅拌或流速、纤维的暴露方式、样品的 pH 和离子强度等。固相微萃取装置的结构示意图如图 13-1 所示。

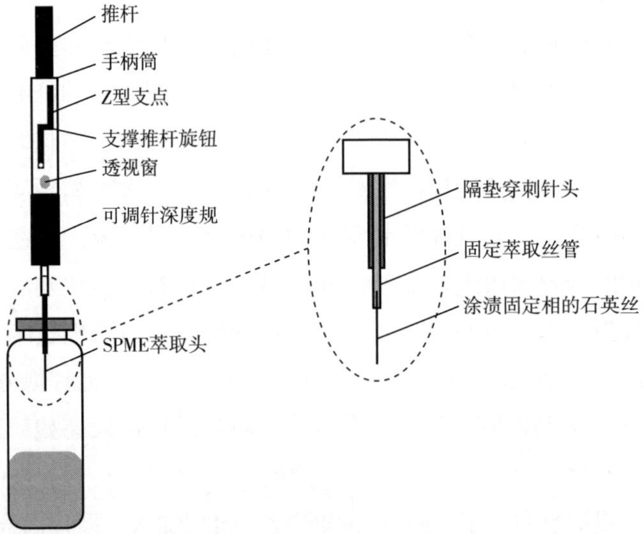

图 13-1 固相微萃取装置的结构示意图

2. 农药残留检测方法

(1) 色谱技术 色谱技术主要包括 GC 和 HPLC，是检测农药残留的主要方法。气相色谱法适用于挥发性和热稳定性农药，如有机氯、有机磷和拟除虫菊酯类农药残留。常用的检测器有电子捕获检测器（ECD）、火焰光度检测器（FPD）、氮磷检测器（NPD）等，其中 ECD 是最常用的，因为其灵敏度高且适用于有机氯的分析，但是由于它不能区分 F、Cl、Br，对其他吸电子原子，如 N 和芳环分子也有响应，所以，其选择性不是太好。NPD 对氮磷化合物灵敏度很高，主要用于测定有机磷和氨基甲酸酯类。FPD 通常用于含硫和含磷的化合物。液相色谱法则针对一些高沸点、热不稳定、强极性、分子质量大和离子型的农药及其代谢产物，目前常用的检测器有紫外检测器（UVD）、荧光检测器（FLD）、二极管阵列检测器（DAD）、示差检测器（RID）等。将色谱技术与 MS 联用，形成气相 GC-MS 和 LC-MS 等方法，极大地提高了农药残留检测的灵敏度和准确性。特别是串联质谱技术（MS/MS），可以在复杂基质中对目标农药进行准确定量。

拓展视频

(2) 免疫检测技术 免疫检测技术（immunoassay）是基于抗原-抗体特异性结合反应的一种生物检测方法。农药分子（抗原）与特定的抗体结合，形成抗原-抗体复合物，通过检测这种复合物的量或活性来定量分析农药残留。免疫检测技术具有操作简便、检测速度快、成本低等优点。常见的免疫检测方法包括酶联免疫吸附试验（enzyme-linked immunosorbent assays，ELISA）

和胶体金免疫层析技术。在农药残留免疫检测技术中，抗原的相对分子质量对检测的灵敏度、特异性和准确性具有重要影响。大分子质量的农药可直接作为抗原，对于小分子质量的农药（通常低于1000u），免疫原性较弱，难以直接诱导机体产生特异性抗体。因此，在实际操作中，通常需要将小分子农药与大分子载体蛋白（如牛血清白蛋白BSA）结合，形成半抗原-载体蛋白复合物，提高其免疫原性。近年来，随着单克隆抗体和基因工程抗体技术的发展，重组单链抗体和纳米抗体在提高检测灵敏度和稳定性方面展现出巨大潜力；纳米材料、荧光染料和电化学标记物的引入，显著提高了免疫分析的灵敏度和检测限。特别注意的是，便携式免疫分析设备和自动化检测系统的开发，使得现场快速检测成为可能，结合物联网技术，实时数据传输和远程监控也逐渐成为现实。农药残留免疫分析技术在未来将朝着多重检测、便携化、智能化和绿色环保的方向发展。

（3）生物传感技术　生物传感器是一种将生物识别元件与物理化学信号转换器结合的装置，用于检测目标分析物的存在和浓度。在农药残留检测中，常用的生物识别元件包括酶、抗体、核酸和细胞，而信号转换器通常为电化学、光学或质量敏感器件。生物传感器通过识别元件与农药分子的特异性结合，产生可测量的信号，从而实现对农药残留的定性或定量检测。根据换能器的类型，生物传感器可分为电化学、生物光学和生物机械等多种类型。电化学生物传感器是最常见的一类生物传感器，通过检测生物反应过程中的电化学信号来定量分析农药残留。根据电化学信号的不同，电化学生物传感器可进一步分为电位型、安培型和阻抗型。生物光学生物传感器通过检测生物反应过程中产生的光信号来定量分析农药残留，常见的生物光学传感器包括荧光传感器、化学发光传感器和表面等离子体共振传感器。

（4）酶抑制技术　酶抑制技术是基于某些农药对特定酶具有抑制作用这一原理设计的。常用的检测酶有胆碱酯酶、酪氨酸酶、磷酸酶，这些酶在正常情况下能够催化底物发生反应，生成有颜色或荧光信号的产物。当样品中存在抑制剂（如某些农药）时，酶的活性会被抑制，导致产物生成减少，信号减弱。通过测定信号变化，可以间接反映农药的浓度。胆碱酯酶抑制法是检测有机磷和氨基甲酸酯类农药的主要方法；酪氨酸酶抑制法主要用于检测苯氧羧酸类和某些含氯农药碱性；磷酸酶抑制法适用于检测有机氯和拟除虫菊酯类农药。合理选择酶、底物、反应条件（包括缓冲溶液、反应时间、温度）和检测手段（比色法、荧光法、电化学法等），对确保农药残留检测的灵敏度、特异性和准确性至关重要。酶抑制技术灵敏度高，能够检测极低浓度的农药残留，尤其适用于痕量分析；操作简单，检测时间短，通常可以在数分钟内获得结果，适合现场快速检测和大规模样品筛查；成本低，所需设备和试剂相对简单和便宜，适用于基层检测和日常监测。但是在农药残留检测的应用上也存在一些挑战，如特异性相对较差、易导致假阳性或假阴性结果，检测范围有限，定量精度较低。

拓展视频

（二）农药残留检测技术的应用案例

动物源性食品中 9 种有机磷农药残留量的测定：气相色谱法。

1. 样品制备

从所取全部火腿或腌制鱼干样品中取出有代表性样品约 500g，取样部位按 GB 2763—2021 附录 A 执行。用粉碎机粉碎，混合均匀，均分成两份，分别装入洁净容器作为试样。密封，并标明标记。在抽样和制样的操作过程中，应防止样品被污染或发生残留物含量的变化。将试样置于-18℃冰箱下。

2. 试剂与材料

乙酸乙酯（色谱纯）；乙腈（色谱纯）；环己烷（色谱纯）；GPC 洗脱液：乙酸乙酯-环己烷（1+1，体积比）；有机磷类标准品：敌敌畏（dichlorvos，CAS：62-73-7），甲胺磷（methamidophos，CAS：10265-92-6），乙酰甲胺磷（acephate，CAS：30560-19-1），甲基对硫磷（parathionmethyl，CAS：298-00-0），马拉硫磷（malathion，CAS：121-75-5），对硫磷（parathion，CAS：56-38-2），喹硫磷（quinalphos，CAS：1776-83-6），杀扑磷（methidathion，CAS：950-37-8），三唑磷（triazophos，CAS：24017-47-8），纯度均≥99%。

3. 仪器设备

气相色谱仪：配有火焰光度检测器（磷滤光片 525nm）；分析天平（感量 0.01g 和 0.0001g）；旋转蒸发器，凝胶净化成品柱（GPC）：25mm ID x 400mm；填料：Bio-Beads，S-X3，38~75μm（在使用前需先做淋洗曲线）；恒温振荡器；混匀器。

4. 分析步骤

（1）样品提取　称取 20g 粉碎的均匀试样（精确到 0.01g）置于 100mL 具塞三角瓶中，加入 50mL 乙腈，在（30±2）℃振荡器上，振摇 2h，过滤，用乙腈少量多次洗涤残渣，合并滤液，置 40℃以下水浴减压浓缩至近干。

（2）样品净化　残渣用 GPC 洗脱液定容至 10mL，混匀 2min，离心 5min，3000r/min。取 5.0mL 上清液过 GPC 柱，流速 5mL/min，用 GPC 洗脱液洗脱，弃去前 100mL 淋洗液，收集 100mL 至 165mL 的洗脱液，在 40℃以下水浴减压浓缩至近干，加入 8mL 乙酸乙酯溶解，定量转移至 10mL 离心管中，在 40℃以下水浴中用平缓氮气流吹至干，火腿样品准确加入 1.0mL 丙酮，水产品（腌制品）准确加入 5.0mL 丙酮，混匀，供气相色谱测定。

（3）仪器参考条件

①色谱柱：石英毛细管柱，DB-1701，30m×0.53mm（内径）×1.0μm（膜厚），或相当者。

②载气：氮气（纯度大于 99.999%）；载气流速 10mL/min；尾吹气流速 30mL/min；氢气流速 75mL/min，空气流速 100mL/min。

③柱温：初始温度150℃保持2min，以8℃/min升至270℃保持18min。

④进样口温度：250℃。

⑤检测器温度：250℃。

⑥进样方式：不分流进样。

⑦进样量：2μL。

⑧开阀时间：1.5min。

（4）样品测定　根据样品中被测有机磷农药的含量，选定峰面积相近的标准工作溶液。标准工作溶液和样液中各种有机磷的响应值均应在仪器的线性范围内。标准工作溶液和样液等体积穿插进样测定。除不加试样外，按上述测定步骤进行空白试验。在上述色谱条件下标准品的色谱图参见图13-2。

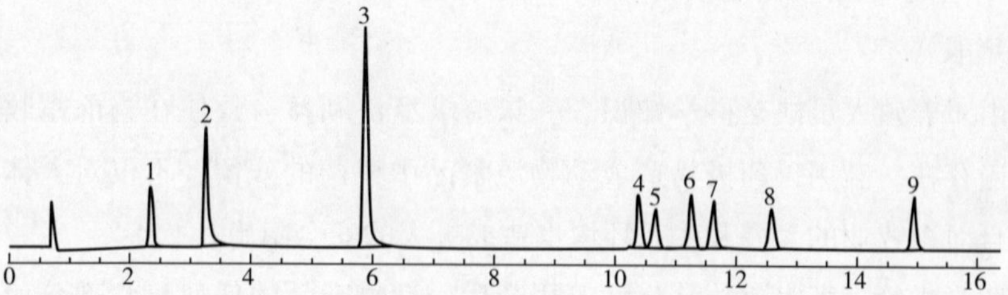

1—敌敌畏（2.4min）　2—甲胺磷（3.3min）　3—乙酰甲胺磷（5.9min）

4—甲基对硫磷（10.4min）　5—马拉硫磷（10.7min）　6—对硫磷（11.3min）

7—喹硫磷（11.7min）　8—杀扑磷（12.6min）　9—三唑磷（14.9min）

图13-2　9种有机磷标准品的气相色谱图

5. 结果计算

用色谱数据处理机或按式（13-1）计算试样中有机磷类农药的含量

$$X = \frac{A_i \times C_{si} \times V}{A_{si} \times m} \tag{13-1}$$

式中　X——试样中各有机磷类农药的残留含量，mg/kg；

A_i——样液中各有机磷类农药的峰面积；

V——样液最终定容体积，mL；

A_{si}——标准工作液中各有机磷农药的峰面积；

C_{si}——标准工作液中有机磷农药的浓度，μg/mL；

m——最终样液所代表的试样量，g。

计算结果须扣除空白值，测定结果用平行测定的算术平均值表示，保留两位有效数字。

第三节 兽药残留的测定

一、兽药残留概述

兽药是指用于预防、治疗、诊断动物疾病或者有目的地调节动物生理机能的物质(含药物饲料添加剂)。兽药主要包括血清制品、疫苗、诊断制品、微生态制品、中药材、中成药、化学药品、抗生素、生化药品、放射性药品及外用杀虫剂、消毒剂等。兽药在防治动物疾病、提高生产效率、改善畜产品质量等方面发挥举足轻重的作用。数据显示，2023 年全球兽药市场规模为 465.1 亿美元，预计从 2024~2030 年将以 8.3%的复合年增长率增长。

然而，由于养殖人员缺乏科学知识、一味追求经济利益，致使在当前畜牧业中滥用兽药的现象普遍存在。滥用兽药极易造成动物源食品中兽药的残留，不仅对人体健康造成直接危害，而且对畜牧业的发展和生态环境也造成极大的安全隐患。

兽药残留是指给家畜家禽防治疾病等用药后，动物产品的任何可食部分所含兽药的母体化合物及（或）其代谢物以及与兽药有关的杂质，所以兽药残留既包括原药，也包括药物在动物体内的代谢产物和兽药生产中所伴生的杂质，一般以 μg/mL 或 μg/g 表示。据统计，每年因兽药残留问题导致的食品安全事件在全球范围内约有数千起，这不仅影响消费者的健康，还对食品出口造成重大影响，导致经济损失。

随着人们对动物源食品由需求型向质量型的转变，动物源食品中的兽药残留问题已逐渐成为全世界关注的一个焦点。例如，欧盟对食品中兽药残留的监管极为严格，规定了严格的最大残留限量（MRL），并对超过限量的产品实施严格的市场禁入政策。FDA 也对兽药残留实施严格监管，并通过检测和监控措施来保护消费者的健康。我国的农药最大残留限量标准由国家市场监督管理总局、国家卫生健康委员会和农业农村部共同制定，具体标准为《食品安全国家标准　食品中兽药最大残留限量》（GB 31650—2019），该标准涵盖了多种兽药在各种食品中的残留限量要求。

食品中兽药残留超限量标准的主要原因包括：一是不科学的用药方法，如超剂量使用、超范围使用和重复用药；二是用药时间和停药期不规范，养殖者忽视或缩短停药期；三是非法添加和使用禁用药物；四是养殖人员缺乏科学知识和培训，对兽药使用的基本概念不清。因此，科学合理地使用兽药，加强对兽药残留的监管，对于保障动物源食品的安全性、提升畜牧业的可持续发展和保护生态环境具有重要意义。

二、食品中常见的兽药残留

（一）抗生素药类

抗生素类药物大多数为天然发酵产物，是临床上应用广泛的抗菌药物之一，包括青霉素类、氨基糖苷类、大环内酯类、四环素类、螺旋霉素和链霉素等。这些药物在治疗感染性疾病中发挥关键作用，但也伴随一定的副作用和健康风险。青霉素类药物最易引发超敏反应，而四环素类和链霉素类药物偶尔也可引发此类反应。超敏反应的严重程度不一，从轻至中度表现为血压下降、皮疹、发热、血管神经性水肿和血清病样反应等症状。极度超敏反应可能导致过敏性休克，甚至危及生命。长期摄入含氨基糖苷类残留超标的动物性食品，对人体健康造成严重危害。氨基糖苷类药物的残留可引起听力损伤，包括耳鸣、听力下降甚至永久性听力丧失。此外，这些药物对肾脏功能具有毒性作用，长期摄入可能导致肾小管坏死和肾衰竭等严重后果。

（二）磺胺类药类

磺胺类药物主要用于抗菌消炎，包括磺胺甲噁唑、磺胺二甲基嘧啶、磺胺嘧啶等。近年来，磺胺类药物在动物性食品中的残留超标现象较为严重，在所有兽药残留中占据重要位置。长期摄入含有磺胺类药物残留的动物性食品，这些药物会在体内不断积累。磺胺类药物主要以原形和乙酸磺胺的形式通过肾脏排出，在尿液中的浓度较高，但溶解度较低，尤其在尿液偏酸性时，易在肾盂、输尿管或膀胱内析出结晶，产生刺激和阻塞，导致泌尿系统损伤。这可能引起结晶尿、血尿、管型尿、尿糖、尿量减少，甚至尿闭等症状。

（三）硝基呋喃类药物

硝基呋喃类药物主要用于抗菌消炎，包括呋喃唑酮、呋喃西林和呋喃妥因等。通过食品摄入超量的硝基呋喃类残留，可能对人体健康造成显著危害。首先，这些药物残留会引发胃肠反应和超敏反应，如恶心、呕吐、腹痛及皮疹。摄入剂量过大或肾功能不全者，更易出现严重毒性反应，包括周围神经炎、药物热、嗜酸性粒细胞增多和溶血性贫血等症状。长期摄入含有硝基呋喃类药物残留的食品，可能导致不可逆的末梢神经损害，表现为感觉异常、疼痛及肌肉萎缩等症状。

（四）抗寄生虫类药物

抗寄生虫类药物主要用于驱虫或杀虫，包括苯并咪唑类、左旋咪唑、克球酚和吡喹酮等。常用的苯并咪唑类抗寄生虫药物有丙硫苯咪唑、丙氧苯咪唑、噻苯咪唑、甲苯咪唑和丁苯咪唑等。食用含有苯并咪唑类药物残留的动物性食品，可能对人体健康造成严重危害。其主要潜在危害包括致畸作用和致突变作用。对于妊娠期孕妇，摄入这些残留药物可能导致胎儿畸形，如短肢、兔唇等；对于所有消费者，苯并咪唑类药物的致突变作用可能增加患癌症和性染色体畸变的风险，从而导致后代发生畸形。

（五）激素类药物

激素类药物主要用于提高动物的繁殖力和加快生长发育速度，用于动物的激素有性激素和皮质激素，其中以性激素（包括多种内源性性激素、人工合成的类似性激素的类固醇化合物和人工合成的具有性激素某些特性的非类固醇化合物）最为常用，如孕酮、睾酮、雌二醇、甲基睾酮、丙酸睾酮、苯甲酸雌二醇、己烯孕酮等。正常情况下，动物性食品中天然存在的性激素含量是很低的，因而不会干扰消费者的激素代谢和生理机能。但摄入性激素残留超标的动物性食品，可能会影响消费者的正常生理机能，并具有一定的致癌性，可能导致儿童早熟、儿童发育异常和儿童异性趋向等。

三、食品中兽药残留的检测方法

（一）食品中兽药残留检测方法

随着人们生活品质的提升，对食品安全的关注也日益增强。兽药残留问题作为影响食品安全的重要因素之一，正逐渐进入公众的视野。兽药残留不仅可能通过食物链影响人类的健康，还可能对生态环境造成潜在危害。因此，确保食品中的兽药残留在安全标准以内，成为了保障公众健康和食品安全的关键环节。

兽药残留的检测是食品安全监管的核心内容之一，它涉及养殖、屠宰、加工、流通等各个环节。通过科学、准确的检测方法，可以及时发现并控制兽药残留超标的食品，防止其流入市场。各国都对兽药残留问题制定了严格的监管标准和检测方法，例如，国际食品法典委员会制定了多项关于兽药残留的国际标准；FDA 和 EFSA 也分别制定了针对特定兽药的残留限量和检测方法。在我国，兽药残留的监管也备受重视。相关部门制定了一系列兽药残留限量标准和检测方法，如《食品安全国家标准　食品中兽药最大残留限量》（GB 31650—2019）等。这些标准规定了各类兽药在动物性食品中的最大残留限量，为兽药残留的监管提供了科学依据。

为了保障食品的安全性，我国制定了一系列兽药残留的检测方法和标准。这些方法涵盖了多种兽药的检测，如抗生素、激素、驱虫药等。表 13-2 列举了我国部分兽药残留检测的方法标准，这些标准为兽药残留的监管提供了有力的技术支持。通过执行这些标准，我们可以更加准确地检测和控制食品中的兽药残留，确保食品的安全和公众的健康。

表 13-2　我国部分兽药残留检测的方法标准

标准名称	标准号
食品安全国家标准　食品中 41 种兽药最大残留限量	GB 31650. 1—2022
食品安全国家标准　水产品中硝基呋喃类代谢物多残留的测定　液相色谱-串联质谱法	GB 31656. 13—2021
生牛乳中 β-内酰胺类兽药残留控制技术规范	NY/T 4290—2023
食品安全国家标准　动物性食品中氯霉素残留量的测定　液相色谱-串联质谱法	GB 31658. 2—2021
食品安全国家标准　水产品中氯霉素、甲砜霉素、氟苯尼考和氟苯尼考胺残留量的测定　气相色谱法	GB 31656. 16—2022
食品安全国家标准　动物性食品中四环素类、磺胺类和喹诺酮类药物残留量的测定　液相色谱-串联质谱法	GB 31658. 17—2021

（二）兽药残留检测技术的应用实例

动物性食品中氯霉素残留量的测定　液相色谱-质谱法。

1. 样品制备

取新鲜或解冻的猪、鸡肌肉、肝脏、鱼、虾肉空白或供试组织 500g，用组织捣碎机充分捣碎均匀，装入清净容器中，密封，并标明标记，于-18℃以下冷冻存放。

2. 试剂和材料

甲醇（色谱纯）；乙腈（色谱纯）；正已烷（分析纯）；乙酸乙酯（分析纯）；氯化钠（分析纯），标准品：氯霉素（纯度≥98%），内标：间位氯霉素或氮代氯霉素（纯度≥98%），C18 固相萃取柱：500mg/3mL，或相当者。

3. 仪器设备

液相色谱串联四极杆质谱仪，配电喷雾离子源；分析天平（感量 0. 01g 和 0. 0001g）；旋涡混合器；低温离心机；组织匀浆器；吹氮浓缩仪；固相萃取真空装置。

4. 分析步骤

（1）样品提取　取试料 5g（精确至±0. 02g），加内标工作液 250μL，乙腈 5mL，4%氯化钠溶液 5mL，涡旋振荡 2min，4000r/min 离心 10min，取上清液，残渣重复提取 1 次，合并上清液。加正已烷 5mL，涡旋振荡 1min，2000r/min 离心 10min，弃去上层液，正已烷重复处理 1 次。加水饱和的乙酸乙酯溶液 5mL，涡旋振荡 1min，2000r/min 离心 10min，上层液转移到 15mL 离心管中，重复提取 1 次，合并提取液，氮气吹干，加水-乙腈（95：5）3mL 使溶解，备用。

（2）净化　取固相萃取柱，依次用甲醇、水各 10mL 预洗。取备用液过柱，水洗柱 2 次，每次 3mL，加流动相 4mL，以 1mL/min 速度洗脱，收集洗脱液。加水饱和乙酸乙酯溶液 4mL，涡旋振荡 1min，2000r/min，离心 5min，取上层液，重复处理 1 次，合并上层溶液，氮气吹干。加流动相 1. 0mL 溶解，过 0. 45μm 滤膜，供液相色谱串联质谱测定。

（3）标准曲线的制备　精密量取氯霉素标准工作液和内标工作液适量，用流动相稀释成氯霉素浓度分别为 0.5、1.0、2.0、5.0、10ng/mL，内标浓度为 5.0ng/mL 的标准溶液，供液相色谱-质谱法测定。以测得特征离子质量色谱峰外标和内标峰面积比为纵坐标、对应的标准溶液浓度为横坐标，绘制标准曲线，求回归方程和相关系数。

（4）仪器参考条件

①液相色谱条件：a. 色谱柱为 C18，5μm，150mm×3.2mm（内径），或相当者；b. 流动相为甲醇-水（50∶50）；c. 流速为 0.4mL/min；d. 柱温为 30℃；e. 进样量为 20μL；f. 运行时间为 10min。

②质谱条件：a. 离子源为电喷雾离子源；b. 扫描方式为负离子扫描；c. 检测方式为多反应监测；d. 电离电压为 2.8kV；e. 源温 120℃；f. 碰撞气为氩气 3.0×10-3mbar；g. 脱溶剂气速：500L/h；h. 锥孔气速为 20L/h；i. 数据采集窗口为 10min；j. 驻留时间为 0.6s；k. 试药物定性离子对、定量离子对及对应的锥孔电压和碰撞能量见表 13-3。

表 13-3　氯霉素定性离子对、定量离子对及对应的锥孔电压和碰撞能量

目标化合物	母离子/（m/z）	子离子/（m/z）	锥孔电压/V	碰撞能量/eV
氯霉素	320.60	152.20[a]	28	18
	320.60	256.90	28	11
	320.60	194.15	28	13
间位氯霉素	320.60	207.25	28	18
氘代氯霉素	326.30	157.20	28	18

注：准确质荷比在每次实验前进行确认，内标可任选一种。a 为定量离子。

（5）测定　取试料溶液和相应的标准溶液，作单点或多点校准，按内标法以色谱峰面积定量。氯霉素特征离子质谱图如图 13-3 所示，标准溶液中各特征离子的质量色谱图如图 13-4 所示。

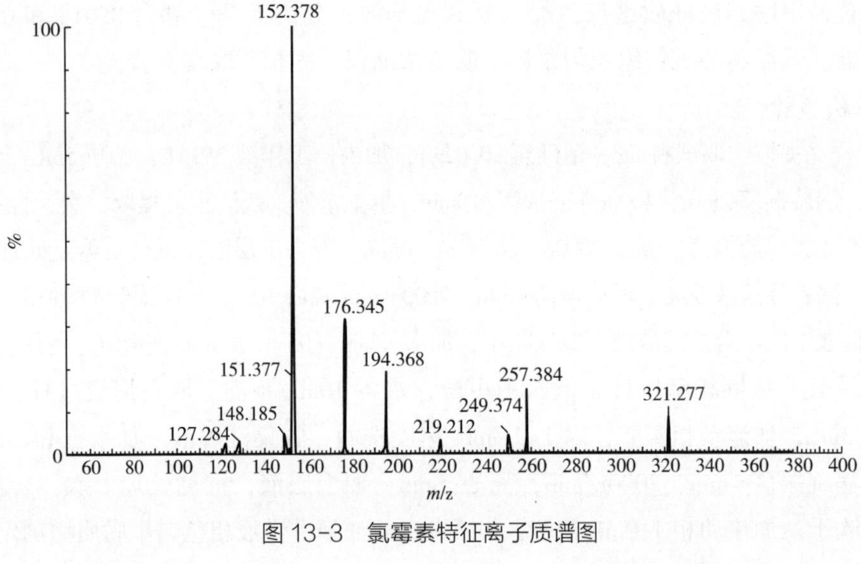

图 13-3　氯霉素特征离子质谱图

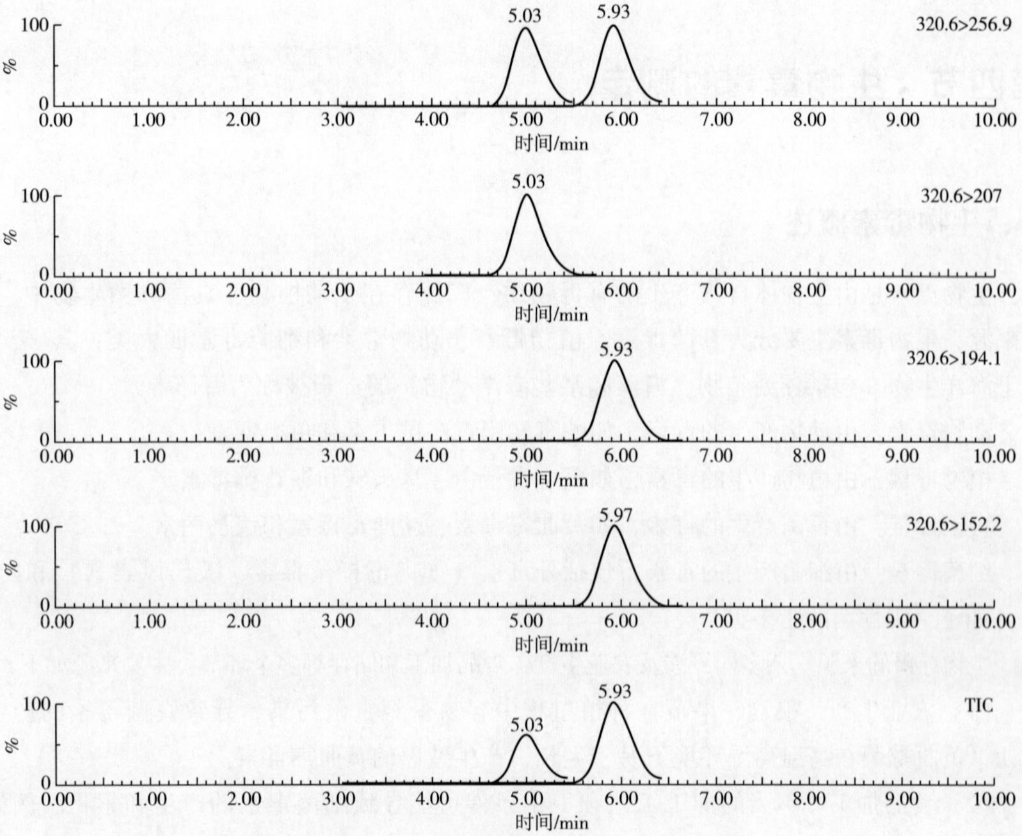

图 13-4　标准溶液中氯霉素及内标特征离子质量色谱图

5. 结果计算

试料中待测物残留量按标准曲线或式（13-2）计算。

$$X = \frac{A_i \times A'_{is} \times C_s \times C_{is} \times V}{A_{is} \times C'_{is} \times A_s \times m} \tag{13-2}$$

式中　X——试样中氯霉素残留量的数值，μg/kg；

A_{is}——对照溶液中氯霉素的峰面积；

A'_{is}——对照溶液中内标的峰面积；

C_s——对照溶液氯霉素标准品浓度的数值，ng/mL；

C_{is}——试样溶液中内标浓度的数值，ng/mL；

C'_{is}——对照溶液中氯霉素内标浓度的数值，ng/mL；

A_i——试样溶液中氯霉素的峰面积；

A_s——试样溶液氯霉素内标的峰面积；

V——溶解残余物所用溶液体积的数值，mL；

m——试样质量的数值，g。

第四节 生物毒素的测定

一、生物毒素概述

生物毒素是由生物体自然产生的有毒物质，广泛存在于动植物、真菌和微生物中。按照来源，生物毒素主要分为真菌毒素、植物毒素、动物毒素和细菌毒素四大类；其中，来源于海洋生物（包括浮游植物、海藻和某些海洋动物）的毒素被称为海洋毒素。

动物毒素：由动物产生的毒素，如蛇毒、蝎毒、昆虫毒和鱼类毒素。

植物毒素：由植物产生的毒素，如蓖麻毒蛋白、乌头碱和夹竹桃毒素。

真菌毒素：由真菌产生的毒素，如黄曲霉毒素、赭曲霉毒素和伏马菌素。

细菌毒素：由细菌产生的毒素，包括外毒素（如肉毒杆菌毒素、破伤风毒素）和内毒素（如革兰阴性菌的脂多糖）。

生物毒素的来源复杂多样，涉及农业生产、食品加工和储存等多个环节，主要来源如下，

（1）农业生产　粮食、果蔬在种植过程中容易受到真菌污染，导致真菌毒素的产生。例如，黄曲霉菌在高温高湿环境下易于生长，产生致癌的黄曲霉毒素。

（2）食品加工　不当的加工工艺和卫生条件可能导致细菌毒素的产生和累积。例如，金黄色葡萄球菌在温度适宜的情况下会迅速繁殖，并产生肠毒素。

（3）食品储存　储存条件不当，如高湿度和高温环境，容易导致霉菌和细菌的生长，进而产生各种毒素。粮食储存期间如果管理不善，可能会导致赭曲霉毒素和伏马菌素的污染。

（4）海洋捕捞　海洋生物如鱼类和贝类在海洋环境中摄食有毒浮游植物，可能累积海洋生物毒素。例如，贝类摄食有毒浮游植物后会累积麻痹性贝类毒素。

这些毒素具有多样的化学结构和作用机制，能够对其他生物体产生多种生理和毒理效应。例如，蛇毒、蝎毒和某些昆虫毒素主要通过神经毒性作用影响猎物或敌人的神经系统；植物毒素如蓖麻毒蛋白则通过破坏细胞功能来防御草食动物的摄食。此外，真菌和细菌也能产生危害人体健康的毒素，如黄曲霉毒素和肉毒杆菌毒素。生物毒素的复杂性和多样性要求在食品安全管理中采取综合措施，从源头控制到终端检测，确保食品安全。食品生产、加工、储存和运输各个环节都需要严格的管理和监控，以减少生物毒素的污染风险。通过科学研究和技术创新，提升生物毒素的检测和控制水平，是保障公众健康的重要途径。

二、食品中常见的生物毒素

（一）常见的真菌毒素

真菌毒素是由霉菌（真菌的一种）产生的有毒代谢产物，这些毒素对人类和动物健康

构成严重威胁。真菌毒素的种类繁多（目前已知的大约有200余种），分布广泛，生长于潮湿温暖的环境中。它们主要在食品和饲料中被发现，尤其是在粮食、坚果和干果等存储不当时。据联合国粮食及农业组织估计，25%的食用作物受真菌毒素的影响。常见的真菌毒素包括以下几类。

1. 黄曲霉毒素

黄曲霉毒素（aflatoxins，AFT）是一类由黄曲霉（*Aspergillus flavus*）和寄生曲霉（*Aspergillus parasiticus*）等真菌产生的毒性代谢产物，包括20多种化合物。黄曲霉毒素家族是一类基本结构都含有二呋喃环和香豆素（氧杂萘邻酮）的化合物，根据其在长波紫外光下产生荧光的颜色不同，可分成B（蓝紫色荧光）和G（黄绿色荧光）两大组；根据其比移值（R_f）不同，分为B_1、B_2、G_1、G_2、M_1、M_2等。其中以B_1的产量最高，毒性最大，致癌性最强，G_1和M_1的毒性次之。在食品安全监测中，常将黄曲霉毒素B_1和黄曲霉毒素M_1列为检测指标。黄曲霉毒素的共同特点是具有高度的脂溶性和稳定性，能在加热过程中保持稳定，100℃下保存20h也不能将其破坏，这使得它们在食品加工中难以被消除。

黄曲霉毒素的毒性及其对食品安全的威胁在20世纪60年代首次引起关注。当时英国爆发了一起“火鸡X病”，导致成千上万只火鸡死亡。调查发现，这些火鸡食用了被黄曲霉污染的花生饼，这一事件促使科学家们深入研究黄曲霉毒素及其对健康的影响。人们发现黄曲霉毒素的毒性属于极毒，其剧烈的毒性比人们熟知的剧毒药氰化钾要强10倍，比眼镜蛇、金环蛇的毒汁还要毒，比剧毒农药的毒性强28~33倍，一粒严重发霉含有黄曲霉毒素40μg的玉米，可令两只小鸭中毒死亡。北京大学医学部曾用含20μg/kg黄曲霉毒素的饲料喂大鼠一年后即发肝癌。国外有报道，黄曲霉毒素为1μg/kg时即可诱发癌变。黄曲霉毒素有很强的急性毒性，也有显著的慢性毒性。人摄入大剂量的黄曲霉毒素后可出现肝实质细胞坏死、胆管上皮细胞增生、肝脂肪浸润及肝出血等急性病变；前期症状为发烧、呕吐、厌食、黄疸，继而出现腹水，下肢浮肿并很快死亡。慢性毒性表现为生长障碍，肝脏出现亚急性或慢性损伤，体重减轻，诱发肝癌等。鉴于真菌毒素的毒性，目前世界上有60多个国家制定了食品和饲料中黄曲霉毒素的最高限量标准和相应的法规。我国《食品安全国家标准　食品中真菌毒素限量》（GB 2761—2017）也规定了食品中黄曲霉毒素B_1和黄曲霉毒素M_1的限量。

2. 赭曲霉毒素

赭曲霉毒素（ochratoxins）是继黄曲霉毒素后又一类引起世界广泛关注的霉菌毒素；它是由曲霉属的7种曲霉和青霉属的6种青霉菌产生的一组重要的、污染食品的真菌毒素，依其发现顺序分别称为赭曲霉毒素A（OTA）、赭曲霉毒素B（OTB）和赭曲霉毒素C（OTC）。其中毒性最大、分布最广、产毒量最高、对农产品的污染最重、与人类健康关系最密切的是赭曲霉毒素A（OTA）。赭曲霉毒素A是一种无色结晶化合物，可溶于极性有机溶剂和稀碳酸氢钠溶液，微溶于水，有很高的化学稳定性和热稳定性。动物摄入了霉变的饲料后，这种毒素也可能出现在猪和母鸡等的肉中。赭曲霉毒素主要侵害动物肝脏与肾脏。这种毒素主要是引起肾脏损伤，大量的毒素也可能引起动物的肠黏膜炎症和坏死，还在动物试验中观察到它的致畸作用。GB 2761—2017 也规定了谷物及其制品、豆类及其制品中 OTA 的最大限量为 5μg/kg。

3. 伏马菌素

伏马菌素（fumonisin）是一种霉菌毒素，是由串珠镰刀菌（*Fusarium moniliforme sheld*）产生的水溶性代谢产物，是一类由不同的多氢醇和丙三羧酸组成的结构类似的双酯化合物。这些真菌通常在玉米和其他谷物作物上生长，尤其是在储存不当时。伏马菌素的发现较晚，直到 1988 年才被首次报道。到目前为止，发现的伏马菌素有 FA_1、FA_2、FB_1、FB_2、FB_3、FB_4、FC_1、FC_2、FC_3、FC_4 和 FP_1 共 11 种，其中以 FB_1 最为常见，约占 70%以上，并且其毒性最强，能对多种动物产生严重的毒害作用。FB_1 为水溶性霉菌毒素，对热稳定，不易被蒸煮破坏，100℃蒸煮 30min 也不能破坏其结构。有报道指出，伏马菌素对人、畜不仅是一种促癌物，而且完全是一种致癌物。动物试验和流行病学资料已表明，伏马菌素主要损害肝肾功能，能引起马脑白质软化症和猪肺水肿等，并与我国和南非部分地区高发的食道癌有关，现已引起世界范围的广泛注意。考虑到伏马菌素对人体健康的危害性，部分发达国家和地区已经对玉米制品中的伏马菌素限量指标建立了标准。欧盟规定了玉米和玉米产品中的 FB_1 最大限量为 1000μg/kg，婴幼儿食品和谷物中总伏马菌素的最大限量为 200μg/kg。美国食品药品监督管理局建议的行业指导水平为用于人类食用的玉米中 FB_1 的含量不应超过 2000μg/kg，用于动物饲料的玉米，根据动物种类的不同，FB_1 的建议限量为 5～100mg/kg。我国对食品中伏马菌素的限量也非常严格，特别是在婴幼儿食品和谷物中 FB_1 的最大限量为 200μg/kg。在其他粮食及其制品中的 FB_1 的最大限量为 1000μg/kg。

4. 呕吐毒素

呕吐毒素（deoxynivalenol，DON），又称脱氧雪腐镰刀菌烯醇、脱氧瓜蒌镰菌醇，化学名为 3α,7α,15-三羟基-12,13-环氧单端孢霉-9-蒽-8-酮，属单端孢霉烯族化合物，由于它可以引起猪的呕吐而得名。DON 易溶于极性的溶剂如水、甲醇、乙醇、乙腈、丙酮和乙酸乙酯，不溶于正己烷、丁醇、石油醚。DON 的污染广泛存在于全球各国，中国、日本、美国、俄罗斯、南非等均有发现。DON 主要污染小麦、大麦、燕麦、玉米等谷类作物，也污染粮食制品，如面包、饼干、麦制点心等。另外，在动物的乳、蛋中均有发现 DON 残留。DON 对于粮谷类的污染状况与产毒菌株、温度、湿度、通风、日照等因素有关。

DON 化学性能非常稳定，一般不会在加工、储存以及烹调过程中破坏，在实验室条件下可长期储存保持毒力不变，有较强的热抵抗力，121℃高压加热 25min 仅有少量破坏。酸性环境不影响其毒力，但是加碱或高压处理可破坏部分含有呕吐毒素的谷物类加工产品，在加工过程中，由于技术限制不可能完全去除，人类食用含有一定量呕吐毒素粮油食品后，会出现胃部不适、眩晕、腹胀、头痛、恶心、呕吐、手足发麻、全身乏力、颜面潮红以及食物中毒性白细胞缺乏症。症状严重者可见呼吸、脉搏、体温及血压的波动，四肢发软、步态不稳、形似醉酒，故有的地方称其为“醉谷病”。此外，呕吐毒素可在人和动物体内蓄积，具有致畸性、神经毒性、胚胎毒性和免疫抑制作用。世界卫生组织癌症研究机构将其划定为第3类致癌物。FDA规定食物中呕吐毒素的安全标准是1000μg/kg，GB 2761—2017中也规定了谷物及其制品中DON的最大限量为1000μg/kg。

5. 展青毒素

展青霉素（patulin，PAT）又称展青霉毒素、棒曲霉素、珊瑚青霉毒素，它是由曲霉和青霉等真菌产生的一种次级代谢产物。展青霉素易溶于水、氯仿、丙酮、乙醇及乙酸乙酯等有机溶剂，微溶于乙醚、苯，不溶于石油醚。在酸性环境中展青霉素非常稳定，在碱性条件下活性降低，具有不饱和内酯的某些特性，易与含巯基的化合物反应。展青霉素具有广谱的抗生素特点，然而，由于它的毒性作用，对胃具有刺激作用，导致反胃和呕吐，研究人员已不再继续将其作为治疗用途药物的研究。毒理学试验表明，展青霉素具有影响生育、致癌和免疫等毒理作用，同时也是一种神经毒素。展青霉素具有致畸性，对人体的危害很大，导致呼吸和泌尿等系统的损害，使人神经麻痹、肺水肿、肾功能衰竭。展青霉素首先在霉烂苹果和苹果汁中发现，广泛存在于各种霉变水果和青贮饲料中。多数国家对展青霉素的限量标准规定为50μg/kg，GB 2761—2017中也规定了苹果和山楂制品中展青霉素的最大限量为50μg/kg。

（二）常见的海洋毒素

海洋毒素是指海洋生物或者它们的尸体腐败后产生的存在于海洋生物体内的有强烈毒性的一类海洋天然有机化合物。海洋毒素无色无味，人类吃了海洋毒素污染的海鲜会引起食物中毒，鱼类吃了含有海洋毒素的微藻也会引起大批鱼类死亡，因此，近年来海洋毒素越来越引起科学界的重视。海洋毒素不仅影响了人类的健康，对于渔业生产、环境保护和海洋旅游均产生不良影响。海洋毒素资源丰富，种类多，分布广，据估计有1000多种，其中已确定结构的有几十种。海洋毒素属于非蛋白类的低分子化合物，它们的结构特征、物理性质和作用机理均有很大的不同，通常根据中毒症状不同，把海洋毒素分为腹泻性贝类毒素、麻痹性贝类毒素、神经性贝类毒素、记忆缺失性贝类毒素等。但也有些海洋毒素很难根据中毒特征分类，而是根据最初分离得到它们的来源进行分类，如河豚毒素、西加毒素等。

1. 贝类毒素

贝类毒素是指存在于贝类（如牡蛎、蛤、贻贝等）体内的有毒化学物质，主要由贝类通过滤食赤潮中的含毒藻类而积累。赤潮是海水中某些浮游植物（主要是藻类）、原生动物或细菌等在特定环境条件下暴发性增殖或高度聚集而引起水体变色的一种有害生物现象。一些浮游藻类可合成多种毒素，贝类、鱼类等海产品摄入有毒藻类可蓄积毒素或将其转化为贝类毒素，当毒素含量超过人类食用安全标准时，人类食用此类贝类产品往往就会发生中毒的危险。由赤潮引发的赤潮毒素统称为贝类毒素，其种类很多，包括麻痹性贝类毒素（PSP）、腹泻性贝类毒素（DSP）、神经性贝类毒素（NSP）和记忆缺失性贝类毒素（ASP）。贝类毒素毒性大、反应快，无适宜解毒剂，且难以被一般的烹调加热破坏，其危害具有突发性和广泛性。

（1）麻痹性贝类毒素（PSP） 麻痹性贝类毒素是世界上毒性最强、引起中毒事件频率最高的贝类毒素，会导致出现四肢肌肉麻痹、头痛恶心、流涎发烧、皮疹等症状，严重的会导致呼吸停滞，仅 0.5mg 就能导致死亡。石房蛤毒素（saxitoxin，STX）和新石房蛤毒素（neo-saxitoxin，neo-STX）两大类型是毒性强烈的麻痹性毒素。STX 易溶于水，耐热，加热至 80℃经 1h 毒性无变化；加热至 100℃经 30min 毒性仅减少一半；对酸稳定，对碱不稳定；易被胃肠道吸收。引起中毒的贝类在国内报道的有织纹螺、香螺、荔枝螺等。我国《食品安全国家标准 鲜、冻动物性水产品》（GB 2733—2015）规定贝类中 PSP 不超过 4MU/g。

（2）腹泻性贝类毒素（DSP） 腹泻性贝类毒素引起的中毒症状主要有恶心、呕吐、腹痛、腹泻。发病时间可在食用后 30min 或 14h 不等，一般在 48h 内恢复健康。DSP 不是一种可致命的毒素，没有强烈的急性毒性，但其中的大田软海绵酸（OA）是强烈的致癌因子。关于 DSP 的限量标准，联合国粮农组织规定每千克贝类组织不超过 4000MU，日本水产厅规定扇贝中肠腺中 DSP 的限量为 0.5MU/g，紫贻贝中肠腺 DSP 的限量为 0.3MU/g。我国 GB 2733—2015 中规定贝类中 DSP 不超过 0.05MU/g。

（3）神经性贝类毒素（NSP） 中毒的主要症状为瞳孔放大，身体冷热无常，恶心、呕吐、腹泻，运动失常，但没有麻痹感。因此，为了与引起麻痹作用的 DSP 相区别，称为神经性贝类毒素。NSP 中毒症状持续时间较短，一般为 10min~20h。NSP 的毒性较低，对小鼠的半致死量为 LD_{50} 为 50μg/kg。

（4）记忆缺失性贝类毒素（ASP） 又称健忘性贝类毒素，中毒者主要表现为腹痛、腹泻、呕吐，并伴有严重的头痛、记忆丧失、意识混乱、昏迷等症状。ASP 的主要成分是软骨藻酸（DA），该物质的靶器官是海马、下丘脑、前脑，其中毒机制与兴奋性氨基酸受体和突触传导有关。在 1987 年发生爱德华王子岛贝类中毒事件之后，加拿大政府就制定了贝肉中 DA 的限量标准随后，美国、欧洲以及澳大利亚等纷纷采用欧盟标准，即 20μg /g DA 贝肉；根据欧盟委员会指令（2002/226/EC），一旦发现贝类样品中 DA 含量超标，则立刻关闭养殖场或捕捞水域。

2. 河豚毒素

河豚毒素（tetrodotoxin，TTX），分子式为 $C_{11}H_{17}O_8N_3$，是鲀鱼类（俗称河豚鱼）及其他生物体内含有的一种生物碱。河豚毒素为氨基全氢喹唑啉型化合物，是自然界中所发现的毒性很大的神经毒素之一，曾一度被认为是自然界中毒性最强的非蛋白类毒素。河豚毒素在河豚体内的积累和分布因不同季节和部位而异，在生殖季节毒性大，且雌性大于雄性，而在不同部位中，卵巢>脾脏>肝脏>血液>眼睛>鳃耙>皮肤>精巢。一般肌肉中不含有河鲀毒素，但河鲀死后内脏中的毒素可渗入肌肉，此时鱼肉也含有少量毒素。提取毒素的主要部位为卵巢和肝脏。河豚毒素化学性质和热性质均很稳定，盐腌或日晒等一般烹调手段均不能将其破坏，只有在高温加热 30min 以上或在碱性条件下才能被分解。220℃加热 20~60min 可使毒素全部被破坏。中毒潜伏期很短，短至 10~30min，长至 3~6h 发病，发病急，如果抢救不及时，中毒后最快的 10min 内死亡，最迟 4~6h 死亡；中毒后也缺乏有效的解救措施。河豚毒素纯品在医药方面用途广泛，具有极高商业价值。

（三）其他生物毒素

1. 微囊藻毒素

微囊藻毒素（microcystins，MCs）是目前已知的出现频率最高、产生量最大和造成危害最严重的藻毒素种类，微囊藻毒素在淡水环境中常见，特别是在温暖、富营养化的水体中容易形成藻华。微囊藻毒素是一类单环七肽结构的化合物，主要为环 D-丙氨酸-R_1-R_2-赤-β-甲基-D-异天冬氨酸-L-*Z*-adda-D-异谷氨酸-*N*-甲基脱氢丙氨酸，如图 13-5 所示。通过两个 L-氨基酸（R_1 和 R_2）的更替及其他氨基酸的去甲基化能衍生出众多毒素类型，截至目前，已经鉴定出超过 250 种不同的微囊藻毒素，最常见和最有毒的是微囊藻毒素-LR（microcystin-LR，MC-LR），其他常见的微囊藻毒素包括 MC-RR 和 MC-YR 等。MC-LR 是由亮氨酸（leucine，L）和精氨酸（arginine，R）组成的微囊藻毒素；MC-RR 是由两个精氨酸组成的微囊藻毒素；MC-YR 是由酪氨酸（tyrosine，Y）和精氨酸组成的微囊藻毒素。

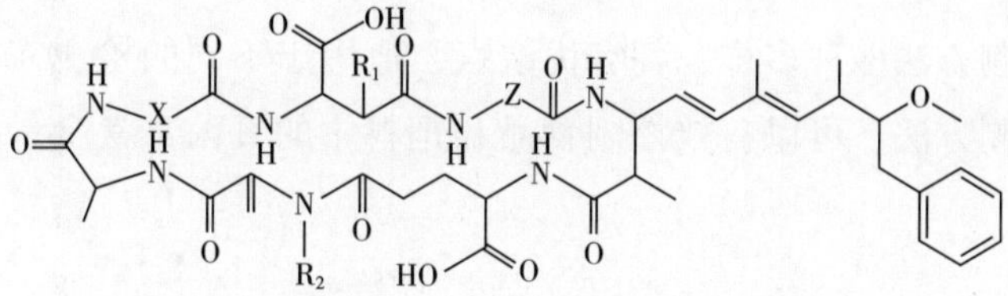

图 13-5　微囊藻毒素的化学结构式，R_1 和 R_2 可变

MCs 结构中存在着环状结构和间隔双键，因而具有相当的稳定性，自然降解过程十分缓慢。MCs 不仅能强烈抑制蛋白磷酸酶的活性，还是强烈的肝脏肿瘤促进剂，对肾脏、脾脏也有毒性。摄入高剂量微囊藻毒素会导致急性肝损伤、出血性肝坏死和肝功能衰竭，表现为黄疸、腹痛、呕吐和昏迷。因此，世界各国和国际组织都严格限制饮用水中的藻毒素，如 WHO 推荐的饮用水中藻毒素标准为 1μg /L，我国《生活饮用水卫生标准》（GB 5749—2022）将饮用水中 MC-LR 的含量限制为 1μg /L。

2. 肉毒杆菌毒素

肉毒杆菌毒素（botulinum toxin）也被称为肉毒毒素或肉毒梭菌毒素，是由肉毒梭状芽孢杆菌在繁殖过程中分泌而出的细菌外毒素，有剧烈的神经毒性。肉毒毒素是150ku的多肽，它由100ku的重链和50ku轻链通过一个双硫链连接起来。肉毒杆菌在自然界分布广泛，土壤中常可检出，偶尔也存在于动物粪便中。根据所产生毒素的抗原性不同，肉毒杆菌分为A、B、C_a、C_b、D、E、F、G这8个类型，其中的A、B、E、F与人类的食物中毒有关，A、B型最为常见。其中，A型和B型毒素是人类中毒的主要原因，也被广泛用于医学和美容领域。它是迄今为止科学家发现的毒性最强的一种生物毒素，其毒性相当于等量氰化钾的1万倍。纯化结晶的肉毒毒素1mg能杀死2亿只小鼠，对人的半致死量为40IU/kg。

肉毒杆菌中毒是由摄入含有肉毒毒素污染的食物而引起的。潜伏期可短至数小时，通常24h以内发生中毒症状，也有两三天后才发病的。一般先有不典型的乏力、头痛等症状，接着出现斜视、眼睑下垂等眼肌麻痹症状。再是吞咽和咀嚼困难、口干、口齿不清等咽部肌肉麻痹症状。进而膈肌麻痹、呼吸困难，直至呼吸停止导致死亡。死亡率较高，为30%~50%，存活病人恢复十分缓慢，从几个月到几年不等。引起中毒的食品因地区和饮食习惯不同而异。国内主要是植物性食品，多见于家庭自制发酵食品如豆酱、面酱、臭豆腐，其次为肉类、罐头、酱菜、鱼制品、蜂蜜等。新疆维吾尔自治区是我国肉毒梭状芽孢杆菌食物中毒较多的地区，引起中毒的食品有30多种，常见的有臭豆腐、豆酱、豆豉和谷类食品。在青海主要是越冬保藏的肉制品加热不够所致。

三、食品中生物毒素的检测方法

（一）生物毒素的检测

生物毒素的检测方法多种多样，各有优缺点，适用于不同的检测需求。通过严格的限量标准和科学的检测方法，可以有效控制食品和饲料中的真菌毒素含量，保障食品安全和公众健康。

1. 生物检测方法

生物检测法的原理是使用敏感的生物作为受试对象，给予不同浓度的生物毒素，来判断生物毒素是否存在，根据受试对象的症状或死亡时间得到与浓度的关系从而进行定量。最常用的生物检测方法是小鼠检测法，在一些国家使用了小鼠检测法作为检测海洋生物毒素如鳍藻毒素、扇贝毒素等的标准方法。该方法直观，但灵敏度和特异性较低，一般用于定性分析，并且存在伦理问题。

2. 薄层色谱法

薄层色谱法（TLC）是应用较早的黄曲霉毒素检测技术之一，黄曲霉毒素在紫外光照射下出现不同颜色的荧光，根据显示的荧光强度来进行定量。该方法操作简单，成本低廉，能够对样品中的黄曲霉毒素进行定量以及半定量分析，适合大量样品的筛查。除此之外，TLC 还能用于检测酒中的赭曲霉素 A、玉米中的伏马菌素 B_1、苹果汁中的展青霉素等。薄层色谱法的不足之处在于步骤烦琐，灵敏度差，检出限高，并且需接触的试剂对操作人员危害大。

3. 免疫分析法

在所报道的免疫分析法中，ELISA 是最常见的用于检测生物毒素的方法。ELISA 法能对多种生物毒素进行快速的筛选、检测及定量，包括黄曲霉毒素类、赭曲霉素 A、呕吐毒素、伏马菌素、玉米烯酮和 T-2 毒素等。该方法能够快速、特异以及相对简单地对食品中的生物毒素进行分析，其缺点为该方法存在潜在的交叉反应，可能会导致假阳性结果的出现。此外，每种试剂盒只能检测相对应的生物毒素，且耗时较长。

4. 色谱法-质谱法

色谱法是检测饲料及其他食品中生物毒素最常用的办法。目前对食品中生物毒素的分析要求能够快速、稳定、操作简便同时兼备高灵敏度、高选择性，为了满足这些需求，许多的色谱联用方法发展了起来，如 HPLC 结合紫外检测器（UV）、荧光检测器（FLD）以及质谱检测器（MS）等。此外，GC 结合电子俘获检测器（ECD）、火焰电离检测器（FID）以及 MS 用于对一些具有挥发性且热稳定的生物毒素如展青霉素等进行定性及定量分析。除了与 MS 联用的技术，高效液相色谱结合荧光检测（HPLC-FLD）技术是最为常用的定量分析技术，特别是在黄曲霉毒素类物质的分析中。相比 LC-MS，HPLC-FLD 更适用于单一的或者一组化学结构相近的生物毒素的分析。除了上述 HPLC 的优势，MS 在食品的生物毒素分析中也有着独特的优势。MS 的工作原理是对目标物进行离子化后，根据质荷比（m/z）进行识别鉴定。目前，多种不同的接口和分析器均可用于生物毒素分析，如大气压化学电离（APCI）、电喷雾电离（ESI）以及大气压光致电离（APPI）。此外还有许多不同类型的质量分析器，如四极杆、飞行时间（TOF）、离子阱等。由于 MS 能在一次进样过程中，对多种物质进行定性定量分析，因此该方法十分适用于对食品中的多种生物毒素进行检测。表 13-4 列举了我国部分生物毒素检测的方法标准。

表 13-4　我国部分生物毒素检测的方法标准

标准名称	标准号
食品安全国家标准　食品中展青霉素的测定	GB 5009.185—2016
食品安全国家标准　食品中黄曲霉毒素 B 族和 G 族的测定	GB 5009.22—2016
食品安全国家标准　食品中赭曲霉毒素 A 的测定	GB 5009.96—2016
食品安全国家标准　食品微生物学检验　肉毒梭菌及肉毒毒素检验	GB 4789.12—2016
食品安全国家标准　贝类中麻痹性贝类毒素的测定	GB 5009.213—2016
食品安全国家标准　水产品中河豚毒素的测定	GB 5009.206—2016
食品安全国家标准　水产品中微囊藻毒素的测定	GB 5009.273—2016

（二）生物毒素检测技术的应用案例

水产品中微囊藻毒素的测定 间接竞争酶联免疫吸附法。

1. 样品制备

取鱼、虾、河蚌等水产品样品的可食部分约500g，充分均质或粉碎，装入洁净容器中，密封，并标明标记。试样置于-18℃以下避光保存，一个月内须完成检测。

2. 试剂与材料

微囊藻毒素（MC-LR）的单克隆抗体：杂交瘤技术制备，经亲和层析纯化；微囊藻毒素（MC-LR）的标准品：纯度≥95%；人工抗原：MC-LR-牛血清白蛋白偶联物（MC-LR-BSA）；牛血清白蛋白；酶标二抗：辣根过氧化物酶标记山羊抗小鼠IgG；磷酸二氢钾，十二水合磷酸氢二钠；氯化钠；氯化钾；三水合乙酸钠；乙酸；硫酸；明胶；吐温-20；四甲基联苯胺；二甲基亚砜；过氧化氢；甲醇；甲酸；C18固相萃取小柱。

3. 仪器设备

酶标仪：内置450nm滤光片；离心机：转速大于8000r/min；电动振荡器；恒温培养箱：可控温；氮气浓缩装置。

4. 分析步骤

（1）样品提取 准确称取5g（精确至0.01g）试样，置于50mL离心管中，加入10mL甲醇溶液（80%），充分振荡均匀，8000r/min离心10min，取上清液于新离心管中。残渣重复提取一次，合并两次提取液，提取液定容至30mL，以玻璃纤维滤纸过滤。取6mL滤液加入30mL水稀释。

（2）样品净化 C18固相萃取小柱使用前依次用10mL甲醇和10mL水活化，流速控制在1~2滴/s。将提取液全部过柱后，用10mL甲醇溶液（20%）淋洗，以10mL含有0.1%甲酸的甲醇溶液洗脱，收集洗脱液，以氮气浓缩至近干。用500μL水溶解残渣，待进行间接竞争酶联免疫反应测定。

（3）间接竞争酶联免疫反应

①包被酶标微孔板：将包被溶液加入酶标微孔板（100μL/孔），于4℃放置过夜。

②封闭酶标微孔板：用洗涤液洗涤放置过夜的酶标微孔板，洗涤3次，每次洗涤3min，加入封闭溶液封闭酶标微孔板（200μL/孔），于37℃下放置2h，或4℃下放置过夜。

③抗原抗体反应：量取500μL抗微囊藻毒素MC-LR的单克隆抗体和500μL微囊藻毒素标准系列溶液于1.5mL试管中，混合后用电动振荡器振荡均匀，室温静置30min。这些反应液用于制作微囊藻毒素标准竞争曲线。另量取500μL抗微囊藻毒素MC-LR的单克隆抗体和500μL净化液于1.5mL试管中，混合后用电动振荡器振荡，室温静置30min。此反应液用于测定试样中微囊藻毒素的含量。

④竞争反应：用洗涤液洗涤3次封闭过的酶标微孔板（每次洗涤3min），滴加抗体抗

原反应溶液（100μL/孔）。不同浓度做 3 次平行试验。37℃或室温放置 90min。在酶标微孔板的适当孔位滴加抗体稀释溶液，作为阴性对照。

⑤二抗溶液与抗微囊藻毒素（MC-LR）的单克隆抗体反应：用洗涤液洗涤 3 次竞争反应后的酶标微孔板（每次洗涤 3min），滴加二抗溶液（100μL/孔），37℃或室温放置 30min。

⑥显色及显色后吸光度的确定：用洗涤液洗涤 5 次经单克隆抗体反应的酶标微孔板（每次洗涤 3min）。滴加底物溶液（100μL/孔），37℃或室温放置 15～20min，显色。滴加硫酸（1mol/L）（50μL/孔），终止显色反应。30min 内，用酶标仪在 450nm 处，测定显色后的吸光度值。

（4）测定

①仪器参考条件酶标仪：450nm。

②标准曲线的制作：标准系列溶液的吸光值与阴性对照吸光值的比值 X_2，按式（13-3）分别计算

$$X_2 = \frac{OD_1}{OD_2} \tag{13-3}$$

式中　X_2——吸光度比值；

OD_1——标准系列溶液的吸光度平均值；

OD_2——阴性对照吸光度平均值。

以标准系列溶液的浓度的对数为横坐标，以 X_2 为纵坐标，绘制标准曲线。

③试样溶液测定：计算试样溶液的吸光度值与阴性对照吸光度值的比值，由标准曲线得到试样溶液中微囊藻毒素的浓度。

5. 结果计算

试样中微囊藻毒素的含量 X_3，按式（13-4）计算

$$X_3 = \frac{A \times V}{m} \times f \tag{13-4}$$

式中　X_3——试样中微囊藻毒素的含量，μg/kg；

A——试样溶液中微囊藻毒素的浓度，μg/L；

V——试样溶液的体积，mL；

m——试样的质量，g；

f——试样溶液的稀释倍数。

计算结果保留三位有效数字。

第五节　其他有毒有害物质的测定

一、食品中环境污染物及其检测

食品中环境污染物主要有农药、兽药、微生物、生物毒素、重金属以及持久性有机污

染物等。本节主要介绍重金属及持久性有机污染物。

（一）食品中重金属及其检测

人体内含有多种金属元素，其中一部分是构成我们正常生理功能的必需元素，而有些金属在正常情况下仅需极少量或人体可耐受极微量，一旦剂量超标便可能产生毒性作用。而谈及重金属，虽然目前尚无严格的统一定义，但通常指的是密度大于 4.5g/cm^3 的金属，如铅、汞、镉、铬等。这些重金属并非生命活动所必需，且一旦超过一定浓度便会对人体造成危害。

重金属以单质或化合物的形式广泛存在于自然界中，原本对环境的影响较小。然而，随着现代工业的发展，重金属的违规开采、加工以及工矿企业污水排放、生活垃圾处理不当和农药化肥的过度使用等问题，导致重金属进入大气、土壤和水体，进而通过食物链进入农产品和饮用水，给我们的生存环境带来污染，并严重威胁食品安全。

重金属对人体的伤害不容忽视。例如，①铅是一种毒性较大的重金属，进入人体后难以排出，直接损害脑细胞，尤其是对胎儿的神经系统造成不可逆的损害，可能导致先天智力低下，对老年人则可能引发阿尔茨海默病；②镉则可能导致高血压，心脑血管疾病，破坏骨骼和肝肾，严重时甚至引起肾功能衰竭；③汞会直接沉积在肝脏中，对大脑、神经和视力造成极大破坏，微量的汞就足以导致人体中毒。其他如锰、钴、钒、铊等重金属，超量摄入同样会引发一系列健康问题，如甲状腺功能亢进、放射性损伤、心脑血管疾病、多发性神经炎等。这些重金属都可能引发头痛、头晕、失眠、精神错乱、关节疼痛、结石甚至癌症等严重病症。因此，我们必须高度重视重金属污染问题，采取有效措施减少其对人体和环境的危害。

1. 我国食品中重金属的限量

《食品安全国家标准　食品中污染物限量》（GB 2762—2022）中对多种重金属在食品中的限量值进行了规定。该标准根据污染物可能对公众健康构成风险的高低以及消费者的膳食结构，对不同食品设定了不同的限量值，例如铅的限量值为 0.05～1.0mg/kg，镉的限量值为 0.05～1.0mg/kg，汞的限量值为 0.05～0.1mg/kg。

2. 重金属的检测

GB 2762—2022 给出了几种常见重金属的检测方法，详见表 13-5。

表 13-5　常见重金属检测的方法标准

标准名称	标准号
食品安全国家标准　食品中铅的测定	GB 5009.12—2023
食品安全国家标准　食品中镉的测定	GB 5009.15—2023
食品安全国家标准　食品中锡的测定	GB 5009.16—2023

续表

标准名称	标准号
食品安全国家标准　食品中总汞及有机汞的测定	GB 5009.17—2021
食品安全国家标准　食品中铬的测定	GB 5009.123—2023

在食品安全领域，确保食品中重金属含量符合严格的标准是保障公众健康的关键环节。为了实现这一目标，科研人员和检测人员不断探索并采用了多种检测方法。这些方法各具特色，各有优势，以满足不同场景下的检测需求。①原子吸收法（AAS）因其高灵敏度和高精度而备受推崇。这种方法基于待测元素的基态原子对其特定波长光的吸收强度来进行定量分析。AAS 技术不仅能够准确测量食品中重金属的含量，而且操作简便、稳定性好，广泛应用于各种食品样品的检测。②原子荧光法（AFS）也是一种高效的检测方法。它通过测量待测元素原子在特定激发光源下的荧光发射强度，来定量分析食品中重金属的含量。AFS 技术具有灵敏度高、干扰少、线性范围宽等优点，适用于分析汞、砷、锑、铋、硒、碲、铅、锡、锗、镉、锌等 11 种元素，尤其适用于多元素同时测定。③电感耦合等离子质谱法（ICP-MS）则以其超高的灵敏度和准确度在食品重金属检测中占据重要地位。该方法利用电感耦合等离子体作为离子源，通过质谱仪对离子进行检测，能够实现对食品中痕量重金属元素的精准测定。ICP-MS 技术具有元素覆盖范围广、分析速度快、干扰小等特点，是食品重金属检测领域的重要工具。④ X 荧光光谱（XRF）作为一种非破坏性检测方法，在食品重金属检测中也具有独特优势。它通过测量食品样品在 X 射线照射下的荧光发射光谱来分析其中所含的重金属元素。XRF 技术无需对样品进行前处理，操作简便快速，适用于大批量样品的快速筛查。⑤ 试纸快速检测法作为一种便携式、易操作的检测手段，也在食品重金属检测中发挥着重要作用。该方法通过试纸与食品样品中的重金属离子发生特定化学反应，产生颜色变化或沉淀物，从而实现对重金属的快速定性或定量检测。试纸快速检测法具有成本低、检测速度快、便于携带等特点，适用于现场快速检测或初步筛查。

（二）食品中持久性有机污染物及其检测

食品中的持久性有机污染物（POPs）因其高毒性、持久性、生物积累性和远距离迁移性，对人类健康和环境构成极大威胁。这些污染物会在食物链中累积，长期存在于生物体内，损害神经系统、生殖系统、免疫系统和内分泌系统，甚至诱发癌症。为应对 POPs 风险，国际社会已通过《关于持久性有机污染物的斯德哥尔摩公约》等措施，致力于限制和消除这些污染物的生产、使用、排放和储存。在保障食品安全方面，需从源头控制 POPs 进入食品链，包括推广有机农业、加强食品加工过程的质量控制和监管，并建立科学的监测体系。此外，提高公众对 POPs 危害和来源的认识也至关重要。

1. 多环芳烃及其检测

多环芳烃（polycyclic aromatichydrocarbons，PAHs）是指含有两个或两个以上苯环的芳烃化合物。根据环与环之间连接方式的不同，可以分为非稠环型和稠环型。非稠环型即苯环与苯环之间各由一个碳原子相连，例如联苯、联多苯和多苯代脂肪烃；而稠环型则是两个碳原子为两个苯环所共有，如苯并［a］芘、苯并［a］蒽，具有较强的致癌性。

食品中多环芳烃的来源丰富多样，主要包括食品加工过程中煤炭、植物燃料等有机物的不完全燃烧，尤其是在熏制和高温烹调过程中；同时，环境及材料污染也是其主要来源，土壤、水、大气的污染以及机油、食品包装材料的潜在污染均可能使食品受到多环芳烃的污染；此外，部分植物和微生物的自然生物合成过程也会生成一定量的多环芳烃。这些多环芳烃化合物一旦进入人体，其潜在的健康影响不容忽视。它们可能引发肝脏和肾脏的毒性反应，削弱免疫系统的功能，甚至对生殖系统造成毒性作用，进而增加发育不良、不孕症和胎儿畸形的风险。

GB 2762—2022 中规定苯并［a］芘在谷物及其制品中的限量值为 2.0μg/kg，而在肉及肉制品、水产动物及其制品中的限量值为 5.0μg/kg，在乳及乳制品和油脂中的限量值为 10μg/kg。并且其检测方法按照《食品安全国家标准　食品中苯并［a］芘的测定》（GB 5009.27—2016）的方法，使用配有荧光检测器的液相色谱仪进行检测。其原理为试样经过有机溶剂提取，中性氧化铝或分子印迹小柱净化，浓缩至干，乙腈溶解，反相液相色谱分离，荧光检测器检测，根据色谱峰的保留时间定性，外标法定量。

2. 二噁英及其检测

二噁英（dioxin）作为一类极为有害的化学物质，实际上是对一系列氯化多核芳香化合物的总称。这些化合物主要被划分为两大类别：多氯二苯并对二噁英（polychlorinated dibenzo-p-dioxins，PCDDs）和多氯二苯并呋喃（polychlorinated dibenzofurans，PCDFs），这两大类化合物（结构式如图 13-6 所示）共同构成了我们所熟知的 PCDD/Fs。二噁英的结构特点在于其由两个或一个氧原子连接两个被氯原子取代的苯环组成，每个苯环上可取代的氯原子数量为 0~4 个，因此形成了多达 75 种 PCDD 异构体和 135 种 PCDF 异构体。这些化合物的毒性极强，特别是当 2、3、7、8 这四个共平面位置均被氯原子取代时，其毒性更是达到了惊人的程度，被称为“地球上毒性最强的毒物”之一。此外，二噁英在环境中极为稳定，半衰期长，难以自然降解，这也使得其成为一种“世纪之毒”，对人类健康和环境构成了严重威胁。

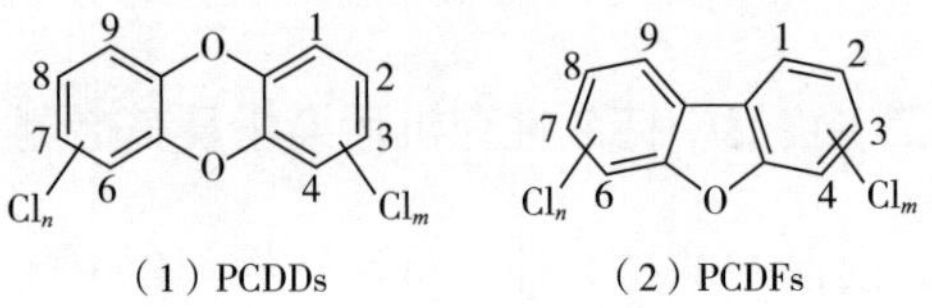

图 13-6　二噁英的母核结构

已有不少国家对食品中二噁英做了最高残留量限量规定，对于乳制品：比利时为 5ng/kg 体重、荷兰为 6ng/kg 体重、德国为 5ng/kg 体重，FDA 规定日摄入量不超过 0.01mg/kg 体重，

WHO 根据最新毒性资料，规定日摄入量不超过 1~4 pg/kg 体重。我国尚未制定食品中二噁英的限量标准。

二噁英并非人类刻意制造的化学物质，而是多种燃烧和工业活动不经意间产生的副产品。众多含氯化合物，如氯酚类农药和氯代苯氧乙酸等，在生产和使用过程中均可能释放二噁英。相关工厂的排水和污泥废渣中也可能携带二噁英，它们随污水排放而污染水体和土壤，进而渗入食品链。同时，焚烧含聚氯乙烯塑料的垃圾会释放酚类化合物、强反应性的氯和氧化氯，这些都是形成二噁英的重要前体物质。不仅如此，煤、石油的燃烧，使用除草剂的枯草残叶焚烧以及森林火灾等自然或人为的燃烧过程，同样会产生二噁英，它们对水源和食品的污染不容忽视。二噁英的理化性质非常稳定，易溶于大部分有机溶液，极难溶于水，因此难以被机体代谢排出，容易蓄积在动植物的脂肪中，并且通过食物链的富集而污染食品，最终危害人体健康。食品的一些加工方式会造成食品的二噁英污染，如在烧烤过程中，二噁英可能通过烟尘或直接接触污染食品；另外一些食品包装材料也含有二噁英，可以迁移进入食品，造成污染。

在评价食品中二噁英含量时，使用毒性当量（TEQ）是一种科学且必要的做法。二噁英类化合物种类繁多，它们的化学结构和毒性强度各不相同，特别是那些特定位置（如 2、3、7、8 位）被氯取代的同类物，其毒性尤为显著。鉴于不同二噁英类化合物的毒性差异显著，直接使用它们的含量来评估食品的安全性是不准确的。为了准确反映食品中二噁英的总体毒性，国际上引入了毒性当量因子（TEF）的概念。TEF 是基于每种二噁英类化合物与毒性最强的同类物（如 2,3,7,8-四氯二苯并-对-二噁英，即 2,3,7,8-TCDD）之间的毒性比较而得出的比值。通过测量每种化合物的含量并乘以对应的 TEF 值，就得出其毒性当量，再将所有化合物的毒性当量相加，即可得到食品中二噁英的总 TEQ 值。

《食品安全国家标准　食品中二噁英及其类似物毒性当量的测定》（GB 5009. 205—2024）详细规定了两种检测方法，用于准确测定食品中可能存在的 17 种 2,3,7,8-取代的多氯代二苯并二噁英（PCDD/Fs）和 12 种二噁英样多氯联苯（DL-PCBs）的含量，并计算其 TEQ 值。这两种方法结合了先进的同位素稀释技术、气相色谱和质谱技术，保证了检测结果的准确性和可靠性，从而为我们提供了评估食品中二噁英污染状况的科学依据。

二、食品加工污染物及其检测

经过烟熏、油炸、焙烤、腌渍、腌制等加工工艺，食品在外观、质地、风味上得到了显著提升，同时其保存期限也得到了延长。这些技术还能有效降低食品中的有毒物质（例如酶抑制剂、红细胞凝集素），并提高食品的可利用性。然而，这些加工过程也伴随着一些副作用，即可能产生对人体有害的物质，从而引发严重的食品安全问题，对人体健康构成潜在威胁。举例来说，在冰岛、芬兰和挪威等习惯食用烟熏鱼的国家，胃癌的发病率显著偏高。同样，在我国胃癌和食管癌高发区域，居民普遍有食用烟熏肉和腌制蔬菜的习惯。

在食品加工过程中，*N*-亚硝基化合物、丙烯酰胺和氯丙醇作为三种主要的有害物质，将在本节中重点介绍。

（一）*N*-硝基化合物

N-硝基化合物是一类具有亚硝基（*N*-NOC）结构的有机化合物，根据其分子结构可以分为*N*-亚硝胺和*N*-亚硝酰胺两种。相对分子质量较低的亚硝胺（如二甲基亚硝胺）在常温下为黄色油状液体，而高相对分子质量的亚硝胺多为固体。*N*-亚硝胺在中性和碱性环境中比较稳定。*N*-亚硝酰胺的化学性质活泼，在酸性条件下可以分解为相应的酰胺和亚硝酸或经过重氮甲酸酯重排，放出氮气和羟酸酯。而在碱性条件下亚硝胺可以迅速分解为重氮烷。

迄今为止，已发现的亚硝基化合物超过300种，其中90%具有致癌性。*N*-亚硝酰胺是终末致癌物，而亚硝基化合物需要经过体内代谢，形成烷基偶氮羟基化合物，这种代谢产物具有强致癌、致突变活性。

食品中的*N*-亚硝基化合物主要源于食品加工过程中的腌制、烘焙、油煎、油炸等步骤，这些过程可能使食品中的营养物质转化为*N*-亚硝基化合物。此外，食品中的某些营养成分在人体胃液环境下也可能自行合成*N*-亚硝基化合物。同时，硝酸盐和亚硝酸盐作为常见的亚硝化剂，它们在自然环境中广泛存在，并且也可能被人为添加到食品中作为防腐剂和护色剂，从而进一步促进*N*-亚硝基化合物的形成。含有*N*-亚硝基化合物较多的食品有干鱿鱼（300μg/kg）、熏肉（0.3~6.5μg/kg）、熏鱼（4~9μg/kg）、咸鱼（12~24μg/kg）、咸肉（0.4~7.6μg/kg）、油煎火腿（10~20μg/kg）、干香肠（19μg/kg）等。另外，在啤酒及干酪、乳粉、奶酒等全乳制品中也含有微量的*N*-亚硝基化合物，一般在0.5~5.0μg/kg。

我国《食品安全国家标准　食品中污染物限量》（GB 2762—2022）中规定肉及肉制品（肉罐头除外）中*N*-二甲基亚硝胺的限量为3.0μg/kg，而水产品及其制品（水产品罐头除外）为4.0μg/kg。同时规定检测方法按照《食品安全国家标准　食品中*N*-亚硝胺类化合物的测定》（GB 5009.26—2023）。该标准的第一法是水蒸气蒸馏-气相色谱-质谱/质谱法（GC-MS/MS），该法以*N*-二甲基亚硝胺-D_6为内标，试样中加入内标，经水蒸气蒸馏，样品中的*N*-二甲基亚硝胺通过二氯甲烷吸收，液液萃取分离，用GC-MS/MS测定，内标法定量，其中使用的水蒸气蒸馏装置如图13-7所示。

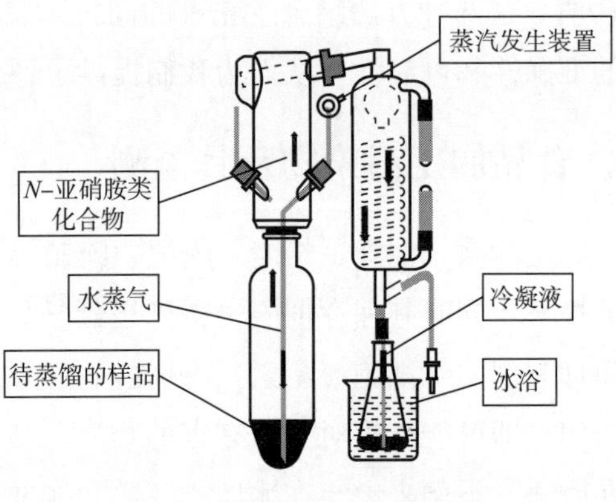

图13-7　水蒸气蒸馏装置

除了水蒸气蒸馏法，QuEChERS法也在*N*-亚硝基化合物的提取中应用，经乙腈提取

后的 *N*-二甲基亚硝胺经过基质分散萃取填料净化后使用 GC-MS/MS 进行测定。

（二）丙烯酰胺

丙烯酰胺（acrylamide，AA）是一种白色晶体物质，其化学式为 $CH_2=CHCONH_2$，原本主要用于生产聚丙烯酰胺，这是一种在水处理中广泛应用的絮凝剂。然而，在 2002 年 4 月，瑞典国家食品管理局与斯德哥尔摩大学的科研人员做出了一个惊人的发现，在一些经过高温处理的淀粉类食品，特别是油炸和烧烤食品，如炸薯条、炸薯片等中，存在对人体健康有害的丙烯酰胺。这一发现迅速引起了全球范围内的关注，世界各国的研究者开始致力于探索食品中丙烯酰胺的形成机制及其含量。通过深入的研究，科学家们逐渐揭示了淀粉在高温处理过程中，特别是当温度超过 120℃时，其中的氨基酸和还原糖会发生反应，生成丙烯酰胺。鉴于这一发现，联合国粮农组织和世界卫生组织联合食品添加剂专家委员会对食品中的丙烯酰胺进行了系统的危险性评估。经过评估，他们得出结论，食物是人类摄入丙烯酰胺的主要来源。因此，公众应该对油炸和烧烤食品的摄入量保持警惕，并尽量通过合理的饮食习惯来减少丙烯酰胺的摄入。

丙烯酰胺是一种具有潜在毒性的化合物，其危害主要体现在神经毒性、遗传毒性、生殖毒性和可能的致癌性上。长期摄入或接触丙烯酰胺可能导致神经系统受损，引发一系列症状，如嗜睡、情绪改变、记忆力减退等；同时，它还可能引起基因改变和染色体异常，增加患癌症的风险。鉴于其危害性，国际癌症研究机构将丙烯酰胺列为 2 类致癌物（2A，即人类可能致癌物）。WHO 建议，成年人每天摄入的丙烯酰胺不应超过 1μg。此外，欧盟对食品中丙烯酰胺的含量设定了上限，如谷物类早餐的限量为 300μg/kg，薯片的限量为 750μg/kg，烘焙咖啡的限量为 400μg/kg。

丙烯酰胺的检测可参考《食品安全国家标准　食品中丙烯酰胺的测定》（GB 5009.204—2014）。其中第一法是稳定性同位素稀释的液相色谱-质谱/质谱法。该法的原理是在试样中加入 $^{13}C_3$ 标记的丙烯酰胺内标溶液，以水为提取溶剂，经过固相萃取柱或基质固相分散萃取净化后，以液相色谱-质谱/质谱的多反应离子监测（MRM）或选择反应监测（SRM）进行检测，内标法定量。

（三）氯丙醇

氯丙醇是一种具有三个异构体（2-氯-1-丙醇、3-氯-1-丙醇和 1-氯-2-丙醇）的有机物，其化学式为 C_3H_7ClO。这些无色液体微有醚的气味，能溶于水、乙醇及乙醚，并能在一定条件下形成二元共沸物。氯丙醇在工业中作为重要的有机合成原料，广泛应用于酯类、醚类、酰氯等化合物的合成，同时也是有机溶剂、防锈剂和清洁剂等的重要成分。然而，氯丙醇也具有一定的毒性，可对人体健康造成潜在威胁，特别是对肝、肾、神经系统和血液循环系统有不良影响，并可能具有致癌性。因此，在处理和使用氯丙醇时，必须严格遵守安全规定，穿戴适当的防护装备，并控制工作场所空气中的浓度，以确保人员安全。

食品中氯丙醇的主要来源主要包括酸水解植物蛋白的副产物，在生产过程中加入的过量盐酸与原料中的油脂反应生成丙三醇，并进一步形成氯丙醇。此外，食品加工和包装过程中，食品接触纸制品若使用含有氯源的添加物或受到氯源的影响，也可能在高温或高压条件下产生氯丙醇。特别是配制酱油等调味品，若使用了不符合卫生条件生产的“酸水解植物蛋白液”，也会成为氯丙醇的重要来源。这些来源均可能导致食品中氯丙醇的污染，进而对人体健康构成潜在威胁。因此，对食品中氯丙醇的监测和控制至关重要。

美国、英国、瑞士及欧盟规定食品中氯丙醇的最高限量标准分别为 1、0.01、10 及 1mg/kg。GB 2762—2022 规定添加酸水解植物蛋白的调味品（固态调味品除外）限量为 0.4mg/kg，固态调味品限量为 1.0mg/kg，同时规定检测方法为《食品安全国家标准　食品中氯丙醇及其脂肪酸酯、缩水甘油酯的测定》（GB 5009.191—2024）。使用同位素稀释-气相色谱-质谱法，在检测样品中加入同位素内标，以氯化钠溶液提取，采用硅藻土小柱净化，经正己烷淋洗后，用乙酸乙酯洗脱氯丙醇，经七氟丁酰基咪唑衍生，以气相色谱-质谱仪测定，内标法定量。

三、食品中其他有毒有害物质检测的应用案例

食品中苯并［a］芘的测定 高效液相色谱法

1. 样品制备

取熏、烧、烤肉类及熏、烤水产品，肉去骨、鱼去刺、贝去壳，把可食部分绞碎均匀，储于洁净的样品瓶中，并标明标记，于-18～-16℃冰箱中保存备用。

2. 试剂与材料

甲苯（色谱纯）；乙腈（色谱纯）；二氯甲烷（色谱纯）；苯并［a］芘标准品（纯度≥99.0%）；中性氧化铝柱：填料粒径 75～150μm，22g，60mL；苯并［a］芘分子印迹柱：500mg，6mL；微孔滤膜：0.45μm。

3. 仪器和设备

液相色谱仪：配有荧光检测器；分析天平（感量为 0.01mg 和 1mg）；粉碎机；组织匀浆机；离心机：转速≥4000r/min；涡旋振荡器；超声波振荡器；旋转蒸发器或氮气吹干装置；固相萃取装置。

4. 分析步骤

（1）样品提取　称取 1g（精确至 0.001g）试样，加入 5mL 正己烷，旋涡混合 0.5min，40℃下超声提取 10min，4000r/min 离心 5min，转移出上清液。再加入 5mL 正己烷重复提取一次。合并上清液，用下列两种净化方法之一进行净化。

（2）样品净化　采用苯并［a］芘分子印迹柱，依次用 5mL 二氯甲烷及 5mL 正己烷活化柱子。将待净化液转移进柱子，待液面降至柱床时，用 6mL 正己烷淋洗柱子，弃去流出

液。用 6mL 二氯甲烷洗脱并收集净化液到试管中。将净化液在 40℃下氮气吹干，准确吸取 1mL 乙腈涡旋复溶 0.5min，过微孔滤膜后供液相色谱测定。

（3）仪器参考条件　色谱柱：C18，柱长 250mm，内径 4.6mm，粒径 5μm，或性能相当者；流动相：乙腈-水＝88+12；流速：1.0mL/min；荧光检测器：激发波长 384nm，发射波长 406nm；柱温：35℃；进样量：20μL。

（4）标准曲线的制作　将标准系列工作液分别注入液相色谱中，测定相应的色谱峰，以标准系列工作液的浓度为横坐标，以峰面积为纵坐标，得到标准曲线回归方程。苯并［a］芘标准溶液的液相色谱图见图 13-8。

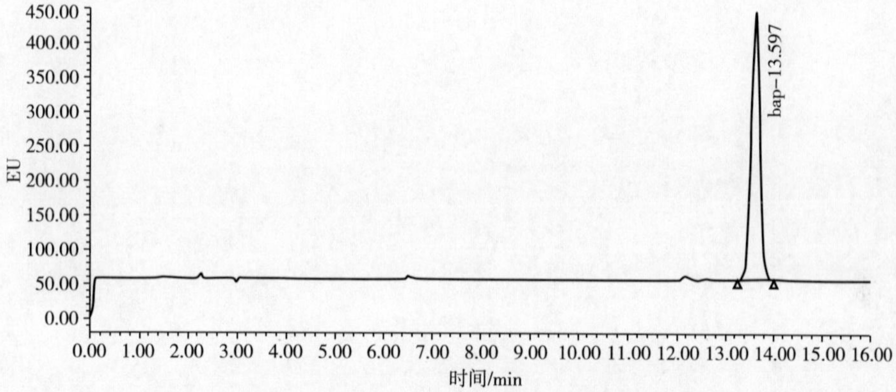

图 13-8　苯并［a］芘标准溶液的液相色谱图

（5）试样溶液的测定　将待测液进样测定，得到苯并［a］芘色谱峰面积。根据标准曲线回归方程计算试样溶液中苯并［a］芘的浓度。

5. 结果计算

试样中苯并［a］芘的含量按式（13-5）计算

$$X=\frac{\rho \times V}{m} \times \frac{1000}{1000} \qquad (13-5)$$

式中　X——试样中苯并［a］芘含量，μg/kg；

ρ——由标准曲线得到的样品净化溶液浓度，ng/mL；

V——试样最终定容体积，mL；

m——试样质量，g；

1000——由 ng/g 换算成 μg/kg 的换算因子。

结果保留到小数点后一位。

思考题

1. 什么是食品中的有毒有害物质？食品中有毒有害物质的主要来源有哪些？请举例

说明。

2. 在农残测定操作中，如果前处理过程中发现固相微萃取的重复性较差，可能是什么原因？如何解决这个问题？

3. 设置食品中有毒有害物质限量标准的主要目的是什么？

4. 针对食品中丙烯酰胺的检测，设计一个实验方案并详细描述实验步骤、所需仪器和试剂。

5. 请讨论基于大数据和人工智能的检测方法在食品有毒有害物质检测中的应用前景。

第十四章
食品功能性成分的测定

【学习目标】

1. 掌握功能食品的定义及分类。

2. 掌握各食品功能性成分的测定原理。

3. 了解食物中低聚糖、粗多糖、超氧化物歧化酶和番茄红素的测定方法和注意事项。

4. 熟悉食品中总酚、总黄酮、总花色苷、总皂苷、多肽含量的测定方法和注意事项。

5. 了解总酚、总黄酮、总花色苷、总皂苷、多肽含量的测定原理。

6. 了解食品中功能性成分的测定意义。

【学习重点与难点】

1. 重点是食品功能性成分测定的方法。

2. 难点是食品功能性成分测定的原理。

3. 重点是食品中功能性成分的测定方法。

4. 难点是食品中功能性成分的测定原理。

第一节 概述

随着我国社会经济的持续发展，居民的膳食状况有了显著改善，但仍然存在营养不足、饮食结构不合理和健康食品供应不足等问题。因此，优化膳食结构和增强营养摄入是提高膳食质量和改善公众健康的关键措施。另外，对于亚健康人群、慢性疾病患者、生长发育期的儿童以及老年人等特定群体，他们更加期望通过膳食摄入降低患病风险或提升身体健康水平，尤其在慢性疾病日趋严重的今天，这种期望变得尤为迫切。功能性食品（functional food）的研究与开发已成为食品科学领域的前沿方向，这类食品不仅提供基本的营养价值和感官体验，还具备调节人体生理机能、促进健康的益处。功能性食品的功效涵盖了辅助改善记忆、缓解视觉疲劳、耐缺氧，有助于控制体内脂肪、调节肠道菌群、维持血脂健康水平、清咽润喉、改善睡眠等多个方面。因此，功能性食品在21世纪的食品工业中代表了一种新兴的发展趋势。功能性食品的研究与开发不仅丰富了食品的种类，也为现代人提供了通过饮食改善健康状况的新途径。随着科学研究的深入和消费者认知的提高，功能性食品有望在促进公共健康方面发挥更大的作用。功能食品中真正起生理调节作用的成分称为功能活性成分，包括但不限于低聚糖、多糖、抗氧化剂、多肽、黄酮类化合物、多酚类化合物、皂苷等，而且随着研究的深入，新的功能活性成分还在不断的发现之中，测定这些功能活性成分对于评估食品的营养价值、功能性和安全性至关重要。

一、功能食品的概念

功能食品，在我国也称之为“保健食品”，根据《食品安全国家标准　保健食品》（GB 16740—2014）中的定义，功能食品指“声称并具有特定保健功能或者以补充维生素、矿物质为目的的食品。即适用于特定人群食用，具有调节机体功能，不以治疗疾病为目的，并且对人体不产生任何急性、亚急性或者慢性危害的食品”。从功能食品的定义也可看出，功能食品应满足的以下基本条件：①明确的保健功能，即应具有经过科学验证的特定保健功能，这些功能应当是具体且明确的，如有助于增强免疫力、缓解体力疲劳、有助于维持血糖健康水平、有利于维持血压平衡等。②含有化学结构明确的功能因子，即该类食品中应含有已知化学结构和生物活性的功能因子，这些功能因子是食品发挥健康效益的关键成分。③功能因子在食品中稳定存在，并有特定的形态和含量，摄入后能够有效地被人体吸收和利用。④口服有效性，即功能性食品通过口服途径摄入时，应能发挥其预期的健康功效。⑤高安全性，即功能性食品必须确保长期食用对人体安全，不产生任何急性、亚急性或慢性的健康风险。⑥消费者接受性，即功能性食品应符合消费者的饮食习惯和口味偏好，易于被市场接受，并在标签上明确其调节功能。

二、功能食品的分类

功能食品由于原料组成和功能因子的多样性，展现了丰富的产品类型和形态。这类食品在调节人体生理功能、生产工艺技术以及产品形式上丰富多样。鉴于此，功能食品的分类方法多样，我国通常是基于其对人体机能的调节作用来进行分类的。

（一）按选用原料的不同分类

功能食品按所选用的原料不同，在宏观上可分为植物类、动物类和微生物（益生菌）类。在中国，可用于功能性食品的原料主要源于国家卫生健康委员会公布的相关名单，包括“既是食品又是药品的物品名单”“可用于保健食品的物品名单”以及“可用于保健食品的益生菌菌种名单”。

（二）按功能因子种类的不同分类

功能食品按功能因子（即功能性成分，指功能食品中真正起生理作用的成分）种类的不同，可分为功能性碳水化合物（如功能性低聚糖、活性多糖等）、功能性脂类（如 ω-3 多不饱和脂肪酸、ω-6 多不饱和脂肪酸、磷脂等）、肽与蛋白质类（如酪蛋白、乳铁蛋白、免疫球蛋白等）、维生素和维生素类似物类（如水溶性微生物、脂溶性微生物、生物类黄酮等）、矿物元素类（如常量元素、微量元素等）、植物活性成分（如生物碱、皂苷、萜类化合物等）以及微生态制剂（如乳酸菌类）类功能食品。

（三）按产品形态的不同分类

功能食品按产品形态可分为饮料类、口服液类、酒类、冲剂类、片剂类、胶囊类和微胶囊类等。在我国市场上，一些功能性食品保留了传统食品的形态，如保健酒和保健茶，而另一些则以口服液、胶囊和片剂等形式出现，这些形式通常与药品形态相似。

（四）按保健作用的不同分类

2023 年 8 月，国家市场监督管理总局、国家卫生健康委员会和国家中医药局关于发布《允许保健食品声称的保健功能目录　非营养素补充剂（2023 年版）》及配套文件，其中，《保健食品功能检验与评价技术指导原则（2023 年版）》和《保健食品功能检验与评价方法（2023 年版）》明确了自公告发布之日起，保健食品注册检验机构受理的注册保健食品的检验申请，可按照《保健食品功能检验与评价方法（2023 年版）》开展产品功能评价试验等工作。《允许保健食品声称的保健功能目录　非营养素补充剂（2023 年版）》将原来的 27 种保健功能调整为 24 种，删除了“改善生长发育”“促进泌乳”“改善皮肤油分”3 种共识程度不高、健康需求不明晰的保健功能，修改后的保健功能为有助于增强免疫力、有助于抗氧化、辅助改善记忆、缓解视觉疲劳、清咽润喉、有助于改善睡眠、缓解体力疲劳、耐缺氧、有助于控制体内脂肪、有助于改善骨密度、改善缺铁性贫血、有助于改善痤疮、有助于改善黄褐斑、有助于改善皮肤水分状况、有助于调节肠道菌群、有助于消化、有助于润肠通便、辅助保护胃黏膜、有助于维持血脂（胆固醇/甘油三酯）健康水平、有助于维持血糖健康水平、有助于维持血压健康水平、对化学性肝损伤有辅助保护作用、对电离辐射危害有辅助保护作用、有助于排铅。

三、功能食品的发展前景

功能性食品（functional food）的创新与开发正朝着更加精准、多元和科学化的方向发展，这一趋势主要体现在以下几个关键方面：①精准营养的推进。随着临床数据的积累和个体化健康需求的上升，科研人员正在发展基于个人遗传背景、生活方式和健康状况的精准营养解决方案，通过目标菌种的定向定植靶向调节肠道菌群。②功能食品原料来源的多元化。在“大食物观”理念的指导下，功能性食品的原料范围正在不断扩展，不仅限于传统的植物、动物和微生物资源，也涉及更多具有潜在健康益处的新资源的开发。③健康功能循证更加科学规范。随着《保健食品功能检验与评价方法（2023 年版）》的发布，功能性食品的健康功效评价变得更加科学和规范，如对动物实验和人体试食实验的补充，确保功能性声明的准确性和可靠性。④技术融合与产品创新。高新技术如人工智能和大数据分析，正在被应用于功能性食品的研发和生产过程中，不仅提高了原料的利用效率，也促进了新产品的开发和市场供给的多元化。

四、食品功能性成分的测定

食品功能性成分的检测对于食品科学领域至关重要，主要体现在以下几个方面：①可确保功能食品的功能性和安全性。通过检测可以确保功能性食品中活性成分的含量和分布，满足特定的健康声称，同时保证功能食品的安全性。②促进健康声称的科学化。为功能性食品的健康声称提供科学依据，帮助消费者理解食品的潜在健康益处。③提高功能性食品的质量。通过对食品中功能性成分定量分析，可优化生产过程，提高产品的整体质量。④推动科学研究。食品功能性成分的检测可以推动对食品中生物活性成分的深入研究，促进新的功能食品的开发。⑤满足消费者需求。随着消费者对健康食品的需求日益增长，功能性成分的检测有助于满足他们对食品成分透明度的需求。⑥促进精准营养。食品功能性成分的检测有助于实现针对个体差异的精准营养，通过个性化的食品成分分析来满足特定健康目标。⑦疾病预防和治疗。食品功能性成分的检测有助于发现和利用具有预防和治疗慢性疾病潜力的生物活性成分。⑧支持功能性食品的市场定位。准确的食品功能性成分的检测结果可以支持功能性食品在市场上的定位和推广。总之，食品功能性成分的检测是连接科学研究、功能食品开发和消费者需求的重要环节，对于推动功能性食品的发展和人类健康具有重要意义。

第二节 大豆低聚糖含量的测定

大豆低聚糖是大豆籽粒中可溶性寡糖的总称，主要由蔗糖、水苏糖和棉籽糖按一定比例组成，主要的生理功能性成分是水苏糖和棉籽糖。水苏糖是由半乳糖通过 α-1,6 糖苷键与半乳糖连接而成的四糖，棉籽糖是由半乳糖通过 α-1,6 糖苷键与蔗糖的葡萄糖基连接而成的三糖。大豆低聚糖具有保护肝功能、降低血脂、抗癌、提高免疫力、调节肠道菌群平衡、防止腹泻和便秘、促进营养物质的吸收和防龋齿等生理功能。大豆低聚糖含量的测定对于研究其生理活性、作用机制以及与其他食品成分的相互作用等具有重要意义。

目前，大豆低聚糖的测定方法主要是气相色谱法和高效液相色谱法。气相色谱法需要将样品衍生化后才能进行测定，而高效液相色谱法可直接测定样品中提取的低聚糖，样品前处理方法相对比较简单，还可减少样品糖分的损失。本节内容主要采用液相色谱法测定大豆低聚糖的含量。

1. 原理

样品经 80%乙醇浸提后，经 0.45μm 滤膜过滤后，采用反相 HPLC 测定样品中的蔗糖、水苏糖和棉籽糖，根据色谱峰的保留时间进行定性，根据峰面积进行定量，蔗糖、水苏糖和棉籽糖含量之和为大豆低聚糖含量。

2. 主要试剂和仪器设备

低聚糖标准溶液的配制（10mg/mL）：分别精密称取 100mg（精确至 1mg）蔗糖、水苏糖和棉籽糖标准品，加入 80%乙醇溶液溶解，转移至 10mL 容量瓶中，加水定容至刻度，摇匀。经 0.45μm 滤膜过滤后，待 HPLC 分析用。

高效液相色谱仪配备示差折光检测器。

色谱条件：色谱柱：Kromasil-NH_2 色谱柱（4.6mm×250mm，5μm）；流动相：乙腈-水体系（80∶20，体积比）；流速：1.0mL/min；柱温：30℃；检测器温度：30℃；进样量：10μL；检测系统：示差折光检测器。

3. 分析步骤

（1）样品制备　准确称取 1.000g 样品，加 80%乙醇溶液溶解，之后稀释定容至 100mL，混匀，经 0.45μm 滤膜过滤后进行 HPLC 检测。

（2）绘制标准曲线　分别取低聚糖标准溶液 1.0、2.0、3.0、4.0、5.0μL（相当于蔗糖、水苏糖和棉籽糖质量 10、20、30、40、50μg）注入液相色谱仪，进行 HPLC 分析，测定各组分色谱峰面积，以标准糖质量对相应的峰面积作标准曲线。

（3）样品测定　在相同的色谱分析条件下，取 10μL 样品溶液注入 HPLC 分析，测定样品中蔗糖、水苏糖和棉籽糖色谱峰面积，与标准曲线比较确定样品中低聚糖 i 组分的质量。

4. 结果计算

样品中低聚糖各组分含量按式（14-1）计算获得。

$$X = \frac{\sum m_i \times V \times 100}{V_1 \times m \times 1000 \times (100 - w)} \times 1000 \tag{14-1}$$

式中　X——样品中大豆低聚糖的含量（以质量分数计,%）；

m_i——低聚糖组分 i 的质量，mg；

V——样品溶液体积，μL；

V_1——进样液的体积，μL；

m——样品质量，g；

w——样品水分（以质量分数计,%）。

5. 注意事项

选择合适的色谱柱、流动相比例、流速、柱温等条件，以确保大豆低聚糖的三种主要组分（蔗糖、棉籽糖、水苏糖）能够完全分离并准确测定。若样品成分过于复杂，蔗糖、水苏糖和棉籽糖的色谱峰分离不太好时，可考虑将流动相的比例调整为乙腈：水=60：40（体积比），以增加三种组分的分离度。

第三节 粗多糖含量的测定

多糖是醛糖或酮糖通过糖苷连接在一起的聚合物，具有多种重要的生理功能。粗多糖含量的测定对于确保食品安全、评估健康益处具有重要意义。粗多糖是指以β-D-葡聚糖或α-D-葡聚糖或其他碳糖为主链的一系列高分子化合物，其分子通式为（$C_6H_{12}O_6$）$_n$。目前，粗多糖的测定方法主要有碱性酒石酸铜滴定法和比色法（苯酚-硫酸法、蒽酮-硫酸法）。比色法由于其灵敏度高且样品用量少，被广泛应用。其中苯酚-硫酸法是粗多糖测定最常用的方法，因而本节主要采用苯酚-硫酸法测定样品中粗多糖含量。另外，部分样品中含有淀粉、糊精等组分，会干扰测定结果，因而在样品前处理过程中可采用α-淀粉酶和淀粉葡萄糖苷酶将样品中添加的淀粉和糊精酶解成葡萄糖经乙醇沉淀去除，避免了淀粉和糊精对样品中粗多糖检测的干扰。因此，本节先判定样品中是否含有淀粉和糊精，再进一步测定不含或者含淀粉和糊精的食品中粗多糖的含量。

一、淀粉和糊精的定性鉴别

1. 原理

淀粉和糊精与碘溶液反应后会变色。

2. 主要试剂及配制

碘化钾；碘（I_2，CAS：7553-56-2）。

碘溶液的配制：称取 3.6g 碘化钾溶于 20mL 水中，再加入 1.3g 碘，搅拌溶解后加水稀释至 100mL。

3. 分析步骤

称取 1g 粉碎的样品（过 20mm 孔径筛）置于 50mL 离心管内。加入 25mL 水，用涡旋振荡器将样品充分混匀，在4000r/min离心10min。取10mL上清液置于20mL具塞试管内，加入一滴碘溶液，使用涡旋振荡器充分混匀几次，观察是否有淀粉或糊精与碘溶液反应后呈现的蓝色或红色。若出现显色反应，则判定样品中含有淀粉或糊精。

二、不含淀粉和糊精的食品中粗多糖含量的测定

1. 原理

含粗多糖的样品经乙醇沉淀后，可去除其他可溶性糖及杂质的干扰，之后在浓硫酸的作用下，水解成单糖，并迅速脱水生成糖醛衍生物，与苯酚反应生成橙黄色溶液，在490nm处有特征吸收，与标准曲线比较，可定量测定粗多糖的含量。

2. 主要试剂和仪器设备

（1）主要试剂及配制

硫酸（H_2SO_4），ρ=1.84g/mL；无水乙醇（C_2H_5OH）；苯酚（C_6H_6O），重蒸馏。

D-无水葡萄糖标准品（$C_6H_{12}O_6$，CAS：50-99-7）：纯度 ≥ 98%，使用前应于105℃烘箱烘干至恒重。

80%乙醇溶液：取80mL无水乙醇，置于100mL容量瓶中，加入水溶液并定容至刻度。

80%苯酚溶液：称取80mg苯酚于100mL烧杯中，加水溶解，转移至100mL棕色容量瓶中，加水定容至刻度，摇匀，置于4℃冰箱中储存备用。

5%苯酚溶液：吸取5mL 80%苯酚溶液，溶于75mL水中，混匀，现用现配。

0.1mg/mL标准葡萄糖溶液：精密称取0.100g葡萄糖标准品，溶于500mL烧杯中，加水溶解，转移至1000mL容量瓶中并加水定容至刻度，摇匀后置于4℃冰箱中储存备用。

（2）仪器设备

可见分光光度计；超声波提取器；离心机（4000r/min）；真空冷冻干燥仪。

3. 样品的制备与保存

（1）枸杞干果、葡萄干、杏干等果脯样品　将待测的固体样品置于真空冷冻干燥仪中干燥后进行粉碎，粉碎后的样品过20mm孔径筛，混合均匀，-18℃冰箱内保存。

（2）香菇、平菇、灵芝等菌类样品　将待测样品干燥后进行粉碎，粉碎后过20mm孔径筛，混合均匀，-18℃冰箱内保存。

（3）葡萄、大枣等水果样品　将待测样品去皮、去核，干燥后粉碎，之后过20mm孔径筛，混合均匀，-18℃冰箱内保存。

（4）六堡茶　将待测样品干燥后进行粉碎，粉碎后过20mm孔径筛，混合均匀，-18℃冰箱内保存。

4. 分析步骤

（1）样品制备　称取0.2~1.0g样品（精确至0.001g），置于50mL具塞离心管内。先加入5mL水浸润样品，之后缓慢加入20mL无水乙醇，使用涡旋振荡器充分振摇，使样品

混合均匀，超声提取 30min。在 4000r/min 的条件下离心 10min，弃去上清液。沉淀物用 10mL 80%的乙醇溶液洗涤并离心。用水将上述沉淀物转移至圆底烧瓶，加入 50mL 水，超声提取 30min，重复 2 次。冷却至室温后用滤纸过滤，将滤液转移至 200mL 容量瓶中，残渣洗涤 2~3 次，洗涤液也转入容量瓶中，加水定容至 200mL。若溶液颜色较深，可进行脱色处理。若样品中粗多糖的含量较高，可适当稀释后进行分析测定。

（2）绘制标准曲线　分别取葡萄糖标准溶液 0、0. 2、0. 4、0. 6、0. 8、1. 0mL（相当于葡萄糖质量 0、20、40、60、80、100μg）置于 20mL 具塞试管中，加蒸馏水补至 1mL，加入 1. 0mL 5%苯酚溶液后快速加入 5. 0mL 硫酸（垂直液面加入），静置 10min。之后在涡旋振荡器上充分振荡混匀，然后将试管放入 30℃ 水浴中反应 20min，在 490nm 处测定吸光度值。以吸光度为纵坐标、葡萄糖质量浓度为横坐标作标准曲线。

（3）样品测定　取 1mL 样品溶液于 20mL 具塞试管中，加入 1. 0mL 5%苯酚溶液后快速加入 5. 0mL 硫酸（垂直液面加入），静置 10min。之后在涡旋振荡器上充分振荡混匀，然后将试管放入 30℃ 水浴中反应 20min，在 490nm 处测定吸光度值，重复三次，取吸光度平均值。

（4）空白实验　除不加试样外，采用完全相同的测定步骤进行平行操作。

5. 结果计算

样品中粗多糖含量按式（14-2）计算。

$$w = \frac{m_1 \times V_1}{m_2 \times V_2} \times 0.9 \times 10^{-4} \tag{14-2}$$

式中　w——样品中粗多糖的含量，g/100g；

m_1——标准曲线对应样品测定液中含糖量的数值，μg；

V_1——样品定容体积，mL；

m_2——样品质量，g；

V_2——比色测定时所取样品测定液的体积，mL；

0. 9——葡萄糖换算为葡聚糖的校正系数。

6. 注意事项

在样品测定过程中可酌情减少称样量或加大提取液定容体积。另外，应严格控制苯酚和硫酸的加入量、反应时间和温度等条件。通过离心、过滤等方法去除提取液中的不溶性杂质和干扰成分，如蛋白质、色素等。必要时可采用柱层析、透析等纯化方法进行进一步处理。

三、含淀粉和糊精的香菇制品中粗多糖含量的测定

1. 原理

含粗多糖的样品采用乙醇第一次沉淀后，可去除样品中溶解的葡萄糖，采用 α-淀粉酶

和淀粉葡萄糖苷酶将样品中添加的淀粉和糊精酶解成葡萄糖，再经乙醇二次沉淀去除，避免其对样品中粗多糖检测的干扰，之后在浓硫酸的作用下，水解成单糖，并迅速脱水生成糖醛衍生物，与苯酚反应生成橙黄色溶液，在490nm处有特征吸收，与标准曲线比较，可定量测定粗多糖的含量。

2. 主要试剂和仪器设备

（1）主要试剂及配制

硫酸（H_2SO_4），ρ=1.84g/mL；无水乙醇（C_2H_5OH）；苯酚（C_6H_6O），重蒸馏；α-淀粉酶；淀粉葡萄糖苷酶；磷酸盐缓冲溶液（0.1nmol/L，pH 6.8）。

D-无水葡萄糖标准品（$C_6H_{12}O_6$，CAS：50-99-7）：纯度≥98%，使用前应于105℃烘箱烘干至恒重。

80%乙醇溶液：取80mL无水乙醇，置于100mL容量瓶中，加入水溶液并定容至刻度。

80%苯酚溶液：称取80mg苯酚于100mL烧杯中，加水溶解，转移至100mL棕色容量瓶中，加水定容至刻度，摇匀，置于4℃冰箱中避光储存。

5%苯酚溶液：吸取5mL 80%苯酚溶液，溶于75mL水中，混匀，现用现配。

0.1mg/mL标准葡萄糖溶液：精密称取0.100g葡萄糖标准品，溶于500mL烧杯中，加水溶解，转移至1000mL容量瓶中并加水定容至刻度，摇匀后置于4℃冰箱中储存备用。

（2）仪器设备　可见分光光度计；超声波提取器；涡旋混合器；离心机，4000r/min；真空冷冻干燥仪。

3. 分析步骤

（1）样品制备　将待测样品干燥后进行粉碎，过20mm孔径筛，混合均匀。称取1.0g样品（精确至0.001g），置于50mL具塞离心管内。先加入3mL水浸润样品，之后缓慢加入4倍体积的无水乙醇（边加边搅拌），使用涡旋振荡器充分振摇，使样品混合均匀，在4000r/min的条件下离心10min，弃去上清液，得到沉淀。沉淀物用10mL 80%的乙醇溶液洗涤并离心，洗涤3次。在4000r/min的条件下离心10min，弃去上清液，将沉淀置于70℃恒温水浴锅上加热20min，以除去样品中残余的乙醇。得到的沉淀物加少量蒸馏水溶解后定容至100mL，得到样品溶液。

取上述样品溶液2mL置于具塞试管中，加入α-淀粉酶溶液（酶量0.16U/mL），恒温（50℃）酶解30min，反应结束后于100℃沸水浴中灭酶，之后加入1mL淀粉葡萄糖苷酶（酶量40U/mL），恒温（60℃）酶解30min，反应结束后于100℃沸水浴中灭酶。酶解液中加入10~50mL无水乙醇，边加边搅拌，在4000r/min的条件下离心10min，弃去上清液，将沉淀置于70℃恒温水浴锅上加热20min，以除去样品中残余的乙醇，可得到粗多糖。

（2）绘制标准曲线　分别取葡萄糖标准溶液0、0.2、0.4、0.6、0.8、1.0mL（相当于葡萄糖质量0、20、40、60、80、100μg）置于20mL具塞试管中，加蒸馏水补至1mL，加入1.0mL 5%苯酚溶液后快速加入5.0mL硫酸（垂直液面加入），静置10min。之后在涡旋振荡器上充分振荡混匀，然后将试管放入30℃水浴中反应20min，在490nm处测定吸光度值。以吸光度为纵坐标、葡萄糖质量浓度为横坐标作标准曲线。

（3）样品测定　将所得粗多糖溶解后取1mL样品溶液于20mL具塞试管中，加入1.0mL 5%苯酚溶液后快速加入5.0mL硫酸（垂直液面加入），静置10min。之后在涡旋振荡器上充分振荡混匀，然后将试管放入30℃水浴中反应20min，在490nm处测定吸光度值。

（4）空白实验　除不加试样外，采用完全相同的测定步骤进行平行操作。

4. 结果计算

样品中粗多糖含量按式（14-2）计算。

5. 注意事项

α-淀粉酶和淀粉葡萄糖苷酶溶液现用现配，在试验过程中可探索酶解的温度和时间，以确保淀粉和糊精被充分地酶解。另外，在酶解过程中，要注意控制溶液的pH，以确保酶活性的稳定和最佳发挥。在加入试剂后，要确保反应时间足够且一致，以保证测定结果的准确性。

第四节　超氧化物歧化酶活性的测定

超氧化物歧化酶（superoxide dismutase，SOD）是广泛存在于动植物及好养微生物中的清除氧自由基的抗氧化酶，能催化超氧阴离子自由基 $O_2^-\cdot$ 发生歧化反应，从而清除 $O_2^-\cdot$。SOD在维持生物体内超氧阴离子自由基产生与消除的动态平衡中起重要作用，是一种能直接且特异性地猝灭超氧化自由基的抗氧化酶，能显著降低超氧阴离子对细胞的毒性作用，具有抗衰老、抗肿瘤和抗辐射等生理功能。通过测定食品中的SOD活性，可以更好地理解食品的营养价值和健康效益，为食品工业和消费者健康提供重要信息。本节主要介绍邻苯三酚自氧化法测定SOD活性。

1. 原理

邻苯三酚在酸性条件下稳定，但在弱碱性条件下会发生自氧化反应，产生的 $O_2^-\cdot$ 可被SOD分解，从而使自氧化受抑制。通常一分子氧完全被还原时需要4个电子生成 $2O^{2-}$ 才能进一步生成水。而邻苯三酚自氧化时只接受了一个电子，生成超氧阴离子自由基，并且在其自氧化过程中以一定的速率产生有色的中间产物。SOD可以将 $O_2^-\cdot$ 歧化分解成 H_2O_2 和 O_2，从而抑制邻苯三酚的自氧化速率，由此可以依据SOD分解 O_2 的能力间接推算酶的活力。

2. 主要试剂和仪器设备

（1）主要试剂及配制　盐酸；三羟甲基氨基甲烷；乙二胺四乙酸二钠；邻苯三酚；

A液为0.1mol/L盐酸溶液：量取4.166mL盐酸，加入水溶液定容至100mL。

B 液为 50mmol/L 三羟甲基氨基甲烷（Tris）-盐酸缓冲液（内含 1mmol/L EDTA·2Na），pH 8.20：分别称取 6.057g 的 Tris 和 372.24mg EDTA·2Na，加入 500mL 搅拌溶解，之后加入 229mL A 液，将 pH 调至 8.20，加水定容至 1000mL（该溶液可吸收空气中的二氧化碳，使用时注意将瓶盖盖严）。

C 液为 10mmol/L 盐酸溶液：量取 A 液 100mL，加水定容至 1000mL。

D 液为 45mol/L 邻苯三酚盐酸溶液：称取 567.5mg 邻苯三酚，用 C 液溶解并定容至 100mL。

（2）仪器设备　紫外-可见分光光度计。

3. 分析步骤

（1）样品制备　称取待测样品，用合适的溶液配制成 1mg/mL 的待测样品溶液，若样品浑浊时，可将样品经 4000r/min 离心 15min，再取上清液进行测定。

（2）邻苯三酚自氧化速率的测定　取 1cm 光径的石英比色皿，加入适量的 C 液进行校零。取若干支试管，分别加入 4.5mL B 液，置于恒温水浴锅内在 25℃保温 30min。取出一只已完成保温的试管，加入 9μL 的 D 液后立即充分混匀并倒入石英比色皿中，在 325nm 波长处重新测定 10 次吸光度值，每隔 30s 读数一次。将第一次测定的吸光度值数据舍弃，将每一个吸光度值减去其前面间隔 1min 的吸光度值即得到一个自氧化速率值 A，将得到的 7 个自氧化率值取平均值，即为该 D 液加样量下邻苯三酚的自氧化速率 A（ΔA/min），计算式（14-3）为

$$A = \frac{\sum_{i=4}^{n}(A_i - A_{i-2})}{7} \tag{14-3}$$

式中　A——邻苯三酚自氧化速率，ΔA/min；

A_i——第 i（i=4,5,6,7,8,9,10）次测量的吸光度值；

A_{i-2}——第（i-2）（i = 4,5,6,7,8,9,10）次测量的吸光度值。

根据测定结果调整 D 液加样量并重复测定，使自氧化速率 A 为（0.070±0.002）ΔA/min。

（3）样品液抑制邻苯三酚自氧化速率的测定　取出一支已完成保温的试管，用微量进样器吸取适量的待测样品溶液加入试管中，充分摇匀。吸取调整后体积的 D 液加入保温的试管中，立即摇匀并倾倒入石英比色皿中，之后在 325nm 波长处重复测定 10 次吸光度值，每隔 30s 检测一次吸光度值。将第一次测定的吸光度数据舍弃，按式（14-4）计算出待测样品溶液抑制邻苯三酚自氧化速率 A'（ΔA/min）。

$$A' = \frac{\sum_{i=4}^{n}(A'_i - A'_{i-2})}{7} \tag{14-4}$$

式中　A'——待测样品溶液抑制邻苯三酚自氧化速率，ΔA/min；

A'_i——加入待测溶液后第 i（i=4,5,6,7,8,9,10）次测量的吸光度值；

A'_{i-2}——假如待测溶液第（i-2）（i = 4,5,6,7,8,9,10）次测量的吸光度值。

根据测定结果调整待测溶液的加样量或稀释倍数，并重复测定，使待测样品溶液抑制邻苯三酚氧化速率 A'（0. 035 ± 0. 002）为 ΔA/min。

4. 结果计算

样品超氧化物歧化酶的酶活性按式（14-5）计算。

$$SOD_U = \frac{\frac{A-A'}{A} \times 100\%}{50\%} \times 4.5 \times \frac{N}{V} \quad (14-5)$$

式中 SOD_U——超氧化物歧化酶活性，U/mL；

A——邻苯三酚自氧化速率，ΔA/min；

A'——待测样品溶液抑制邻苯三酚自氧化速率，ΔA/min；

4. 5——反应液总体积，mL；

N——待测样品溶液稀释倍数；

V——加入待测样品溶液的体积，mL。

5. 注意事项

测定过程中应确保食品样本的新鲜度和代表性，避免在采集和处理过程中引入污染或降解。另外，应注意调整样品中酶的浓度应保持适当，以确保酶活性测定在线性范围内。过高的酶浓度可能会导致底物耗尽过快，而过低的酶浓度则可能使反应速率过慢，影响超氧化物歧化酶活性测定的准确性。

第五节 番茄红素的测定

番茄红素是成熟番茄中主要的疏水性无环类胡萝卜素，具有多种异构体，自然界中普遍以全反式的结构存在于番茄中。番茄红素的分子式为 $C_{40}H_{56}$，如图 14-1 所示，其含有 13 个碳碳双键，且长链多不饱和烯烃分子结构使其具有很强的抗氧化能力和良好的自由基消除能力，并能调节免疫系统平衡，可调节免疫系统平衡，还具有降低心血管疾病风险和抑制肿瘤发生发展等作用。番茄是饮食中番茄红素的主要来源，因此番茄红素也是番茄制品质量的重要考察指标。目前，番茄红素的测定方法主要是分光光度法和 HPLC 法。分光光度法可快速、简便地测定样品中的番茄红素的含量，但可能受到其他色素的干扰。HPLC 法较分光光度法更灵敏准确，且可控性和分离度高，但存在前处理烦琐、易造成总量损失的缺点。本节主要介绍 HPLC 法测定样品中的番茄红素的含量。

1. 原理

试样先在碱性环境下进行皂化处理后用盐酸溶液调节至中性状态，随后用有机溶剂对试样中的番茄红素进行萃取，并将所得的有机相合并、浓缩。之后，通过 C30 色谱柱对浓

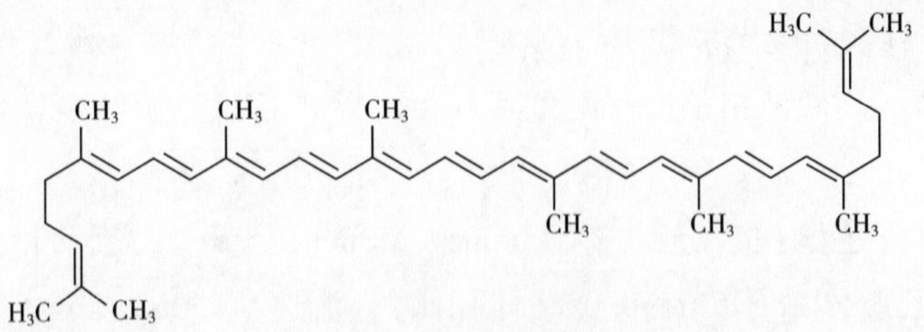

图 14-1　番茄红素的结构式

缩物进行分离，使用 HPLC 配以紫外检测器进行检测后依据外标法进行定量分析。

2. 主要试剂和仪器设备

(1) 主要试剂及配制　甲醇；甲基叔丁基醚；二氯甲烷；盐酸；无水乙醇；氯化钠；氢氧化钠；2,6-二叔丁基对甲酚；石油醚：沸程为 60~90℃。

番茄红素标准品（CAS：502-65-8）：包含 13*z*-番茄红素、9*z*-番茄红素、全反式-番茄红素、5*z*-番茄红素混合物，纯度>95%。

0. 5mol/L 氢氧化钠溶液的配制：称取氢氧化钠 20g（精确至 0. 01g），置于 500mL 烧杯中，加适量水溶解氢氧化钠，待溶液冷却至室温后，转移至 1000mL 容量瓶中并定容至刻度。

0. 6mol/L 盐酸溶液：准确量取 25. 0mL 浓盐酸于 500mL 容量瓶中，加水稀释并定容至刻度线。

5g/L 2,6-二叔丁基对甲酚（BHT）-二氯甲烷溶液：准确称取 0. 5g（精确到 0. 01g）BHT，置于 50mL 烧杯中，加入适量的二氯甲烷溶解 BHT 并转移至 100mL 的棕色容量瓶中，之后用二氯甲烷定容至刻度。

100mg/L 番茄红素标准储备溶液：分别准确称取 10mg BHT（精确至 0. 1mg）和 5mg 番茄红素标准品（精确至 0. 1mg）置于烧杯中，加入少量二氯甲烷溶解，之后转移至 50mL 棕色容量瓶中并定容至刻度，-20℃避光保存，在 24h 内使用。

番茄红素标准溶液：量取 1. 0mL 番茄红素标准储备溶液，置于 50mL 棕色容量瓶中，加入 5. 0mL BHT 和 5. 0mL 无水乙醇，之后用石油醚定容至刻度线，充分混匀后将溶液倒入 1cm 比色皿中，以石油醚作为空白对照，在 472nm 处用紫外-可见光分光光度计测定吸光度。吸光度应控制在 0. 3~0. 7，否则应调整溶液浓度并重新测定吸光度值。番茄红素标准溶液质量浓度 ρ_{st}，按式（14-6）计算

$$\rho_{st} = \frac{A_{max} \times D \times 10000}{3450} \quad (14-6)$$

式中　ρ_{st}——番茄红素标准溶液的质量浓度，mg/L；

A_{max}——番茄红素溶液在 472nm 附近的最大吸收波长处测得的吸光度值；

D——稀释因子（V_B/V_A）；

10000——浓度换算因子；

3450——番茄红素的吸光系数。

（2）仪器设备 高效液相色谱仪配备紫外检测器（UV）；旋转蒸发器；有机微孔滤膜（0.45μm）。

（3）色谱条件 色谱柱：C30 柱（4.6mm×250mm，5μm）；流动相：A 为甲醇，B 为甲基叔丁基醚-三乙胺体系（100∶0.05，体积比）；流速：1.0mL/min；柱温：30℃；进样量：10μL；检测系统：紫外检测器（检测波长为 472nm）；梯度洗脱程序见表 14-1。

表 14-1 梯度洗脱程序表

时间/min	A/%	B/%	时间/min	A/%	B/%
0	80	20	37	20	80
15	65	35	39	10	90
20	45	55	42	10	90
24	35	65	43	80	20
30	32	68	48	80	20

3. 分析步骤

（1）样品制备 准确称取 0.5g 样品（精确至 0.01g），置于 50mL 离心管中，加入 5mL 0.5mol/L 氢氧化钠溶液，充分将样品溶解混匀，在 25℃的室温下皂化 30min。然后分别加入 15mL 蒸馏水和 2g 氯化钠，使用振荡器充分振荡使溶液分散均匀，用 0.6mol/L 的盐酸溶液中和至中性（pH=7，20℃，pH 计）。之后加入 20mL 5g/L 的 BHT-二氯甲烷溶液，振荡 10min，在 4000r/min 的条件下离心 3min，用玻璃吸管将下层有机相转移至 250mL 的圆底烧瓶中，在上层水相中和残渣中再次加入 20mL 5g/L 的 BHT-二氯甲烷溶液，重复以上操作 3 次，直至水相和残渣无色，合并有机相。

将圆底烧瓶中合并的有机溶液用旋转蒸发仪（温度设置为 40℃）浓缩旋蒸至大约 2mL，将溶液转移至 10mL 的棕色容量瓶中，并用 5g/L 的 BHT-二氯甲烷溶液充分润洗圆底烧瓶至少三次，合并三次的润洗液并转移至上述容量瓶中，之后用 5g/L 的 BHT-二氯甲烷溶液定容至 10mL，滤液经 0.45μm 有机微孔滤膜过滤后置于 2.0mL 样品瓶中，用于液相色谱检测。

番茄红素色谱图

（2）绘制标准曲线 分别准确移取 0、0.05、0.1、0.2、0.4、0.8 和 1.0mL 番茄红素标准储备溶液，用二氯甲烷定容至 10mL，得到质量浓度为 0、0.5、1.0、2.0、4.0、8.0、10.0μg/mL 的系列标准工作溶液（现用现配），取样进行 HPLC 分析，测定番茄红素各组分色谱峰面积，以番茄红素的质量浓度为横坐标，以番茄红素各异构体的峰面积和为纵坐标、作标准曲线。番茄红素的色谱图见二维码。

（3）样品测定　在相同的色谱分析条件下，取 10μL 制备的样品溶液注入 HPLC 分析，测定样品中番茄红素各组分峰面积，与标准曲线计算番茄红素的质量。

4. 结果计算

样品中番茄红素的含量按式（14-7）计算获得。

$$X = \frac{c \times V \times 100}{m \times 1000} \tag{14-7}$$

式中　X——样品中番茄红素的含量，mg/100g；

c——由标准曲线得到的试样溶液中番茄红素的总质量浓度，μg/mL；

V——样品溶液的定容体积，mL；

100——换算因子；

m——称取的样品质量，g；

1000——换算因子。

5. 注意事项

使用该方法检测的番茄红素的检出限为 0.30mg/100g，定量限为 1.00mg/100g。番茄红素易溶于有机溶剂，如二氯甲烷等。在选择溶剂时，应确保溶剂对番茄红素具有良好的溶解性，且不与色谱柱发生反应。番茄红素在光照条件下容易分解，因此整个操作过程应尽量避光。样品处理过程中应注意控制处理时间和温度，避免番茄红素的损失。

第六节　总酚含量的测定

总酚（total phenolics）广泛存在于植物中，是一类重要的天然次生代谢产物，连接一个或多个羟基，可分为可溶性的游离形式和不溶性的结合形式，具有抗氧化、抗炎、抗菌、清除自由基等多种生物活性，在维持正常的代谢功能、适当的液体平衡、血压调节、神经传输和免疫系统健康方面发挥着重要作用。但酚酸的稳定性易受 pH、加热温度、加热时间以及糖苷键等的影响，因此准确测定食物样品中的总酚含量对于评估其营养价值和发挥其对人类的健康效益具有重要意义。本节旨在通过标准的化学方法，对样品中的总酚含量进行准确测定，为其在科学研究和实践应用中对人类健康饮食的意义提供基础支持。

1. 原理

采用福林酚显色分光光度法测定样品中的总酚含量，该方法是一种基于氧化还原反应的测定方法。在碱性条件下福林酚试剂中的磷钨酸钼酸盐与多酚类物质的羟基发生氧化还原反应，生成蓝色的络合物，该络合物的颜色深浅与多酚含量成正比，在 760nm 下测定吸光度值，通过吸光度可间接测定多酚含量。

2. 主要试剂和仪器设备

（1）主要试剂及配制　福林酚试剂；碳酸钠；无水乙醇；没食子酸标准品（CH_7O_6，

CAS：149-91-7)：纯度≥98%。

12%碳酸钠溶液：精确称取 12g（精确至 0.01g）无水碳酸钠，用适量水溶解，转移至 100mL 棕色容量瓶中，用水定容至 100mL，摇匀，4℃避光保存。

80%乙醇提取剂：取 80mL 无水乙醇，置于 100mL 容量瓶中，加入水溶液并定容至刻度。

没食子酸对照品储备液（0.1mg/mL）：精密称取 10mg（精确至 0.1mg）没食子酸标准品，加入少量水溶解，转移至 100mL 棕色容量瓶中，加水定容至刻度，摇匀，4℃避光保存。

没食子酸标准系列浓度溶液：准确量取没食子酸对照品储备液 0、0.25、0.50、0.75、1.00、1.25、1.50mL 于 25mL 棕色容量瓶中，用水定容至刻度，摇匀，4℃保存。没食子酸标准系列浓度为 0、1.0、2.0、3.0、4.0、5.0、6.0μg/mL。现用现配。

（2）仪器设备　紫外可见光分光光度计、高速破壁机、超声波提取器、高速冷冻离心机、涡旋振荡器、组织捣碎机、分析天平（精确至 0.1mg）。

3. 分析步骤

（1）样品制备　将鲜果去皮、去籽，组织捣碎机打浆，混合均匀，备用；去除果干果脯等中可见杂质，用高速破壁机粉碎，将其制成粉状，备用。

（2）试样提取

①固态试样：称取固体样品 0.5~2g，精密称定（精确至 0.0001g），置于 50mL 具塞离心管内，加 5mL 水浸润样品，加 80%乙醇溶液 30mL 超声处理 90min，超声过程中振摇数次，保持固相完全分散。超声结束后离心（9000r/min，4℃）5min，过滤，用水洗涤沉淀物，合并洗液及滤液，加水定容至 50mL 容量瓶，即得提取液。

②液态试样：精密量取样品 1~10mL 置于 50mL 具塞离心管内，加 80%乙醇溶液 30mL 超声处理 90min。超声结束后离心（9000r/min，4℃）5min，过滤，用水洗涤沉淀物，合并洗液及滤液，加水定容至 50mL 容量瓶，即得提取液。

（3）绘制标准工作曲线　准确量取没食子酸标准系列浓度溶液 1.0mL 于 25mL 刻度试管中，加 1.0mol/L 福林酚试剂 1.0mL，摇匀后静置 5min，再加入 12%碳酸钠溶液 2.0mL，加水定容至刻度线，30℃水浴加热 90min，在 760nm 处测定吸光度。以 25mL 溶液中没食子酸质量（mg）为横坐标，吸光度为纵坐标，绘制标准曲线。

（4）试样的测定　准确量取提取液 1mL，置于 25mL 刻度试管中，加入 1.0mol/L 福林酚试剂 1.0mL，再加入 12%的碳酸钠溶液 2.0mL，加水定容至刻度线，30℃水浴加热 90min，在 760nm 处测定吸光度。若样品多酚含量较高（吸光度不在 0.1~0.8），可适当稀释后再进行分析测定。

（5）空白实验　与试样的测定平行进行，取相同量的所有试剂，采用相同的分析步骤，用 1mL 蒸馏水代替待测液作为空白。

4. 结果计算

（1）固态试样　试样中总酚含量（以没食子酸计）以百分含量（%）表示，按式（14-8）进行计算。

$$X = \frac{m \times d}{M \times 1000} \times 100\% \tag{14-8}$$

式中　X——试样中总酚含量（以没食子酸计）；

m——由标准曲线查出的样品中没食子酸质量，mg；

M——试样质量，g；

d——样品稀释倍数。

计算结果保留小数点后两位。

（2）液态试样

试样中总酚含量（以没食子酸计）以百分含量（%）表示，按式（14-9）进行计算。

$$X = \frac{m \times d}{V \times 1000} \times 100\% \tag{14-9}$$

式中　X——试样中总酚含量（以没食子酸计）；

m——由标准曲线查出的样品中没食子酸质量，mg；

V——试样体积，mL；

d——样品稀释倍数。

计算结果保留小数点后两位。

5. 注意事项

（1）不同的分光光度计所测得的吸光度值可能不同，所以同一次实验要用同一台分光光度计，使用同一批次的试剂和材料，确保实验结果的可靠性，尽量减小实验误差、偏差。

（2）实验操作需规范、准确，严格控制温度和时间等条件，确保实验的准确性，并定期进行仪器校准和维护，保证测量精度，减小实验偏差。

（3）由于多酚在光照、温度等条件下极易发生变化、分解，因此操作过程中需避光处理以防止多酚的分解。

第七节　总黄酮含量的测定

总黄酮（total flavonoids）是植物中普遍存在的一类具有苯并吡喃环结构的黄酮类化合物的总称，包括黄酮、黄酮醇、双氢黄（醇）、异黄酮、双黄酮、黄烷醇、查尔酮、橙酮、花色苷及新黄酮类等。具有抗氧化、改善血液循环、降低胆固醇、降血糖、改善心脑血管疾病症状等多种生物活性。因此，准确测定植物样品中的总黄酮含量对于评估其潜在的药用价值及营养价值具有重要意义。

黄酮类化合物的测定有多种方法，如液相色谱法、分光光度法等。液相色谱法可以测定单一的黄酮成分，分光光度比色法可以测定不同样品中黄酮成分的总量。本章节借助分光光度比色法测定不同样品中总黄酮的含量，该方法具有设备要求简单、操作简便、易于推广普及的特点。

拓展视频

一、蜂胶中总黄酮含量的测定

1. 原理

溶于乙醇的黄酮类化合物在弱碱性条件下，与显色剂三价铝离子结合生成有色物质，可在415nm波长附近产生最大吸收。在一定浓度范围内，其吸光度与黄酮类化合物的含量成正比。与标准曲线比较，可定量测定黄酮类化合物的含量。

2. 主要试剂和仪器设备

（1）主要试剂及配制

①无水乙醇。

②95%乙醇提取剂：取95mL无水乙醇，置于100mL容量瓶中，加入水溶液并定容至刻度。

③硝酸铝溶液（100g/L）：称取 $Al(NO_3)_3 \cdot 9H_2O$ 17.60g，加水溶解，定容于100mL容量瓶中摇匀。

④乙酸钾溶液（9.8g/L）：称取乙酸钾9.814g，加水溶解，定容于100mL容量瓶，摇匀。

⑤芦丁对照品储备液（1.0g/L）：精密称取经120℃减压真空干燥至恒重的芦丁对照品50mg，置于50mL容量瓶中，加无水乙醇溶解并稀释至刻度，摇匀。

⑥芦丁对照品使用溶液（0.2g/L）：精密吸取芦丁对照品储备液10mL，置于50mL容量瓶中，加无水乙醇至刻度，摇匀。

（2）仪器设备　可见分光光度计、减压干燥箱（真空：温度200℃）、高速组织捣碎机：8000~12000r/min、分析天平（精确至0.1mg）、离心机、移液管、容量瓶等。

3. 分析步骤

（1）样品制备　将同一份样品的所有蜂胶块（取50~100g）置于冷冻条件下冷冻，待其变硬变脆后，用木锤敲打砸成小碎块，用高速组织捣碎机粉碎后，过14目筛，混匀备用。

（2）试样提取

①固态试样：称取上述已粉碎的蜂胶样品约1g（精确至1mg）。置烧杯中，加入95%乙醇约30mL，烧杯置于65℃水浴中加热约45min，搅拌使之溶解。取出后冷却至室温，上清液使用快速滤纸过滤。烧杯、漏斗、滤渣及滤纸用少量95%乙醇洗涤至滤液无色。最后用95%乙醇稀释至50mL，摇匀，待测。

②液态试样：称取上述已粉碎的蜂胶样品约0.5g（精确至1mg）。加入约50mL 95%乙醇，在恒温水浴中振荡提取4~6h。使用离心机离心加速提取，收取上清液并保存备用。然

后吸取蜂胶溶液样品 5~10mL，置于 50mL 容量瓶中，加 95%乙醇稀释至刻度，摇匀，待测。或吸取蜂胶样品溶液 5~10mL，置于 50mL 容量瓶中，称重（精确至 1mg），加 95%乙醇稀释至刻度，摇匀，待测。

（3）绘制标准工作曲线　精确吸取芦丁对照品使用溶液 1、2、3、4、5、6mL，分别置于 50mL 容量瓶中。加 95%乙醇至总体积为 15mL，依次加入硝酸铝溶液 1mL、乙酸钾溶液 1mL，摇匀，加水至刻度，摇匀，静置 1h。用 1cm 比色杯于 415nm 处，以 30%乙醇溶液为空白，测定吸光度。以 50mL 中芦丁质量（mg）为横坐标，吸光度为纵坐标，绘制标准曲线或按直线回归方程计算。线性工作范围 0~1.2mg（50mL）。

（4）空白实验　精密吸取待测试料溶液 1.0mL，置于 50mL 容量瓶中，加 95%乙醇至总体积为 15mL，加水稀释至刻度，摇匀。

（5）试样的测定　准确量取待测液 1.0mL，置于 50mL 容量瓶中，加 95%乙醇至总体积为 15mL，依次加入硝酸铝溶液 1mL、乙酸钾溶液 1mL，摇匀，加水至刻度，摇匀，静置 1h。以空白试液作参比，用 1cm 比色杯，在波长 415nm 处测定试样溶液的吸光度。查标准曲线或通过回归方程计算，求出试样溶液中的黄酮类化合物含量（mg）。

4. 结果计算

蜂胶中黄酮类化合物的总含量按式（14-10）计算。

$$X = \frac{m}{W \times d \times 1000} \times 100\% \tag{14-10}$$

式中　X——黄酮类化合物的总含量，%；

m——由标准曲线或由直线回归方程求出的样品比色液中芦丁质量，mg；

W——样品的质量或体积，g 或 mL；

d——稀释比例。

计算结果保留小数点后两位。

5. 注意事项

（1）颗粒较大的固体样品，称量前适当进行粉碎处理；胶囊样品取 20 粒，挤出内容物可使用研钵研成细粉或者玻璃棒进行混匀，称取内容物；试样取样量和供试液取样体积可根据试样中总黄酮的含量适当调整，以保证测定的吸光度值在 0.1~0.4。

（2）若遇到样品在溶剂中不易分散的，可增大提取乙醇的浓度。

（3）严格控制实验操作条件，如温度、时间等，以减少误差。

（4）使用分析纯试剂，确保实验结果的准确性。

（5）对实验数据进行严格质量控制，如重复测定、平行实验等。

二、柑橘类水果及制品中总黄酮的测定

1. 原理

试剂中的黄烷酮类（橙皮苷、新橙皮苷等）与碱作用，开环生成 2,6-二羟基-4-环

氧基苯丙酮和对甲氧基苯甲醛；在二甘醇环境中遇碱缩合生成黄色橙皮素查耳酮，其生成量相当于橙皮苷的量；在波长420nm处比色测定吸光度，扣除本底后，与标准曲线比较定量。

2. 主要试剂和仪器设备

（1）主要试剂及配置　除非另有说明，在分析中至少使用分析纯试剂或去离子水。

氢氧化钠溶液（4.0g/L）：称取4.0g氢氧化钠，用水溶解后定容至1L。

氢氧化钠溶液（160g/L）：称取16.0g氢氧化钠，用水溶解后定容至100mL。

柠檬酸溶液（200g/L）：称取200g柠檬酸于烧杯中，用水溶解后定容至1L。

一缩二乙醇（二甘醇）溶液（$C_4H_{10}O_3$，9+1）：量取900mL二甘醇，用水溶解后定容至1L。

试剂空白溶液：量取20mL 4.0g/L氢氧化钠溶液，用200g/L柠檬酸溶液调节pH至6.0，用水溶解后定容至100mL。

橙皮苷标准品（$C_{28}H_{34}O_{15}$，CAS：520-26-3，纯度大于99.0%）。

橙皮苷标准溶液（200mg/L）：称取20.0mg橙皮苷，加20mL浓度为4.0g/L氢氧化钠溶液，待其完全溶解后，用200g/L柠檬酸溶液调节pH至6.0，用水溶解后定容至100mL。

（2）仪器设备　紫外可见光分光光度计、高速破壁机、超声波提取器、高速冷冻离心机、涡旋振荡器、组织捣碎机、酸度计（精确至0.1pH单位）、分析天平（精确至0.1mg）。

3. 分析步骤

（1）样品制备

①果实样品的制备：将可食部按四分法进行缩分后切碎，放入组织捣碎机中匀浆后取样。

②果酱、果汁及饮料类样品的制备：充分混匀后直接取样。

③罐头类样品的制备：按四分法进行缩分后，放入组织捣碎机中匀浆后取样。

④果脯蜜饯类：按四分法进行缩分后，将其切碎充分混匀后取样。

（2）试样提取　称取两份平行试料（一般果皮5g，果肉、橘子罐头及果脯蜜饯类5~10g，原汁、浓缩汁2~5g，果汁饮料20~50g；精确至0.01g）于100mL烧杯中，加入10mL 4.0g/L氢氧化钠溶液，用160g/L氢氧化钠溶液调节pH至13.0；摇匀，静置30min后，再用柠檬酸溶液调节pH至6.0，定容至100mL；过滤，收集滤液备用。

（3）标准工作曲线　吸取0、1.00、2.00、3.00、4.00和5.00mL橙皮苷标准溶液于10mL具塞试管中，用试剂空白液定容至5.00mL，摇匀；再依次准确加入5mL二甘醇溶液与0.1mL 160g/L氢氧化钠溶液摇匀，配制成0、20.0、40.0、60.0、80.0和100mg/L系列标准溶液。将各试管置于40℃水浴中保温10min；取出后在冷水浴中冷却5min。以零标准溶液调零，在波长420nm处测定各标准溶液的吸光度；绘制标准曲线。

（4）试样的测定　吸取1.00~5.00mL试液于10mL具塞试管中，用试剂空白溶液定容至5.00mL，准确加入5.00mL二甘醇溶液，摇匀后加0.1mL160g/L氢氧化钠溶液，摇匀；同时吸取一份等量的试液，不加氢氧化钠溶液，作为本底空白。将各试管置于40℃水浴中保温10min；取出后在冷水浴中冷却5min。以本底空白溶液调零，测定试液吸光度，根据标准曲线求出试样溶液的总黄酮质量浓度。

4. 结果计算

试样中总黄酮（以橙皮苷计）含量ω（mg/kg）按式（14-11）计算

$$\omega = \frac{\rho \times 10 \times 100 \times 1000}{m \times V \times 1000} \tag{14-11}$$

式中 ρ——在工作曲线上算出的试液中橙皮苷的质量浓度，mg/L；

V——测定时吸取试液的体积，mL；

m——试料称取质量，g；

10——显色定容体积，mL；

100——试料提取体积，mL。

计算结果保留三位有效数字。

5. 注意事项

测定吸光值时，注意扣除本底色，橙皮苷标准溶液需现配现用。

第八节 总花色苷含量的测定

花色苷（花青素，anthocyanins）是一类广泛存在于植物花瓣、果实中的天然水溶性色素，具有抗氧化、抗肿瘤、抗心血管疾病等多种生物活性。目前，其定量分析方法主要采用pH示差法、（超）高效液相色谱法、高效液相色谱-质谱法等。pH示差法操作简单，但只能用于总花色苷的评价，无法评估单个化合物的含量；（超）高效液相色谱分离效率高、分析速度快、应用范围广，已被广泛运用于不同的领域；定量质谱灵敏度高、选择性好，但其对流动相的选择范围相对较窄，且对植物提取物的分析来讲，定量质谱的使用和维护成本较高。本节拟介绍不同食物中总花色苷的常用测定方法，为进一步深入了解、开发富含花色苷的食物资源奠定基础。

一、黑果枸杞及其制品中花色苷（花青素）的测定

1. 原理

溶液pH不同，花青素的存在形式也不同。在pH≤3时，其溶液呈现稳定的红色（花烊正离子），随着pH增大，在pH为4~6时，其溶液的颜色逐渐褪至无色（甲醇假碱和查尔酮），在pH为8~10时变成紫色或蓝色［醌式（脱水）碱］。花青素发色团的结构转换是pH的函数，其干扰作用的褐色降解物的特性不随pH变化。根据朗伯-比耳定律，在两

个不同的 pH 下，花青素溶液的吸光度差值与花青素的含量成正比。因此，通过两个 pH 在同一波长（以花青素最大可见吸收波长）下的吸光度的差值，以及在 700mm 处测得的用于校正略微浑浊供试液的吸光度值可求得花青素含量。

2. 主要试剂和仪器设备

（1）主要试剂及配制　氯化钾；结晶乙酸钠；浓盐酸（HCl）；无水乙醇；

稀盐酸溶液（2mol/L）：准确移取 16.6mL 浓盐酸至 100mL 容量瓶中，加水稀释至刻度，摇匀。室温下保存，保存期 1 个月。

乙醇溶液（80%）：量取无水乙醇 800mL 于 1000mL 容量瓶中，加水稀释至刻度，摇匀。室温下保存，保存期 1 个月。

氯化钾缓冲溶液（0.025mol/L，pH=1.0）：称取 1.86g 氯化钾固体（精确至±1mg）至 2000mL 烧杯中，加水约 980mL 溶解，先加入浓盐酸 6mL，然后用 2mol/L 稀盐酸溶液调节溶液 pH 至 1.0±0.05 后，转移至 1000mL 容量瓶中，加水稀释至刻度，摇匀。室温下保存，保存期 3 个月。

乙酸钠缓冲溶液（0.4mol/L，pH=4.5）：称取 54.43g 结晶乙酸钠固体（精确至±1mg）至 2000mL 烧杯中，加水约 960mL 溶解，先加入浓盐酸 19mL，然后用 2mol/L 稀盐酸溶液调节溶液 pH 至 4.5±0.05 后，转移至 1000mL 容量瓶中，加水稀释至刻度，摇匀。室温下保存，保存期 3 个月。

（2）仪器设备　紫外可见光分光光度计、高速破壁机、超声波提取器、台式离心机（转速≥8000r/min）、涡旋振荡器、匀浆分散机、酸度计（精确到 0.1pH 单位）、分析天平（精确到 0.1mg）。

3. 分析步骤

（1）样品制备

①黑果枸杞鲜果样品的制备：用四分法取适量或取全部，除去果、柄以外肉眼可见的黑果枸杞枝、叶、碎果、小石子、土颗粒等杂质后，用匀浆缩分后将其切碎，放入匀浆分散机以 15000r/min 转速匀浆分散 20s 制成匀浆后，立即用于检测，如需加水应记录加水量。整个检测过程应在避光条件下进行，以下相同。

②黑果枸杞干果：用四分法取适量或取全部，除去肉眼可见杂质后，取有代表性试样 50~100g，用高速破壁机粉碎后，过 40 目筛，混匀后立即用于检测。

③黑果枸杞片：用四分法取适量或取全部，取有代表性试样 25~50g，用食物粉碎机粉碎后，过 60 目筛，混匀后立即用于检测。

④黑果枸杞提取物、冻干粉、胶囊：先将胶囊内容物倒出，然后将试样置于能容纳 2~5 倍试样体积的带盖容器中，通过反复振摇和颠倒容器使试样充分混匀均质后立即用于检测。

⑤黑果枸杞饮料、酒等液体制品：通过反复振摇和颠倒盛装容器使试样充分混匀均质

后立即用于检测。

（2）供试样品溶液制备

①黑果枸杞固体、半固体试样溶液：称取一定量已处理试样［干果、冻干粉、片剂、胶囊内容物0.5g，鲜果匀浆5.0g（精确至±0.1mg）；提取物0.1g（精确至±0.1mg）］，置于150mL具塞磨口锥形瓶中，准确加入50mL提取液（浓HCl：80%乙醇溶液=3：97，体积比），密塞，称定重量。放入超声波清洗仪中于50℃超声提取30min，每隔10min振摇1次，保持固相完全分散。提取结束后冷却至室温，再次称定重量，用提取液补足减失的重量混匀。取部分提取液以8000r/min离心3min，取上清液备用。

②黑果枸杞液体试样溶液：准确移取已处理液体试样1.0~10mL，置于150mL具塞磨口锥形瓶中，准确加入50mL提取液（浓盐酸：80%乙醇溶液=3：97，体积比），密塞，称定重量。放入超声波清洗机中于50℃超声提取10min，每隔3min振摇1次，保持液相完全分散。后续供试样液的制备方法同固体样品的制备方法。

（3）供试样品检测溶液制备

①黑果枸杞固体、半固体供试样品检测溶液：将制作好的供试品溶液先加入提取液（浓盐酸：80%乙醇溶液=3：97，体积比）稀释2~10倍（含有5~60mg花青素），再用缓冲溶液稀释5倍，制备2份供试品检测溶液。其中一份用氯化钾缓冲溶液（0.025mol/L，pH=1.0）稀释（1mL供试品溶液+4mL氯化钾缓冲溶液），另一份用乙酸钠缓冲溶液（0.4mol/L，pH=4.5）稀释（1mL供试品溶液+4mL乙酸钠缓冲溶液）。

②黑果枸杞液体供试品检测溶液：将制作好的供试品溶液先加入提取液（浓盐酸：80%乙醇溶液=3：97，体积比）稀释1~3倍（含有0.1~0.3mg花青素），再用缓冲溶液稀释5倍，制备2份供试品检测溶液。后续操作同黑果枸杞固体供试样品检测液的制备。

（4）试样的测定

①确定最大吸收波长：将制备的2份供试品检测溶液静置10min后，在400~600nm波长之间进行部分可见波段扫描以确定最大吸收波长。［注：不同类别样品的花青素检测最大吸收波长参考值为（530±2）nm。其中，黑果枸杞干果、饮料波长为528nm，黑果枸杞鲜果波长为529nm，黑果枸杞提取物、胶囊、酒波长为530nm，黑果枸杞冻干粉波长为531nm，黑果枸杞片波长为532nm。］

②供试品溶液检测：在最大吸收波长和700nm波长处分别测定用pH 1.0缓冲溶液稀释的供试品检测溶液和pH 4.5缓冲溶液稀释的供试品检测溶液的吸光度值。（注：在700nm处测定吸光度是用于校正略微浑浊的供试品检测溶液。但若供试品检测溶液混浊，则先通过离心或过滤使溶液澄清后再测定，以使微小的颗粒不会对花青素的测定造成影响。同一样品平行测定两次。

4. 结果计算

花青素（花色苷）的含量 X（以矮牵牛素类成分计），按式（14-12）计算

$$X = \frac{A \times MW \times DF \times V}{\varepsilon \times 1 \times m \times 10} \tag{14-12}$$

式中　X——以矮牵牛素类成分计黑果枸杞及其制品中花青素（花色苷）的含量，g/100g；

A——pH 1.0 与 pH 4.5 的供试品检测溶液的吸光度差值，$A =（A_{max} - A_{700nm}）$ pH 1.0-（$A_{max} - A_{700nm}$）pH 4.5；

MW——912.7，矮牵牛素类成分的平均摩尔质量，g/mol；

DF——稀释因子；

V——提取液总体积，mL；

ε——29591，矮牵牛素类成分的平均摩尔消光系数，L/(mol · cm)；

1——比色皿厚度，cm；

m——称取试样的质量，g；

10——由 g/kg 换算为 g/100g 的转换因子。

5. 注意事项

（1）若供试品检测溶液混浊，则先通过离心或过滤使溶液澄清后再测定，以确保微小的颗粒不会对花青素的测定造成影响。

（2）不同类别样品的花青素检测最大吸收波长参考值为（530±2）nm，可在 400～600nm 波长进行部分可见波段扫描以确定最大吸收波长。

二、黑米花色苷的测定

1. 原理

黑米经盐酸-甲醇溶液振荡提取，其花色苷提取液用高效液相色谱法测定，外标法定量。

2. 主要试剂和仪器设备

（1）主要试剂及配制　浓盐酸；甲醇；甲酸。

盐酸溶液［c（HCl）= 1mol/L］：在 200mL 容量瓶中加入适量的水，再缓慢加入浓盐酸 16.67mL，边加边摇，待冷却至室温后，定容至 200mL，摇匀。

提取液：甲醇和 1mol/L 盐酸溶液按照体积比 85+15 混合，即取 850mL 甲醇和 150mL 的盐酸溶液（1mol/L）混匀。

流动相 A：0.5%的甲酸水溶液，取 5mL 甲酸，用去离子水定容至 1000mL，使用前过 0.45μm 的水相滤膜，并脱气。

流动相 B：0.5%的甲酸甲醇溶液，取 5mL 甲酸，用甲醇定容至 1000mL，使用前过 0.45μm 的有机相滤膜，并脱气。

矢车菊素-3-*O*-葡萄糖苷标准品（cyanidin-3-*O*-glucoside），CAS：7084-24-4，纯

度≥95%。

芍药素-3-*O*-葡萄糖苷标准品（peonidin-3-*O*-glucoside），CAS：6906-39-4，纯度≥95%。

矢车菊素-3-*O*-葡萄糖苷单标储备溶液：准确称取 10.0mg 的矢车菊素-3-*O*-葡萄糖苷（精确至 0.00001g），用提取液定容至 100mL，即得到 100mg/L 的矢车菊素-3-*O*-葡萄糖苷单标储备液。分装于若干棕色试管中，密闭保存于-18℃或以下，保存有效期为 6 个月。使用前取出试管，平衡至室温后一次用完，不能反复使用。

芍药素-3-*O*-葡萄糖苷单标储备溶液：准确称取 10.0mg 的芍药素-3-*O*-葡萄糖苷（精确至 0.00001g），用提取液定容至 100mL，即得到 100mg/L 的芍药素-3-*O*-葡萄糖苷单标储备液。分装于若干棕色试管中，密闭保存于-18℃或以下，保存有效期为 6 个月。使用前取出试管，平衡至室温后一次用完，不能反复使用。

分别准确移取 0.02、0.05、0.20、0.50、2.00、5.00mL 的矢车菊素-3-*O*-葡萄糖苷单标储备溶液于 6 个 10mL 的容量瓶中，再分别依次加入 0.005、0.01、0.05、0.10、0.50、1.00mL 的芍药素-3-*O*-葡萄糖苷单标储备溶液，用提取液作为溶剂，分别定容至 10mL，得到浓度为 0.20、0.50、2.00、5.00、20.00、50.00mg/L 的矢车菊素-3-*O*-葡萄糖苷和浓度为 0.05、0.10、0.50、1.00、5.00、10.00mg/L 的芍药素-3-*O*-葡萄糖苷的混合标准工作液。

（2）仪器设备　高效液相色谱仪：带紫外/可见光或二极管阵列检测器；分析天平；离心机；粉碎机、摇床、离心管、具塞试管、摇床、0.45μm 有机相滤膜和水相滤膜。

3. 分析步骤

（1）样品制备　取有代表性的黑米稻谷样品 500g，脱壳后去除稻壳、稻谷和其他杂质，混匀后，采用四分法分取样品 20.0g 左右，并置于粉碎机上磨成粉末，过 0.25mm 孔径大小的筛子后，冰箱低温冷藏待测。

（2）花色苷提取　称样前从冰箱低温冷藏室取出试样，平衡至室温后，称取 0.50g 黑米粉试样（精确至 0.0001g）于 15mL 离心管中，向其加入 10.00mL 花色苷提取液，混匀后摇床振荡 30min，然后 3000r/min 离心 10min，并将上清液倒入 50mL 带盖离心管。再向离心管中加 10.00mL 提取液进行二次提取，混匀振荡 30min，3000r/min 离心 10min，将第二次提取的上清液倒入同一 50mL 带盖离心管中。合并 2 次提取液，混匀后过 0.45μm 的有机相膜，待测。

（3）色谱参考条件

色谱柱：C18 柱，250mm×4.6mm，5.0μm，或者性能相当者；流动相：流动相 A 为含有 0.5% 的甲酸水溶液，流动相 B 为含有 0.5% 的甲酸甲醇溶液；检测波长：520nm；柱温：30℃；进样量：10μL；梯度洗脱条件和流速见表 14-2。

表 14-2 梯度洗脱条件

时间/min	流速/（mL/min）	流动相 A/%	流动相 B/%	曲线
0	1.0	90.0	10.0	线性
2.0	1.0	90.0	10.0	线性
6.0	1.0	80.0	20.0	线性
10.0	1.0	70.0	30.0	线性
15.0	1.0	65.0	35.0	线性
20.0	1.0	50.0	50.0	线性
24.0	1.0	10.0	90.0	线性
29.0	1.0	90.0	10.0	线性
30.0	1.0	90.0	10.0	线性

（4）色谱分析　分别取 10μL 混合标准工作液或黑米花色苷提取溶液，按照上述色谱参考条件上机测定，标准谱图如图 14-2 所示。以标准工作液浓度为横坐标，以相应色谱峰峰面积为纵坐标，绘制标准曲线。根据黑米花色苷提取液中花色苷的峰面积用标准曲线计算出来提取液中花色苷的浓度。提取液中花色苷浓度应在标准曲线的线性范围内，超出范围时应稀释。

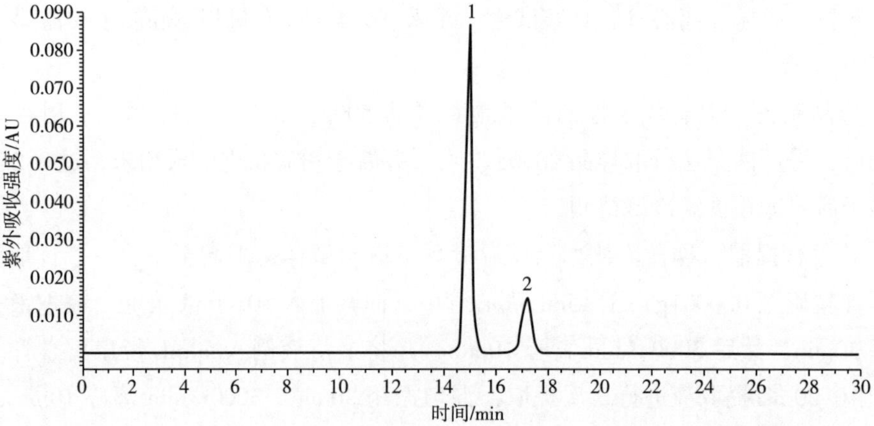

1—矢车菊素-3-*O*-葡萄糖苷，浓度 50.00mg/L；2—芍药素-3-*O*-葡萄糖苷，浓度 10.00mg/L。

图 14-2 花色苷标准溶液色谱图（λ=520nm）

（5）水分测定　按照 GB 5009.3—2016 的规定执行。同一样品平行测定两次。

4. 结果计算

黑米中矢车菊素-3-*O*-葡萄糖苷或芍药素-3-*O*-葡萄糖苷的含量按式（14-13）计算。

$$\omega = \frac{c \times V \times 100}{m \times (100 - W)} \tag{14-13}$$

式中　ω——样品中矢车菊素-3-O-葡萄糖苷或芍药素-3-O-葡萄糖苷的含量，mg/kg；

c——待测液中各花色苷的质量浓度，mg/L；

V——样品提取液总体积，mL；

m——试样的质量，g；

W——试样水分含量,%。

5. 注意事项

（1）制备的单标储备溶液，需分装于若干棕色试管中，密闭保存于-18℃或以下，保存有效期为 6 个月。使用前取出试管，平衡至室温后一次用完，不能反复使用。

（2）色谱条件中的梯度洗脱条件仅为参考条件，可根据具体样品、液相色谱仪、柱子等的实际情况，做适当调整。

三、葡萄酒中 5 种花色苷的测定

1. 原理

样品经混匀、离心，液相色谱-质谱仪测定，外标法定量。

2. 主要试剂和仪器设备

（1）主要试剂　甲酸；甲醇；乙醇；酒石酸；花色苷标准品。

（2）仪器设备　液相色谱-质谱仪：配电喷雾电离源；分析天平：精确至 0.1mg；高速离心机：15000r/min；涡具塞塑料离心管：2.0mL；旋混合器；往复式摇床；超声波振荡器。

3. 分析步骤

（1）样品制备　将所取原始样品 1kg 在瓷混样桶内充分混匀，将混匀样品置于洁净容器内密封，作为试样。起泡葡萄酒需预先脱气。将 1kg 试样倒入带排气塞的瓶中，在室温下使用往复式摇床或超声波振荡器脱气，直至无气泡逸出。

（2）试样的提取　将葡萄酒试样摇匀，取一定量试样于塑料离心管中，以 15000r/min 离心 5min，取上清液约 1mL 于进样瓶中，供液相色谱-串联质谱分析。

（3）仪器参考条件　液相色谱参考条件：C18 色谱柱（100mm×2.1mm，3.5μm），或相当者；柱温：35℃；进样量：2μL；流速：0.25mL/min；流动相 A：0.5%甲酸水溶液，流动相 B：0.5%甲酸甲醇。梯度洗脱条件见表 14-3。

表 14-3　流动相梯度洗脱条件

时间/min	流动相 A/%	流动相 B/%	时间/min	流动相 A/%	流动相 B/%
0.00	95	5	12.50	0	100
2.00	95	5	13.00	95	5
10.00	35	65	17.00	95	5
10.50	0	100			

质谱参考条件：电喷雾离子源（ESI），正离子扫描，多反应离子监测（MRM），脱溶剂气、碰撞气均为高纯氮气或其他合适气体；破碎电压、碰撞能等参数应优化至最优灵敏度

花色苷特征离子参考质谱条件见表 14-4。

表 14-4　花色苷特征离子参考质谱条件

化合物	母离子/（m/z）	子离子/（m/z）	去簇电压/V	碰撞能 eV
牵牛花色素-3-*D*-葡萄糖苷	478.9	478.9>317[a]	91	23
		478.9>302	91	55
氯化芍药素-3-*O*-葡萄糖苷	462.9	462.9>300.9[a]	100	30
		462.9>285.9	100	50
矢车菊素-3-*O*-葡萄糖苷	448.9	448.9>286.9[a]	100	30
氯化飞燕草素-3-*O*-葡萄糖苷	464.9	464.9>302.9[a]	101	20
氯化锦葵素-3-*O*-葡萄糖苷	492.9	492.9>330.9[a]	95	20
		492.9>315	95	50

注：a 为定量碎片离子。

（4）定性与定量测定

①定性测定：在同样测试条件下，试样中花色苷类组分的保留时间与标准溶液中花色苷的保留时间之比，偏差在±2.5%，且检测到的相对离子丰度，应当与浓度相当的校正标准溶液相对丰度一致。其允许偏差应符合表 14-5 的要求。

表 14-5　定性测定时相对离子丰度最大允许偏差

相对丰度（基峰）/%	>50	20~50	10~20	<10
允许的相对偏差/%	±10	±15	±20	±50

②定量测定：取试样溶液和相应的标准溶液，作单点或多点校准，以色谱峰面积定量，按外标法计算，标准溶液及试样溶液中花色苷响应值均应在仪器检测的线性范围内，在上述液相色谱-质谱条件下，花色苷标准溶液的特征离子质量色谱图如图 14-3 所示。

（5）空白试验　除不加试样外，采用相同的测定步骤进行操作。

4. 结果计算

试样中花色苷各组分含量按标准曲线法或按式（14-14）计算获得，计算结果应扣除空白值，并保留两位有效数字。

$$X = C \times f \qquad (14-14)$$

式中　X——试样中花色苷的含量，μg/L；

C——从标准曲线得到的试样中溶液花色苷的浓度，μg/L；

f——样品稀释倍数。

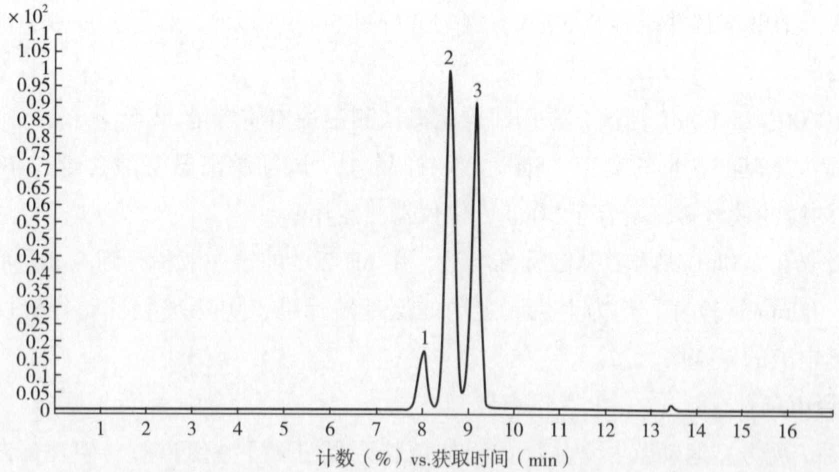

1—氯化飞燕草素-3-*O*-葡萄糖苷　2—牵牛花色素-3-*D*-葡萄糖苷+矢车菊素-3-*O*-葡萄糖苷

3—氯化锦葵素-3-*O*-葡萄糖苷+氯化芍药素-3-*O*-葡萄糖苷

图 14-3　5 种花色苷标准溶液特征离子质量色谱图

第九节　多肽含量的测定

多肽（polypeptide）是 α-氨基酸以肽键链接在一起而形成的化合物，是蛋白质水解的中间产物。通常有 10~100 个氨基酸分子脱水缩合而成的化合物为多肽，它们的分子质量低于 10000u，能透过半透膜，不被三氯乙酸及硫酸铵所沉淀。其以多种形式广泛存在于大自然中，已有研究表明昆虫受到外界刺激时会产生大量具有抗菌活性的阳离子肽，不仅具有很强的杀菌能力还可杀死肿瘤细胞；中国科学家从大豆内加工分离出的活性多肽可通过小肠直接吸收，可防治血栓、高血压和高血脂，延缓衰老。提高机体抗肿瘤能力；此外从人参、茶叶、银杏叶等植物中分离出的小肽也被证明有一定的治疗心血管疾病的作用。故了解食品中多肽含量的测定方法可以为我们在大食物观背景下拓展、开发新的食物资源、保健资源打下坚实基础，进而为促进我国健康产业的发展开辟新的视角。

1. 原理

高分子蛋白质在酸性条件下易被沉淀，相对分子质量较小的蛋白质水解物（酸溶蛋白质）可溶于酸性溶液（其中包含肽及游离氨基酸）。样品经酸化后，滤液中的酸溶蛋白质含量减去游离氨基酸含量即为肽含量。

2. 分析步骤

（1）酸溶蛋白质含量的测定　准确称取样品 1.000g（精确至 0.001g），加入 15%三氯乙酸（TCA）溶液溶解并定容至 50mL，混匀并静置 5min，过滤，去除初滤液，滤液作为备用液。

吸取 10.00~25.00mL 滤液，采用凯氏定氮法测定蛋白质含量。

（2）游离氨基酸含量的测定　准确称取样品（使试样游离氨基酸含量在 10~20mg），用 pH 2.2 的缓冲液溶解，定容至 50mL，供仪器测定用。

准确吸取 0.200mL 混合氨基酸标准溶液，用 pH 2.2 的缓冲液稀释到 5mL，此标准稀释液浓度为 5.00nmol/50μL，作为上机测定用的氨基酸标准，用氨基酸自动分析仪以外标法测定试样测定液的氨基酸含量。

3. 注意事项

（1）对于配方型运动营养食品（如添加鱼胶原蛋白肽、谷氨酰胺、牛乳蛋白、乳清浓缩蛋白及其他微量元素）运用该测定方法谷氨酰胺易被作为假性的酸溶蛋白检测出。因为 16 种氨基酸中并不包括谷氨酰胺，故无法扣减掉，可能会导致测定的多肽含量远比添加的高。

（2）如果产品中同时添加乳清蛋白与牛乳蛋白，那么这两种蛋白中的小分子蛋白将一起作为干扰物，可能会导致测定的多肽含量变高。

（3）一般定义分子质量小于 10000u 的蛋白是多肽，并且 2000u 以下左右的肽才会被人体直接吸收利用，而利用该方法很难鉴别出酸溶蛋白分子质量分布情况，需要其他实验去验证。

第十节　总皂苷含量的测定

总皂苷（total saponins）是一类广泛存在于植物中的天然化合物，具有抗氧化、降血脂、免疫调节及抗脑血管损伤等多种功效和作用，故其在保健和医学领域备受关注。近年来，随着综合国力的逐步增强，人民对健康饮食需求的日益剧增，其在食品行业中逐步被广泛应用，添加总皂苷的食品也越来越多。总皂苷含量的测定是开发、拓展新的富含总皂苷资源的基础，可为后续开展相关研究和应用提供准确可靠的数据支持。

1. 原理

本方法采用香草醛高氯酸分光光度法测定总皂苷含量。皂苷在强氧化性酸的作用下脱氢，再与香草醛加成显色，形成特征的紫红色化合物。在一定浓度范围内，吸光度与皂苷类化合物的含量成正比，符合朗伯-比尔定律。

2. 主要试剂和仪器设备

（1）主要试剂及配制　无水乙醇，香草醛，冰醋醛，高氯酸，无水氧化铝，XAD-2 大孔树脂（纯度≥98%），人参皂苷（Re，CAS：52286-59-6，纯度≥99.0%）。

香草醛乙酸溶液（5%）：精确称取 5g（精确至 0.0001g）香草醛，用乙酸溶解定容至 100mL。

乙醇溶液（70%）：量取 700mL 无水乙醇，用水溶解定容至 1000mL。

人参皂苷 Re 标准溶液配制：准确称取 20mg（精确至 0.1mg）Re 标准品，用 70%乙醇溶解定容至 50mL，此溶液中人参皂苷含量为 400mg/L。于 4℃冰箱中避光保存。

（2）仪器设备　紫外可见光分光光度计；电热恒温水浴锅；分析天平（精确到 0.1mg）；玻璃层析柱：10mm×40cm（内径×长度）。

3. 分析步骤

（1）样品制备

①固体样品的制备：称取粉碎均匀的固体试样 5g（精确至 0.0001g）于 100mL 烧杯中，加入 30mL 70%乙醇溶液，超声 30min，用 70%乙醇溶液定容至 50mL 容量瓶。离心至澄清，过滤备用。

②液体样品制备：精确吸取 5.0mL 液体试样于 50mL 容量瓶中，用 70%乙醇溶液定容，摇匀，备用。当稀释后的试样基质较复杂时，需过滤至澄清液备用。

（2）供试样品溶液制备

①层析柱的预处理：取适量树脂于烧杯中，使用无水乙醇浸泡至覆盖树脂 2.5~5cm，缓慢搅拌树脂 1min 以充分混合，静置 2h。倒出乙醇，用蒸馏水冲洗，直至无醇味。然后再用等量的无水乙醇洗涤，充分混合静置 20min，再用蒸馏水洗至无醇味。对活化后的树脂进行分装，每份树脂质量为 5g，备用。

②样品纯化：精确吸取 2.0mL 制备的试样加入 5g（精确至 0.0001g）活化后的树脂中，摇匀，静置 30min。将加样后的树脂移入层析柱中，上加 2g（精确至 0.0001g）无水氧化铝，用 30mL 水洗柱，弃去洗脱液，再用 30mL 70%乙醇溶液洗脱，收集洗脱液于蒸发皿中，于 60℃水浴挥干。

（3）标准曲线制作　准确吸取人参皂苷标准溶液 0、0.1、0.2、0.3、0.4、0.5、0.6mL 分别置于蒸发皿中，于 60℃水浴挥干，加入 0.4mL 5%香草醛乙酸溶液，转动蒸发皿，使残渣溶解，再加入 1.6mL 高氯酸，混匀后移入 10mL 比色管中，70℃水浴上加热 20min，取出，冰浴冷却 2min，准确加入 5.0mL 乙酸，摇匀后，以 1cm 比色皿于 545nm 波长处测定其吸光度。以皂苷质量为横坐标，吸光度为纵坐标，绘制标准曲线。

（4）试样溶液测定　在样品纯化后的蒸发皿中加入 0.4mL 5%香草醛乙酸溶液，转动蒸发皿，使残渣溶解，再加入 1.6mL 高氯酸，混匀后移入 10mL 比色管中，70℃水浴上加热 20min，取出，冰浴冷却 2min，准确加入 5.0mL 乙酸，摇匀后，在 30min 内以 1cm 比色皿于 545nm 波长处测定其吸光度。

4. 结果计算

试样中总皂苷的含量用质量分数 X 表示，单位为百分率（%），所得结果应保留至小数点后一位。按式（14-15）计算

$$X = \frac{m_1 \times V_1}{m_2 \times V_2 \times 1000} \times 100\% \tag{14-15}$$

式中 m_1——由标准曲线计算得出的待测液中总皂苷的质量，mg；

V_1——制备试样的体积，mL；

m_2——样品的质量，g；

V_2——纯化试样的体积，mL。

5. 注意事项

若食品成分过于复杂，测得的标准曲线线性差、样品检测数据重复性差或回收率偏低时，可将样品提取液净化时的洗脱液由 70%乙醇改为 70%甲醇，洗脱液浓缩干燥方式由水浴挥干改为氮吹干，可适当提高复杂样品测定结果的重现性。

思考题

1. 试述食品中的功能性成分及其主要的功能。
2. 大豆低聚糖的测定过程中，研磨细度对提取效率有何影响？
3. 在粗多糖的测定过程中，为什么先要对样品中是否含有淀粉和糊精进行定性鉴别？
4. 影响食品中超氧化物歧化酶活性测定结果重现性的因素有哪些？
5. 番茄红素测定过程中，三种方法对应的样品的前处理步骤对测定结果的准确性有何影响？如何确保样品的代表性和均匀性？
6. 福林-酚比色法影响样品中多酚含量测定的因素有哪些（如样品制备、测定条件等）？
7. 花色苷测定方法的优缺点是什么？
8. 导致食品中多肽含量测定值高于实际值的原因可能有哪些？
9. 影响食品中总皂苷测定结果重现性的因素有哪些？

参考文献

［1］聂少平，陈奕．现代食品分析新技术［M］.北京：科学出版社，2024.

［2］胡秋辉，张国文．食品分析［M］.北京：中国农业出版社，2017.

［3］王永华，戚穗坚．食品分析（第四版）［M］.北京：中国轻工业出版社，2023.

［4］丁晓雯，李诚，李巨秀．食品分析［M］.北京：中国农业大学出版社，2016.

［5］钱建亚，食品分析［M］.北京：中国纺织出版社，2014.

［6］S. Suzanne Nielsen. Food Analysis［M］.北京：中国轻工业出版社，2012.

［7］王永华，张水华．食品分析［M］.北京：中国轻工业出版社，2010.

［8］杨严俊．食品分析［M］.北京：化学工业出版社，2012.

［9］高向阳．食品分析与检验［M］.北京：中国计量出版社，2006.

［10］马良，李诚，李巨秀．食品分析（第 2 版）［M］.北京：中国农业大学出版社，2021.

［11］宋方亮，梁盈，董界，等．机器学习预测食品重金属检测中铜离子对汞离子荧光信号的干扰［J］.食品与机械，2024，40（5）：62-66.

［12］张亮．原子荧光法测定小麦食品中汞含量［J］.食品安全导刊，2024，6：72-74.

［13］陈玲，杨潇，张琳钰，等．食品中环境新污染物危害管控研究［J］.中国工程科学，2022，24（6）：99-106.

［14］蒋伟，胡平国，曹璐．简述食品中镉麻的危害及前处理方法［J］.四川农业科技，2024，5：134-137.

［15］冯灏，苏莹，耿雅雯，等．HPLC-ICP-MS 同时测定富硒食品中砷形态和硒形态［J］.食品与机械，2024，40（7）：43-51.

［16］卢莉璟，董玉杰，徐莉，等．食品接触用不锈钢材料中镍、铅元素的迁移规律［J］.食品与发酵工业，2022，48（5）：150-156.

［17］张秀锦，张容慧，蔡景行，等．镍污染稻田低积累水稻品种筛选及健康风险评价［J］.河南农业科学，2023，52（6）：61-69.

［18］祁琛，辛雨霏．食品中总灰分测定方法的简化［J］.现代食品，2021，27（1）：210-212.

［19］董红霞，郑钦月．食品灰分测定中的问题探究［J］.食品安全导刊，2020，（21）：116-117

［20］谢笔钧，何慧．食品分析（第二版）［M］.北京：科学出版社，2023.

[21] 王喜波，张英华．食品分析 [M]. 北京：科学出版社，2021.

[22] 周光理．食品分析与检验技术 [M]. 北京：化学工业出版社，2020.

[23] 孙路明，邢雪岩，刘君，等．碱水解法测定乳粉中脂肪能力验证的分析与研究 [J]. 食品工业，2024，45 (3)：156-158.

[24] 吴鸿敏，田洪芸，孙栋．酸水解法快速测定肉和肉制品中脂肪 [J]. 化学分析计量，2023，32 (10)：31-34.

[25] 宋莲军，侯玉泽，张华 [M]. 郑州：郑州大学出版社，2021.

[26] 高向阳．现代食品分析 [M]. 北京：科学出版社，2018.

[27] 蒋凌琳，李宇阳．我国食品添加剂管理现状研究综述 [J]. 中国卫生政策研究，2011，4 (07)：34-38.

[28] 孙清荣，王方坤．食品分析与检验 [M]. 北京：中国轻工业出版社，2011.

[29] 夏延斌，迟玉杰，朱旗．食品风味化学 [M]. 北京：化学工业出版社，2008.

[30] 李宁．国内外甜蜜素限量标准及使用现状分析 [J]. 中国食品卫生杂志，2007，(05)：455-457.

[31] 陈英．食品中常见添加剂的检测与评价 [D]. 苏州，苏州大学，2007.

[32] 韩仁娇，蓝航莲，王彩云，等．天然甜味剂—甜菊糖苷及其在食品中的应用 [J]. 食品与发酵工业，2021，47 (21)：312-319.

[33] 王立晖，刘鹏．食品分析与检验技术 [M]. 北京：中国轻工业出版社，2015.

[34] 康明丽，白宝清，卢涵，等．食品化学与实验 [M]. 北京：北京师范大学出版社，2021.

[35] 黄升谋，余海忠．食品安全学 [M]. 武汉：华中科技大学出版社，2021.

[36] 任媛媛，郝建雄，王云峰，等．食品安全概论 [M]. 北京：北京师范大学出版社，2021.

[37] 王际辉，叶淑红．食品安全学 [M]. 北京：中国轻工业出版社，2020.

[38] 孙平，吕晓玲，张民，等．食品添加剂 [M]. 北京：中国轻工业出版社，2020.

[39] 孙宝国．食品添加剂 [M]. 北京：中国农业大学出版社，2021.

[40] Tang X, Zuo J, Yang C, et al. Current trends in biosensors for biotoxins (mycotoxins, marine toxins, and bacterial food toxins): principles, application, and perspective [J]. TrAC Trends in Analytical Chemistry, 2023, 165: 117144.

[41] Toldrá F, Reig M. Methods for rapid detection of chemical and veterinary drug residues in animal foods [J]. Trends in Food Science & Technology, 2006, 17 (9): 482-489.

[42] Meng R, Zhu Q, Long T, et al. The innovative and accurate detection of heavy metals in foods: A critical review on electrochemical sensors [J]. Food Control, 2023, 150: 109743.

[43] Mirvish S S. Methods for the Determination of N-Nitroso Compounds in Food and

Biological Fluids [M]. Comprehensive Analytical Chemistry, 2008, 51: 653-684.

[44] Zhao J, Qin C, Shen Y, et al. A comprehensive review of chloropropanol analytical method in the context of food safety [J]. Food Chemistry, 2024, 446: 138776.

[45] Hee P T E, Liang, Zhang P, et al. Formation mechanisms, detection methods and mitigation strategies of acrylamide, polycyclic aromatic hydrocarbons and heterocyclic amines in food products [J]. Food Control, 2024, 158: 110236.

[46] Liu G, Zheng M, Jiang G, et al. Dioxin analysis in China [J]. TrAC Trends in Analytical Chemistry, 2013, 46: 178-188.

[47] 谢明勇，胡晓波. 食品化学实验预习题 [M]. 北京：化学工业出版社，2012.

[48] 李丰洲，吴娜娜，宋洪东，等. 不同热加工方式对黑米多酚含量和结构影响研究进展 [J]. 中国粮油学报，2024，39 (7)：198-205.

[49] 余慧芳，肖海燕，谢皓辰，等. 三七茎叶总皂苷促血管新生抗缺血性脑卒中及作用机制 [J]. 中草药，2024，55 (14)：1-12.

[50] 莫素青，陈晔. 食品中总皂苷的测定方法改进 [J]. 现代食品. 2024，1 (47)：201-204.

[51] 陈文. 功能食品教程（第二版）[M]. 北京：中国轻工业出版社，2018.

[52] 郑建仙. 功能性食品学（第三版）[M]. 北京：中国轻工业出版社，2019.

[53] 孟宪军，迟玉杰. 功能食品（第三版）[M]. 北京：中国农业大学出版社，2024.

[54] 陈卫. 功能食品与膳食健康 [J]. 食品与生物技术学报，2024，43 (4)：1-7.

[55] 马莺，王静，牛天骄. 功能性食品活性成分测定 [M]. 北京：化学工业出版社，2005.

[56] 王晓岩，郝再彬，邱丽娟. HPLC 法快速检测大豆籽粒中大豆低聚糖的含量 [J]. 食品科技，2010，35 (7)：287-290.

[57] 王玉军，纪伟东，李永平，等. 高效液相色谱法测定大豆低聚糖中的棉籽糖和水苏糖 [J]. 现代食品科技，2010，26 (7)：750-752.

[58] 薄晓菲，朱新成，孙伟，等. 含淀粉/糊精的香菇制品中粗多糖含量测定 [J]. 食品工业，2023，44 (4)：145-149.

[59] 文连奎，贺阳. 越橘叶超氧化物歧化酶超声波提取工艺的响应面优化 [J]. 食品科学，2012，33 (2)：154-158.

[60] 都浩，王妮丽，熊立仲. 水稻超氧化物歧化酶（SOD）活性测定 [J]. 2018, Bio-101：e1010162.

[61] 曲敏，秦丽楠，刘羽佳，等. 两种检测 SOD 酶活性方法的比较 [J]. 食品安全质量检测学报，2014，5 (10)：3318-3323.

[62] 李毅琳，胡敏予，瞿树林，等. 番茄红素简便测定方法的应用与分析 [J]. 食品

科学，2007，28（3）：268-270.

［63］杨雪凡，张维，仇凯，等. 高效液相色谱法测定番茄酱中番茄红素含量及其与色度值的相关性［J］. 食品工业科技，2021，42（13）：284-291.

附　　录

附录一　t检验临界值表

自由度（f）	概率（P）										
	单侧	0.25	0.20	0.10	0.05	0.025	0.01	0.005	0.0025	0.001	0.0005
	双侧	0.50	0.40	0.20	0.10	0.05	0.02	0.01	0.005	0.002	0.001
1		1.000	1.376	3.078	6.314	12.706	31.821	63.657	127.321	318.309	636.619
2		0.861	1.061	1.886	2.920	4.303	6.965	9.925	14.089	22.309	31.599
3		0.765	0.978	1.638	2.353	3.182	4.541	5.847	7.453	10.215	12.924
4		0.741	0.941	1.533	2.132	2.776	3.747	4.504	5.598	7.173	8.610
5		0.727	0.920	1.476	2.015	2.571	3.365	4.032	4.773	5.893	6.869
6		0.718	0.906	1.440	1.943	2.447	3.143	3.707	4.317	5.208	5.959
7		0.711	0.896	1.415	1.895	2.365	2.998	3.499	4.029	4.785	5.408
8		0.706	0.889	1.397	1.860	2.306	2.896	3.355	3.833	4.501	5.041
9		0.703	0.883	1.383	1.833	2.262	2.821	3.250	3.690	4.297	4.781
10		0.700	0.879	1.372	1.812	2.228	2.764	3.169	3.581	4.144	4.587
11		0.697	0.876	1.363	1.796	2.201	2.718	3.106	3.497	4.025	4.437
12		0.695	0.873	1.356	1.782	2.179	2.681	3.056	3.428	3.930	4.318
13		0.694	0.870	1.350	1.771	2.160	2.650	3.012	3.372	3.852	4.221
14		0.692	0.868	1.345	1.761	2.145	2.624	2.977	3.326	3.787	4.140
15		0.691	0.866	1.341	1.753	2.131	2.602	2.947	3.286	3.733	4.073
16		0.690	0.865	1.337	1.746	2.120	2.583	2.921	3.252	3.686	4.015
17		0.689	0.863	1.333	1.740	2.110	2.567	2.898	3.222	3.646	3.965
18		0.688	0.862	1.330	1.734	2.101	2.552	2.878	3.197	3.610	3.922
19		0.688	0.861	1.328	1.729	2.093	2.539	2.861	3.174	3.579	3.883
20		0.687	0.860	1.325	1.725	2.086	2.528	2.845	3.153	3.552	3.850
21		0.686	0.859	1.323	1.721	2.080	2.518	2.831	3.135	3.527	3.819
22		0.686	0.858	1.321	1.717	2.074	2.508	2.819	3.119	3.505	3.792

续表

自由度（f）		概率（P）									
	单侧	0.25	0.20	0.10	0.05	0.025	0.01	0.005	0.0025	0.001	0.0005
	双侧	0.50	0.40	0.20	0.10	0.05	0.02	0.01	0.005	0.002	0.001
23		0.685	0.858	1.319	1.714	2.069	2.500	2.807	3.104	3.485	3.768
24		0.685	0.857	1.318	1.711	2.064	2.492	2.797	3.091	3.467	3.745
25		0.684	0.856	1.316	1.708	2.060	2.485	2.787	3.078	3.450	3.725
26		0.684	0.856	1.315	1.706	2.056	2.479	2.779	3.067	3.435	3.707
27		0.684	0.855	1.314	1.703	2.052	2.473	2.771	3.057	3.421	3.690
28		0.683	0.855	1.313	1.701	2.048	2.467	2.763	3.047	3.408	3.674
29		0.683	0.854	1.311	1.699	2.045	2.462	2.756	3.038	3.396	3.659
30		0.683	0.854	1.310	1.697	2.042	2.457	2.750	3.030	3.385	3.646
31		0.682	0.853	1.309	1.696	2.040	2.453	2.744	3.022	3.375	3.633
32		0.682	0.853	1.309	1.694	2.037	2.449	2.738	3.015	3.365	3.622
33		0.682	0.853	1.308	1.692	2.035	2.445	2.733	3.008	3.356	3.611
34		0.682	0.852	1.307	1.691	2.032	2.441	2.728	3.002	3.348	3.601
35		0.682	0.852	1.306	1.690	2.030	2.438	2.724	2.996	3.340	3.591
36		0.681	0.852	1.306	1.688	2.028	2.434	2.719	2.990	3.333	3.582
37		0.681	0.851	1.305	1.687	2.026	2.431	2.715	2.985	3.326	3.574
38		0.681	0.851	1.304	1.686	2.024	2.429	2.712	2.980	3.319	3.566
39		0.681	0.851	1.304	1.685	2.023	2.426	2.708	2.976	3.313	3.558
40		0.681	0.851	1.303	1.684	2.021	2.423	2.704	2.971	3.307	3.551
50		0.679	0.849	1.299	1.676	2.009	2.403	2.678	2.937	3.261	3.496
60		0.679	0.848	1.296	1.671	2.000	2.390	2.660	2.915	3.232	3.460
70		0.678	0.847	1.294	1.667	1.994	2.381	2.648	2.899	3.211	3.435
80		0.678	0.846	1.292	1.664	1.990	2.374	2.639	2.887	3.195	3.416
90		0.677	0.846	1.291	1.662	1.987	2.368	2.632	2.878	3.183	3.402
100		0.677	0.845	1.290	1.660	1.984	2.364	2.626	2.871	3.174	3.390
200		0.676	0.843	1.286	1.653	1.972	2.345	2.601	2.839	3.131	3.340
500		0.675	0.842	1.283	1.648	1.965	2.334	2.586	2.820	3.107	3.310
1000		0.675	0.842	1.282	1.646	1.962	2.330	2.581	2.813	3.098	3.300
∞		0.675	0.842	1.282	1.645	1.960	2.326	2.576	2.807	3.090	3.291

附录二　F 检验临界值表

$\alpha=0.05$

$f_{小}$ / $f_{大}$	1	2	3	4	5	6	7	8	9	10	12	14	16	18	20	$f_{大}$ / $f_{小}$
1	161	200	216	225	230	234	237	239	241	242	244	245	246	247	248	1
2	18.5	19.0	19.2	19.2	19.3	19.3	19.4	19.4	19.4	19.4	19.4	19.4	19.4	19.4	19.4	2
3	10.1	9.55	9.28	9.12	9.01	8.94	8.89	8.85	8.81	8.79	8.74	8.71	8.69	8.67	8.66	3
4	7.71	6.94	6.59	6.39	6.26	6.16	6.09	6.04	6.00	5.96	5.91	5.87	5.84	5.82	5.80	4
5	6.61	5.79	5.41	5.19	5.05	4.95	4.88	4.82	4.77	4.74	4.68	4.64	4.60	4.58	4.56	5
6	5.99	5.14	4.76	4.53	4.39	4.28	4.21	4.15	4.10	4.06	4.00	3.96	3.92	3.90	3.87	6
7	5.59	4.74	4.35	4.12	3.97	3.87	3.79	3.73	3.68	3.64	3.57	3.53	3.49	3.47	3.44	7
8	5.32	4.46	4.07	3.84	3.69	3.58	3.50	3.44	3.39	3.35	3.28	3.24	3.20	3.17	3.15	8
9	5.12	4.26	3.86	3.63	3.48	3.37	3.29	3.23	3.18	3.14	3.07	3.03	2.99	2.96	2.94	9
10	4.96	4.10	3.71	3.48	3.33	3.22	3.14	3.07	3.02	2.98	2.91	2.86	2.83	2.80	2.77	10
11	4.84	3.98	3.59	3.36	3.20	3.09	3.01	2.95	2.90	2.85	2.79	2.74	2.70	2.67	2.65	11
12	4.75	3.89	3.49	3.26	3.11	3.00	2.91	2.85	2.80	2.75	2.69	2.64	2.60	2.57	2.54	12
13	4.67	3.81	3.41	3.18	3.03	2.92	2.83	2.77	2.71	2.67	2.60	2.55	2.51	2.48	2.46	13
14	4.60	3.74	3.34	3.11	2.96	2.85	2.76	2.70	2.65	2.60	2.53	2.48	2.44	2.41	2.39	14
15	4.54	3.68	3.29	3.06	2.90	2.79	2.71	2.64	2.59	2.54	2.48	2.42	2.38	2.35	2.33	15
16	4.49	3.63	3.24	3.01	2.85	2.74	2.66	2.59	2.54	2.49	2.42	2.37	2.33	2.30	2.28	16
17	4.45	3.59	3.20	2.96	2.81	2.70	2.61	2.55	2.49	2.45	2.38	2.33	2.29	2.26	2.23	17
18	4.41	3.55	3.16	2.93	2.77	2.66	2.58	2.51	2.46	2.41	2.34	2.29	2.25	2.22	2.19	18
19	4.38	3.52	3.13	2.90	2.74	2.63	2.54	2.48	2.42	2.38	2.31	2.26	2.21	2.18	2.16	19
20	4.35	3.49	3.10	2.87	2.71	2.60	2.51	2.45	2.39	2.35	2.28	2.22	2.18	2.15	2.12	20
21	4.32	3.47	3.07	2.84	2.68	2.57	2.49	2.42	2.37	2.32	2.25	2.20	2.16	2.12	2.10	21
22	4.30	3.44	3.05	2.82	2.66	2.55	2.46	2.40	2.34	2.30	2.23	2.17	2.13	2.10	2.07	22
23	4.28	3.42	3.03	2.80	2.64	2.53	2.44	2.37	2.32	2.27	2.20	2.15	2.11	2.07	2.05	23
24	4.26	3.40	3.01	2.78	2.62	2.51	2.42	2.36	2.30	2.25	2.18	2.13	2.09	2.05	2.03	24
25	4.24	3.39	2.99	2.76	2.60	2.49	2.4	2.34	2.28	2.24	2.16	2.11	2.07	2.04	2.01	25
26	4.23	3.37	2.98	2.74	2.59	2.47	2.39	2.32	2.27	2.22	2.15	2.09	2.05	2.02	1.99	26
27	4.21	3.35	2.96	2.73	2.57	2.46	2.37	2.31	2.25	2.20	2.13	2.08	2.04	2.00	1.97	27
28	4.20	3.34	2.95	2.71	2.56	2.45	2.36	2.29	2.24	2.19	2.12	2.06	2.02	1.99	1.96	28
29	4.18	3.33	2.93	2.70	2.55	2.43	2.35	2.28	2.22	2.18	2.10	2.05	2.01	1.97	1.94	29
30	4.17	3.32	2.92	2.69	2.53	2.42	2.33	2.27	2.21	2.16	2.09	2.04	1.99	1.96	1.93	30
32	4.15	3.29	2.90	2.67	2.51	2.40	2.31	2.24	2.19	2.14	2.07	2.01	1.97	1.94	1.91	32
34	4.13	3.28	2.88	2.65	2.49	2.38	2.29	2.23	2.17	2.12	2.05	1.99	1.95	1.92	1.89	34
36	4.11	3.26	2.87	2.63	2.48	2.36	2.28	2.21	2.15	2.11	2.03	1.98	1.93	1.90	1.87	36
38	4.10	3.24	2.85	2.62	2.46	2.35	2.26	2.19	2.14	2.09	2.02	1.96	1.92	1.88	1.85	38
40	4.08	3.23	2.84	2.61	2.45	2.34	2.25	2.18	2.12	2.08	2.00	1.95	1.90	1.87	1.84	40
42	4.07	3.22	2.83	2.59	2.44	2.32	2.24	2.17	2.11	2.06	1.99	1.93	1.89	1.86	1.83	42
44	4.06	3.21	2.82	2.58	2.43	2.31	2.23	2.16	2.10	2.05	1.98	1.92	1.88	1.84	1.81	44
46	4.05	3.20	2.81	2.57	2.42	2.30	2.22	2.15	2.09	2.04	1.97	1.91	1.87	1.83	1.80	46
48	4.04	3.19	2.80	2.57	2.41	2.29	2.21	2.14	2.08	2.03	1.96	1.90	1.86	1.82	1.79	48
50	4.03	3.18	2.79	2.56	2.40	2.29	2.20	2.13	2.07	2.03	1.95	1.89	1.85	1.81	1.78	50
60	4.00	3.15	2.76	2.53	2.37	2.25	2.17	2.10	2.04	1.99	1.92	1.86	1.82	1.78	1.75	60
80	3.96	3.11	2.72	2.49	2.33	2.21	2.13	2.06	2.00	1.95	1.88	1.82	1.77	1.73	1.70	80
100	3.94	3.09	2.70	2.46	2.31	2.19	2.10	2.03	1.97	1.93	1.85	1.79	1.75	1.71	1.68	100

续表

$\alpha=0.05$

$f_{小}$ / $f_{大}$	22	24	26	28	30	35	40	45	50	60	80	100	200	500	∞	$f_{大}$ / $f_{小}$
1	249	249	249	250	250	251	251	251	252	252	252	253	254	254	254	1
2	19.5	19.5	19.5	19.5	19.5	19.5	19.5	19.5	19.5	19.5	19.5	19.5	19.5	19.5	19.5	2
3	8.65	8.64	8.63	8.62	8.62	8.60	8.59	8.59	8.58	8.57	8.56	8.55	8.54	8.53	8.53	3
4	5.79	5.77	5.76	5.75	5.75	5.73	5.72	5.71	5.70	5.69	5.67	5.66	5.65	5.64	5.63	4
5	4.54	4.53	4.52	4.50	4.50	4.48	4.46	4.45	4.44	4.43	4.41	4.41	4.39	4.37	4.37	5
6	3.86	3.84	3.83	3.82	3.81	3.79	3.77	3.76	3.75	3.74	3.72	3.71	3.69	3.68	3.67	6
7	3.43	3.41	3.40	3.39	3.38	3.36	3.34	3.33	3.32	3.30	3.29	3.27	3.25	3.24	3.23	7
8	3.13	3.12	3.10	3.09	3.08	3.06	3.04	3.03	3.02	3.01	2.99	2.97	2.95	2.94	2.93	8
9	2.92	2.90	2.89	2.87	2.86	2.84	2.83	2.81	2.80	2.79	2.77	2.76	2.73	2.72	2.71	9
10	2.75	2.74	2.72	2.71	2.70	2.68	2.66	2.65	2.64	2.62	2.60	2.59	2.56	2.55	2.54	10
11	2.63	2.61	2.59	2.58	2.57	2.55	2.53	2.52	2.51	2.49	2.47	2.46	2.43	2.42	2.40	11
12	2.52	2.51	2.49	2.48	2.47	2.44	2.43	2.41	2.40	2.38	2.36	2.35	2.32	2.31	2.30	12
13	2.44	2.42	2.41	2.39	2.38	2.36	2.34	2.33	2.31	2.30	2.27	2.26	2.23	2.22	2.21	13
14	2.37	2.35	2.33	2.32	2.31	2.28	2.27	2.25	2.24	2.22	2.20	2.19	2.16	2.14	2.13	14
15	2.31	2.29	2.27	2.26	2.25	2.22	2.20	2.19	2.18	2.16	2.14	2.12	2.10	2.08	2.07	15
16	2.25	2.24	2.22	2.21	2.19	2.17	2.15	2.14	2.12	2.11	2.08	2.07	2.04	2.02	2.01	16
17	2.21	2.19	2.17	2.16	2.15	2.12	2.10	2.09	2.08	2.06	2.03	2.02	1.99	1.97	1.96	17
18	2.17	2.15	2.13	2.12	2.11	2.08	2.06	2.05	2.04	2.02	1.99	1.98	1.95	1.93	1.92	18
19	2.13	2.11	2.10	2.08	2.07	2.05	2.03	2.01	2.00	1.98	1.96	1.94	1.91	1.89	1.88	19
20	2.10	2.08	2.07	2.05	2.04	2.01	1.99	1.98	1.97	1.95	1.92	1.91	1.88	1.86	1.84	20
21	2.07	2.05	2.04	2.02	2.01	1.98	1.96	1.95	1.94	1.92	1.89	1.88	1.84	1.82	1.81	21
22	2.05	2.03	2.01	2.00	1.98	1.96	1.94	1.92	1.91	1.89	1.86	1.85	1.82	1.80	1.78	22
23	2.02	2.00	1.99	1.97	1.96	1.93	1.91	1.90	1.88	1.86	1.84	1.82	1.79	1.77	1.76	23
24	2.00	1.98	1.97	1.95	1.94	1.91	1.89	1.88	1.86	1.84	1.82	1.80	1.77	1.75	1.73	24
25	1.98	1.96	1.95	1.93	1.92	1.89	1.87	1.86	1.84	1.82	1.80	1.78	1.75	1.73	1.71	25
26	1.97	1.95	1.93	1.91	1.90	1.87	1.85	1.84	1.82	1.80	1.78	1.76	1.73	1.71	1.69	26
27	1.95	1.93	1.91	1.90	1.88	1.86	1.84	1.82	1.81	1.79	1.76	1.74	1.71	1.69	1.67	27
28	1.93	1.91	1.90	1.88	1.87	1.84	1.82	1.80	1.79	1.77	1.74	1.73	1.69	1.67	1.65	28
29	1.92	1.90	1.88	1.87	1.85	1.83	1.81	1.79	1.77	1.75	1.73	1.71	1.67	1.65	1.64	29
30	1.91	1.89	1.87	1.85	1.84	1.81	1.79	1.77	1.76	1.74	1.71	1.70	1.66	1.64	1.62	30
32	1.88	1.86	1.85	1.83	1.82	1.79	1.77	1.75	1.74	1.71	1.69	1.67	1.63	1.61	1.59	32
34	1.86	1.84	1.82	1.80	1.80	1.77	1.75	1.73	1.71	1.69	1.66	1.65	1.61	1.59	1.57	34
36	1.85	1.82	1.81	1.79	1.78	1.75	1.73	1.71	1.69	1.67	1.64	1.62	1.59	1.56	1.55	36
38	1.83	1.81	1.79	1.77	1.76	1.73	1.71	1.69	1.68	1.65	1.62	1.61	1.57	1.54	1.53	38
40	1.81	1.79	1.77	1.76	1.74	1.72	1.69	1.67	1.66	1.64	1.61	1.59	1.55	1.53	1.51	40
42	1.80	1.78	1.76	1.74	1.73	1.70	1.68	1.66	1.65	1.62	1.59	1.57	1.53	1.51	1.49	42
44	1.79	1.77	1.75	1.73	1.72	1.69	1.67	1.65	1.63	1.61	1.58	1.56	1.52	1.49	1.48	44
46	1.78	1.76	1.74	1.72	1.71	1.68	1.65	1.64	1.62	1.60	1.57	1.55	1.51	1.48	1.46	46
48	1.77	1.75	1.73	1.71	1.70	1.67	1.64	1.62	1.61	1.59	1.56	1.54	1.49	1.47	1.45	48
50	1.76	1.74	1.72	1.70	1.69	1.66	1.63	1.61	1.60	1.58	1.54	1.52	1.48	1.46	1.44	50
60	1.72	1.70	1.68	1.66	1.65	1.62	1.59	1.57	1.56	1.53	1.50	1.48	1.44	1.41	1.39	60
80	1.68	1.65	1.63	1.62	1.60	1.57	1.54	1.52	1.51	1.48	1.45	1.43	1.38	1.35	1.32	80
100	1.65	1.63	1.61	1.59	1.57	1.54	1.52	1.49	1.48	1.45	1.41	1.39	1.34	1.31	1.28	100

续表

$\alpha=0.01$

$f_{大}$ / $f_{小}$	1	2	3	4	5	6	7	8	9	10	12	14	16	18	20	$f_{大}$ / $f_{小}$
1	405	500	540	563	576	586	593	598	602	606	611	614	617	619	621	1
2	98.5	99.0	99.2	99.2	99.3	99.3	99.4	99.4	99.4	99.4	99.4	99.4	99.4	99.4	99.4	2
3	34.1	30.8	29.5	28.7	28.2	27.9	27.7	27.5	27.3	27.2	27.1	26.9	26.8	26.8	26.7	3
4	21.2	18.0	16.7	16.0	15.5	15.2	15.0	14.8	14.7	14.5	14.4	14.2	14.2	14.1	14.0	4
5	16.3	13.3	12.1	11.4	11.0	10.7	10.5	10.3	10.2	10.1	9.89	9.77	9.68	9.61	9.55	5
6	13.7	10.9	9.78	9.15	8.75	8.47	8.26	8.10	7.98	7.87	7.72	7.60	7.52	7.45	7.40	6
7	12.2	9.55	8.45	7.85	7.46	7.19	6.99	6.84	6.72	6.62	6.47	6.36	6.27	6.21	6.16	7
8	11.3	8.65	7.59	7.01	6.63	6.37	6.18	6.03	5.91	5.81	5.67	5.56	5.48	5.41	5.36	8
9	10.6	8.02	6.99	6.42	6.06	5.80	5.61	5.47	5.35	5.26	5.11	5.00	4.92	4.86	4.81	9
10	10.0	7.56	6.55	5.99	5.64	5.39	5.20	5.06	4.94	4.85	4.71	4.60	4.52	4.46	4.41	10
11	9.65	7.21	6.22	5.67	5.32	5.07	4.89	4.74	4.63	4.54	4.40	4.29	4.21	4.15	4.10	11
12	9.33	6.93	5.95	5.41	5.06	4.82	4.64	4.50	4.39	4.30	4.16	4.05	3.97	3.91	3.86	12
13	9.07	6.70	5.74	5.21	4.86	4.62	4.44	4.30	4.19	4.10	3.96	3.86	3.78	3.71	3.66	13
14	8.86	6.51	5.56	5.04	4.70	4.46	4.28	4.14	4.03	3.94	3.80	3.70	3.62	3.56	3.51	14
15	8.68	6.36	5.42	4.89	4.56	4.32	4.14	4.00	3.89	3.80	3.67	3.56	3.49	3.42	3.37	15
16	8.53	6.23	5.29	4.77	4.44	4.20	4.03	3.89	3.78	3.69	3.55	3.45	3.37	3.31	3.26	16
17	8.40	6.11	5.18	4.67	4.34	4.10	3.93	3.79	3.68	3.59	3.46	3.35	3.27	3.21	3.16	17
18	8.29	6.01	5.09	4.58	4.25	4.01	3.84	3.71	3.60	3.51	3.37	3.27	3.19	3.13	3.08	18
19	8.18	5.93	5.01	4.50	4.17	3.94	3.77	3.63	3.52	3.43	3.30	3.19	3.12	3.05	3.00	19
20	8.10	5.85	4.94	4.43	4.10	3.87	3.70	3.56	3.46	3.37	3.23	3.13	3.05	2.99	2.94	20
21	8.02	5.78	4.87	4.37	4.04	3.81	3.64	3.51	3.40	3.31	3.17	3.07	2.99	2.93	2.88	21
22	7.95	5.72	4.82	4.31	3.99	3.76	3.59	3.45	3.35	3.26	3.12	3.02	2.94	2.88	2.83	22
23	7.88	5.66	4.76	4.26	3.94	3.71	3.54	3.41	3.30	3.21	3.07	2.97	2.89	2.83	3.78	23
24	7.82	5.61	4.72	4.22	3.90	3.67	3.50	3.36	3.26	3.17	3.03	2.93	2.85	2.79	2.74	24
25	7.77	5.57	4.68	4.18	3.86	3.63	3.46	3.32	3.22	3.13	2.99	2.89	2.81	2.75	2.70	25
26	7.72	5.53	4.64	4.14	3.82	3.59	3.42	3.29	3.18	3.09	2.96	2.86	2.78	2.72	2.66	26
27	7.68	5.49	4.60	4.11	3.78	3.56	3.39	3.26	3.15	3.06	2.93	2.82	2.75	2.68	2.63	27
28	7.64	5.45	4.57	4.07	3.75	3.53	3.36	3.23	3.12	3.03	2.90	2.79	2.72	2.65	2.60	28
29	7.60	5.42	4.54	4.04	3.73	3.50	3.33	3.20	3.09	3.00	2.87	2.77	2.69	2.62	2.57	29
30	7.56	5.39	4.51	4.02	3.70	3.47	3.30	3.17	3.07	2.98	2.84	2.74	2.66	2.60	2.55	30
32	7.50	5.34	4.46	3.97	3.65	3.43	3.26	3.13	3.02	2.93	2.80	2.70	2.62	2.55	2.50	32
34	7.44	5.29	4.42	3.93	3.61	3.39	3.22	3.09	2.98	2.89	2.76	2.66	2.58	2.51	2.46	34
36	7.40	5.25	4.38	3.89	3.57	3.35	3.18	3.05	2.95	2.86	2.72	2.62	2.54	2.48	2.43	36
38	7.35	5.21	4.34	3.86	3.54	3.32	3.15	3.02	2.92	2.83	2.69	2.59	2.51	2.45	2.40	38
40	7.31	5.18	4.31	3.83	3.51	3.29	3.12	2.99	2.89	2.80	2.66	2.56	2.48	2.42	2.37	40
42	7.28	5.15	4.29	3.80	3.49	3.27	3.10	2.97	2.86	2.78	2.64	2.54	2.46	2.40	2.34	42
44	7.25	5.12	4.26	3.78	3.47	3.24	3.08	2.95	2.84	2.75	2.62	2.52	2.44	2.37	2.32	44
46	7.22	5.10	4.24	3.76	3.44	3.22	3.06	2.93	2.82	2.73	2.60	2.50	2.42	2.35	2.30	46
48	7.20	5.08	4.22	3.74	3.43	3.20	3.04	2.91	2.80	2.72	2.58	2.48	2.40	2.33	2.28	48
50	7.17	5.06	4.20	3.72	3.41	3.19	3.02	2.89	2.79	2.70	2.56	2.46	2.38	2.32	2.27	50
60	7.08	4.98	4.13	3.65	3.34	3.12	2.95	2.82	2.72	2.63	2.50	2.39	2.31	2.25	2.20	60
80	6.96	4.88	4.04	3.56	3.26	3.04	2.87	2.74	2.64	2.55	2.42	2.31	2.23	2.17	2.12	80
100	6.90	4.82	3.98	3.51	3.21	2.99	2.82	2.69	2.59	2.50	2.37	2.26	2.19	2.12	2.07	100

续表

$\alpha=0.01$

$f_大$ / $f_小$	22	24	26	28	30	35	40	45	50	60	80	100	200	500	∞	$f_大$ / $f_小$
1	622	623	624	625	626	628	629	630	630	631	633	633	635	636	637	1
2	99. 5	99. 5	99. 5	99. 5	99. 5	99. 5	99. 5	99. 5	99. 5	99. 5	99. 5	99. 5	99. 5	99. 5	99. 5	2
3	26. 6	26. 6	26. 6	26. 5	26. 5	26. 5	26. 4	26. 4	26. 4	26. 3	26. 3	26. 2	26. 2	26. 1	26. 1	3
4	14. 0	13. 9	13. 9	13. 9	13. 8	13. 8	13. 7	13. 7	13. 7	13. 7	13. 6	13. 6	13. 5	13. 5	13. 5	4
5	9. 51	9. 47	9. 43	9. 40	9. 38	9. 33	9. 29	9. 26	9. 24	9. 20	9. 16	9. 13	9. 08	9. 04	9. 02	5
6	7. 35	7. 31	7. 28	7. 25	7. 23	7. 18	7. 14	7. 11	7. 09	7. 06	7. 01	6. 99	6. 93	6. 90	6. 88	6
7	6. 11	6. 07	6. 04	6. 02	5. 99	5. 94	5. 91	5. 88	5. 86	5. 82	5. 78	5. 75	5. 70	5. 67	5. 65	7
8	5. 32	5. 28	5. 25	5. 22	5. 20	5. 15	5. 12	5. 00	5. 07	5. 03	4. 99	4. 96	4. 91	4. 88	4. 86	8
9	4. 77	4. 73	4. 70	4. 67	4. 65	4. 60	4. 57	4. 54	4. 52	4. 48	4. 44	4. 42	4. 36	4. 33	4. 31	9
10	4. 36	4. 33	4. 30	4. 27	4. 25	4. 20	4. 17	4. 14	4. 12	4. 08	4. 04	4. 01	3. 96	3. 93	3. 91	10
11	4. 06	4. 02	3. 99	3. 96	3. 94	3. 89	3. 86	3. 83	3. 81	3. 78	3. 73	3. 71	3. 66	3. 62	3. 60	11
12	3. 82	3. 78	3. 75	3. 72	3. 70	3. 65	3. 62	3. 59	3. 57	3. 54	3. 49	3. 47	3. 41	3. 38	3. 36	12
13	3. 62	3. 59	3. 56	3. 53	3. 51	3. 46	3. 43	3. 40	3. 38	3. 34	3. 30	3. 27	3. 22	3. 19	3. 17	13
14	3. 46	3. 43	3. 40	3. 37	3. 35	3. 30	3. 27	3. 24	3. 22	3. 18	3. 14	3. 11	3. 06	3. 03	3. 00	14
15	3. 33	3. 29	3. 26	3. 24	3. 21	3. 17	3. 13	3. 10	3. 08	3. 05	3. 00	2. 98	2. 92	2. 89	2. 87	15
16	3. 22	3. 18	3. 15	3. 12	3. 10	3. 05	3. 02	2. 99	2. 97	2. 93	2. 89	2. 86	2. 81	2. 78	2. 75	16
17	3. 12	3. 08	3. 05	3. 03	3. 00	2. 96	2. 92	2. 89	2. 87	2. 83	2. 79	2. 76	2. 71	2. 68	2. 65	17
18	3. 03	3. 00	2. 97	2. 94	2. 92	2. 87	2. 84	2. 81	2. 78	2. 75	2. 70	2. 68	2. 62	2. 59	2. 57	18
19	2. 96	2. 92	2. 89	2. 87	2. 84	2. 80	2. 76	2. 73	2. 71	2. 67	2. 63	2. 60	2. 55	2. 51	2. 49	19
20	2. 90	2. 86	2. 83	2. 80	2. 78	2. 73	2. 69	2. 67	2. 64	2. 61	2. 56	2. 54	2. 48	2. 44	2. 42	20
21	2. 84	2. 80	2. 77	2. 74	2. 72	2. 67	2. 64	2. 61	2. 58	2. 55	2. 50	2. 48	2. 42	2. 38	2. 36	21
22	2. 78	2. 75	2. 72	2. 69	2. 67	2. 62	2. 58	2. 55	2. 53	2. 50	2. 45	2. 42	2. 36	2. 33	2. 31	22
23	2. 74	2. 70	2. 67	2. 64	2. 62	2. 57	2. 54	2. 51	2. 48	2. 45	2. 40	2. 37	2. 32	2. 28	2. 26	23
24	2. 70	2. 66	2. 63	2. 60	2. 58	2. 53	2. 49	2. 46	2. 44	2. 40	2. 36	2. 33	2. 27	2. 24	2. 21	24
25	2. 66	2. 62	2. 59	2. 56	2. 54	2. 49	2. 45	2. 42	2. 40	2. 36	2. 32	2. 29	2. 23	2. 19	2. 17	25
26	2. 62	2. 58	2. 55	2. 53	2. 50	2. 45	2. 42	2. 39	2. 36	2. 33	2. 28	2. 25	2. 19	2. 16	2. 13	26
27	2. 59	2. 55	2. 52	2. 49	2. 47	2. 42	2. 38	2. 35	2. 33	2. 29	2. 25	2. 22	2. 16	2. 12	2. 10	27
28	2. 56	2. 52	2. 49	2. 46	2. 44	2. 39	2. 35	2. 32	2. 30	2. 26	2. 22	2. 19	2. 13	2. 09	2. 06	28
29	2. 53	2. 49	2. 46	2. 44	2. 41	2. 36	2. 33	2. 30	2. 27	2. 23	2. 19	2. 16	2. 10	2. 06	2. 03	29
30	2. 51	2. 47	2. 44	2. 41	2. 39	2. 34	2. 30	2. 27	2. 25	2. 21	2. 16	2. 13	2. 07	2. 03	2. 01	30
32	2. 46	2. 42	2. 39	2. 36	2. 34	2. 29	2. 25	2. 22	2. 20	2. 16	2. 11	2. 08	2. 02	1. 98	1. 96	32
34	2. 42	2. 38	2. 35	2. 32	2. 30	2. 25	2. 21	2. 18	2. 16	2. 12	2. 07	2. 04	1. 98	1. 94	1. 91	34
36	2. 38	2. 35	2. 32	2. 29	2. 26	2. 21	2. 17	2. 14	2. 12	2. 08	2. 03	2. 00	1. 94	1. 90	1. 87	36
38	2. 35	2. 32	2. 28	2. 26	2. 23	2. 18	2. 14	2. 11	2. 09	2. 05	2. 00	1. 97	1. 90	1. 86	1. 84	38
40	2. 33	2. 29	2. 26	2. 23	2. 20	2. 15	2. 11	2. 08	2. 06	2. 02	1. 97	1. 94	1. 87	1. 83	1. 80	40
42	2. 30	2. 26	2. 23	2. 20	2. 18	2. 13	2. 09	2. 06	2. 03	1. 99	1. 94	1. 91	1. 85	1. 80	1. 78	42
44	2. 28	2. 24	2. 21	2. 18	2. 15	2. 10	2. 06	2. 03	2. 01	1. 97	1. 92	1. 89	1. 82	1. 78	1. 75	44
46	2. 26	2. 22	2. 19	2. 16	2. 13	2. 08	2. 04	2. 01	1. 99	1. 95	1. 90	1. 86	1. 80	1. 75	1. 73	46
48	2. 24	2. 20	2. 17	2. 14	2. 12	2. 06	2. 02	1. 99	1. 97	1. 93	1. 88	1. 84	1. 78	1. 73	1. 70	48
50	2. 22	2. 18	2. 15	1. 12	2. 10	2. 05	2. 01	1. 97	1. 95	1. 91	1. 86	1. 82	1. 76	1. 71	1. 68	50
60	2. 15	2. 12	2. 08	2. 05	2. 03	1. 98	1. 94	1. 90	1. 88	1. 84	1. 78	1. 75	1. 68	1. 63	1. 60	60
80	2. 07	2. 03	2. 00	1. 97	1. 94	1. 89	1. 85	1. 81	1. 79	1. 75	1. 69	1. 66	1. 58	1. 53	1. 49	80
100	2. 02	1. 98	1. 94	1. 92	1. 89	1. 84	1. 80	1. 76	1. 73	1. 69	1. 63	1. 60	1. 52	1. 47	1. 43	100